零基础学工程识图与制图

阳鸿钧 等 编著

化学工业出版社
·北京·

内容简介

本书首先简要介绍了工程制图与识图基础、工程视图与基本工程图，然后详细介绍了建筑工程、风景园林与庭院绿化工程、道路工程、桥涵与隧道工程、供热供暖工程、在用公用管道工程与燃气工程的制图与识图等内容。本书在编写过程中注重快速掌握识图技能，轻松打下并夯实基础，直达学即用、用即学的目的。本书采用双色图解的方式将重点内容标示出来，具有直观性，同时结合工地实景照片与视频讲解，具有实用性，方便读者学习和使用。

本书可供建筑工程、给水排水工程、水利水电工程、市政工程等专业的设计人员、施工人员、工程管理人员、监理人员、技术人员、一线工人等参考阅读，也可供工程制图人员、社会自学人员参考。另外，本书还可作为大中专院校相关专业、培训学校的教学参考用书。

图书在版编目（CIP）数据

零基础学工程识图与制图 / 阳鸿钧等编著. —北京：化学工业出版社，2024.4

ISBN 978-7-122-45226-9

Ⅰ.①零… Ⅱ.①阳… Ⅲ.①工程制图 - 识别 Ⅳ.① TB23

中国国家版本馆 CIP 数据核字（2024）第 053649 号

责任编辑：彭明兰　　文字编辑：邹　宁
责任校对：宋　夏　　装帧设计：史利平

出版发行：化学工业出版社
（北京市东城区青年湖南街13号　邮政编码100011）
印　　装：河北京平诚乾印刷有限公司
787mm×1092mm　1/16　印张16½　字数403千字
2024年11月北京第1版第1次印刷

购书咨询：010-64518888　　售后服务：010-64518899
网　　址：http://www.cip.com.cn
凡购买本书，如有缺损质量问题，本社销售中心负责调换。

定　　价：78.00元

前言

工程识图制图是一门专业性很强的技能，其又是许多工程、职位、岗位、工种工作的基础与必备技能。会识图、懂看图，才是合格的工程人。无论是建设工程、工程造价、工程施工、工程监理、工程管理、工程图绘制人员，还是现场工程技术人员、作业人员等相关人员，或者初学者、初入行者、学生，均应重视工程制图与识图。

本书本着力求让读者从懂制图到会识图的目的编写，让读者更能够更为透彻地掌握制图与识图技能。为了学习掌握看图要点，解开复杂图形符号，理清工程图那些貌似复杂、背后其实简单清晰的逻辑与表达，本书在真实的工程图上做了大量直观详细的标注，让读者能从繁杂的工程图中找到关键点，从而达到看得懂、能制图的目的。

本书内容由 8 章组成，首先简要介绍了工程制图与识图基础、工程视图与基本工程图，然后详细介绍了建筑工程、风景园林与庭院绿化工程、道路工程、桥涵与隧道工程、供热供暖工程、在用公用管道工程与燃气工程的制图与识图等内容。本书具有以下特点。

（1）讲述识图新思维，从学制图中做到会识图，从而使识图更能够透彻，同时学会制图技能。

（2）图解、图说识图与制图基础，使各工程入门入行人员能够快速、轻松掌握知识。

（3）内容涉及各建设工程识图绘图基础知识，具有全面性，便于工种与工艺的衔接与全面掌控。具体包括建筑工程、风景园林与庭院绿化工程、道路工程、桥涵与隧道工程、供热供暖工程、在用公用管道工程、燃气工程等。

（4）采用双色图解，直接图上标注识图技法，直观性更强。

（5）附带视频讲解，知识点清晰直观。

本书在编写中参考了有关标准、规范、要求、政策、方法等资料，从而保证内容新，符合现行工程需要，同时还参考了一些珍贵的资料、文献、网站，在此向这些资料、文献、网站的作者深表谢意。本书的编写得到了一些同行、朋友及有关单位的帮助与支持，在此，向他们表示衷心的感谢！本书由阳鸿钧、阳育杰、阳许倩、欧小宝、许四　、阳红珍、许小菊、阳梅开、阳苟妹等人员参加部分编写、协助工作，或提供相关支持。

由于时间有限，书中难免存在不足之处，敬请广大读者批评、指正。

目录

第1章 工程制图与识图基础 1

第4章 风景园林与庭院绿化工程制图与识图 96

第6章 桥涵与隧道工程制图与识图 184

Chapter 1

第 01 章 工程制图与识图基础

1.1 工程制图识图基本知识

1.1.1 工程图的特点

工程图纸，就是根据投影原理或有关规定绘制在纸介质上的，通过线条、符号、文字说明及其他图形元素表示工程形状、大小、结构等特征的图形。其中，图纸就是包括已绘图样与未绘图样的带有图标的绘图用纸。图形，就是图样中的几何形状。图样，就是在图纸上根据一定规则、原理绘制的，能够表示被绘对象的位置、大小、功能、构造、流程、原理、工艺要求等的图。

工程图纸编号是用于表示图纸的图样类型和排列顺序的编号，也叫作图号。

工程图纸，包括纸质工程图纸与电子版图。电子版图打印出来就是图纸。为此，纸质工程图纸与电子版图有时也统称为工程图纸，或者工程图。工程图如图 1-1 所示。

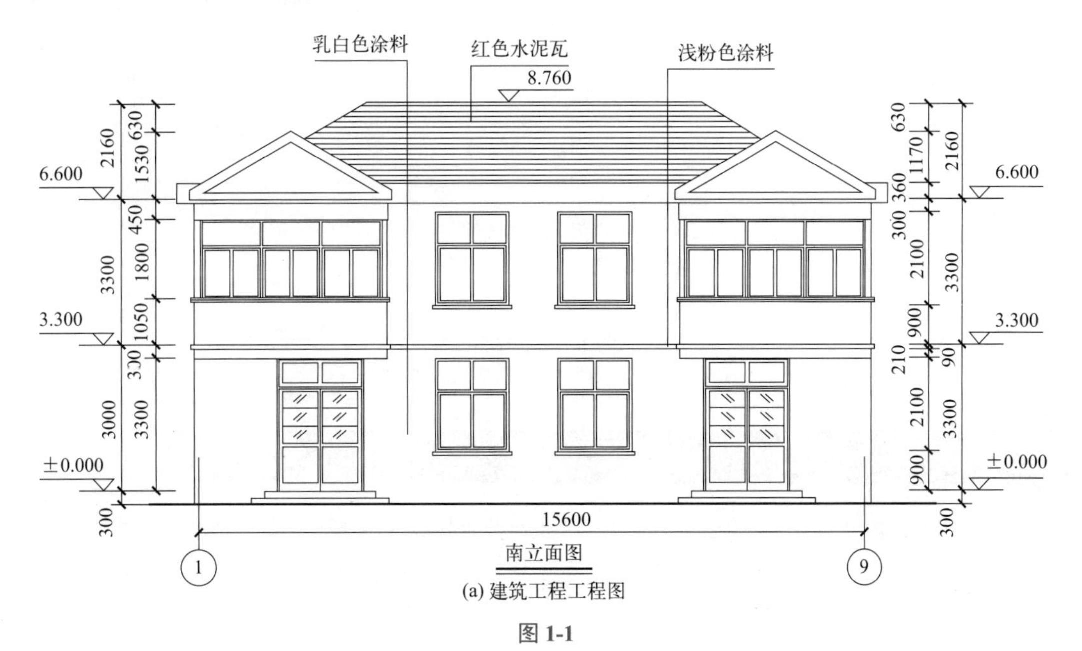

乳白色涂料
红色水泥瓦
8.760
浅粉色涂料
6.600
3.300
±0.000
6.600
3.300
±0.000
15600
1
9
南立面图

(a) 建筑工程工程图

图 1-1

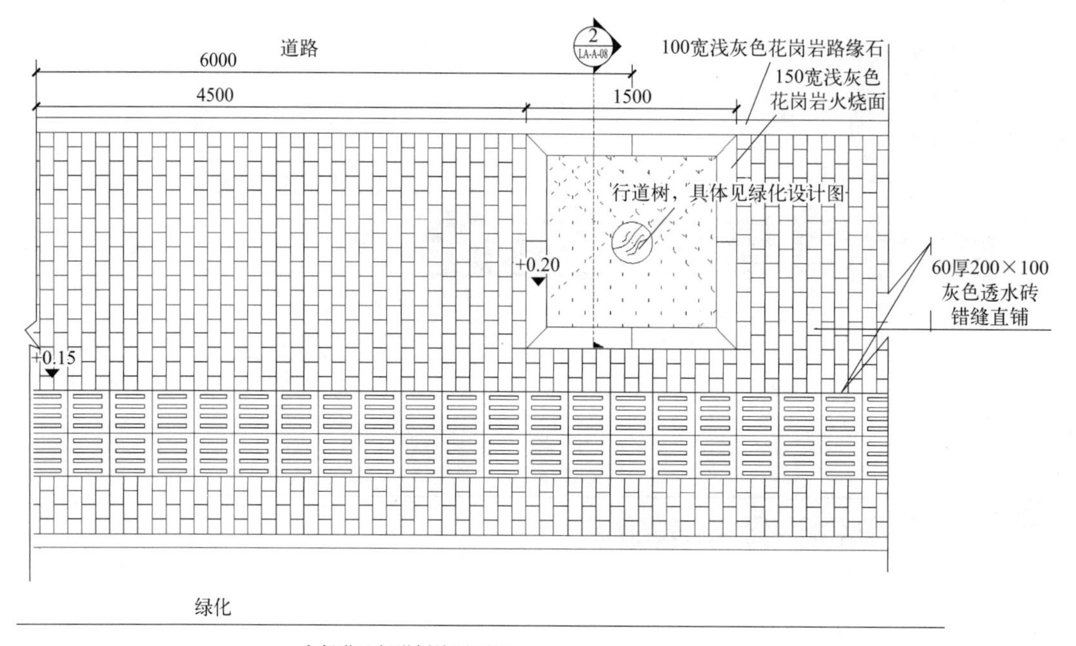

道路
6000
4500
1500
100宽浅灰色花岗岩路缘石
150宽浅灰色
花岗岩火烧面
行道树，具体见绿化设计图
+0.20
60厚200×100
灰色透水砖
错缝直铺
+0.15
绿化

人行道及行道树池平面图 1:20

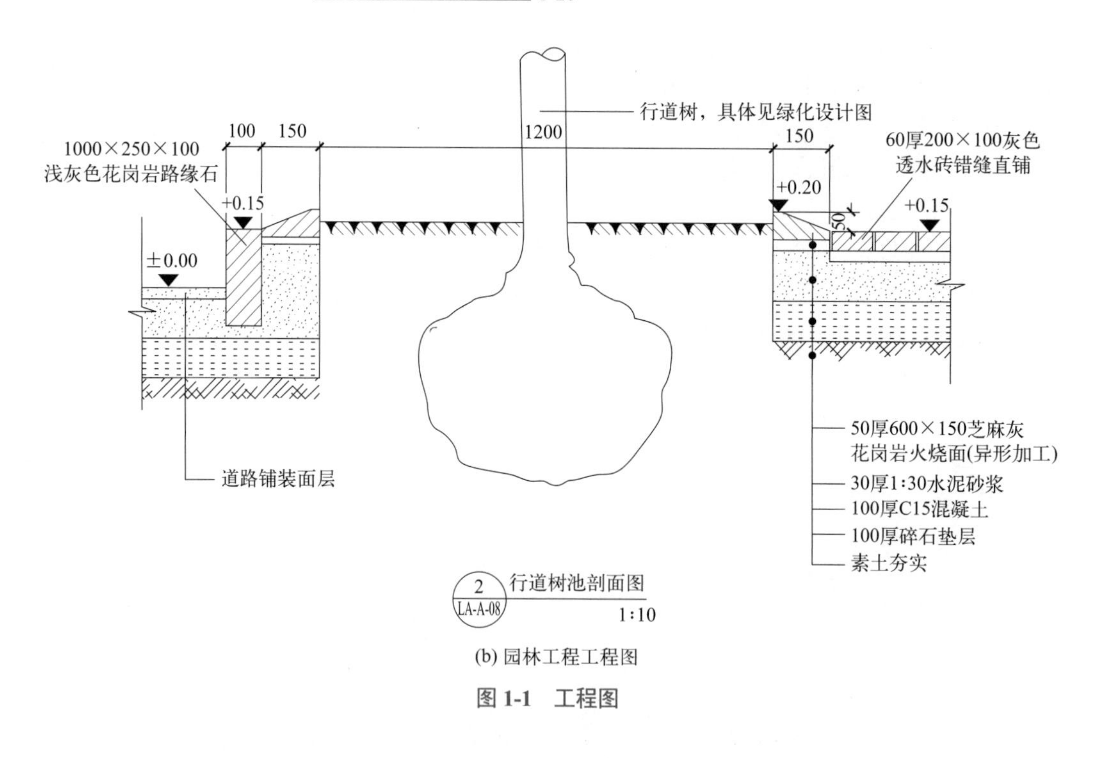

行道树，具体见绿化设计图
100
150
1200
150
1000×250×100
浅灰色花岗岩路缘石
60厚200×100灰色
透水砖错缝直铺
+0.15
+0.20
+0.15
±0.00
50
道路铺装面层
50厚600×150芝麻灰
花岗岩火烧面(异形加工)
30厚1:30水泥砂浆
100厚C15混凝土
100厚碎石垫层
素土夯实
2
LA-A-08

行道树池剖面图 1:10

(b) 园林工程工程图

图 1-1 工程图

小贴士

（1）工程种类繁多，其工程图有相通的要素，也有其专业的要素。其中，《总图制图标准》（GB/T 50013—2010）、《房屋建筑制图统一标准》（GB/T 50001—2017）往往是各工程图制图、识图的基础。

（2）工程制图识图基础，也是各具体工程图制图、识图的基础。

1.1.2　工程字概述

工程图的图上往往具有字、线条、符号等要素。工程字的应用包括字体、字号的应用。工程字如图 1-2 所示。

长仿宋字体的高宽比

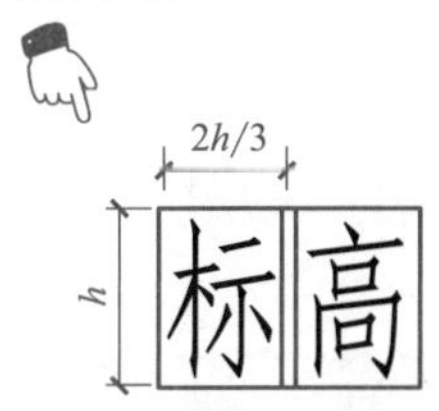
2h/3
h
标高

汉字一般使用正体字，阿拉伯数字或拉丁字母可以使用斜体字。斜体字的字头向右倾斜，并且与水平线约成75°角

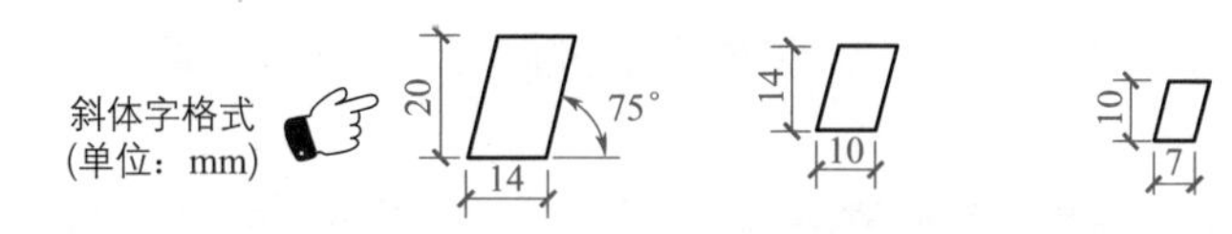
斜体字格式
(单位：mm)
20
75°
14
14
10
10
7

ABCDEFGHIJKLMNOPQRSTUVWXYZ

拉丁字母斜体

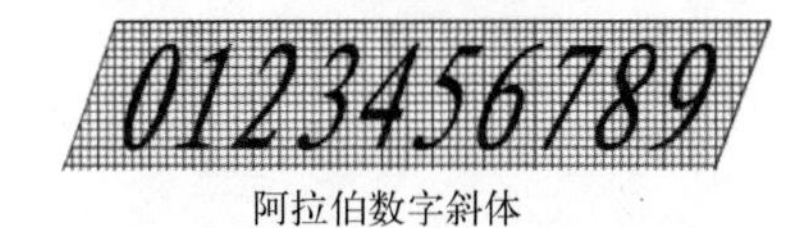
0123456789

阿拉伯数字斜体

拉丁字母、阿拉伯数字、罗马数字，如果需写成斜体字，其斜度应是从字的底线逆时针向上倾斜75°。斜体字的高度与宽度需要与相应的正体字相等

abcdefghijklmnopqrstuvwxyz

拉丁字母正体

拉丁字母、阿拉伯数字、罗马数字的字高，一般不应小于2.5mm

0123456789

阿拉伯数字正体

Ⅰ Ⅱ Ⅲ Ⅳ Ⅴ Ⅵ Ⅶ Ⅷ Ⅸ Ⅹ

罗马数字

图 1-2　工程字

字体，也就是文字的风格式样，又称为书体，即图中文字、字母、数字的书写形式。

字体的号数，简称字号，即指字体的高度。

工程图中长仿宋体的字高与字宽之比一般宜为 0.7。

工程图中黑体字的宽度与高度应相同。

工程图中汉字只能写成正体，其高度不宜小于 3.5mm。同一图纸字体种类不应超过两种。

图样、说明中的拉丁字母、阿拉伯数字、罗马数字，一般宜采用单线简体或 Roman 字体。

注写的数字小于1时，应写出个位的“0”，小数点应采用圆点，齐基准线书写，例如0.06、0.08。

分数、百分数、比例数的注写，一般采用阿拉伯数字与数学符号，例如1/8、1 ： 100、30% 等。

用作指数、分数、极限偏差、注脚、上标、下标的数字和字母，可以采用小一号字体。

数量的数值注写，一般是采用正体阿拉伯数字。各种计量单位凡前面有量值的，均需要采用国家颁布的单位符号注写。单位符号一般采用正体字母。

图线不宜与文字、数字或符号重叠、混淆。出现图线与文字、数字或符号重叠的情况，则应保证文字、数字或符号等的清晰。

从上可知，工程字的应用不是随意的，而是需要遵守相应的规则，尤其是手工制图。

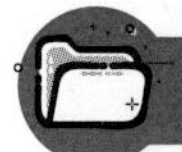

小贴士

对于计算机软件制图，工程字往往是通过设置、选择等操作来实现的。在设置、选择时，不是随意的，而是需要符合工程字的规则与要求。计算机软件工程字的选择例子如图1-3所示。

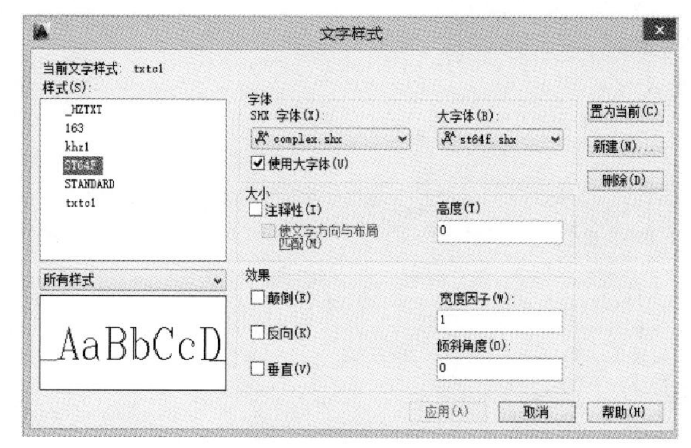
文字样式
当前文字样式：txtol
样式(S)：
_HZTXT
163
khz1
ST64F
STANDARD
txtol
字体
SHX 字体(X)：
complex.shx
使用大字体(U)
大字体(B)：
st64f.shx
置为当前(C)
新建(N)...
删除(D)
大小
注释性(I)
使文字方向与布局匹配(M)
高度(T)
0
所有样式
效果
颠倒(E)
反向(K)
垂直(V)
宽度因子(W)：
1
倾斜角度(O)：
0
AaBbCcD
应用(A)
取消
帮助(H)

(a) CAD软件文字样式

Tahoma
Times New Roman
Trebuchet MS
Txt

ROMAN字体，2号

Yu Mincho Light
方正舒体
方正姚体
仿宋
黑体
华文彩云
华文细黑
华文新魏
华文行楷
华文中宋
楷体
隶书

仿宋体，1号

字号

字号

(b) WORD软件文字

图1-3　计算机软件工程字的选择

1.1.3　工程图中的字号

前文提到过字号，工程图中的字号与对应图幅的参考选择见表1-1。

表1-1 工程图中的字号

字号	字高/mm	字宽/mm	图幅				
			A0	A1	A2	A3	A4
20	20	14	总标题				
14	14	10		总标题			
10	10	7	小标题		总标题		
7	7	5		小标题		总标题	
5	5	3.5	说明	说明	小标题	小标题	标题
3.5	3.5	2.5	数字、尺寸	数字、尺寸	说明	说明	
2.5	2.5	1.8			数字、尺寸	数字、尺寸	数字、尺寸、说明

说明：当A0、A1图幅中的线条或文字、数字很密集时，其字号组合也可按A2图幅的规定执行。

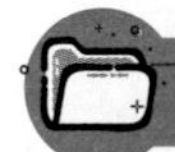

小贴士

识读图，一般情况需要循序渐进，并且往往是首先仔细阅读设计说明，以了解概况、位置、标高、材料要求、质量标准、施工注意事项、特殊的技术要求等。这样，可以在思想上形成一个初步印象、整体性概念。这些设计说明，往往是通过文字表述的。

1.1.4 工程图中的字体

前文提到过字体，工程图中的字体与对应的字高、字宽如图1-4所示。

文字的字高

字体种类	汉字矢量字体	TrueType字体及非汉字矢量字体
字高/mm	3.5、5、7、10、14、20	3、4、6、8、10、14、20

字高大于10mm的文字宜采用TrueType字体，如需书写更大的字，其高度应按$\sqrt{2}$的倍数递增

单位：mm

长仿宋字高宽关系

字高	3.5	5	7	10	14	20
字宽	2.5	3.5	5	7	10	14

图样及说明中的汉字，宜优先采用TrueType字体中的宋体字型，采用矢量字体时应为长仿宋体字型。同一图纸字体种类不应超过两种。
矢量字体的宽高比宜为0.7，打印线宽宜为0.25～0.35mm。
True Type字体宽高比宜为1。
大标题、图册封面、地形图等的汉字，也可书写成其他字体，但应易于辨认，其宽高比宜为1

图1-4 字体

小贴士

（1）绘图时，图纸上所需书写的文字、数字、符号等，均需要笔画清晰、字体端正、排列整齐。标点符号也需要清楚正确。

（2）识图时，遇到图纸上不清楚的书写，应检查是否有变更、审查意见单等。如果没有，一般情况应要求有关方提供书写清楚的图。

（3）某建筑工程字体的应用如图 1-5 所示。

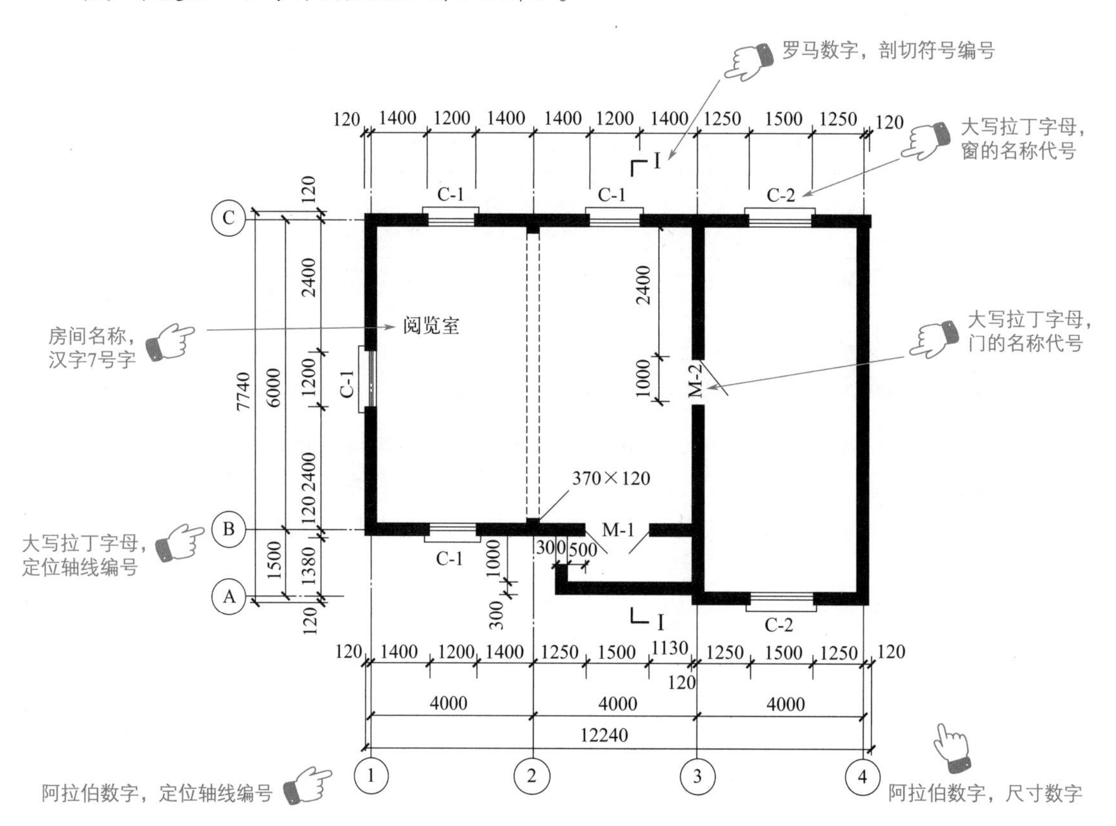
罗马数字，剖切符号编号
120 1400 1200 1400 1400 1200 1400 1250 1500 1250 120
大写拉丁字母，
窗的名称代号
I
C-1
C-1
C-2
C
120
2400
2400
房间名称，
汉字7号字
阅览室
大写拉丁字母，
门的名称代号
7740
6000
1200
C-1
1000
M-2
120 2400
370×120
B
120
M-1
大写拉丁字母，
定位轴线编号
1500
1380
C-1
1000
300
500
A
120
300
I
C-2
120 1400 1200 1400 1250 1500 1130 1250 1500 1250 120
120
4000
4000
4000
12240
1
2
3
4
阿拉伯数字，定位轴线编号
阿拉伯数字，尺寸数字

图名，10号汉字
一层平面图 1:100
比例，与汉字一起书写时要小1或2号

图 1-5　某建筑工程字体的应用

1.1.5　字母、数字的书写规则

（1）图样、说明中的字母、数字，宜优先采用 TrueType 字体中的 Roman 字型。

（2）字母、数字，当需写成斜体字时，其斜度应是从字的底线逆时针向上倾斜 75°。斜体字的高度、宽度需要与相应的直体字相等。

（3）字母、数字的字高不应小于 2.5mm。

（4）数量的数值注写，应采用正体阿拉伯数字。

（5）各种计量单位凡前面有量值的，均需要采用国家颁布的单位符号注写。单位符号应采用正体字母。

（6）分数、百分数、比例数字的注写，一般需要采用阿拉伯数字、数字符号。

（7）注写的数字小于 1 时，应写出个位的“0”，小数点需要采用圆点，齐基准线书写。

字母、数字的书写规则如图 1-6 所示。

书写形式	字体	窄字体
小写字母高度（上下均无延伸）	7/10 *h*	10/14 *h*
小写字母伸出的头部或尾部	3/10 *h*	4/14 *h*
笔画宽度	1/10 *h*	1/14 *h*
字母间距	2/10 *h*	2/14 *h*
上下行基准线的最小间距	15/10 *h*	21/14 *h*
词间距	6/10 *h*	6/14 *h*

图 1-6　字母、数字的书写规则

h—大写字母高度

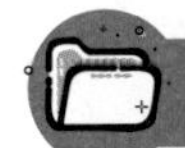

小贴士

制图的核心点是画图，识图的核心点是看图。字母、数字的书写规则的掌握，对于制图者相当重要，对于识图者重要的是能够看懂字母的含义与数字的表达等内容。

1.1.6　比例的绘制与识读

比例，就是图中图形与其实物相应要素的线性尺寸之比。

图样的比例，一般为图形与实物相对应的线性尺寸之比。

一般情况下，一个图样应选用一种比例。根据专业制图需要，同一图样可选用两种比例。

图样的比例表示及要求：需要根据工程的具体情况采用能够清晰表示设计内容的比例。

绘图所用的比例需要根据图样的用途与被绘对象的复杂程度选用，并且优先采用常用比例。

比例的符号与特点如图 1-7 所示。

比例的符号为“:”，
比例以阿拉伯数字表示
平面图
1:50
6
1:20
比例宜注写在图名的右侧，字的基准线应取平；
比例的字高宜比图名的字高小一号或二号
一张图上仅有一种比例时，应在标题栏中标注比例；
一张图上有多个图样采用几种不同比例时，应在图名的右侧或下方标注比例

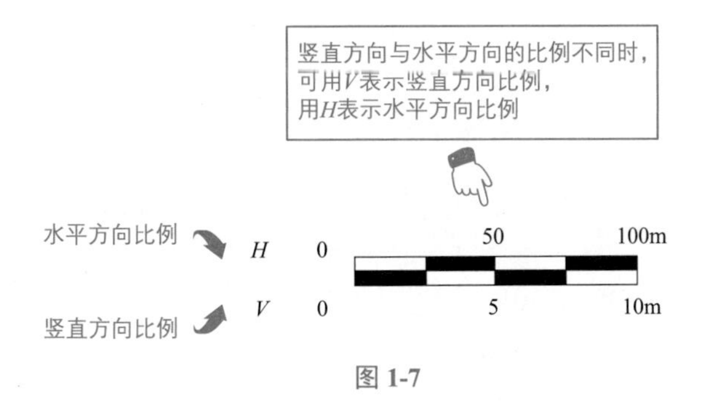
竖直方向与水平方向的比例不同时，
可用V表示竖直方向比例，
用H表示水平方向比例
水平方向比例
H
0
50
100m
竖直方向比例
V
0
5
10m

图 1-7

绘图所用的比例

常用比例	1:1、1:2、1:5、1:10、1:20、1:30、1:50、1:100、1:150、1:200、1:500、1:1000、1:2000
可用比例	1:3、1:4、1:6、1:15、1:25、1:40、1:60、1:80、1:250、1:300、1:400、1:600、1:5000、1:10000、1:20000、1:50000、1:100000、1:200000

绘图所用的比例根据图样的用途与被绘对象的复杂程度选用，并且优先采用常用比例。特殊情况下也可以自选比例，这时除了要注出绘图比例外，还需要在适当位置绘制出相应的比例尺。需要缩微的图需要绘制比例尺

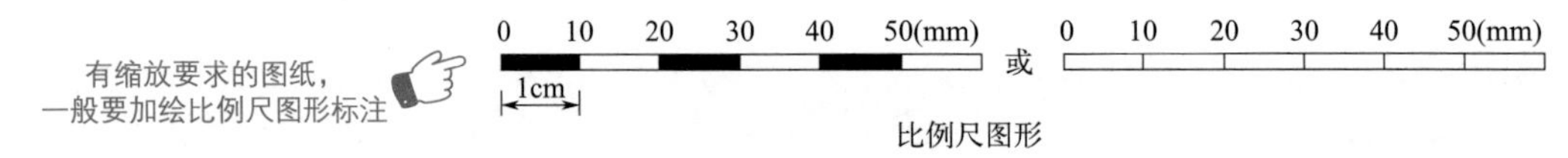
0 10 20 30 40 50(mm)
1cm
或
0 10 20 30 40 50(mm)
比例尺图形

有缩放要求的图纸，
一般要加绘比例尺图形标注

图 1-7　比例的符号与特点

小贴士

（1）工程图的比例表示有几种方法，识图者需要了解。对于工程图，主要是因为图幅尺寸与工程形体相差太大，所以需要根据比例缩小或放大绘制在图纸上，如图 1-8 所示。但是图上标注的尺寸均为实际尺寸。

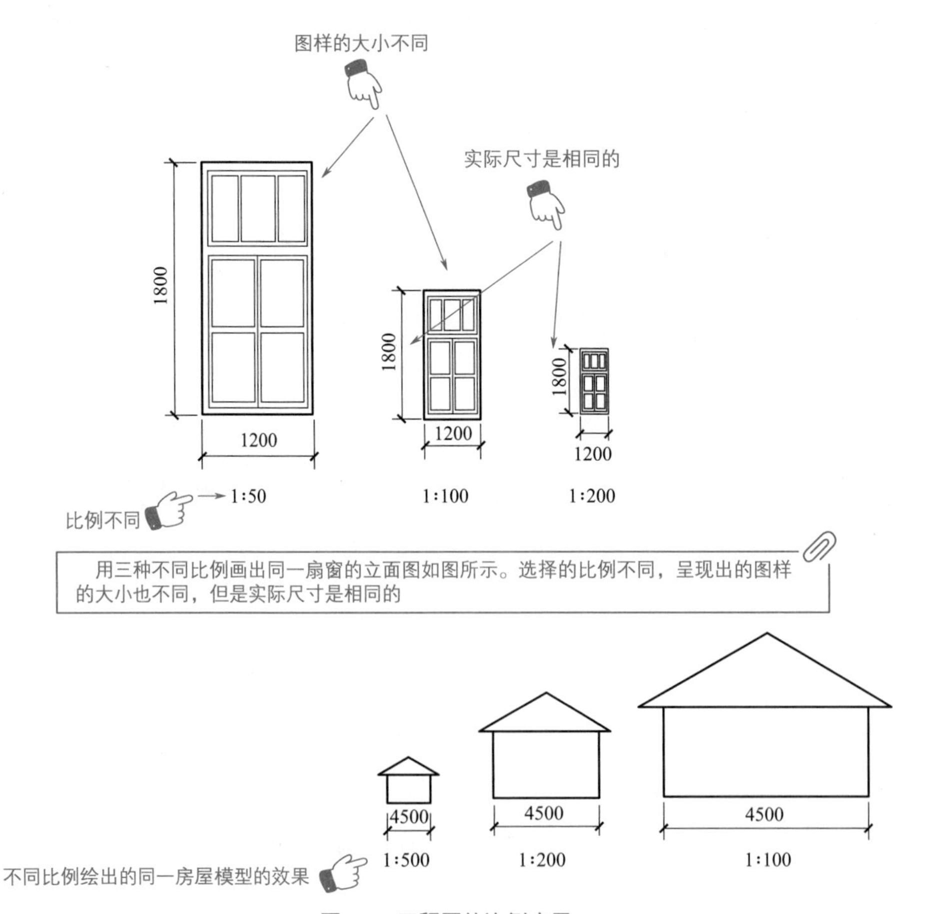
图样的大小不同
实际尺寸是相同的
1800
1200
1:50
1:100
1:200
比例不同
用三种不同比例画出同一扇窗的立面图如图所示。选择的比例不同，呈现出的图样的大小也不同，但是实际尺寸是相同的
4500
1:500
1:200
1:100
不同比例绘出的同一房屋模型的效果

图 1-8　工程图的比例应用

（2）具体工程图的比例，有时需要具有“一致性”。例如，给水排水工程图中区域规划图、区域位置图宜与总图专业一致；总平面图宜与总图专业一致；建筑给排水平面图宜与建筑专业一致；建筑给排水轴测图宜与相应图纸一致等。

（3）具体工程中，不同类型图所用的比例不同。例如，建筑装饰工程设计的绘图比例，需要根据不同内容、不同部位、不同阶段的图纸内容、图样复杂程度来确定，如图1-9所示。

比例	部位	图纸内容
(1∶300)～(1∶100)	总平面、总顶面	总平面布置图、总顶棚平面布置图
(1∶100)～(1∶50)	局部平面、局部顶棚平面	局部平面布置图、局部顶棚平面布置图
(1∶100)～(1∶50)	不复杂的立面	立面图、剖面图
(1∶50)～(1∶30)	较复杂的立面	立面图、剖面图
(1∶30)～(1∶10)	复杂的立面	立面放大图、剖面图
(1∶10)～(1∶1)	采用常规比例无法准确表达的平面或立面图	详图
(1∶10)～(1∶1)	重点部位的构造	节点图

图1-9　建筑装饰工程绘图所用的比例

（4）所用的比例无法准确表述图纸内容时，可自定比例，并且加上自定比例的说明。不同工程的不同部位，具体采用的比例有所差异。

1.1.7　图纸幅面格式

前文提到的比例往往是因为图纸幅面与形体差异大而引入的。图纸幅面，就是图纸宽度与长度组成的图面，即图纸的大小、规格。

图纸除了大小、规格外，还有格式，并且这格式是各工程图通用的规范与要求。幅面格式如图1-10所示。

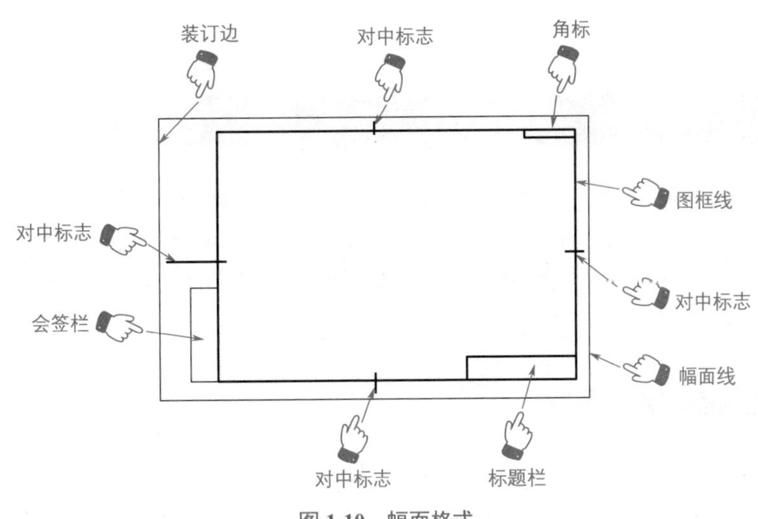
装订边
对中标志
角标
图框线
对中标志
对中标志
会签栏
幅面线
对中标志
标题栏

图1-10　幅面格式

1.1.8 基本幅面与图框尺寸

图框，就是图纸上限定绘图区域的线框。图框包括：图框线、幅面线、装订线、标题栏、对中标志等，如图 1-11 所示。

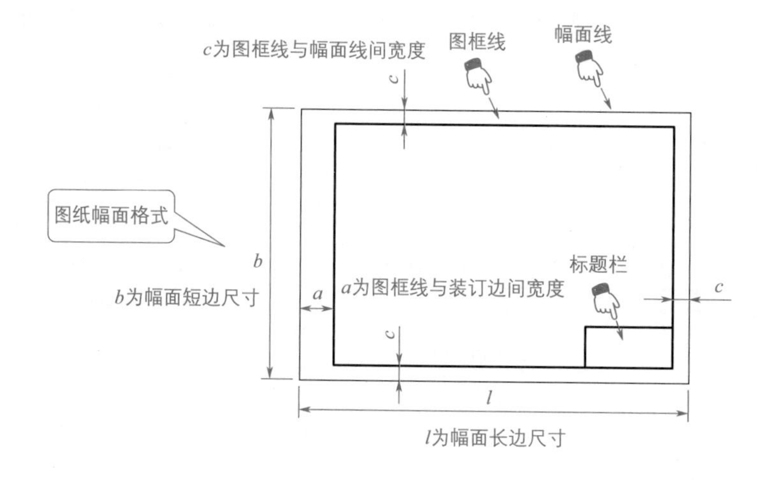

c为图框线与幅面线间宽度
图框线
幅面线
c
图纸幅面格式
b
b为幅面短边尺寸
a
a为图框线与装订边间宽度
标题栏
c
c
l
l为幅面长边尺寸

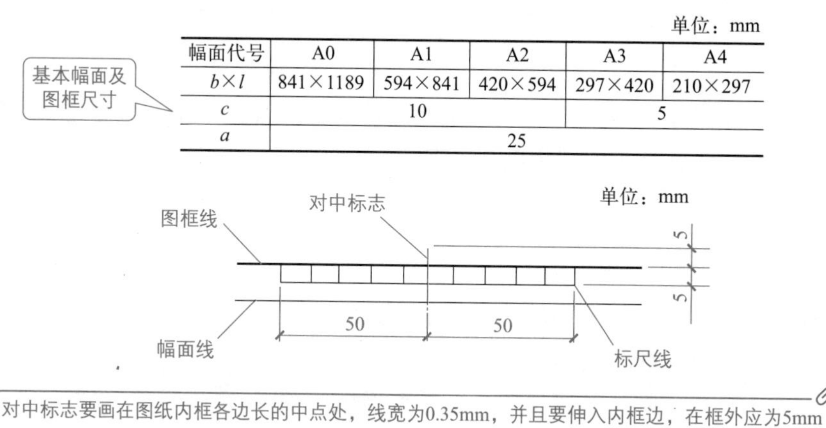

基本幅面及图框尺寸
单位：mm
对中标志
图框线
单位：mm
5
5
50
50
幅面线
标尺线
对中标志要画在图纸内框各边长的中点处，线宽为0.35mm，并且要伸入内框边，在框外应为5mm

幅面代号	A0	A1	A2	A3	A4
$b \times l$	841×1189	594×841	420×594	297×420	210×297
c	10			5	
a	25				

图 1-11 基本幅面及图框尺寸

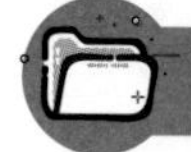

小贴士

需要微缩复制的图纸，其一个边需要附有一段准确的米制尺度，四个边上均应附有对中标志，米制尺度的总长应为 100mm，分格应为 10mm。对中标志要画在图纸内框各边长的中点处，线宽为 0.35mm，并且要伸入内框边，在框外部分应为 5mm。对中标志的线段，应于图框长边尺寸 l_1 与图框短边尺寸 b_1 范围取中。

1.1.9 横式图幅规格与要求

图幅，也就是指图纸的幅面大小，即图纸本身的大小规格。

图纸以短边作为垂直边的图纸为横式，即横式图。横式图幅如图 1-12 所示。

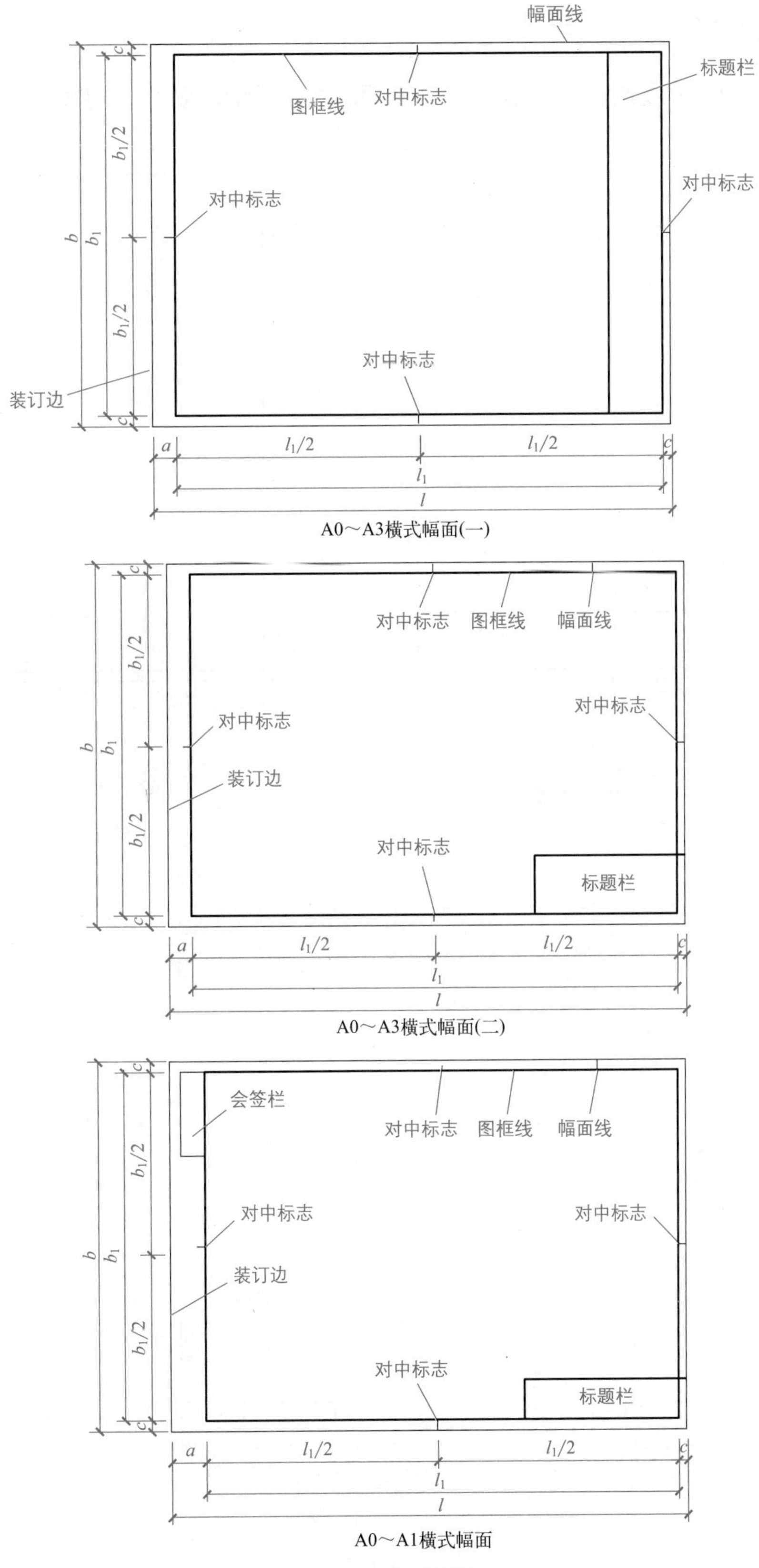
幅面线
标题栏
图框线
对中标志
对中标志
对中标志
对中标志
装订边
b
b_1
$b_1/2$
$b_1/2$
c
c
a
$l_1/2$
$l_1/2$
c
l_1
l
A0～A3横式幅面(一)
对中标志
图框线
幅面线
对中标志
对中标志
装订边
对中标志
标题栏
A0～A3横式幅面(二)
会签栏
对中标志
图框线
幅面线
对中标志
对中标志
装订边
对中标志
标题栏
A0～A1横式幅面

图 1-12　横式图幅

1.1.10 立式图幅规格与要求

以短边作为水平边的图纸为立式，即立式图。立式图幅的规格与要求如图 1-13 所示。

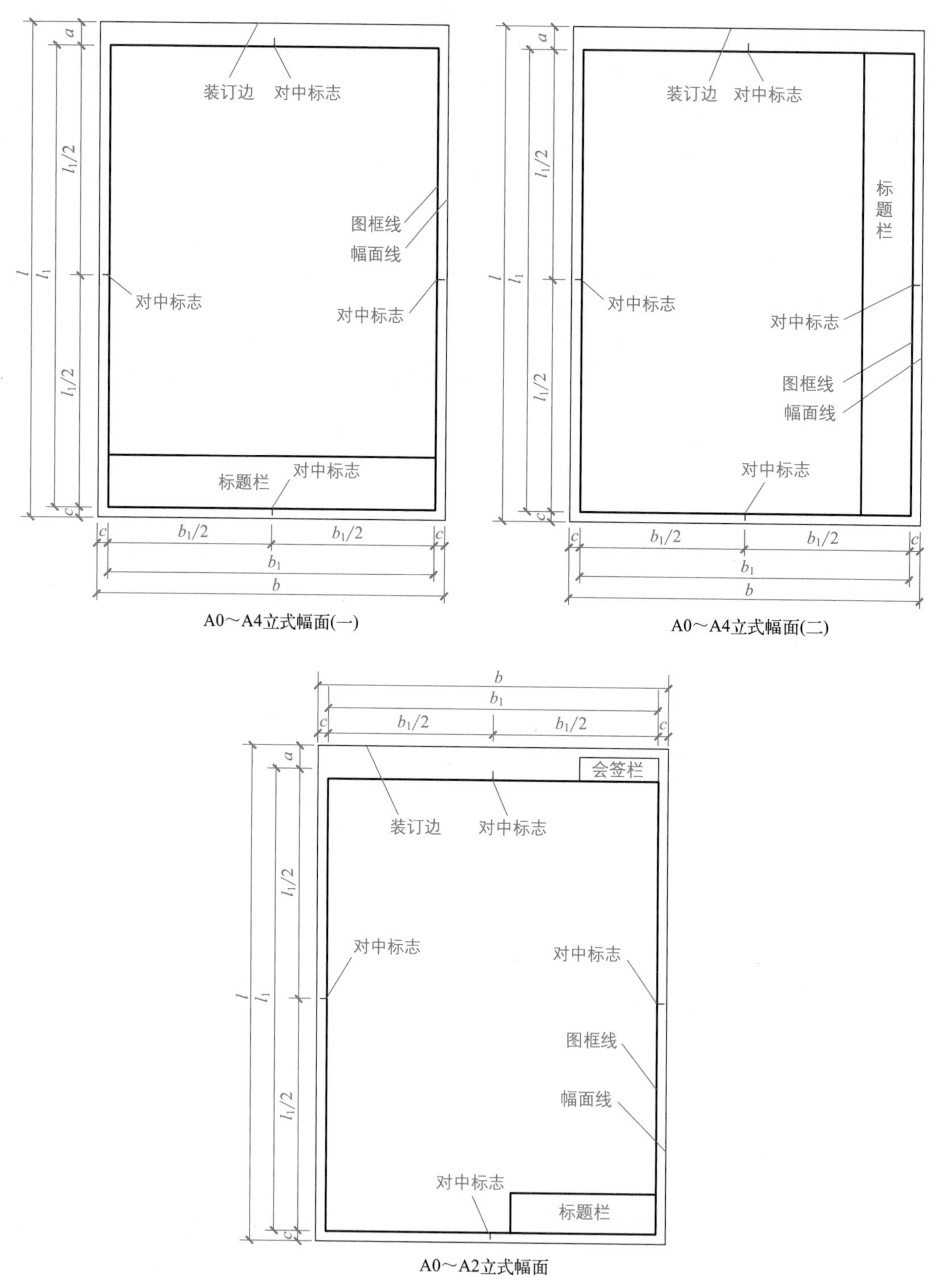

装订边
对中标志
图框线
幅面线
对中标志
对中标志
标题栏
对中标志
A0～A4立式幅面(一)
装订边
对中标志
标题栏
对中标志
对中标志
图框线
幅面线
对中标志
A0～A4立式幅面(二)
会签栏
装订边
对中标志
对中标志
对中标志
图框线
幅面线
对中标志
标题栏
A0～A2立式幅面

图 1-13 立式图幅

1.1.11 图纸长边加长尺寸

尺寸，就是用特定长度或角度单位表示的数值，并且在技术图样上用图线符号和技术要求表示出来。

A0 ～ A3 图纸宜横式使用；必要时，也可以立式使用。一个工程设计中，每个专业所使用的图纸，不宜多于两种幅面（不含目录与表格所采用的 A4 幅面）。

图纸长边加长后的尺寸如图 1-14 所示。

图纸长边加长尺寸

幅面代号	长边尺寸	长边加长后的尺寸
A0	1189	1486(A0+1/4*l*) 1783(A0+1/2*l*) 2080(A0+3/4*l*) 2378(A0+*l*)
A1	841	1051(A1+1/4*l*) 1261(A1+1/2*l*) 1471(A1+3/4*l*) 1682(A1+*l*) 1892(A1+5/4*l*) 2102(A1+3/2*l*)
A2	594	743(A2+1/4*l*) 891(A2+1/2*l*) 1041(A2+3/4*l*) 1189(A2+*l*) 1338(A2+5/4*l*) 1486(A2+3/2*l*) 1635(A2+7/4*l*) 1783(A2+2*l*) 1932(A2+9/4*l*) 2080(A2+5/2*l*)
A3	420	630(A3+1/2*l*) 841(A3+*l*) 1051(A3+3/2*l*) 1261(A3+2*l*) 1471(A3+5/2*l*) 1682(A3+3*l*) 1892(A3+7/2*l*)

说明：有特殊需要的图纸，可以采用$b \times l$为841mm×891mm与1189mm×1261mm的幅面。

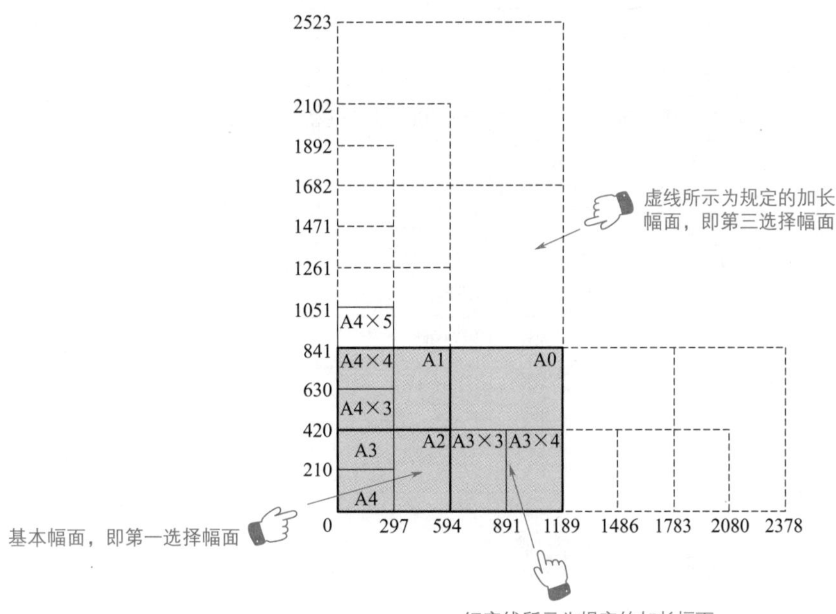

2523
2102
1892
1682
1471
1261
1051
841
630
420
210
0
297
594
891
1189
1486
1783
2080
2378
A4×5
A4×4
A4×3
A3
A4
A1
A0
A2
A3×3
A3×4
虚线所示为规定的加长幅面，即第三选择幅面
基本幅面，即第一选择幅面
细实线所示为规定的加长幅面，即第二选择幅面

纸张幅面规格尺寸

规格	A0	A1	A2	A3	A4	A5	A6	A7	A8
幅宽	841	594	420	297	210	148	105	74	52
长度	1189	841	594	420	297	210	148	105	74
规格	B0	B1	B2	B3	B4	B5	B6	B7	B8
幅宽	1000	707	500	353	250	176	125	88	62
长度	1414	1000	707	500	353	250	176	125	88

图 1-14 图纸长边加长后的尺寸（单位：mm）

小贴士

工程图纸的图纸尺寸与实物尺寸见表 1-2。

表1-2　工程图纸的图纸尺寸与实物尺寸　　单位：mm

图号	A0	A1	A2	A3	A4
比例	1189×841	841×594	594×420	420×297	297×210
1 : 50	59450×42050	42050×29700	29700×21000	21000×14850	14850×10500
1 : 100	118900×84100	84100×59400	59400×42000	42000×29700	29700×21000
1 : 150	178350×126150	126150×89100	89100×63000	63000×44550	44550×31500
1 : 200	237800×168200	168200×118800	118800×84000	84000×59400	59400×42000
1 : 250	297250×210250	210250×148500	148500×105000	105000×74250	74250×52500
1 : 300	356700×252300	252300×178200	178200×126000	126000×89100	89100×63000
1 : 350	416150×294350	294350×207900	207900×147000	147000×103950	103950×73500
1 : 400	475600×336400	336400×237600	237600×168000	168000×118800	118800×84000
1 : 450	535050×378450	378450×267300	267300×189000	189000×133650	133650×94500
1 : 500	594500×420500	420500×297000	297000×210000	210000×148500	148500×105000
1 : 550	653950×462550	462550×326700	326700×231000	231000×163350	163350×115500
1 : 600	713400×504600	504600×356400	356400×252000	252000×178200	178200×126000
1 : 650	772850×546650	546650×386100	386100×273000	273000×193050	193050×136500
1 : 700	832300×588700	588700×415800	415800×294000	294000×207900	207900×147000
1 : 750	891750×630750	630750×445500	445500×315000	315000×222750	222750×157500
1 : 800	951200×672800	672800×475200	475200×336000	336000×237600	237600×168000
1 : 850	1010650×714850	714850×504900	504900×357000	357000×252450	252450×178500
1 : 900	1070100×756900	756900×534600	534600×378000	378000×267300	267300×189000
1 : 950	1129550×798950	798950×564300	564300×399000	399000×282150	282150×199500
1 : 1000	1189000×841000	841000×594000	594000×420000	420000×297000	297000×210000

1.1.12　标题栏、会签栏要求与特点

标题栏是表示设计信息的栏目，标题栏由设计单位信息、项目名称、签字区、图名图号区、修改记录区、盖章区等组成，如图 1-15 所示。签字区有项目负责人、设计人、制图人、审核人等内容。图号区是标明图纸序号的位置。

标题栏一般布置在图框内右下角的位置。

标题栏的外框线线宽一般宜采用 0.7mm。标题栏的分格线线宽一般宜采用 0.25mm。

会签栏一般宜布置在图框外左下角。会签栏外框线线宽一般宜采用 0.5mm，内分格线线宽一般宜采用 0.25mm。

计算机制图文件中如使用电子签名，需要符合《中华人民共和国电子签名法》。涉外工

程的标题栏内，各项主要内容的中文下方需要附有译文，设计单位的上方或左方应加“中华人民共和国”字样。

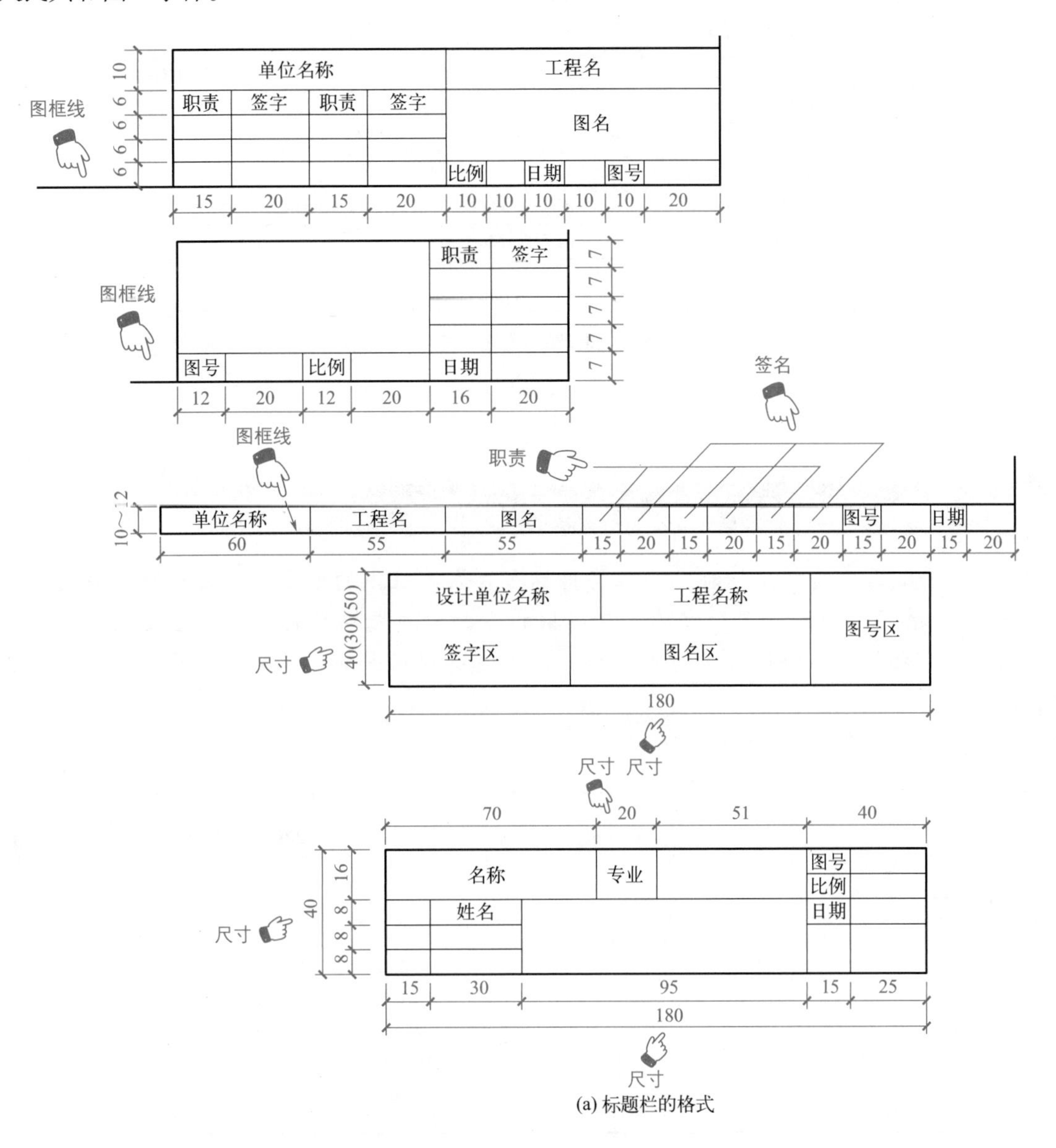

图框线
单位名称
工程名
职责
签字
职责
签字
图名
比例
日期
图号
10
6
6
6
6
15
20
15
20
10
10
10
10
10
20
图框线
职责
签字
图号
比例
日期
7
7
7
7
7
12
20
12
20
16
20
签名
图框线
职责
10～12
单位名称
工程名
图名
图号
日期
60
55
55
15
20
15
20
15
20
15
20
15
20
设计单位名称
工程名称
图号区
签字区
图名区
40(30)(50)
尺寸
180
尺寸
尺寸
尺寸
70
20
51
40
名称
专业
图号
比例
日期
姓名
16
8
8
8
40
尺寸
15
30
95
15
25
180
尺寸

(a) 标题栏的格式

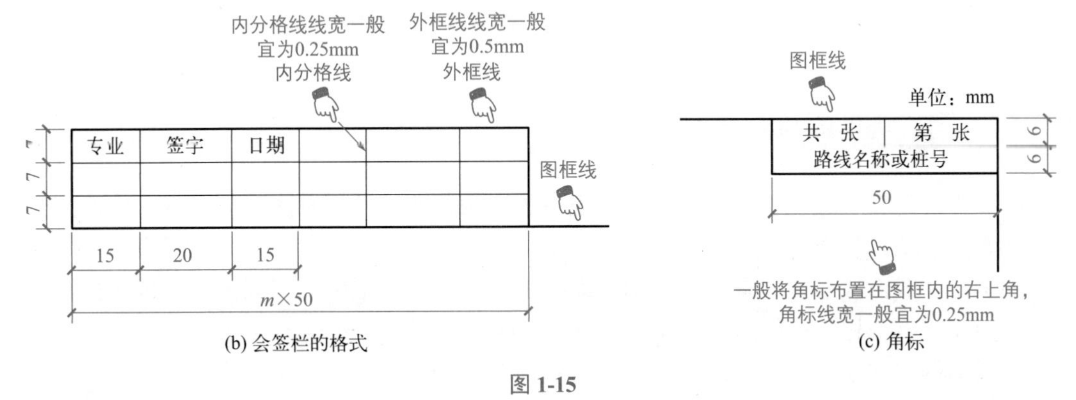

内分格线线宽一般
宜为0.25mm
内分格线
外框线线宽一般
宜为0.5mm
外框线
专业
签字
日期
7
7
7
图框线
15
20
15
m×50
图框线
单位：mm
共 张
第 张
路线名称或桩号
6
6
50
一般将角标布置在图框内的右上角，
角标线宽一般宜为0.25mm

(b) 会签栏的格式

(c) 角标

图 1-15

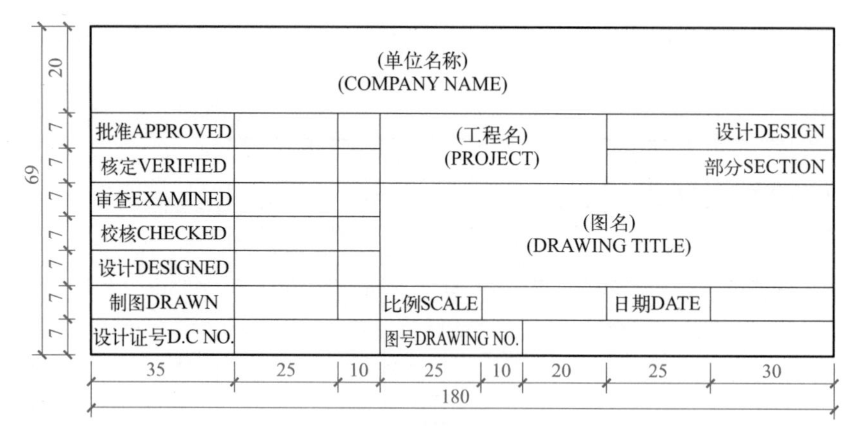
(单位名称)
(COMPANY NAME)
批准APPROVED
核定VERIFIED
审查EXAMINED
校核CHECKED
设计DESIGNED
制图DRAWN
设计证号D.C NO.
(工程名)
(PROJECT)
设计DESIGN
部分SECTION
(图名)
(DRAWING TITLE)
比例SCALE
日期DATE
图号DRAWING NO.
20
7
7
7
7
7
7
7
69
35
25
10
25
10
20
25
30
180

(d) 涉外工程图标题栏

图 1-15 图标与会签栏（单位：mm）

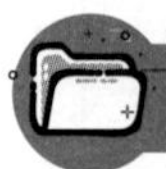

小贴士

（1）图纸需要绘制角标时，一般将角标布置在图框内的右上角，角标线宽一般宜为0.25mm。横式幅面的标题栏宜放置在图框的右侧。立式幅面的标题栏宜放置在图框的下侧。一个会签栏不够时，可另加一个，两个会签栏应并列，不需会签的图纸可不设会签栏。

（2）某工程图会签栏如图 1-16 所示。

				工程名称 PROJECT NAME			
审定 APPROVED		校核 CHECKED		景观			
审核 AGREED		设计 DESIGNED		阶段 STAGE	园施	比例 SCALE	
设计负责人 CHEAF DESIGNER		设计 DESIGNED		图号 DRAWING NO.		修正号 REV NO.	
专业负责人 SPECIALITY SPONSOR		制图 DRAWING		项目编号 PROJECT NO.		日期 DATE	

图 1-16 某工程图会签栏

1.1.13 图线类型的绘制与识读

图线，就是在图纸上绘制的符合一定规格的线条，即指工程制图中用以表示设计图样的规范线条，如图 1-17 所示。

图线，一般由线型、线宽两个基础元素决定。同一张图纸内，相同比例的各图样需要选用相同的线宽组。相互平行的图例线，其净间隙或线中间隙不宜小于 0.2mm。

图线不得与文字、数字或符号重叠、混淆，不可避免时，需要首先保证文字的清晰。

名称		线型	线宽	用途
实线	粗		b	主要可见轮廓线
	中粗		$0.7b$	可见轮廓线、变更云线
	中		$0.5b$	可见轮廓线、尺寸线
	细		$0.25b$	图例填充线、家具线
虚线	粗		b	见各有关专业制图标准
	中粗		$0.7b$	不可见轮廓线
	中		$0.5b$	不可见轮廓线、图例线
	细		$0.25b$	图例填充线、家具线
单点长画线	粗		b	见各有关专业制图标准
	中		$0.5b$	见各有关专业制图标准
	细		$0.25b$	中心线、对称线、轴线等
双点长画线	粗		b	见各有关专业制图标准
	中		$0.5b$	见各有关专业制图标准
	细		$0.25b$	假想轮廓线、成型前原始轮廓线
折断线	细		$0.25b$	断开界线
波浪线	细		$0.25b$	断开界线

图 1-17　图线

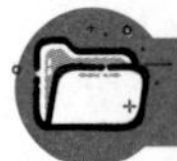

小贴士

图线的应用如图 1-18 所示。

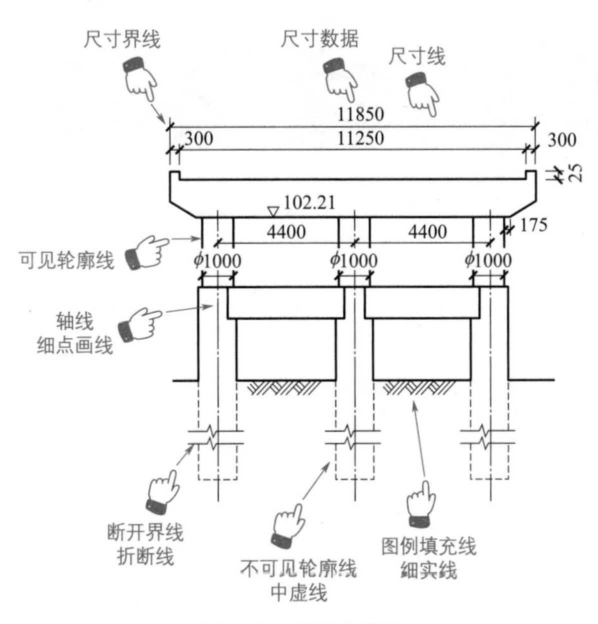
尺寸界线
尺寸数据
尺寸线
11850
300
11250
300
25
102.21
4400
4400
175
可见轮廓线
ϕ1000
ϕ1000
ϕ1000
轴线
细点画线
断开界线
折断线
不可见轮廓线
中虚线
图例填充线
细实线

图 1-18　图线的应用

1.1.14　线宽类型的绘制与识读

图线的基本线宽为 b，宜根据图纸比例、图纸性质从 1.4mm、1.0mm、0.7mm、0.5mm

线宽系列中选取。每个图样需要根据复杂程度与比例大小，先选定基本线宽 b ，再选用相应的线宽组，如图 1-19 所示。

线宽比	线宽组			
b	1.4	1.0	0.7	0.5
$0.7b$	1.0	0.7	0.5	0.35
$0.5b$	0.7	0.5	0.35	0.25
$0.25b$	0.35	0.25	0.18	0.13

(a) 线宽组

幅面代号	图框线	标题栏外框线对中标志	标题栏分格线幅面线
A0、A1	b	$0.5b$	$0.25b$
A2、A3、A4	b	$0.7b$	$0.35b$

(b) 图框和标题栏线的宽度

图 1-19　线宽（单位：mm）

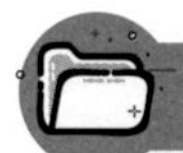

小贴士

（1）需要缩微的图纸，不宜采用 0.18mm 及更细的线宽。

（2）同一张图纸内，各不同线宽中的细线，可以统一采用较细的线宽组的细线。

1.1.15　工程图中常用的图线

工程图中常用的图线见表 1-3。

表1-3　工程图中常用的图线

线宽号	线宽/mm	图幅				
		A0	A1	A2	A3	A4
7	2.0	特粗线	特粗线			
6	1.4	加粗线	加粗线	特粗线	特粗线	
5	1.0	粗线（b）	粗线（b）	加粗线	加粗线	特粗线
4	0.7			粗线（b）	粗线（b）	加粗线
3	0.5	中粗线（$b/2$）	中粗线（$b/2$）			粗线（b）
2	0.35			中粗线（$b/2$）	中粗线（$b/2$）	
1	0.25	细线（$b/4$）	细线（$b/4$）			中粗线（$b/2$）
0	0.18			细线（$b/4$）	细线（$b/4$）	细线（$b/3$）

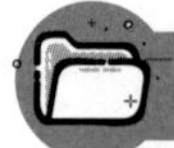

小贴士

具体工程图的线型根据具体专业图有所不同，通用性的要求相同。例如，建筑室内装饰工程制图的常用线型如图 1-20 所示。

线型			线宽	一般用途
实线	加粗		1.5b	建筑立面轮廓的底线；图名底线
	粗		b	平面图、剖面图中被剖切的房屋建筑和装饰装修构造的主要轮廓线；建筑室内装饰装修构造详图、节点图中被剖切部分的主要轮廓线；平面图、立面图、剖面图的剖切符号
	中粗		0.7b	平面图、剖面图中被剖切的房屋建筑和装饰装修构造的次要轮廓线；建筑室内装饰装修详图中的外轮廓线
	中		0.5b	建筑室内装饰装修构造节点中的一般轮廓线；小于0.7b的图形线、家具线、尺寸线、尺寸界线、索引符号、标高符号、引出线、地面、墙面的高差分界线等
	细		0.25b	图形和图例的填充线
虚线	中粗		0.7b	被遮挡部分的轮廓线；被索引图样的范围；拟建、扩建建筑室内装饰装修部分轮廓线；未投影到的上部或下部物体轮廓线
	中		0.5b	平面中上部的投影轮廓线；预想放置的房屋建筑或构件
	细		0.25b	表示内容与中虚线相同，适合小于0.5b的不可见轮廓线
单点长画线	中粗		0.7b	运动轨迹线
	细		0.25b	中心线、对称线、定位轴线
折断线	细		0.25b	不需要画全的断开界线
波浪线	细		0.25b	不需要画全的断开界线；构造层次的断开界线；曲线形构件断开界限
点线	细		0.25b	制图需要的辅助线
样条曲线	细		0.25b	不需要画全的断开界线；制图需要的引出线

图 1-20　建筑室内装饰工程制图的常用线型

1.1.16　点画线的画法规则

点画线的绘制规则如下。

（1）单点长画线或双点长画线的线段长度和间隔，宜各自相等，如图 1-21 所示。

（2）单点长画线或双点长画线，在较小图形中绘制有困难时，可以用实线代替。

（3）单点长画线或双点长画线的两端，不应采用点。

同一张图中虚线、点画线、双点画线的线段长及间隔应相同，
点画线和双点画线的点应使间隔均分。
虚线、点画线、双点画线应在线段上转折或交汇。
图纸幅面较大时，可采用线段较长和间隔较大的虚线、点画线或双点画线。

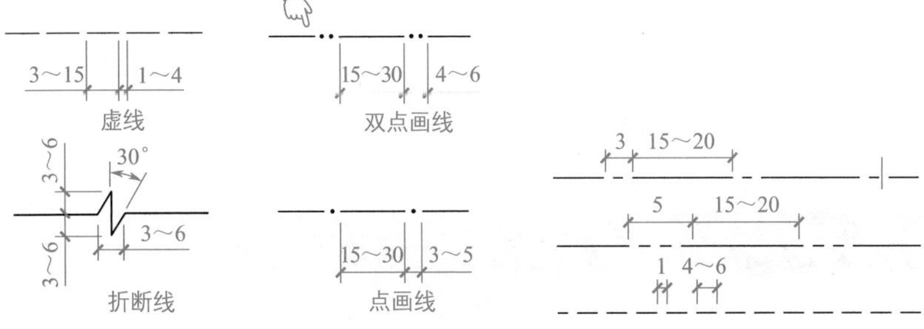
3～15
1～4
虚线
15～30
4～6
双点画线
3～6
30°
3～6
3～6
折断线
15～30
3～5
点画线
3
15～20
5
15～20
1
4～6

图 1-21　几种图线的画法

1.1.17　虚线与虚线交接的绘制与识读

虚线的短画与间隔长度应各自一致，如图 1-21 所示。

虚线与虚线交接或虚线与其他图线交接时，应采用线段交接。虚线为实线的延长线时，不得与所延长的实线相接，如图 1-22 所示。虚线的线段长度和间隔，也宜各自相等。

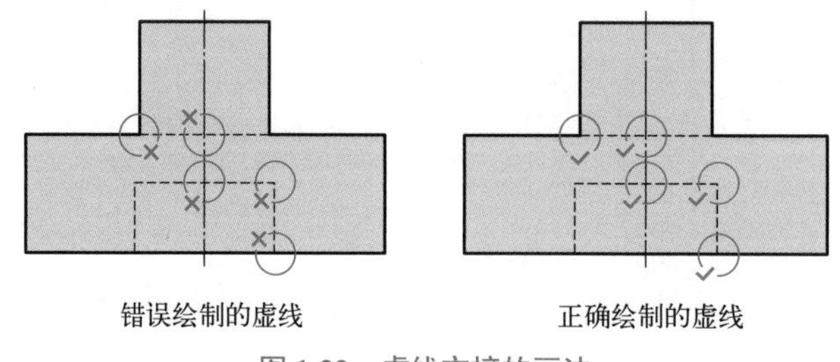
错误绘制的虚线
正确绘制的虚线

图 1-22　虚线交接的画法

1.1.18　相交图线的绘制与识读

点画线与点画线交接或点画线与其他图线交接时，应采用线段交接。相交图线的绘制规定如图 1-23 所示。

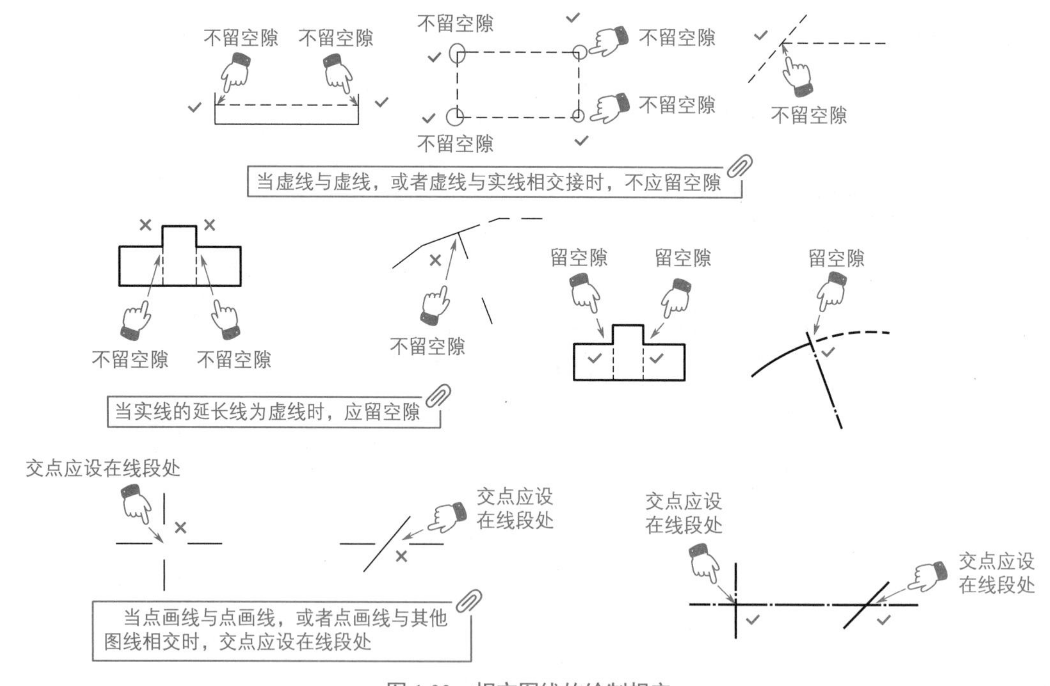
不留空隙
不留空隙
不留空隙
不留空隙
不留空隙
不留空隙
不留空隙
当虚线与虚线，或者虚线与实线相交接时，不应留空隙
不留空隙
不留空隙
不留空隙
留空隙
留空隙
留空隙
当实线的延长线为虚线时，应留空隙
交点应设在线段处
交点应设在线段处
交点应设在线段处
交点应设在线段处
当点画线与点画线，或者点画线与其他图线相交时，交点应设在线段处

图 1-23　相交图线的绘制规定

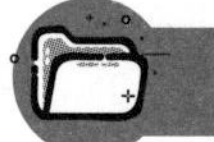

小贴士

图线，就是起点和终点间以任何方式连接的一种几何图形，形状可以是直线或曲线，可以为连续线或不连续线。

1.1.19　波浪线的绘制与识读

波浪线不应超出图形外轮廓线，如图 1-24 所示。

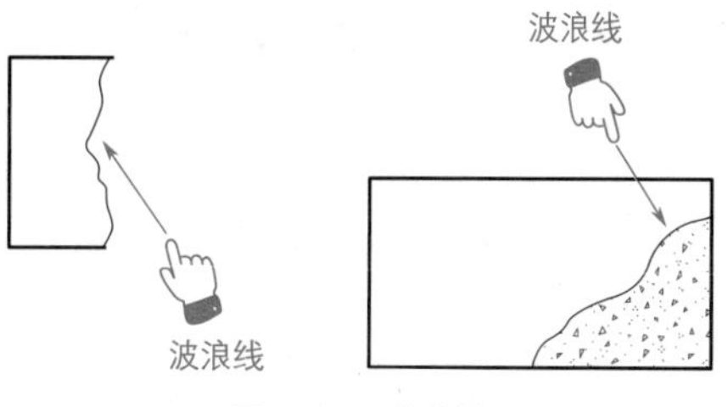
波浪线
波浪线

图 1-24　波浪线

1.1.20　折断线的绘制与识读

折断线的绘制与识读，如图 1-25 所示。

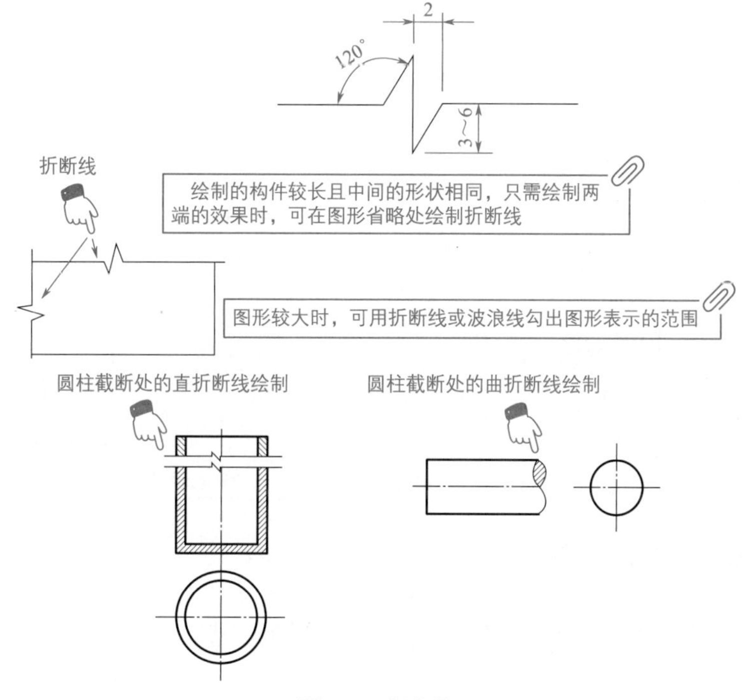
2
120°
3~6
折断线
绘制的构件较长且中间的形状相同，只需绘制两端的效果时，可在图形省略处绘制折断线
图形较大时，可用折断线或波浪线勾出图形表示的范围
圆柱截断处的直折断线绘制
圆柱截断处的曲折断线绘制

图 1-25　折断线

小贴士

空心圆柱体和实心圆柱体的截断处，可以采用直折断线绘制或曲折断线绘制。

1.1.21　平行线的绘制与识读

平行线的要求如图 1-26 所示。

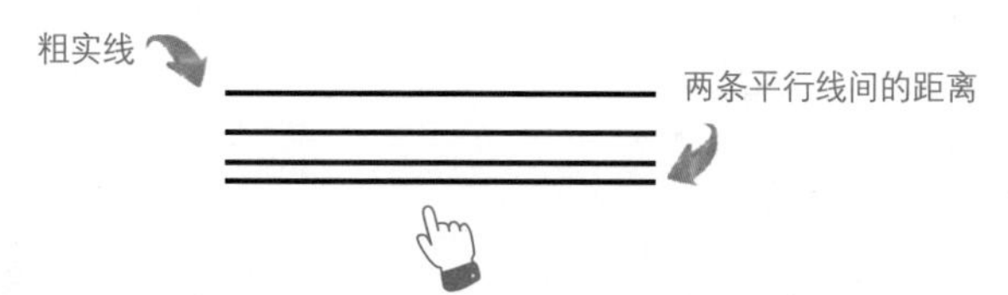
粗实线
两条平行线间的距离

图样中两条平行线间的距离不应小于图中粗实线的宽度，并且最小间距不应小于0.7mm

图 1-26　平行线的要求

1.1.22 中心线与中心线交接的绘制与识读

同一图样中图线的类型和宽度宜一致。点画线和双点画线的首末两端应绘为线段。中心线与交接线的要求如图 1-27 所示。

1.1.23 设计分界线的标志

设计分界线的标志如图 1-28 所示。

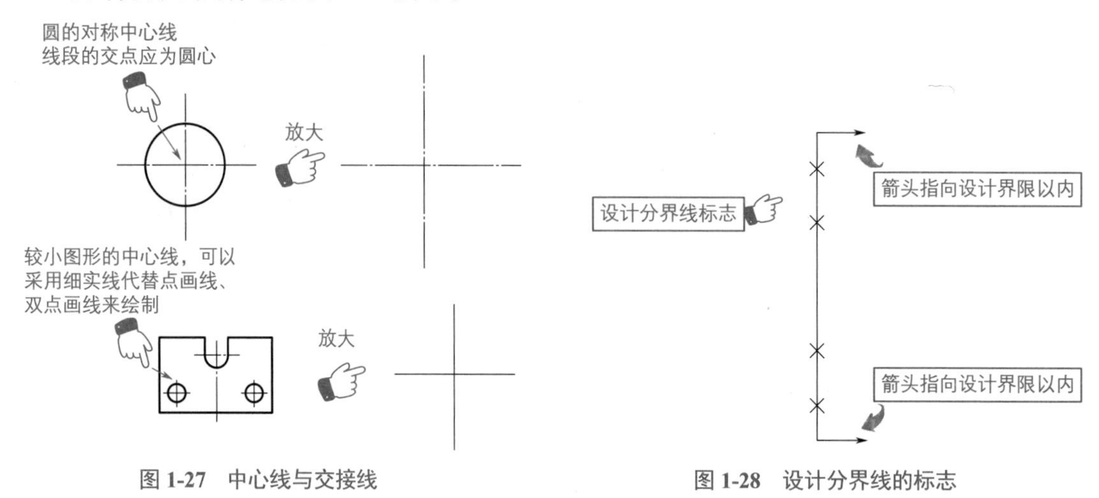

圆的对称中心线
线段的交点应为圆心
放大
较小图形的中心线，可以
采用细实线代替点画线、
双点画线来绘制
放大
设计分界线标志
箭头指向设计界限以内
箭头指向设计界限以内

图 1-27　中心线与交接线

图 1-28　设计分界线的标志

1.1.24 引出线的绘制与识读

引出线，就是为了表明详图或说明文字的位置而画的实线条。引出线的标注规则如图 1-29 所示。

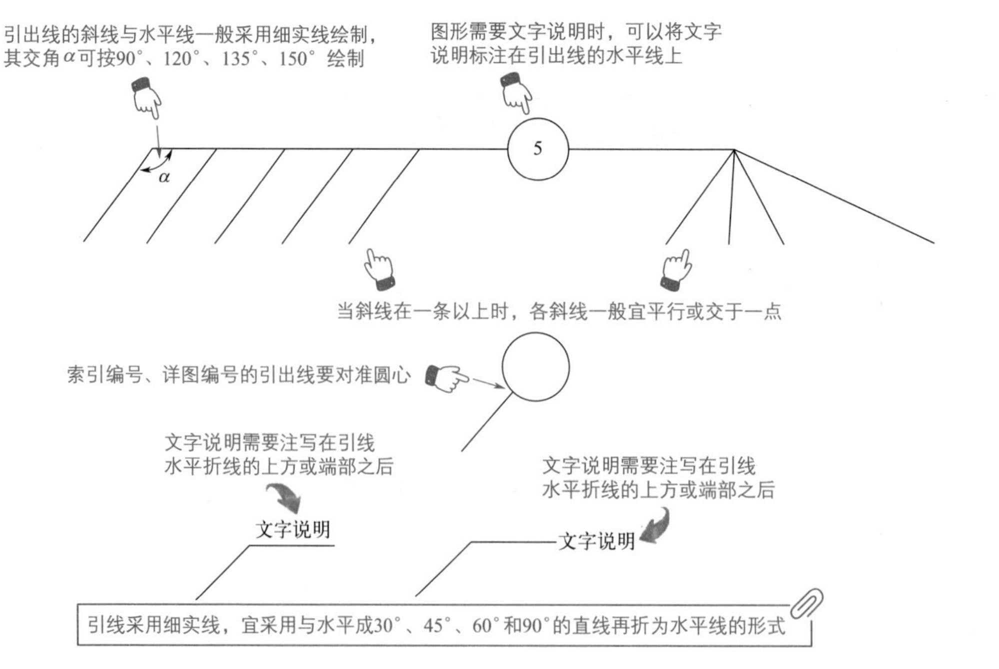

引出线的斜线与水平线一般采用细实线绘制，
其交角α可按90°、120°、135°、150° 绘制
图形需要文字说明时，可以将文字
说明标注在引出线的水平线上
5
α
当斜线在一条以上时，各斜线一般宜平行或交于一点
索引编号、详图编号的引出线要对准圆心
文字说明需要注写在引线
水平折线的上方或端部之后
文字说明需要注写在引线
水平折线的上方或端部之后
文字说明
文字说明
引线采用细实线，宜采用与水平成30°、45°、60°和90°的直线再折为水平线的形式

引出线起止符号可采用圆点绘制　引出线起止符号也可采用箭头绘制
引出线起止符号
引出线线宽应为0.25b
(文字说明)
(文字说明)
(文字说明)
(文字说明)
引出线中文字说明的注写
引线终端指向物体轮廓线以内的宜采用圆点来标示
引线终端指向轮廓线内
引线指向物体轮廓表面轮廓线上的，宜用箭头表示
引线终端指向轮廓线上
引线指在尺寸线上的，不绘圆点和箭头
引线终端指在尺寸线上

图 1-29　引出线的标注规则

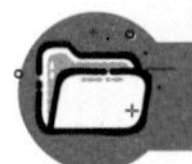

小贴士

（1）同时引出几个相同部分的引线宜采用平行的引线或集中于一点的放射线表示。

（2）多层结构材料和管线可采用公共引线，引线应垂直通过被引出的各层并且对应标注文字说明或编号。

1.1.25　尺寸标注的要素

工程图没有尺寸，施工人员就没法按图施工，因此尺寸标注也是图纸必备的要素。尺寸标注的要素如图 1-30 所示。

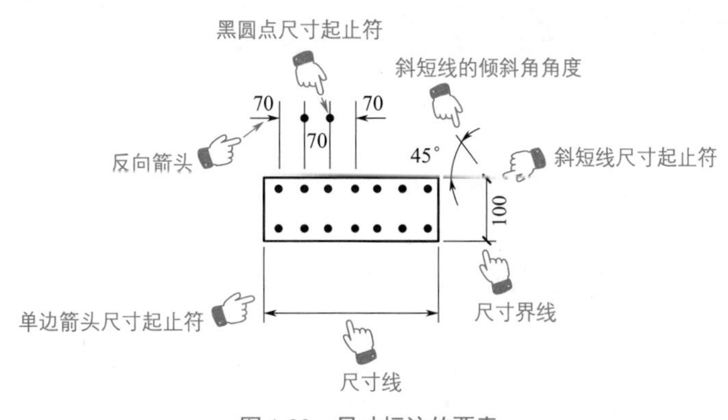
黑圆点尺寸起止符
斜短线的倾斜角角度
70
70
70
反向箭头
45°
斜短线尺寸起止符
100
尺寸界线
单边箭头尺寸起止符
尺寸线

图 1-30　尺寸标注的要素

（1）制图时，尺寸必须充分给出。识图时，不是所有的尺寸需要记得，但是关键的、重要的尺寸，往往需要记住。

（2）要搞清图纸之间的尺寸关系，以便于掌握项目全貌。

1.1.26 尺寸线的绘制与识读

尺寸标注包括尺寸界线、尺寸线、尺寸起止符、尺寸数字。尺寸宜标注在图形轮廓线以外。

尺寸线的标注如图 1-31 所示。

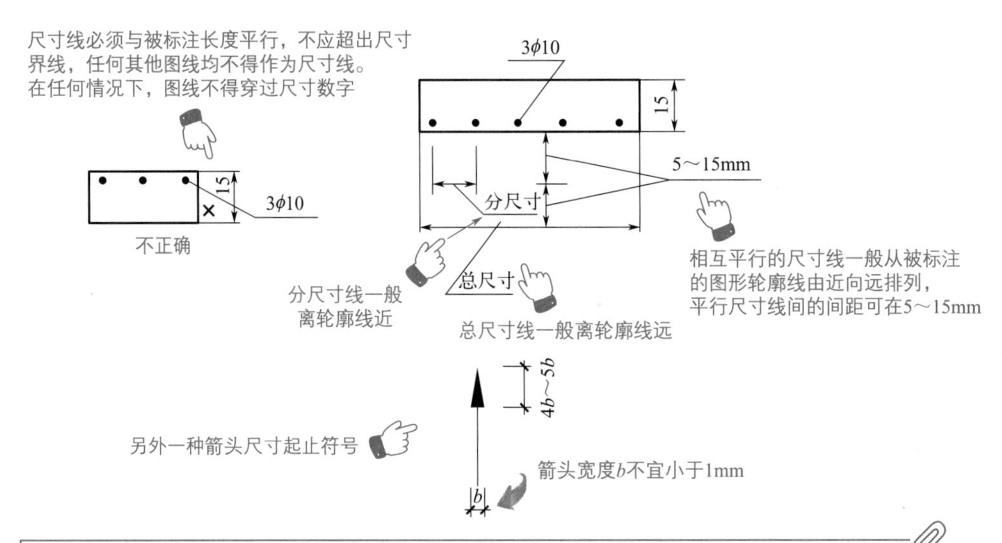
尺寸线必须与被标注长度平行，不应超出尺寸界线，任何其他图线均不得作为尺寸线。在任何情况下，图线不得穿过尺寸数字
3ϕ10
15
5～15mm
分尺寸
总尺寸
不正确
分尺寸线一般离轮廓线近
总尺寸线一般离轮廓线远
相互平行的尺寸线一般从被标注的图形轮廓线由近向远排列，平行尺寸线间的间距可在5～15mm
4b～5b
另外一种箭头尺寸起止符号
箭头宽度b不宜小于1mm
b
尺寸起止符号一般用中粗斜短线绘制，起止符号倾斜方向与尺寸界线成顺时针45°角，长度宜为2～3mm；
尺寸起止符号也可用圆点绘制，其直径为1mm。
半径、直径、角度、弧长的尺寸起止符号，宜用箭头表示，箭头宽度b不宜小于1mm

图 1-31 尺寸线的标注

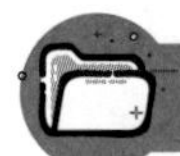

小贴士

（1）尺寸标注的深度，需要根据设计阶段、图纸用途来确定。

（2）除了半径、直径、角度、弧线的尺寸线外，尺寸线需要与被标注长度平行。多条相互平行的尺寸线，应从被标注图轮廓线由内向外排列。

1.1.27 尺寸排列的绘制与识读

一般情况下，小尺寸宜离轮廓线较近，大尺寸宜离轮廓线较远，如图 1-32 所示。

识图看尺寸时，需要注意分尺寸与总尺寸之间的计算，也就是分尺寸之和应等于相应的总尺寸。如果出现差异，则需要弄清楚原因。

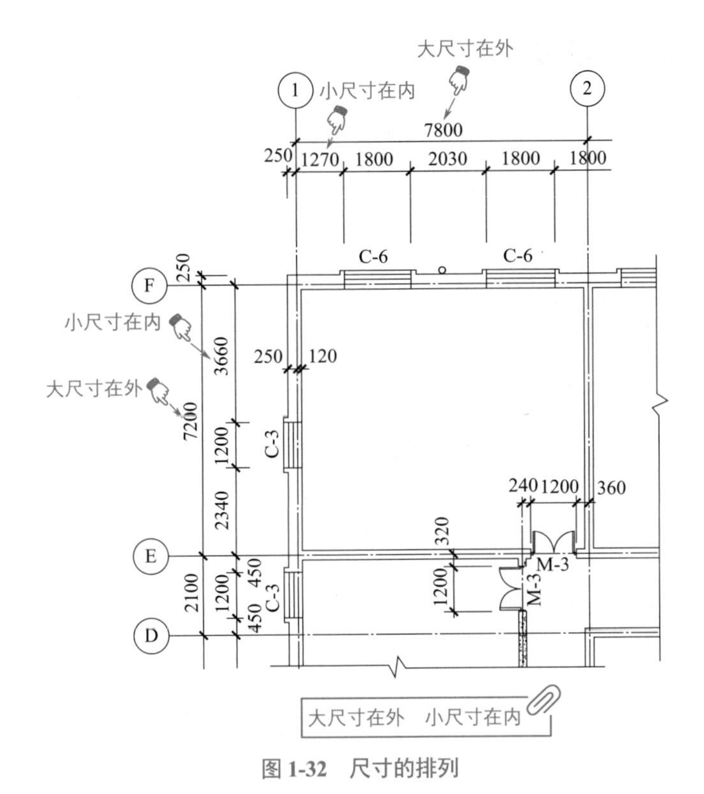
大尺寸在外
小尺寸在内
7800
250
1270
1800
2030
1800
1800
C-6
C-6
小尺寸在内
大尺寸在外
250
3660
7200
1200
2340
2100
1200
450
450
250
120
C-3
C-3
240
1200
360
320
1200
M-3
M-3
大尺寸在外　小尺寸在内

图 1-32　尺寸的排列

小贴士

看尺寸、画尺寸，尺寸界线不可忽略。尺寸的单位，往往没有直接标注，而是通过文字来说明。

1.1.28　尺寸数字的绘制与识读

尺寸数字的放置要求如图 1-33 所示。

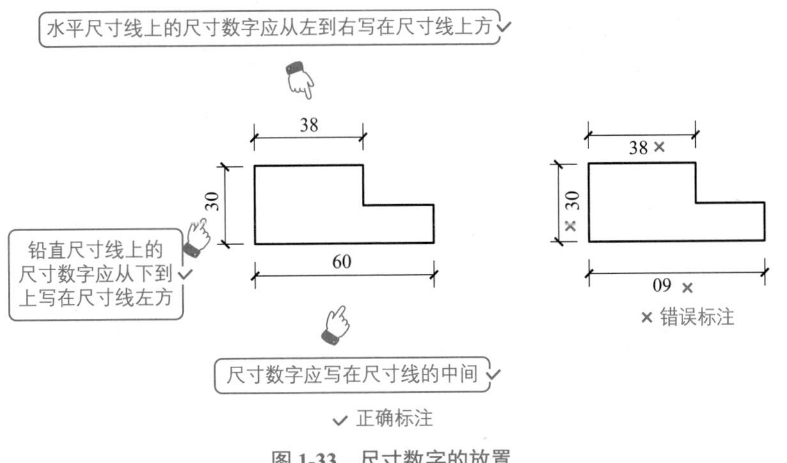
水平尺寸线上的尺寸数字应从左到右写在尺寸线上方
38
30
60
铅直尺寸线上的尺寸数字应从下到上写在尺寸线左方
尺寸数字应写在尺寸线的中间
正确标注
38 ×
× 30
09 ×
× 错误标注

图 1-33　尺寸数字的放置

1.1.29 尺寸界线不能够作为尺寸线

尺寸界线不能够作为尺寸线，如图 1-34 所示。

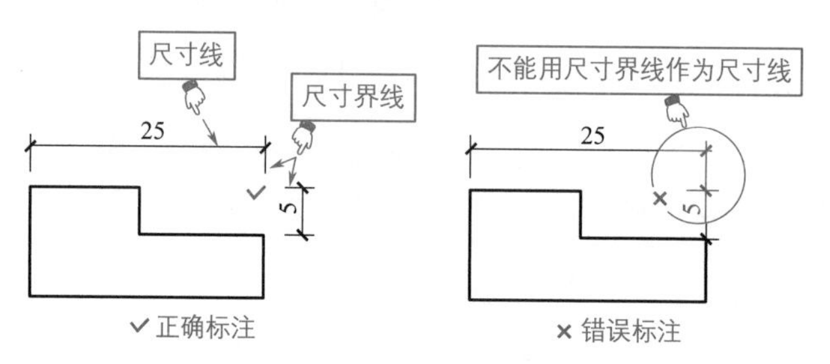
尺寸线
尺寸界线
25
5
✓正确标注
不能用尺寸界线作为尺寸线
25
5
× 错误标注

图 1-34 尺寸界线不能够作为尺寸线

1.1.30 窄小尺寸的标注与识读

窄小尺寸的标注规则，如图 1-35 所示。

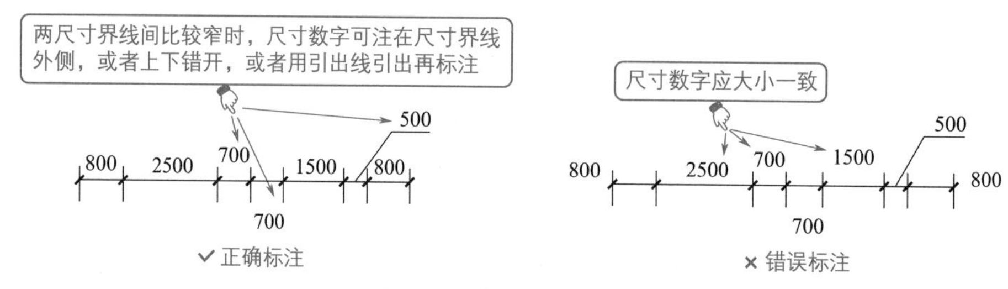
两尺寸界线间比较窄时，尺寸数字可注在尺寸界线外侧，或者上下错开，或者用引出线引出再标注
500
800
2500
700
1500
800
700
✓正确标注
尺寸数字应大小一致
500
800
2500
700
1500
800
700
× 错误标注

图 1-35 窄小尺寸的标注

1.1.31 轮廓线、中心线处尺寸线的标注

轮廓线、中心线不能作为尺寸线，如图 1-36 所示。

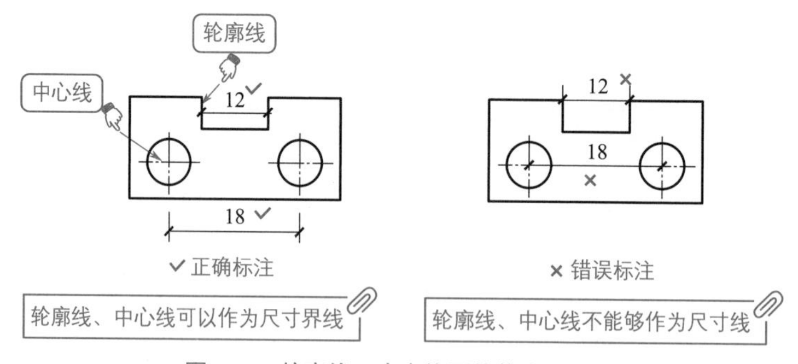
轮廓线
中心线
12
18
✓正确标注
轮廓线、中心线可以作为尺寸界线
12
18
× 错误标注
轮廓线、中心线不能够作为尺寸线

图 1-36 轮廓线、中心线不能作为尺寸线

1.1.32 相贯线和截交线的尺寸标注

组合体表面具有相贯线、截交线时的尺寸标注要求：不能在截交线上直接标注尺寸、不能在相贯线上直接标注尺寸，如图 1-37 所示。

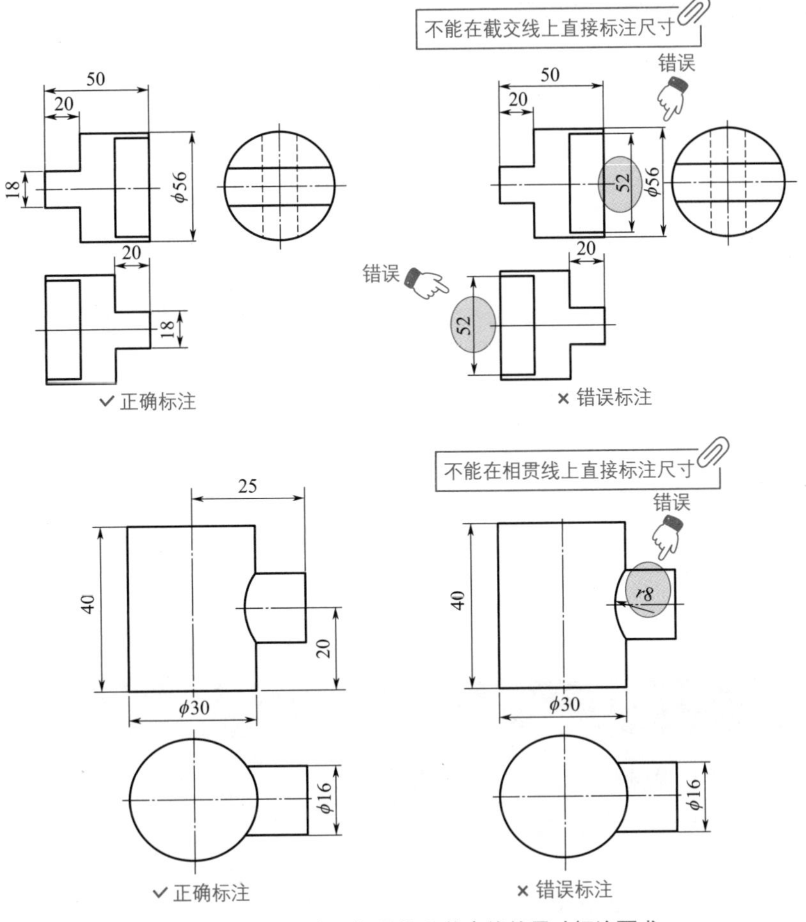

不能在截交线上直接标注尺寸
错误
50
20
18
ϕ56
20
18
错误
52
52
20
✓正确标注
× 错误标注
不能在相贯线上直接标注尺寸
错误
25
40
20
ϕ30
ϕ16
40
r8
ϕ30
ϕ16
✓正确标注
× 错误标注

图 1-37　组合体表面相贯线和截交线的尺寸标注要求

1.1.33　相近而又重复要素的标注

均匀分布的成组要素的尺寸标注方法如下。

（1）个数 - 孔径。例如 6-ϕ8 等。

（2）个数 - 宽 × 长。例如 8-4×30 等；

（3）个数 - 槽宽 × 直径。例如 10-2×ϕ20 等。

同一图形上具有几种尺寸数值相近而又重复的要素（如孔等）时，可以采用标记（如涂色）或用标注字母的方法来区别。相近而又重复的要素的标注如图 1-38 所示。

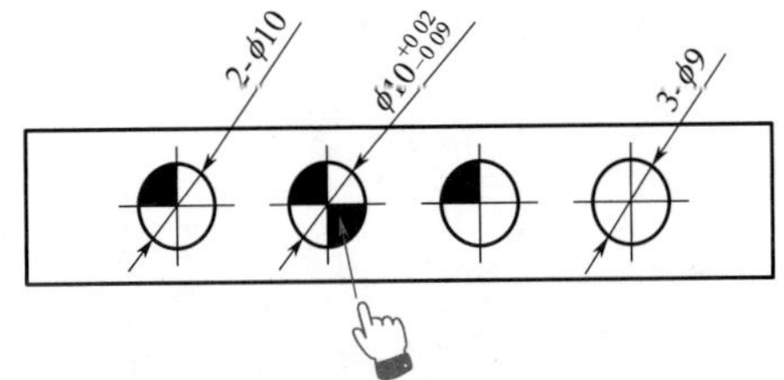

2-ϕ10
3-ϕ9
尺寸数值相近而又重复的要素(如孔等)时，
可以采用标记(如涂色)或用标注字母的方法来区别

图 1-38　相近而又重复的要素的标注

1.1.34 同一张图纸内尺寸数字大小的规定

同一张图纸内尺寸数字应大小一致，如图 1-39 所示。

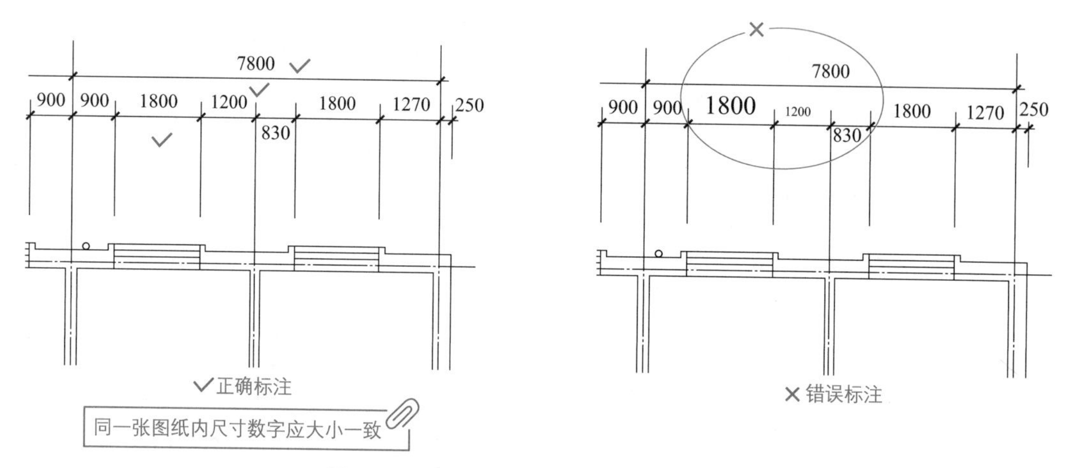
7800
900
900
1800
1200
1800
1270
250
830
✓正确标注
同一张图纸内尺寸数字应大小一致
7800
900
900
1800
1200
1800
1270
250
830
×错误标注

图 1-39　同一张图纸内尺寸数字应大小一致

小贴士

避免出现封闭的尺寸链的标注，如图 1-40 所示。

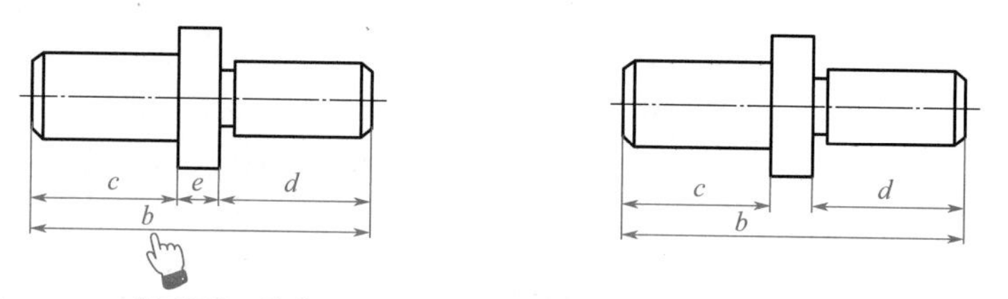
c
e
d
b
c
d
b

长度方向的尺寸 b、c、e、d 首尾相接，构成一个封闭的尺寸链。由于加工时，尺寸 c、d、e 都会产生误差，这样所有的误差都会积累到尺寸 b 上，不能保证尺寸 b 的精度要求

×错误标注　　　　✓正确标注

图 1-40　避免出现封闭的尺寸链的标注

1.1.35 尺寸线起止符箭头、短斜线或圆点的绘制与识读

尺寸线的起止符，可以采用箭头、短斜线、圆点。一张图宜采用同一种起止符。尺寸线起止符箭头、短斜线或圆点的画法如图 1-41 所示。

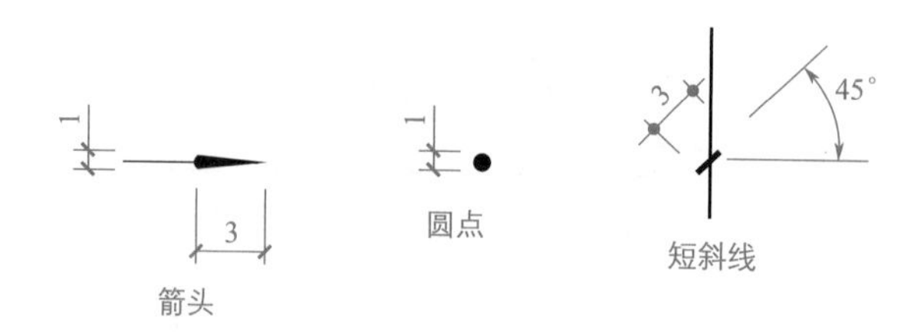
1
3
箭头
1
圆点
3
45°
短斜线

图 1-41　尺寸线起止符箭头、短斜线或圆点的画法（单位：mm）

1.1.36 箭头的绘制与识读

箭头的画法应符合相关规定，如图 1-42 所示。

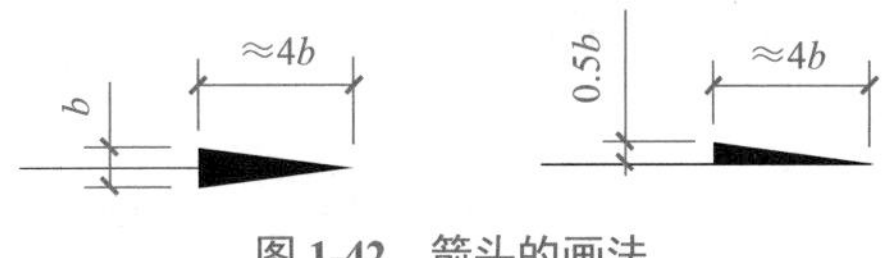

≈4b
b
0.5b
≈4b

图 1-42 箭头的画法

1.1.37 不按比例画，只标注尺寸的图

不按比例画，只标注尺寸的图，如图 1-43 所示。

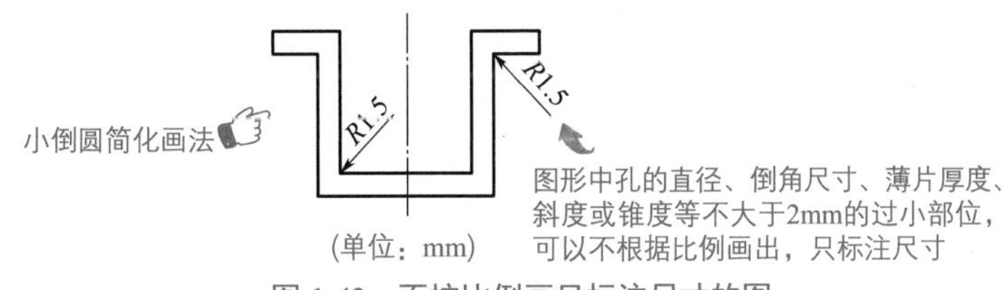

R1.5
R1.5
小倒圆简化画法
图形中孔的直径、倒角尺寸、薄片厚度、
斜度或锥度等不大于2mm的过小部位，
可以不根据比例画出，只标注尺寸
(单位：mm)

图 1-43 不按比例画只标注尺寸的图

1.1.38 桁架式结构尺寸标注的绘制与识读

桁架式结构尺寸的标注如图 1-44 所示。

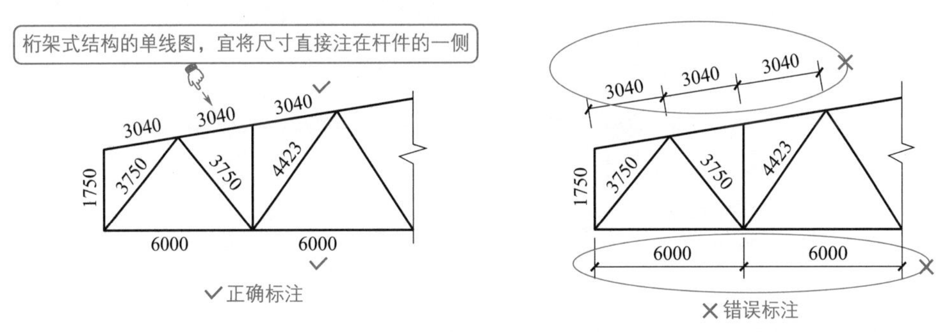

桁架式结构的单线图，宜将尺寸直接注在杆件的一侧
3040
3040
3040
1750
3750
3750
4423
6000
6000
正确标注
3040
3040
3040
1750
3750
3750
4423
6000
6000
错误标注

图 1-44 桁架式结构尺寸的标注

1.1.39 相似构件尺寸的表格式标注

相似构件尺寸的表格式标注如图 1-45 所示。

可以用拉丁字母注写在同一图样的数个构件部位

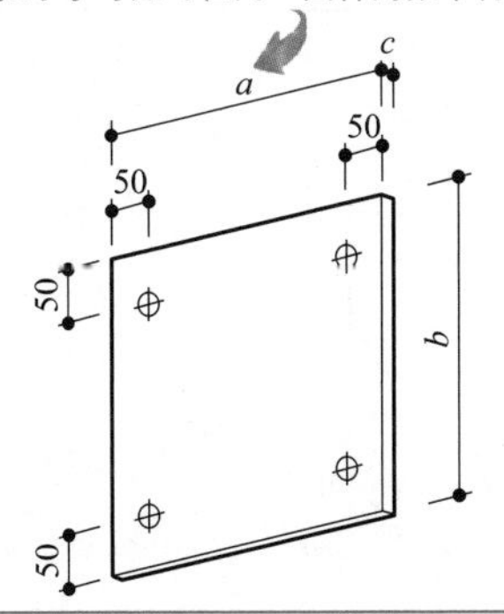

a
c
50
50
50
50
b

表格的形式表示有变化的尺寸数字

构件编号	*a*	*b*	*c*
Z-1	300	300	10
Z-2	400	600	12
Z-3	400	800	16

形状相同、尺寸不同的数个构件，可以用拉丁字母注写在同一图样的数个构件部位，再用表格的形式表示有变化的尺寸数字

图 1-45 相似构件尺寸的表格式标注

1.1.40 小圆直径标注的绘制与识读

圆的标注，主要包括直径的标注、半径的标注，如图 1-46 所示。

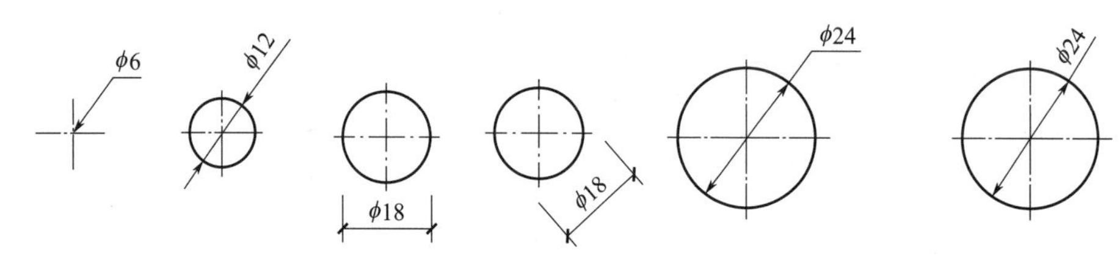

ϕ6
ϕ12
ϕ18
ϕ18
ϕ24
ϕ24

标注圆的直径尺寸数字前面，应加注符号“ϕ”或“d(D)”

图 1-46 小圆直径的标注

1.1.41 大圆直径标注的绘制与识读

大圆直径的标注如图 1-47 所示。

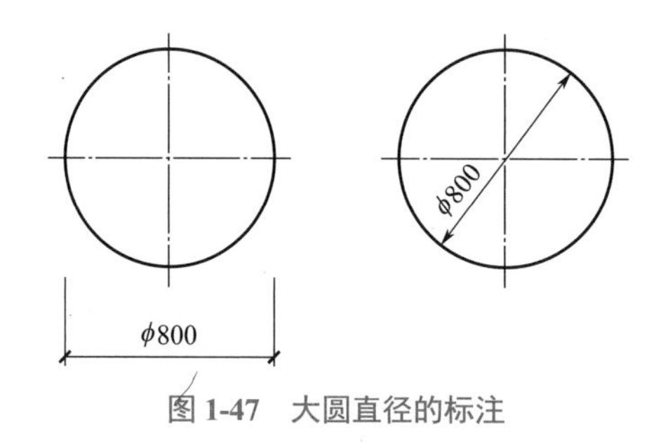

ϕ800
ϕ800

图 1-47 大圆直径的标注

小贴士

同心圆柱的直径尺寸，最好注在非圆的视图上，如图 1-48 所示。

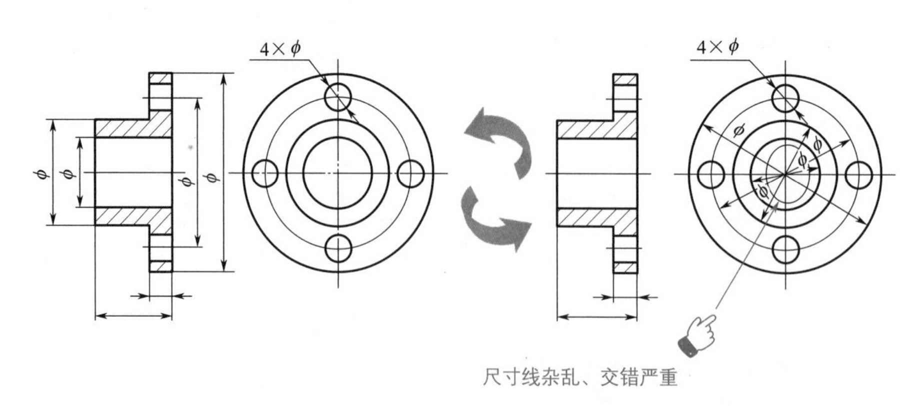

4×ϕ
4×ϕ
尺寸线杂乱、交错严重
✓ 正确标注
× 错误标注

图 1-48 同心圆柱直径尺寸的标注

1.1.42　圆半径标注的绘制与识读

圆半径的标注如图 1-49 所示。

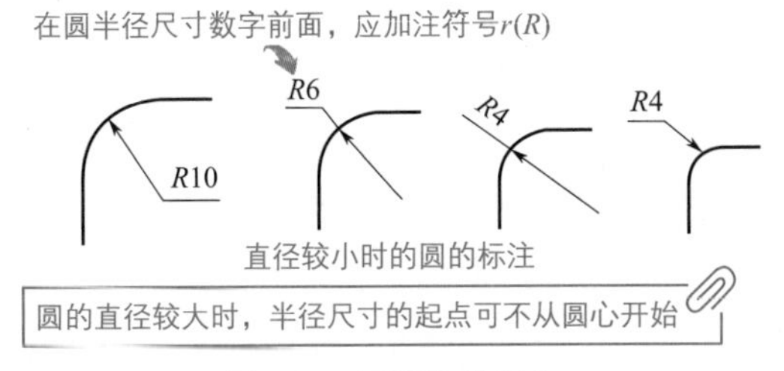
在圆半径尺寸数字前面，应加注符号r(R)
R6
R4
R4
R10
直径较小时的圆的标注
圆的直径较大时，半径尺寸的起点可不从圆心开始

图 1-49　圆半径的标注

小贴士

识读圆的标注时，需要注意图上往往不会直接书写“直径”“半径”，而是直接写直径、半径符号。为此，识读圆的标注时，主要看直径或半径符号、标注线、数值。

1.1.43　角度标注的绘制与识读

角度的尺寸线，一般以圆弧来表示。角的两边为尺寸界线。角度数值一般宜写在尺寸线上方中部。当角度太小时，可将尺寸线标注在角的两条边的外侧。

角度的标注如图 1-50 所示。

1.1.44　弧长标注的绘制与识读

弧长的标注如图 1-51 所示。

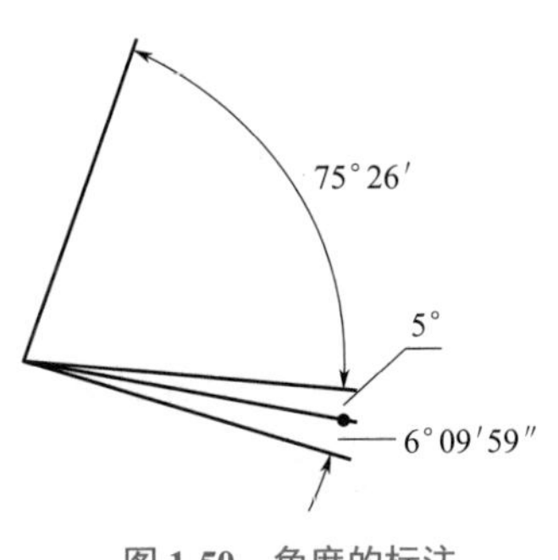
75°26′
5°
6°09′59″

图 1-50　角度的标注

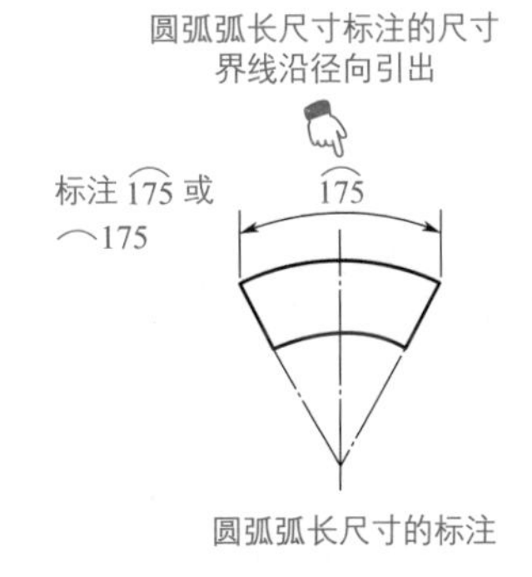
圆弧弧长尺寸标注的尺寸界线沿径向引出
标注 175 或 ⌒175
175
圆弧弧长尺寸的标注

图 1-51　弧长的标注

小贴士

识读圆、弧长的标注时，由于它们有一定的相似性。因此，应特别注意它们间的差异与具体所指。

1.1.45　弧长与弦长标注的绘制与识读

弧长与弦长的标注如图 1-52 所示。

1.1.46　大圆弧半径标注的绘制与识读

大圆弧半径的标注如图 1-53 所示。

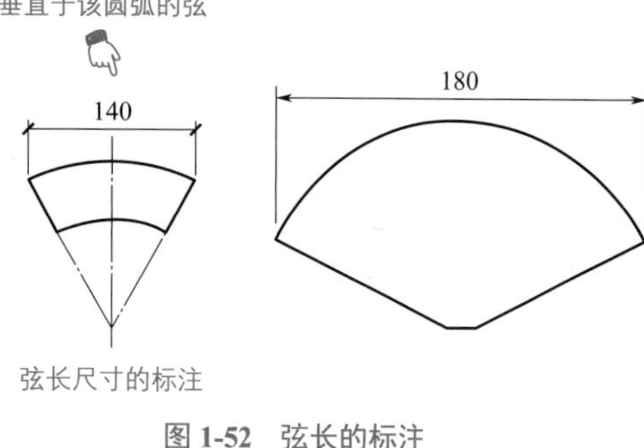

弦长的尺寸界线一般
垂直于该圆弧的弦
140
180
弦长尺寸的标注

图 1-52　弦长的标注

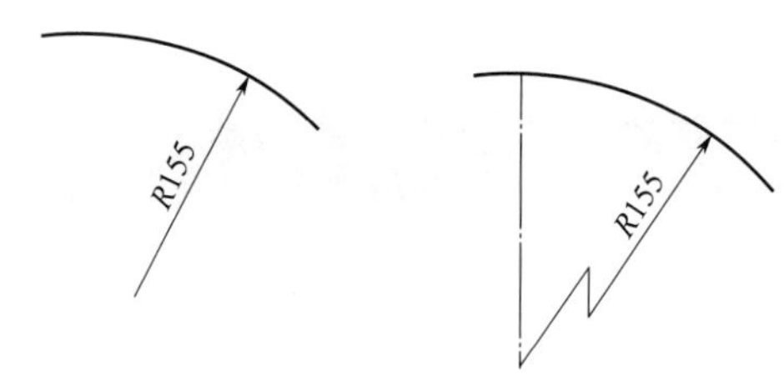

R155
R155

图 1-53　大圆弧半径的标注

1.1.47　小圆弧半径标注的绘制与识读

小圆弧半径的标注，如图 1-54 所示。

1.1.48　球尺寸标注的绘制与识读

标注球的半径尺寸时，应在尺寸前加注符号“*SR*”。

标注球的直径尺寸时，应在尺寸数字前加注符号“$S\phi$”。注写方法与圆弧半径、圆直径的尺寸标注方法相同，如图 1-55 所示。

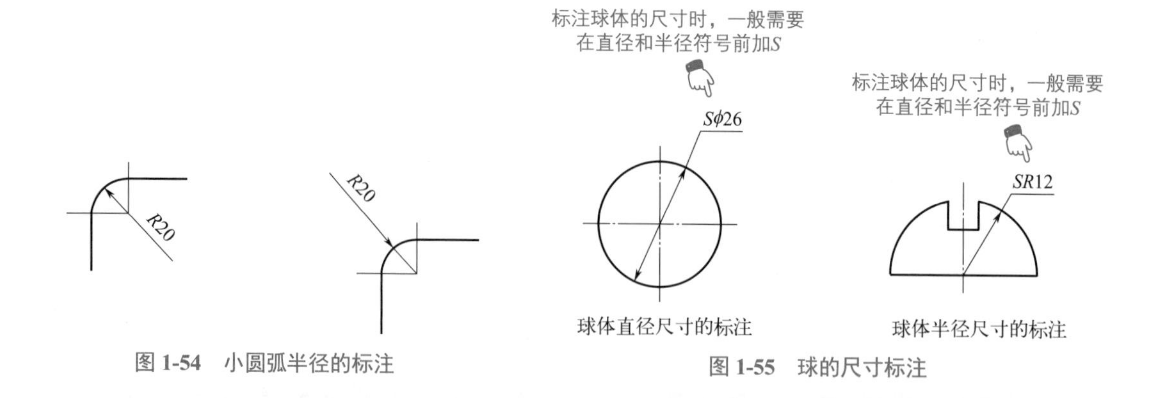

R20
R20
标注球体的尺寸时，一般需要
在直径和半径符号前加S
Sϕ26
标注球体的尺寸时，一般需要
在直径和半径符号前加S
SR12
球体直径尺寸的标注
球体半径尺寸的标注

图 1-54　小圆弧半径的标注

图 1-55　球的尺寸标注

小贴士

对于识读，应记住：*SR* 表示为球半径尺寸的标注；$S\phi$ 表示为球直径尺寸的标注。

1.1.49 对称符号的绘制与识读

对称符号，一般由对称线、分中符号等组成。

对称线应使用细单点长画线绘制，线宽宜为 0. 25*b*。

分中符号使用平行线绘制时，其长度宜为 6 ～ 8mm，每对的间距宜为 2 ～ 3mm，线宽宜为 0. 5*b*。

对称线应垂直平分于两对平行线，两端超出平行线宜为 2 ～ 3mm，如图 1-56 所示。

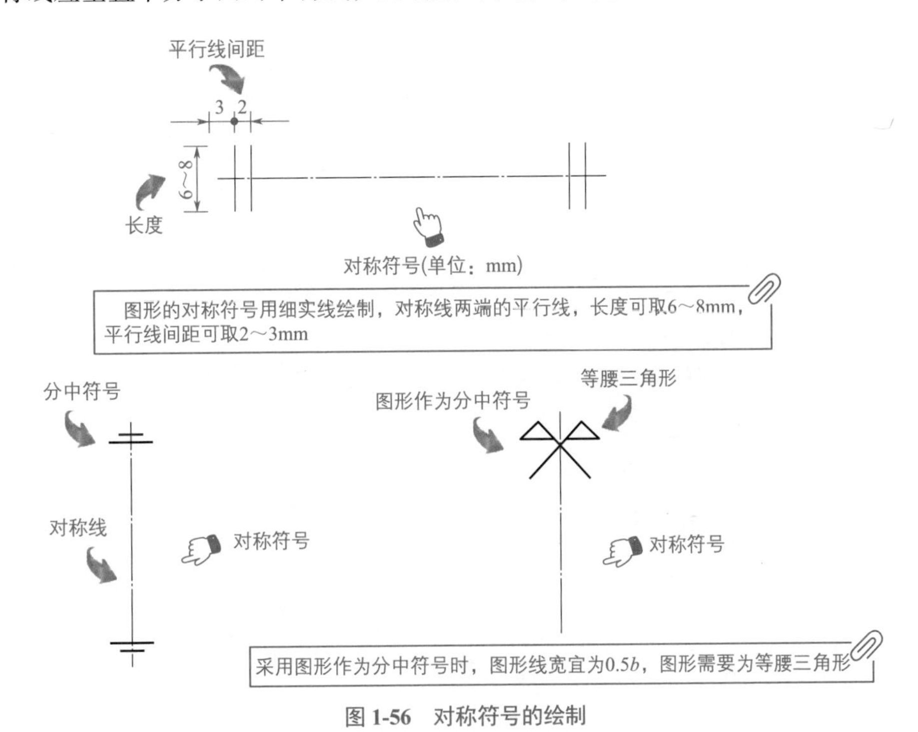
平行线间距
3
2
6~8
长度
对称符号(单位：mm)
图形的对称符号用细实线绘制，对称线两端的平行线，长度可取6～8mm，平行线间距可取2～3mm
分中符号
对称线
对称符号
等腰三角形
图形作为分中符号
对称符号
采用图形作为分中符号时，图形线宽宜为0.5b，图形需要为等腰三角形

图 1-56　对称符号的绘制

小贴士

（1）对于识读，应记住对称符号的“形状”，也就是说看到这个符号，就是知道是对称符号，从而进一步要明确：图形是只画一半，其另一半没有画，以节省图纸篇幅，但是是存在的，如图 1-57 所示。

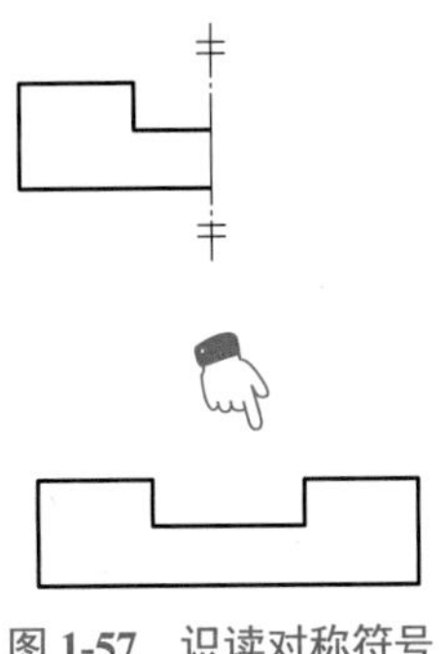

图 1-57　识读对称符号

（2）图形具有对称中心线时，分布在对称中心线两边的相同结构，可仅标注一侧。

1.1.50 连接符号的绘制与识读

连接符号需要以折断线，或者波浪线，或者实线，或者相配线表示需连接的部位。

两部位相距过远时，折断线或波浪线两端靠图样一侧应标注大写拉丁字母表示连接编号。两个被连接的图样需要用相同的字母编号，如图 1-58、图 1-59 所示。

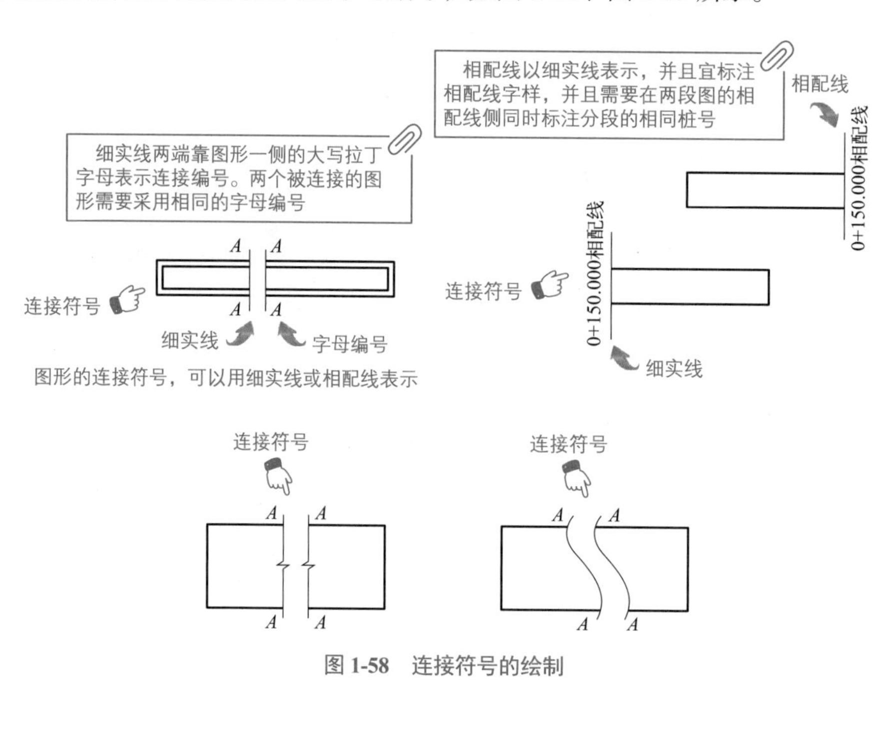

相配线以细实线表示，并且宜标注相配线字样，并且需要在两段图的相配线侧同时标注分段的相同桩号
相配线
0+150.000相配线
细实线两端靠图形一侧的大写拉丁字母表示连接编号。两个被连接的图形需要采用相同的字母编号
A
A
A
A
连接符号
细实线
字母编号
图形的连接符号，可以用细实线或相配线表示
0+150.000相配线
连接符号
细实线
连接符号
连接符号
A
A
A
A
A
A
A
A

图 1-58 连接符号的绘制

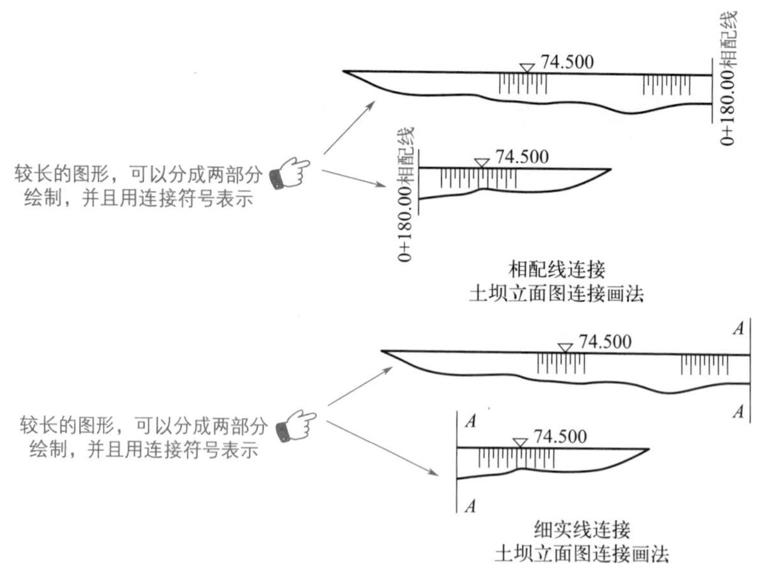

74.500
0+180.00相配线
较长的图形，可以分成两部分绘制，并且用连接符号表示
0+180.00相配线
74.500
相配线连接
土坝立面图连接画法
74.500
A
A
较长的图形，可以分成两部分绘制，并且用连接符号表示
A
74.500
A
细实线连接
土坝立面图连接画法

图 1-59 较长图形的连接画法

1.1.51 转角符号的绘制与识读

转角符号的绘制，如图 1-60 所示。

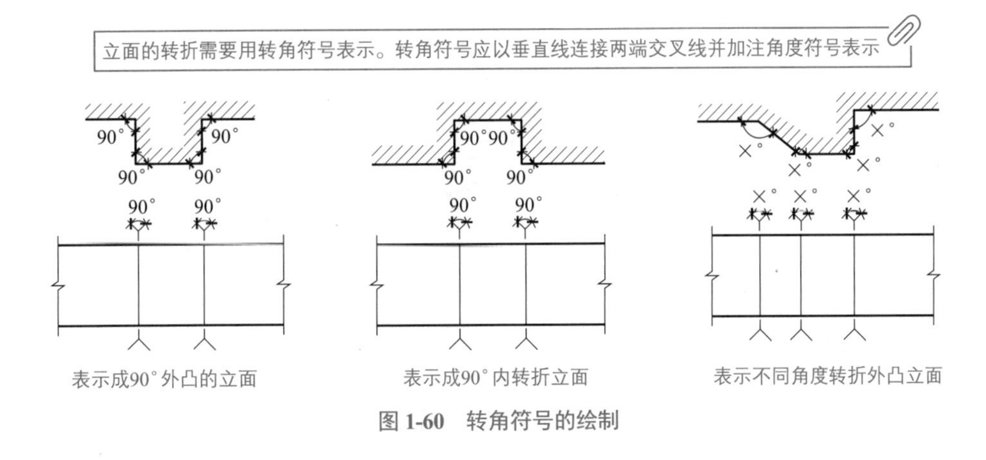

立面的转折需要用转角符号表示。转角符号应以垂直线连接两端交叉线并加注角度符号表示
90°
表示成90°外凸的立面
表示成90°内转折立面
表示不同角度转折外凸立面

图 1-60　转角符号的绘制

1.1.52 检查孔符号的绘制与识读

检查孔，分为可见检查孔、不可见检查孔，其符号有差异，如图 1-61 所示。

可见检查孔的表示
不可见检查孔的表示

图 1-61　检查孔符号

1.1.53 单向索引符号的绘制与识读

根据用途的不同，索引符号可以分为立面索引符号、详图索引符号、剖切索引符号、设备索引符号、部品部件索引符号等。

单向索引符号如图 1-62 所示。

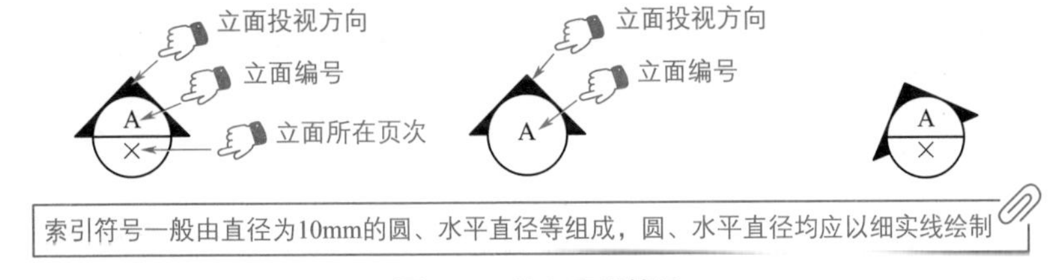

立面投视方向
立面编号
立面所在页次
A
×
索引符号一般由直径为10mm的圆、水平直径等组成，圆、水平直径均应以细实线绘制

图 1-62　单向索引符号

1.1.54 立面索引符号的绘制与识读

室内立面索引符号根据图面比例，其符号圆圈直径可选择 8 ～ 10mm。

在平面图中采用立面索引符号时，一般需要采用阿拉伯数字，或者以字母为立面编号代表各投视方向，并且应以顺时针方向排序。

立面索引符号如图 1-63 所示。

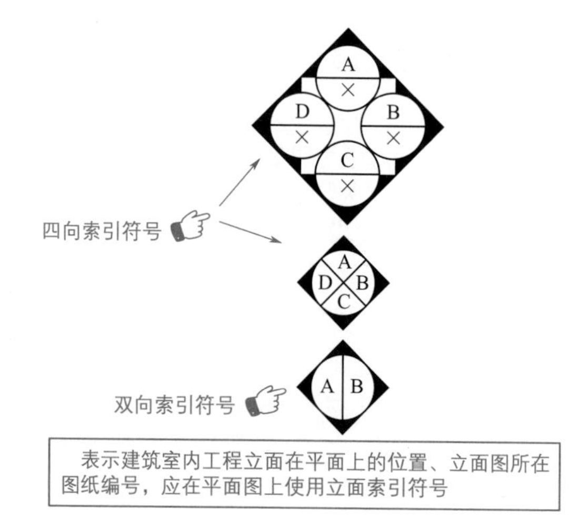
A
D
B
C
四向索引符号
A
D
B
C
双向索引符号
A
B
表示建筑室内工程立面在平面上的位置、立面图所在图纸编号，应在平面图上使用立面索引符号

图 1-63　立面索引符号

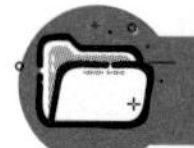

小贴士

立面索引符号、剖切索引符号、详图索引符号均由圆圈、水平直径等组成。圆、水平直径一般以细实线绘制。根据图面比例，圆圈的直径可选择 8 ～ 10mm。圆圈内需要注明编号、索引图所在页码。索引符号应附以三角形箭头，并且三角形箭头方向需要与投视方向一致。圆圈中水平直线、数字、字母（垂直）的方向需要保持不变。

1.1.55　剖切索引符号的绘制与识读

剖切索引符号，表示剖切面在界面上的位置或图样所在图纸编号，应在索引的界面或图样上使用剖切索引符号，如图 1-64 所示。

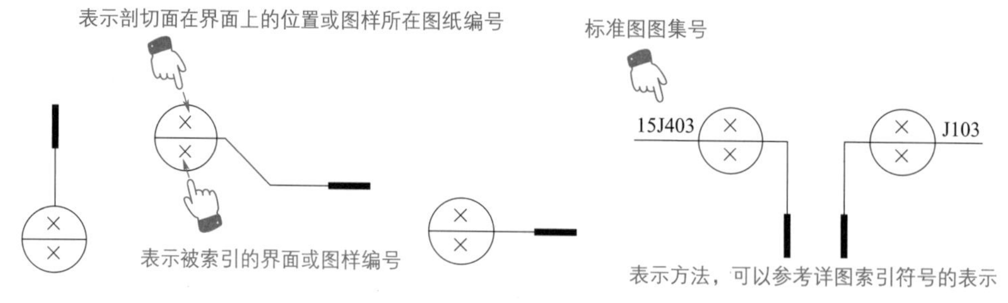
表示剖切面在界面上的位置或图样所在图纸编号
表示被索引的界面或图样编号
标准图图集号
15J403
J103
表示方法，可以参考详图索引符号的表示

图 1-64　剖切索引符号

1.1.56　范围较小索引符号的绘制与识读

索引图样时，一般是用引出圈将被放大的图样范围完整圈出，并且用引出线连接引出圈

与详图索引符号。

范围较小的索引符号如图 1-65 所示。

1.1.57 范围较大索引符号的绘制与识读

范围较大的索引符号如图 1-66 所示。

图样范围较小的引出圈，一般用圆形中粗虚线绘制

图 1-65 范围较小的索引符号

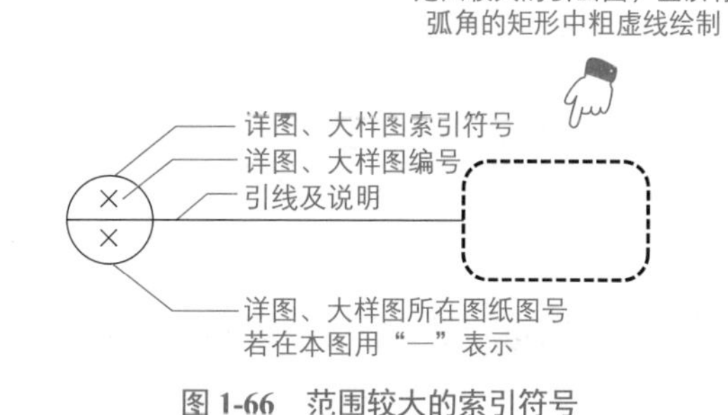

范围较大的引出圈，宜以有
弧角的矩形中粗虚线绘制
详图、大样图索引符号
详图、大样图编号
引线及说明
详图、大样图所在图纸图号
若在本图用“—”表示

图 1-66 范围较大的索引符号

1.1.58 设备索引符号的绘制与识读

设备索引符号应由正六边形、 水平内径线组成，并且正六边形、 水平内径线需要用细实线绘制。根据图面比例，正六边形长轴可选择 8 ～ 12mm。正六边形内应注明设备编号、设备品种代号，如图 1-67 所示。

1.1.59 阶梯剖标注的绘制与识读

阶梯剖的标注如图 1-68 所示。

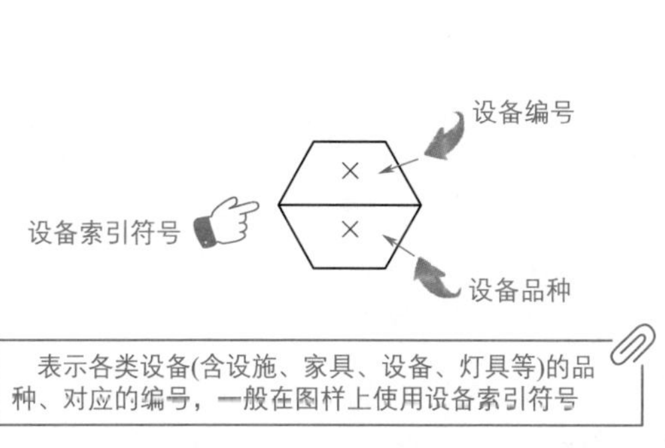

设备编号
设备索引符号
设备品种
表示各类设备(含设施、家具、设备、灯具等)的品
种、对应的编号，一般在图样上使用设备索引符号

图 1-67 设备索引符号

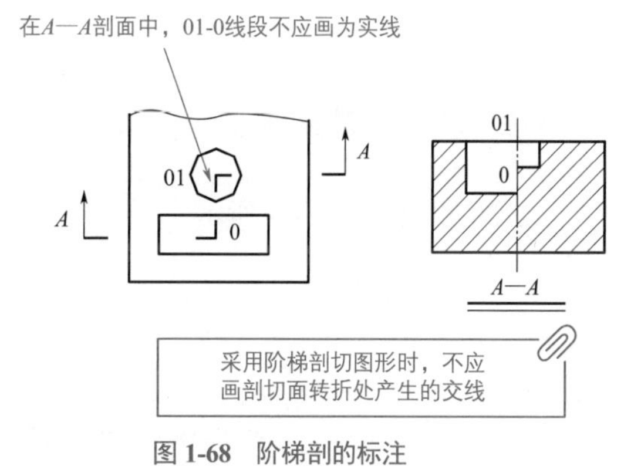

在A—A剖面中，01-0线段不应画为实线
01
0
A
A
01
0
A—A
采用阶梯剖切图形时，不应
画剖切面转折处产生的交线

图 1-68 阶梯剖的标注

小贴士

阶梯剖案例如图 1-69 所示。

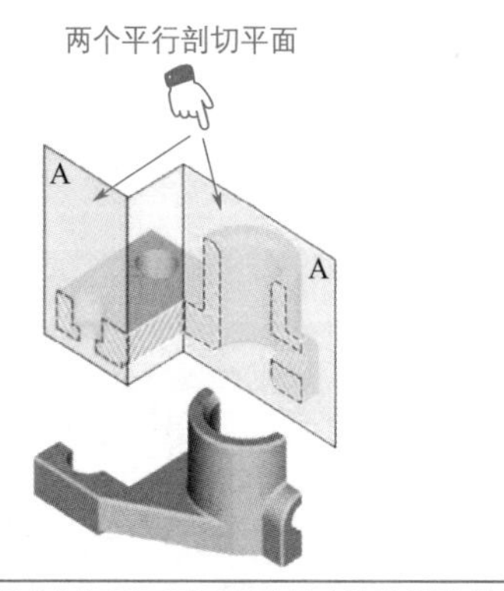
两个平行剖切平面
A
A
用几个平行的剖切平面剖开机件的方法称为阶梯剖

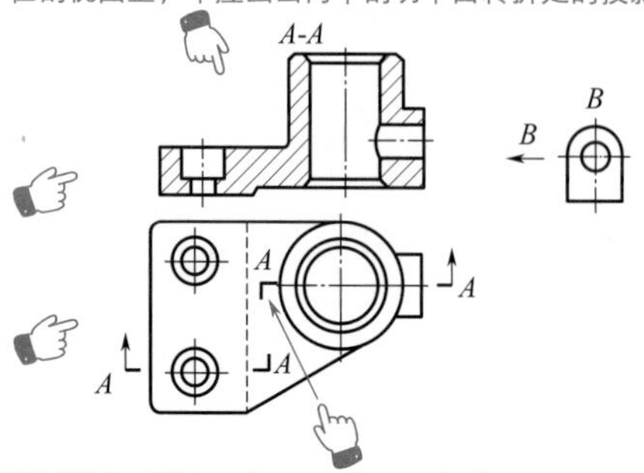
在剖视图上，不应画出两个剖切平面转折处的投影
A-A
B
B
A
A
A
A
采用阶梯剖画剖视图时，必须标注剖切符号，注明剖视图名称，在剖切面的起讫和转折处用相同字母标出。如果转折处地位有限，并且不引起误解时，允许省略该处的字母

图 1-69　阶梯剖案例

1.1.60　倒角标注的绘制与识读

倒角的标注如图 1-70 所示。

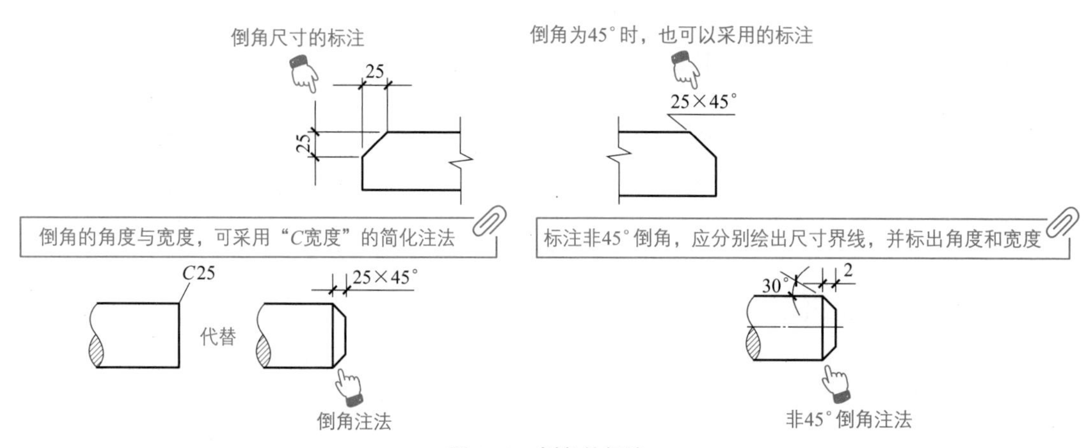
倒角尺寸的标注
25
25
倒角为45°时，也可以采用的标注
25×45°
倒角的角度与宽度，可采用“C宽度”的简化注法
标注非45°倒角，应分别绘出尺寸界线，并标出角度和宽度
C25
25×45°
代替
倒角注法
30°
2
非45°倒角注法

图 1-70　倒角的标注

1.1.61　坡度标注的绘制与识读

坡度的标注如图 1-71 所示。

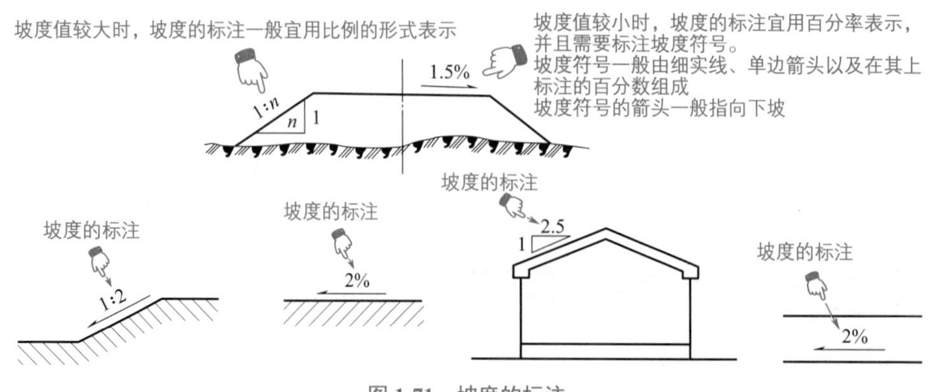
坡度值较大时，坡度的标注一般宜用比例的形式表示
坡度值较小时，坡度的标注宜用百分率表示，
并且需要标注坡度符号。
坡度符号一般由细实线、单边箭头以及在其上
标注的百分数组成
坡度符号的箭头一般指向下坡
1.5%
1:n
n
1
坡度的标注
1:2
坡度的标注
2%
坡度的标注
2.5
1
坡度的标注
2%

图 1-71　坡度的标注

1.1.62　边坡与锥坡标注的绘制与识读

边坡与锥坡的标注如图 1-72 所示。

1.1.63　坡道表达的绘制与识读

坡道的表达如图 1-73 所示。

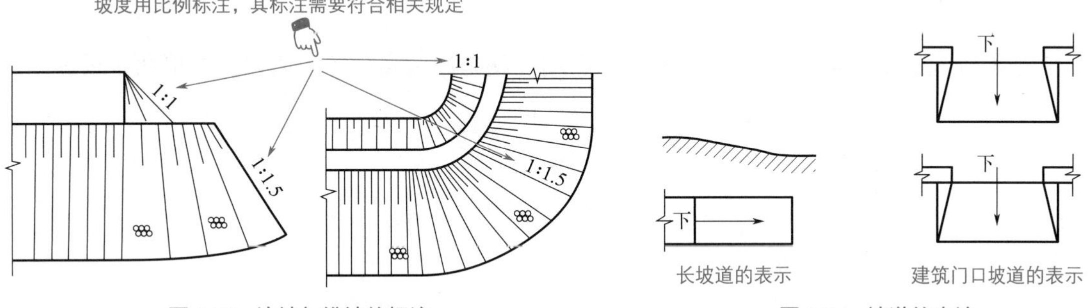

边坡与锥坡的长短线引出端，一般为边坡和锥坡的高端。
坡度用比例标注，其标注需要符合相关规定
1:1
1:1
1:1.5
1:1.5
下
下
下
长坡道的表示
建筑门口坡道的表示

图 1-72　边坡与锥坡的标注　　图 1-73　坡道的表达

1.1.64　标高的绘制与识读

标高，就是以某一水平面作为基准面，并且作为零点（水准原点）起算地面（楼面）至基准面的垂直高度，如图 1-74 所示。

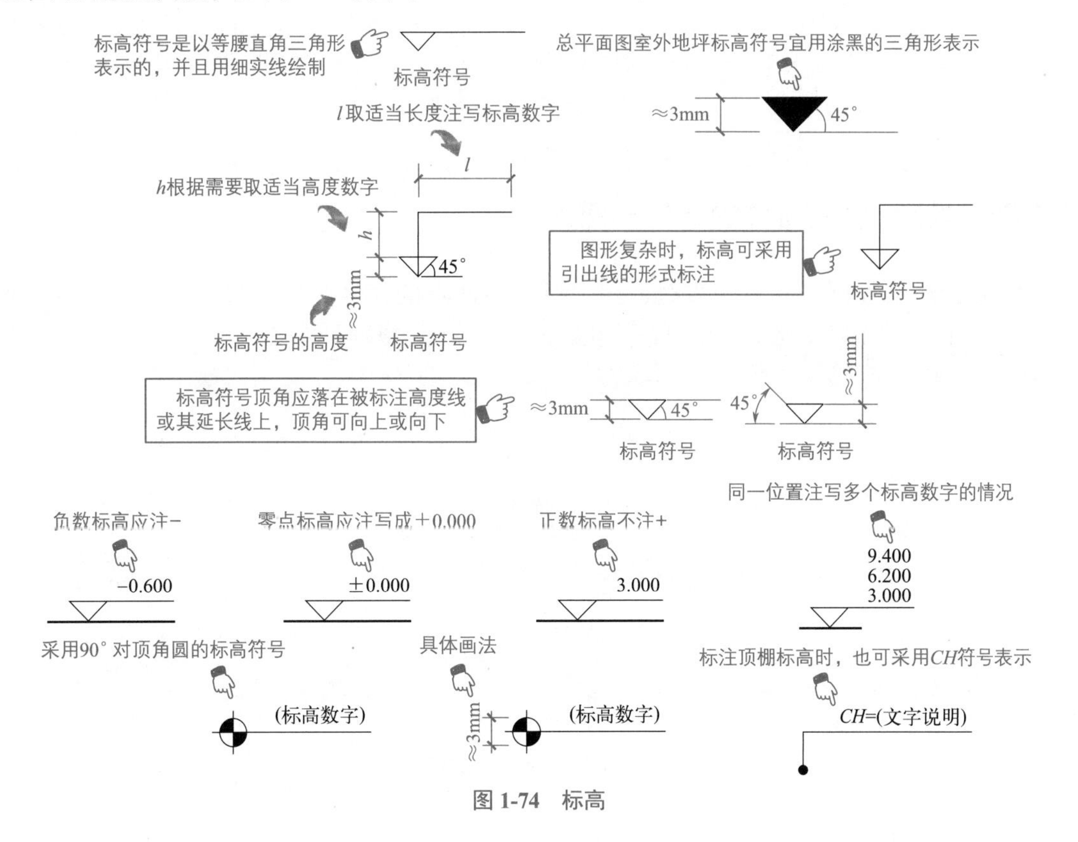

标高符号是以等腰直角三角形表示的，并且用细实线绘制
标高符号
总平面图室外地坪标高符号宜用涂黑的三角形表示
≈3mm
45°
l取适当长度注写标高数字
l
h根据需要取适当高度数字
h
45°
≈3mm
标高符号的高度
标高符号
图形复杂时，标高可采用引出线的形式标注
标高符号
标高符号顶角应落在被标注高度线或其延长线上，顶角可向上或向下
≈3mm
45°
45°
≈3mm
标高符号
标高符号
同一位置注写多个标高数字的情况
负数标高应注−
零点标高应注写成±0.000
正数标高不注+
−0.600
±0.000
3.000
9.400
6.200
3.000
采用90°对顶角圆的标高符号
具体画法
标注顶棚标高时，也可采用CH符号表示
(标高数字)
≈3mm
(标高数字)
CH=(文字说明)

图 1-74　标高

小贴士

（1）零点标高可标注“±0.000”，正数标高不注“+”，负数标高应注“−”。

（2）在建筑工程设计中，以建筑底层地面完成面作 ±0.00。室内装饰装修工程设计中，以每层的室内楼地面的完成面作 ±0.00。

（3）图纸之间的标高关系：标高要交圈，高低要相等。

1.1.65 地形等高线表达的绘制与识读

地形等高线的表达如图 1-75 所示。标高图，就是用标高投影法所得到的单面正投影图。

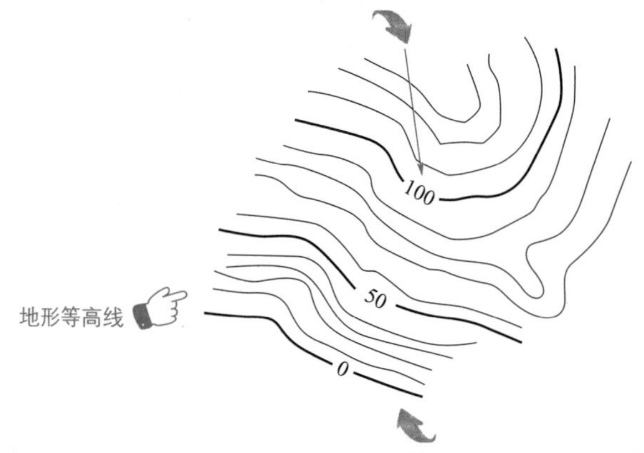

标高图中地形等高线的高程数字的字头，宜朝高程增加的方向注写，或按右手法注写
100
50
0
地形等高线
标高图中，等高线用细实线绘制，计曲线用中粗实线绘制
计曲线，就是从高程基准面起，每隔4条首曲线加粗描绘的等高线

图 1-75 地形等高线的表达

1.1.66 控制点坐标标注的绘制与识读

需要标注的控制坐标点较多时，图上可仅标注点的代号，坐标数值可在适当位置列表示出，坐标数值的计量单位一般采用米（m），并且精确到小数点后三位，如图 1-76 所示。

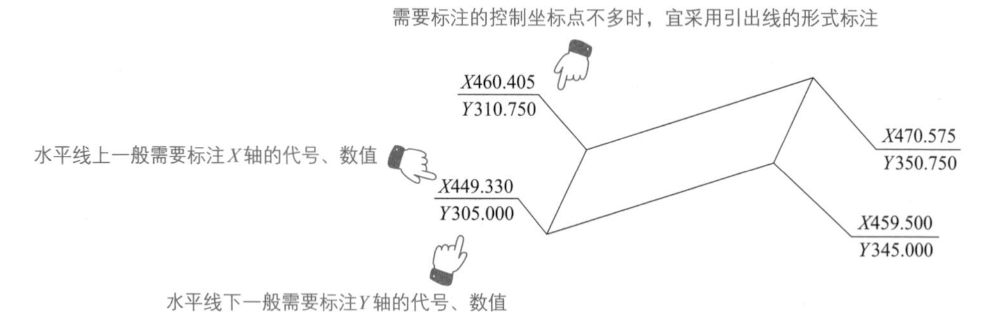

需要标注的控制坐标点不多时，宜采用引出线的形式标注
X460.405
Y310.750
X470.575
Y350.750
水平线上一般需要标注X轴的代号、数值
X449.330
Y305.000
X459.500
Y345.000
水平线下一般需要标注Y轴的代号、数值

图 1-76 控制点坐标的标注

1.1.67　坐标网格与标线的绘制与识读

坐标网格与标线如图 1-77 所示。

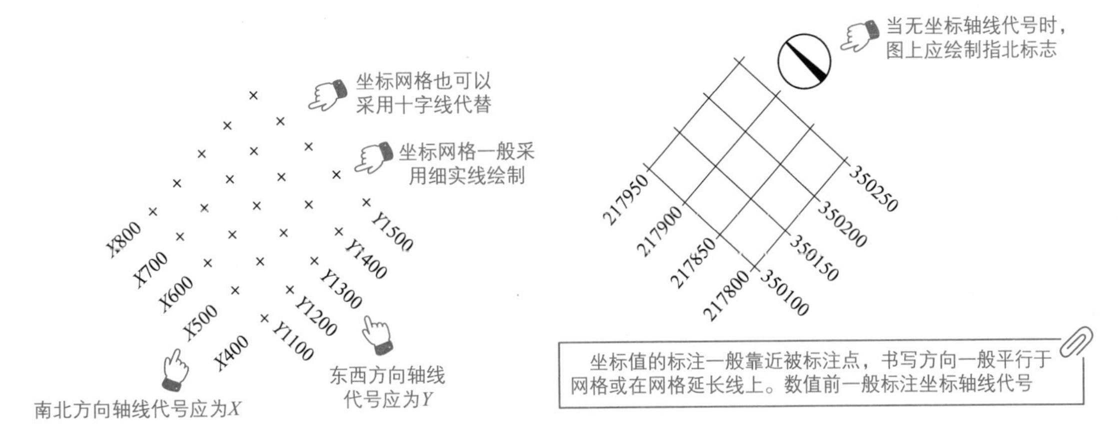

坐标网格也可以采用十字线代替
坐标网格一般采用细实线绘制
当无坐标轴线代号时，图上应绘制指北标志
X800
X700
X600
X500
X400
Y1500
Y1400
Y1300
Y1200
Y1100
217950
217900
217850
217800
350250
350200
350150
350100
南北方向轴线代号应为X
东西方向轴线代号应为Y
坐标值的标注一般靠近被标注点，书写方向一般平行于网格或在网格延长线上。数值前一般标注坐标轴线代号

图 1-77　坐标网格与标线

1.1.68　水流方向符号的绘制与识读

水流方向的符号如图 1-78 所示。

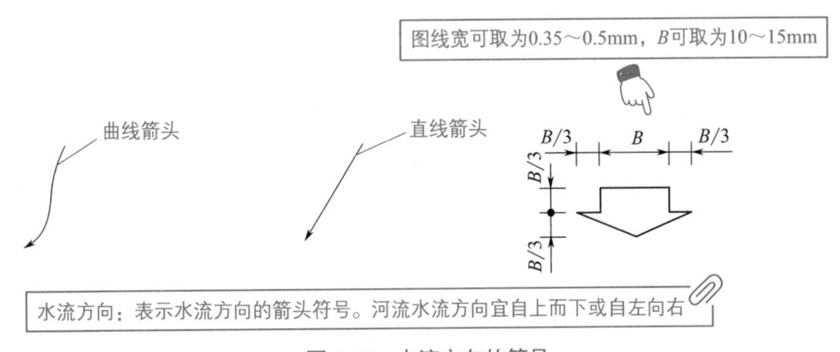

图线宽可取为0.35～0.5mm，B可取为10～15mm
曲线箭头
直线箭头
B/3
B
B/3
B/3
B/3
水流方向：表示水流方向的箭头符号。河流水流方向宜自上而下或自左向右

图 1-78　水流方向的符号

1.1.69　管径标注的绘制与识读

管径的标注如图 1-79 所示。

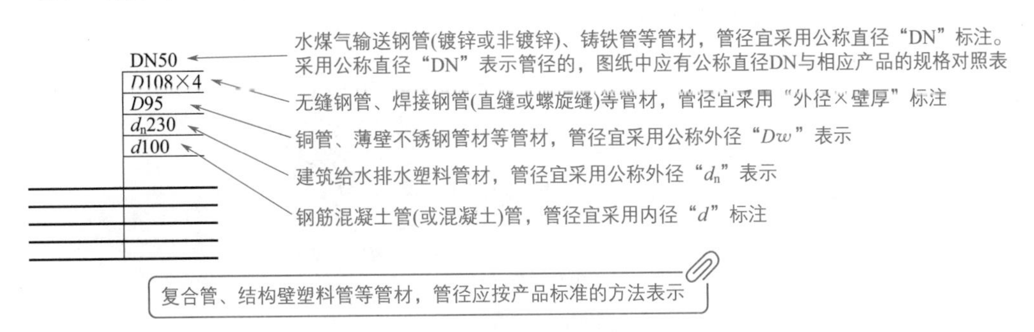

DN50
D108×4
D95
dn230
d100
水煤气输送钢管(镀锌或非镀锌)、铸铁管等管材，管径宜采用公称直径“DN”标注。采用公称直径“DN”表示管径的，图纸中应有公称直径DN与相应产品的规格对照表
无缝钢管、焊接钢管(直缝或螺旋缝)等管材，管径宜采用“外径×壁厚”标注
铜管、薄壁不锈钢管材等管材，管径宜采用公称外径“Dw”表示
建筑给水排水塑料管材，管径宜采用公称外径“dn”表示
钢筋混凝土管(或混凝土)管，管径宜采用内径“d”标注
复合管、结构壁塑料管等管材，管径应按产品标准的方法表示

图 1-79　管径的标注

1.1.70 水位标注的绘制与识读

水位的标注如图 1-80 所示。

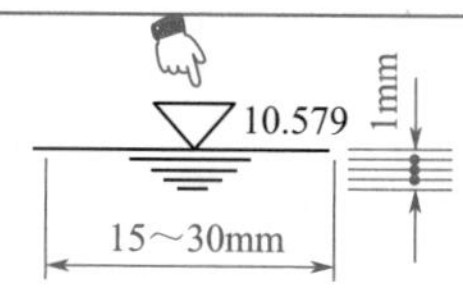
水位符号应由数条上长下短的细实线及标高符号组成。细实线间的间距宜为1mm
10.579
1mm
15～30mm

图 1-80 水位的标注

1.1.71 平面高差表达的绘制与识读

平面高差的表达如图 1-81 所示。

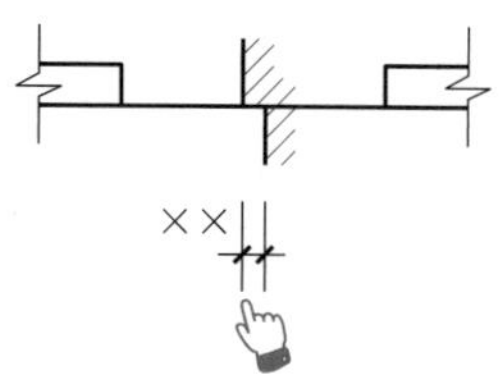
××
适用于高差小于100mm的两个建筑地面或楼面相接位置的平面高差的表示

图 1-81 平面高差的表达

1.1.72 指北针的绘制与识读

指北针头部应注“北”或“N”字，如图 1-82 所示。指北针也可用风玫瑰代替。指北针一般绘制在设计整套图纸的第一张平面图上，并应位于明显位置。

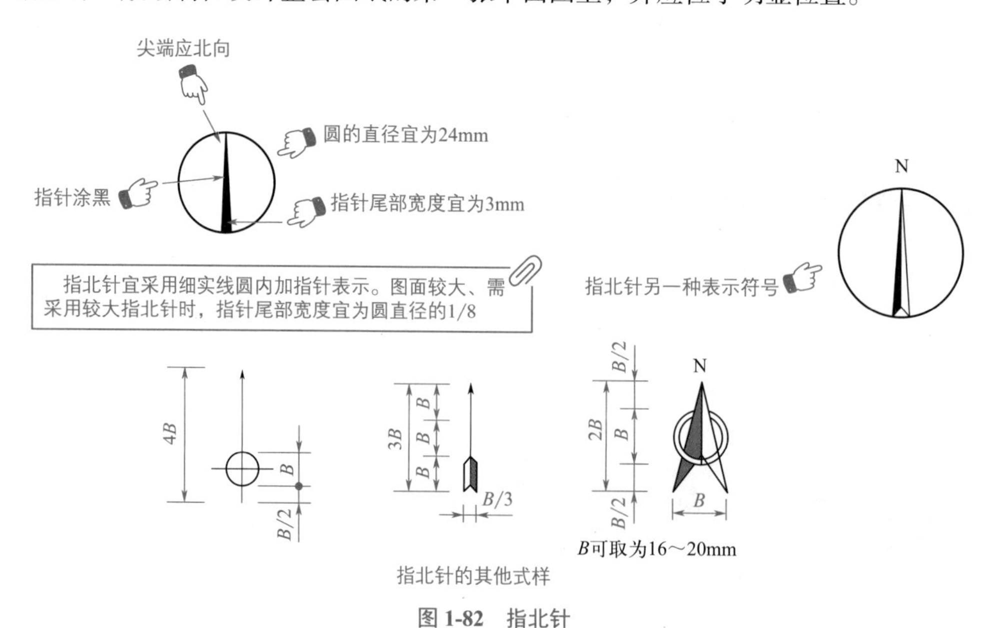
尖端应北向
圆的直径宜为24mm
指针涂黑
指针尾部宽度宜为3mm
指北针宜采用细实线圆内加指针表示。图面较大、需采用较大指北针时，指针尾部宽度宜为圆直径的1/8
N
指北针另一种表示符号
4B
B
B/2
3B
B
B
B
B/3
B/2
2B
B
B/2
N
B
B可取为16～20mm
指北针的其他式样

图 1-82 指北针

小贴士

图上有指北针的，则以指北针为准。无指北针的，则以总平面图、总说明上的朝向为准。一般建筑物的平面图，应符合上北下南、左西右东的规律。

1.2 常用工程图计算机辅助制图

1.2.1 工程图常用专业代码

工程图常用专业代码如图 1-83 所示。

专业	专业代码名称	英文专业代码名称	备注
通用	—	C	—
总图	总	G	含总图、景观、测量/地图、土建
建筑	建	A	
结构	结	S	
室内设计	室内	I	—
园林景观	景观	L	园林、景观、绿化
消防	消防	F	—
人防	人防	R	—
给水排水	给水排水	P	—
暖通空调	暖通	H	含采暖、通风、空调、机械
	动力	D	—
电气	电气	E	—
	电信	T	—

图 1-83　工程图常用专业代码

1.2.2 工程图常用阶段代码

常用工程图常用阶段代码如图 1-84 所示。

设计阶段	阶段代码名称	英文阶段代码名称	备注
可行性研究	可	S	含预可行性研究阶段
方案设计	方	C	—
初步设计	初	P	含扩大初步设计阶段
施工图设计	施	W	—
专业深化设计	深	D	—
竣工图编制	竣	R	—
设施管理阶段	设	F	物业设施运行维护及管理

图 1-84　常用工程图常用阶段代码

1.2.3 CAD 工程图书写字体间的最小距离

CAD 工程图中书写字体间的最小字（词）距、行距、间隔，基准线与书写字体间的最小距离要求见表 1-4。

表1-4 CAD工程图中书写字体间的最小字（词）距、行距、间隔、基准线与书写字体间的最小距离

字体	最小距离 /mm	
汉字	字距	1.5
	行距	2
	间隔线或基准线与汉字的间距	1
拉丁字母、阿拉伯数字、希腊字母、罗马数字	字符	0.5
	词距	1.5
	行距	1
	间隔线或基准线与字母、数字的间距	1

注：当汉字与字母、数字混合使用时，字体的最小字距、行距等应根据汉字的规定使用。

1.2.4 CAD 工程图中的字体选用范围

CAD 工程图中标注、说明的汉字、标题栏、明细栏等，常选择长仿宋体。大标题、小标题、图册封面、目录清单、标题栏中的设计单位名称、图样名称、工程名称、地形图等，常选择宋体、仿宋体、楷体、黑体等，见表 1-5。

表1-5 CAD工程图中的字体选用范围

汉字字型	字体文件名	应用范围
长仿宋体	HZCF.*	图中标注及说明的汉字、标题栏、明细栏等
单线宋体	HZDX.*	大标题，小标题，图册封面，目录清单，标题栏中的设计单位名称、图样名称、工程名称等
宋体	HZST.*	
仿宋体	HZFS.*	
楷体	HZKT.*	
黑体	HZHT.*	

1.2.5 CAD 工程图基本图线的颜色

CAD 工程图屏幕上的图线一般应根据如图 1-85 所示的颜色显示，相同类型的图线应采用同样的颜色。

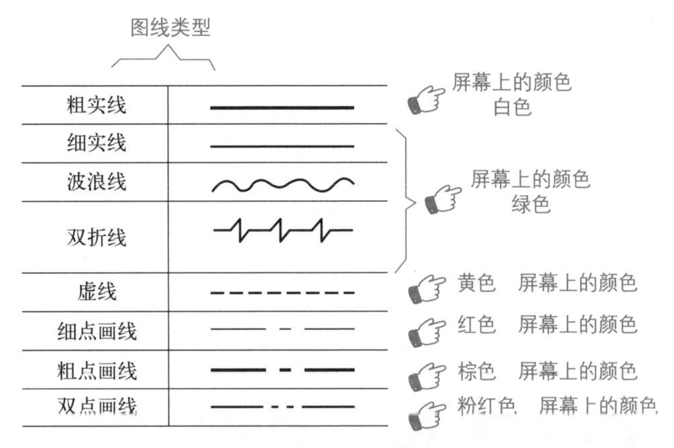
图线类型
粗实线
细实线
波浪线
双折线
虚线
细点画线
粗点画线
双点画线
屏幕上的颜色
白色
屏幕上的颜色
绿色
黄色 屏幕上的颜色
红色 屏幕上的颜色
棕色 屏幕上的颜色
粉红色 屏幕上的颜色

图 1-85 CAD 工程图基本图线的颜色

1.2.6 AutoCAD 工程图基本图形的绘制

AutoCAD 是常用的通用计算机辅助设计（Computer-Aided Design，CAD）软件。AutoCAD 经历了许多版本，并且功能也得到了逐步增强及完善。AutoCAD 版本越高，其功能与智能程度越强，使用界面配置越优。同时，高版本相对低版本，其所占用的内存资源往往也越大，并且对电脑配置的要求也越高。

AutoCAD 某版本界面如图 1-86 所示。

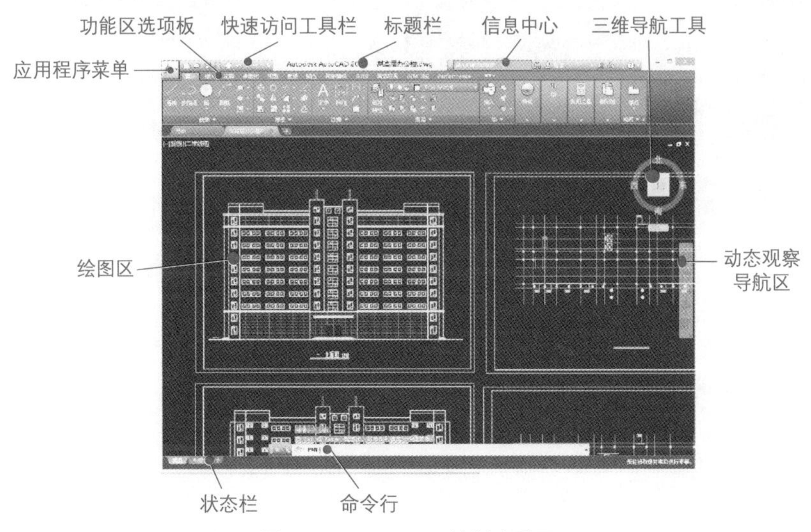
功能区选项板
快速访问工具栏
标题栏
信息中心
三维导航工具
应用程序菜单
绘图区
动态观察
导航区
状态栏
命令行

图 1-86 AutoCAD 某版本界面

AutoCAD 可以绘制与编辑图形图线、标注图形图线尺寸、渲染三维图形、输出与打印图形图线等。

AutoCAD 绘制二维图形图线，可以通过不同的形式启动，例如菜单栏、绘图工具栏、命令行等。

AutoCAD 中的绘图菜单中有丰富的绘图命令，使用这些命令可以绘制基本图形。如果再借助于修改菜单中的修改命令，则便可以绘制出复杂的图形图线。

AutoCAD 中的图形尺寸标注，提供了线性、半径、角度等基本的标注类型，可以进行水平、垂直、对齐、旋转、坐标、基线或连续等的标注。也可以进行引线标注、公差标注、自定义粗糙度标注。标注的对象可以是二维图形、三维图形。

绘制矩形的命令行为 Rectang 或 Rectangle。

绘制正多边形命令行为 Polygon。

绘制圆弧命令行为 Arc。

绘制圆与直线的操作方法如图 1-87 所示。

绘直线 → 命令行：LINE
绘直线 → 菜单：绘图→直线
绘直线 → 工具栏：直线

绘圆 → 命令行：CIRCLE
绘圆 → 菜单：绘图→圆
绘圆 → 工具栏：圆

图 1-87　绘制圆与直线的操作方法

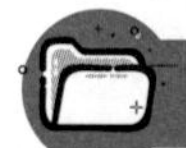

小贴士

绘制圆的各种方法如图 1-88 所示。

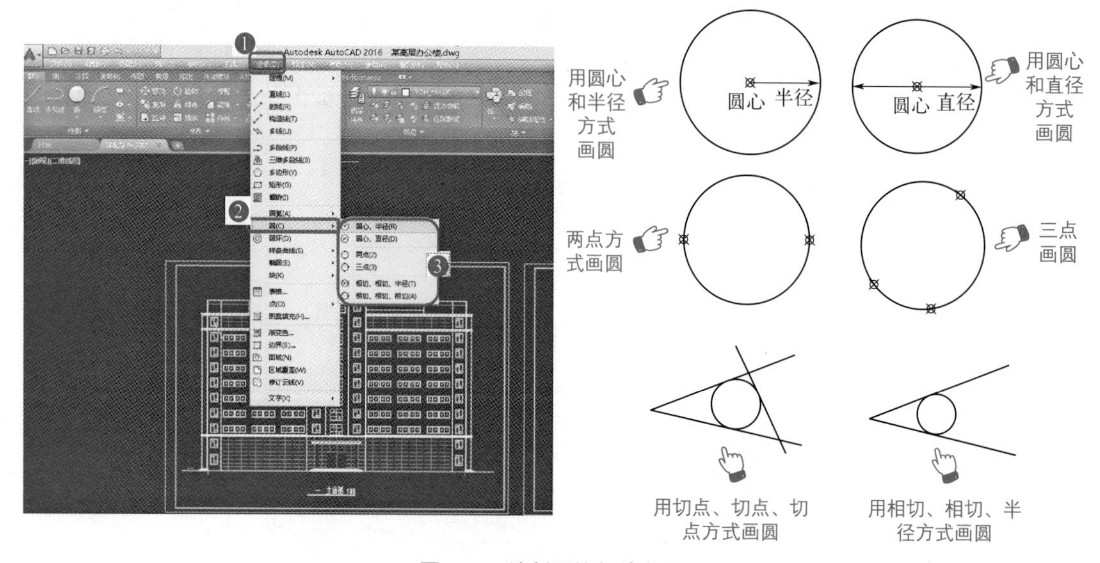

Autodesk AutoCAD 2016
用圆心和半径方式画圆
圆心 半径
圆心 直径
用圆心和直径方式画圆
两点方式画圆
三点画圆
用切点、切点、切点方式画圆
用相切、相切、半径方式画圆

图 1-88　绘制圆的各种方法

1.2.7　AutoCAD 工程图绘图辅助工具

AutoCAD 工程图绘图辅助工具有：栅格、捕捉、正交绘图、缩放视图、平移视图等，如图 1-89 所示。

正交绘图，就是打开“正交”（ORTHO）功能后，在绘制线段时，输入的第一点不受正交控制，输入第二点时，则该点必须落在与第一点的水平或竖直的连线上。

使用“对象捕捉”工具栏，又可以有多种方式。

（1）“捕捉到端点”按钮（END）。

（2）“捕捉到中点”按钮（MID）。

（3）“捕捉到交点”按钮（INT）。

（4）“捕捉到圆心”按钮（CEN）。

（5）“捕捉到象限点” 按钮（QUA）。

（6）“捕捉到切点” 按钮（TAN）。

（7）“捕捉到垂足” 按钮（PAR）等。

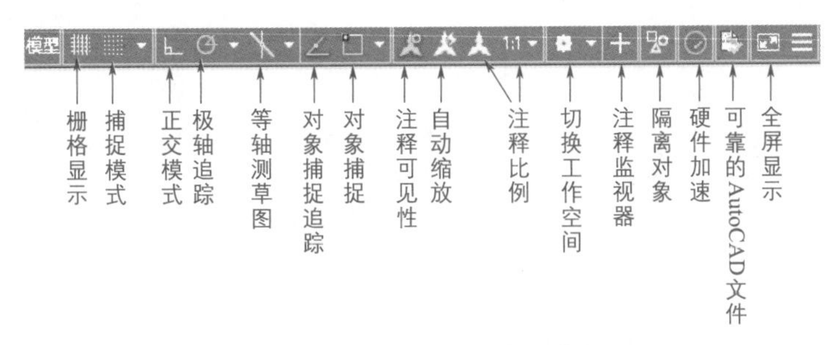
模型
栅格显示
捕捉模式
正交模式
极轴追踪
等轴测草图
对象捕捉追踪
对象捕捉
注释可见性
自动缩放
注释比例
切换工作空间
注释监视器
隔离对象
硬件加速
可靠的AutoCAD文件
全屏显示

图 1-89　AutoCAD 工程图绘图辅助工具

1.2.8　AutoCAD 工程图图形的编辑

AutoCAD 工程图图形的编辑包括：删除对象、复制对象、移动对象、偏移对象、阵列对象、旋转对象、修剪对象、延伸对象、打断对象、创建倒角、绘制圆角等。这些编辑属于通用编辑命令。

一些图形的编辑的启动方法，如图 1-90 所示。

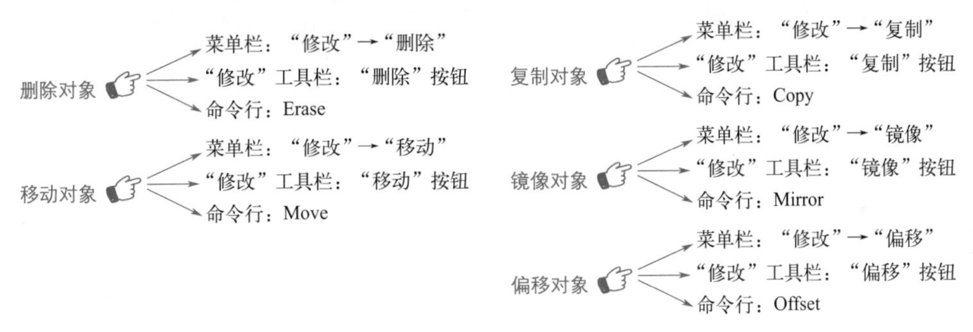
删除对象
菜单栏：“修改”→“删除”
“修改”工具栏：“删除”按钮
命令行：Erase
移动对象
菜单栏：“修改”→“移动”
“修改”工具栏：“移动”按钮
命令行：Move
复制对象
菜单栏：“修改”→“复制”
“修改”工具栏：“复制”按钮
命令行：Copy
镜像对象
菜单栏：“修改”→“镜像”
“修改”工具栏：“镜像”按钮
命令行：Mirror
偏移对象
菜单栏：“修改”→“偏移”
“修改”工具栏：“偏移”按钮
命令行：Offset

图 1-90　一些图形的编辑的启动方法

1.2.9　AutoCAD 的图层

AutoCAD 图层的应用，就是用图层组织管理图形图线。AutoCAD 图层，是编辑复杂工程图的关键。

图层，就是一个图形是由多张透明的、无厚度的、不分先后的、基准点都完全对准的图纸（图形）完全对齐层叠而成，用户可对每一层设置不同的线型、颜色以及图层的状态，可切换到每一层进行绘制不同类别的图形对象。

AutoCAD 图层的应用案例如图 1-91 所示。

AutoCAD 图层特性管理器的开启：菜单栏中的“格式”→“图层”命令。

AutoCAD 图层的应用，包括创建新图层、设置图层的颜色、设置图层的线型、设置图层的线宽、线型的比例、图层的切换、改变对象所在的层、对象所在层的属性等。

进行图层设置前，所绘图线均在 AutoCAD 固有的 0 层上，根据需要可以建立任意多个图层并可进行管理。注意 0 层的特性不能修改。系统缺省的当前层为“0”层，其颜色为白色，线型为连续型。当前层可以被关闭、锁定，但是不能被冻结。

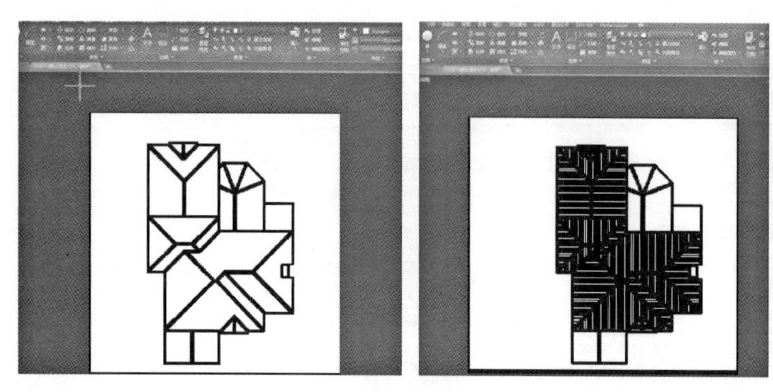

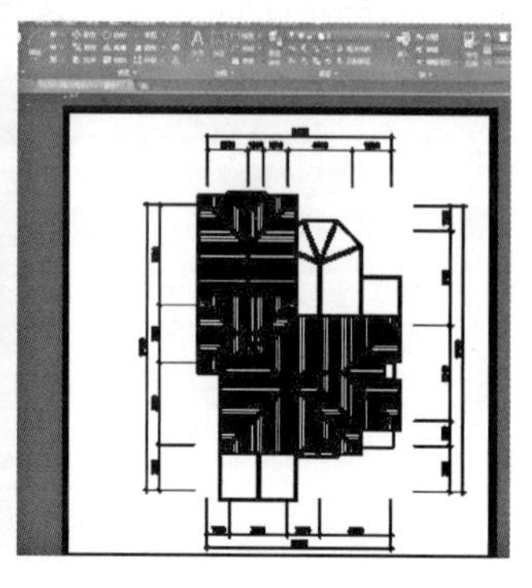

图 1-91　AutoCAD 图层的应用案例

CAD 工程图的图层管理示例见表 1-6。每一图层应设置一种线型，不同图层也可以设置不同或相同的线型。制图中使用的线型，可以从 AutoCAD 的线型库中选用。

表1-6　CAD工程图的图层管理示例

层号	描述	图例
01	粗实线 剖切面的粗剖切线	
02	细实线 细波浪线 细折断线	
03	粗虚线	
04	细虚线	
05	细点画线 剖切面的剖切线	
06	粗点画线	
07	细双点画线	
08	尺寸线，投影连线，尺寸终端与符号细实线	
09	参考圆，包括引出线和终端（如箭头）	
10	剖面符号	
11	文本，细实线	ABCD
12	尺寸值和公差	432±1
13	文本，粗实线	KLMN
14，15，16	用户选用	

设置当前图层，因为将相应的图层置为当前图层才能够在该层上绘制具有图层特性的图线。设置当前图层的方法，就是在图层特性管理器中选择所需图层，然后单击“当前”按钮。

绘图中如想改变图层的状态（置为当前、打开 / 关闭、冻结 / 解冻、锁定 / 解锁等），可直接在下拉列表中点取图标进行相应的设置，如图 1-92 所示。

关闭图层：关闭某个图层后，该图层中的对象不再显示。但是仍可在该图层上绘制新的图形对象，并且新绘制的对象也是不可见的。通过鼠标框选也无法选中被关闭图层中的对象。被关闭图层中的对象是可以编辑修改的

冻结图层：冻结图层后不仅使该层不可见，并且在选择时忽略层中的所有实体。对复杂的图作重新生成时，AutoCAD也忽略被冻结层中的实体，以节约时间。冻结图层后，就不能在该层上绘制新的图形对象，也不能编辑、不能修改

锁定图层：某一个被锁定的层是可见的也可定位到层上的实体，但是不能对这些实体做修改，不过可以新增实体

打印图层：关闭某个图层的打印后，该图层仍然可显示和编辑，仅是不会打印。已关闭和冻结的图层也不会打印，被锁定的图层只要没有关闭打印就可以打印

点击灯泡，若灯泡变暗，该图层就被关闭。
点击太阳，若太阳变雪花，该图层就被冻结。
点击锁，若锁变为锁定，该图层就被锁定。
反之，即为该图层打开、解冻、解锁状态

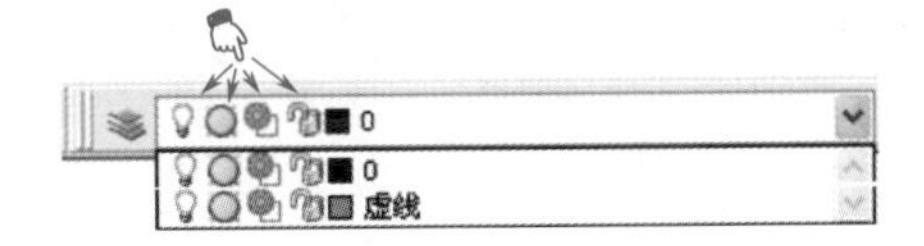
0
0
虚线

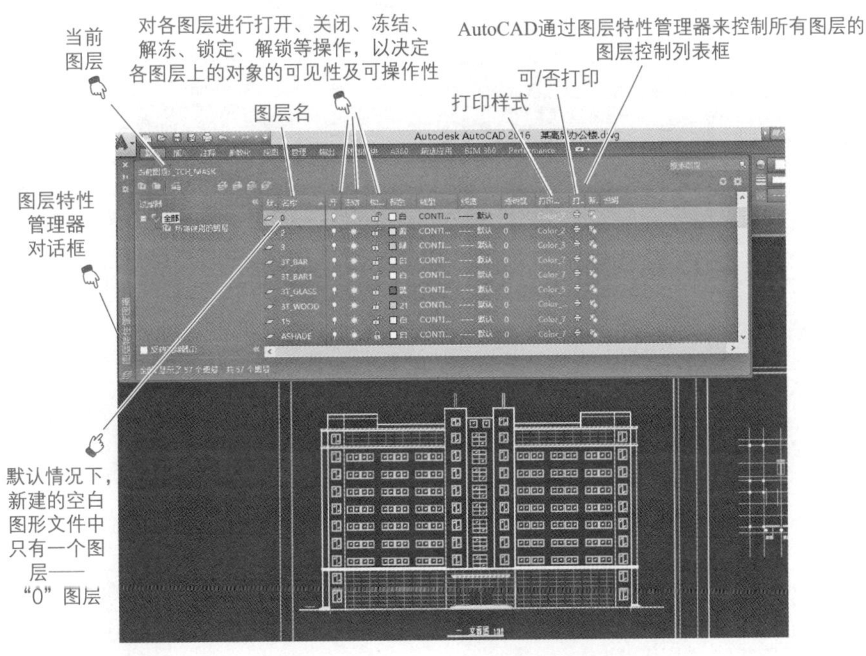
当前图层
对各图层进行打开、关闭、冻结、解冻、锁定、解锁等操作，以决定各图层上的对象的可见性及可操作性
AutoCAD通过图层特性管理器来控制所有图层的图层控制列表框
可/否打印
打印样式
图层名
图层特性管理器对话框
默认情况下，新建的空白图形文件中只有一个图层——“0”图层

图 1-92　CAD 工程图的图层管理

Chapter 2

第02章 工程视图与基本工程图

2.1 工程视图

2.1.1 视图的形成

三视图，也就是主视图、俯视图、左视图。三视图的形成如图 2-1 所示。

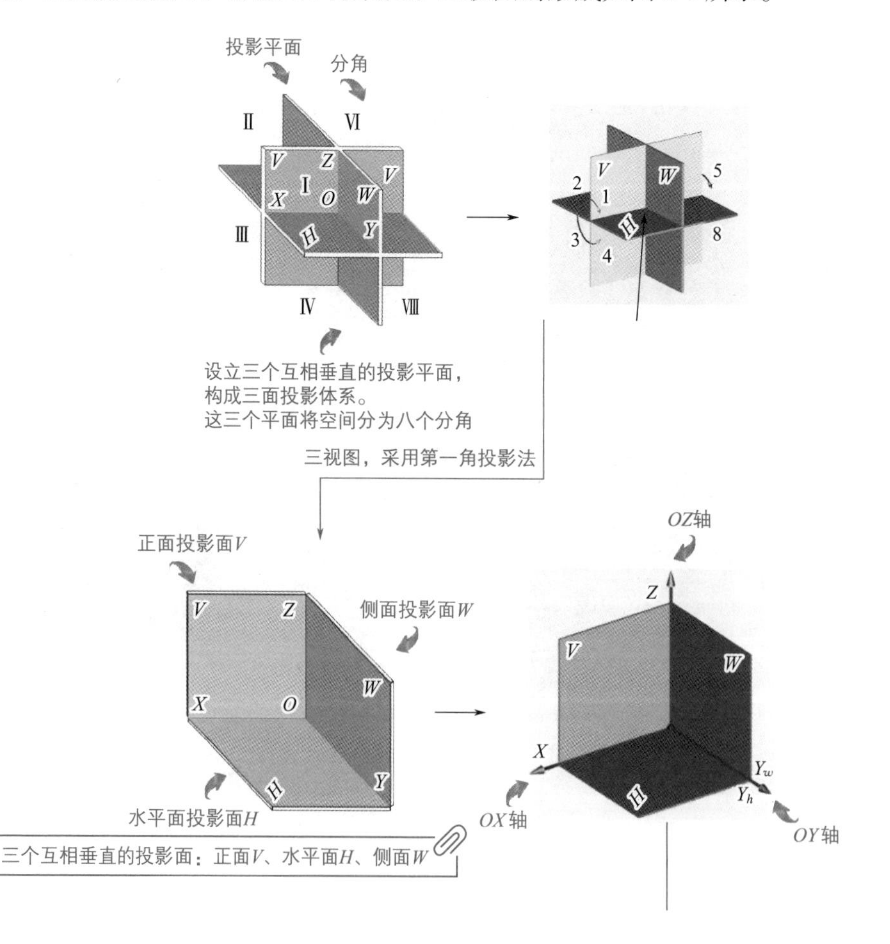

投影平面
分角
Ⅱ
Ⅵ
Ⅲ
Ⅳ
Ⅷ
V
Z
Ⅰ
X
O
W
H
Y
2
1
5
3
4
8
设立三个互相垂直的投影平面，
构成三面投影体系。
这三个平面将空间分为八个分角
三视图，采用第一角投影法
正面投影面V
侧面投影面W
水平面投影面H
三个互相垂直的投影面：正面V、水平面H、侧面W
OZ轴
OX轴
OY轴
Y_w
Y_h

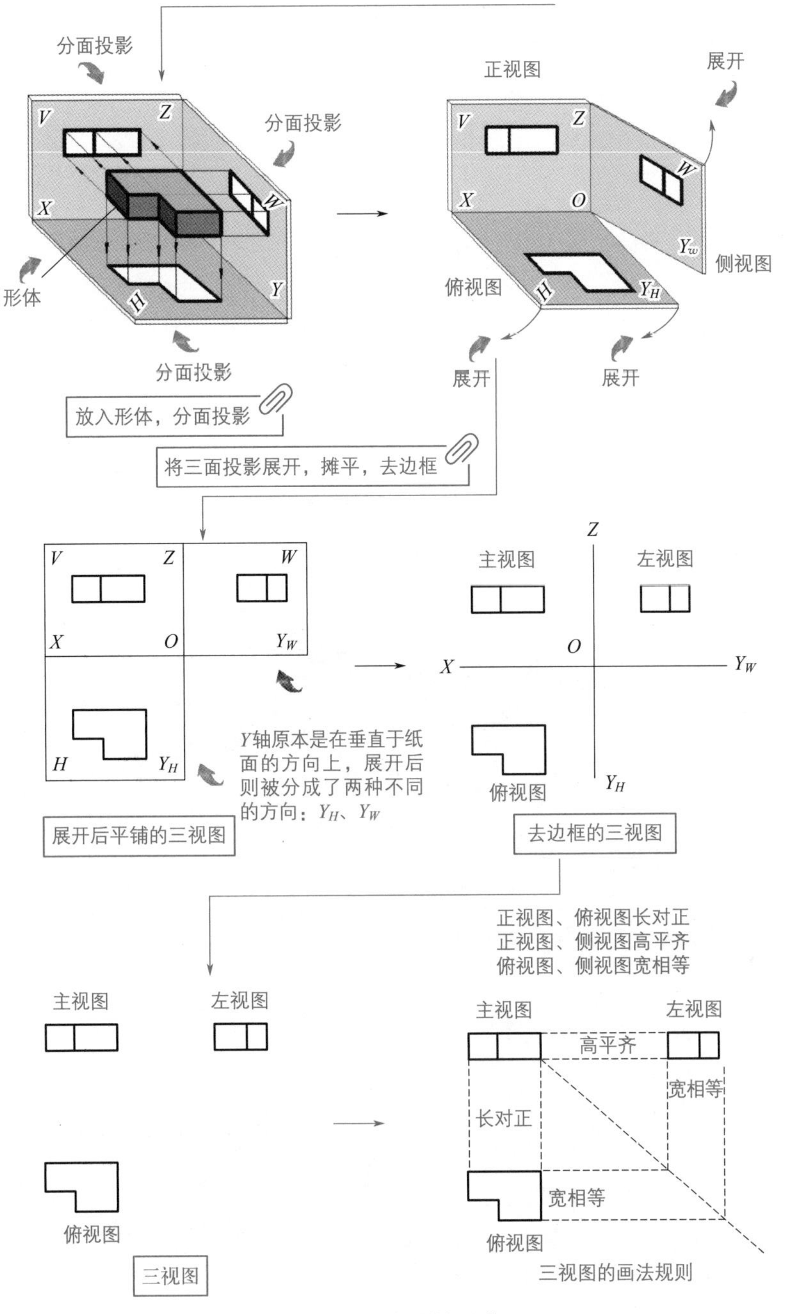
分面投影
分面投影
形体
分面投影
放入形体，分面投影
正视图
展开
侧视图
俯视图
展开
展开
将三面投影展开，摊平，去边框
主视图
左视图
Y轴原本是在垂直于纸面的方向上，展开后则被分成了两种不同的方向：Y_H、Y_W
俯视图
展开后平铺的三视图
去边框的三视图
正视图、俯视图长对正
正视图、侧视图高平齐
俯视图、侧视图宽相等
主视图
左视图
主视图
左视图
高平齐
宽相等
长对正
宽相等
俯视图
俯视图
三视图
三视图的画法规则

图 2-1　三视图的形成

小贴士

（1）视图，就是将物体采用正投影法向投影面投射时所得到的投影，如图 2-2 所示。

（2）特殊视图，就是视图不是根据六个基本视图的投射方向绘制或视图位置不符合基本视图配置关系要求的视图。

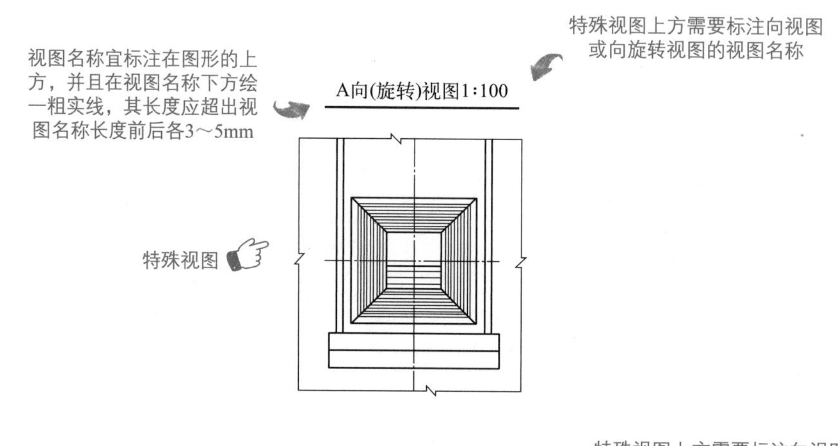
视图名称宜标注在图形的上方，并且在视图名称下方绘一粗实线，其长度应超出视图名称长度前后各3～5mm
A向(旋转)视图1:100
特殊视图上方需要标注向视图或向旋转视图的视图名称
特殊视图

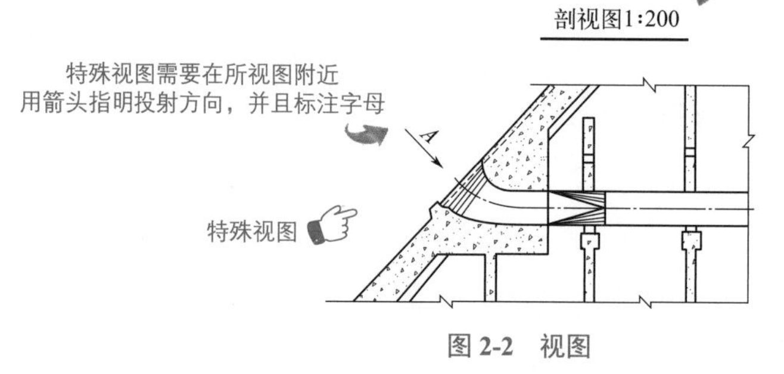
特殊视图上方需要标注向视图或向旋转视图的视图名称
剖视图1:200
特殊视图需要在所视图附近用箭头指明投射方向，并且标注字母
A
特殊视图

图 2-2 视图

2.1.2 基本立体的投影

基本立体的投影形成三视图，如图 2-3 所示。

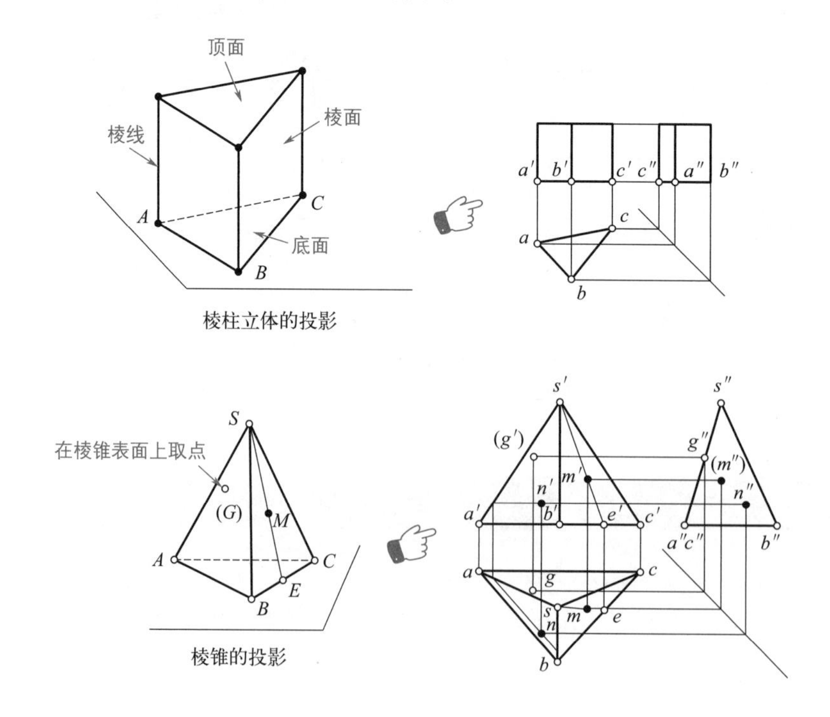
顶面
棱线
棱面
A
C
底面
B
棱柱立体的投影
a′ b′ c′ c″ a″ b″
c
a
b
在棱锥表面上取点
S
(G)
M
A
C
E
B
棱锥的投影
s′
s″
(g′)
g″
(m″)
m′
n′
n″
a′
b′
e′
c′
a″c″
b″
a
g
c
s
m
e
n
b

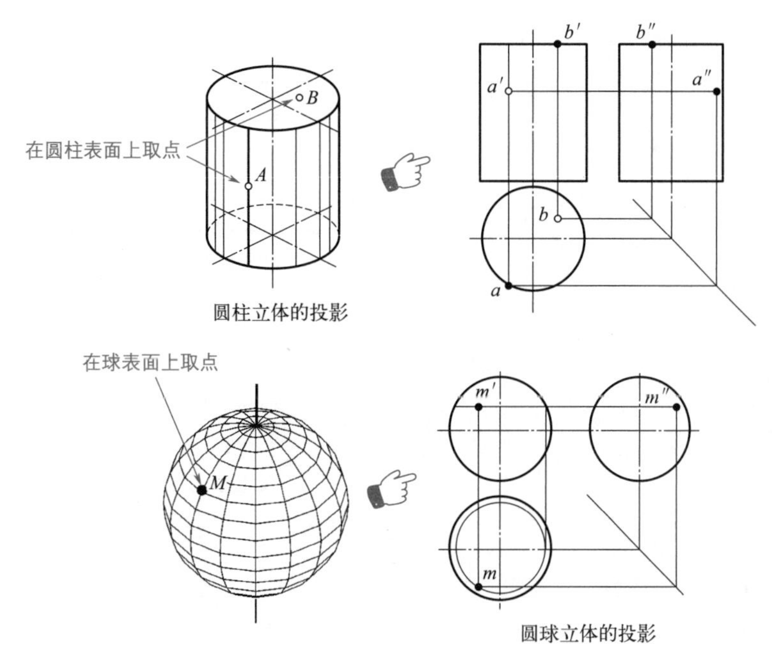
在圆柱表面上取点
B
A
圆柱立体的投影
b′
b″
a′
a″
b
a
在球表面上取点
M
m′
m″
m
圆球立体的投影

图 2-3　基本立体的投影形成三视图

2.1.3　镜像投影法

有的工程图是根据正投影法并用第一角画法绘制的。但是，当视图用第一角画法绘制不易表达时，可以用镜像投影法绘制，但是应在图名后注写“镜像”二字。

镜像投影法图示如图 2-4 所示。

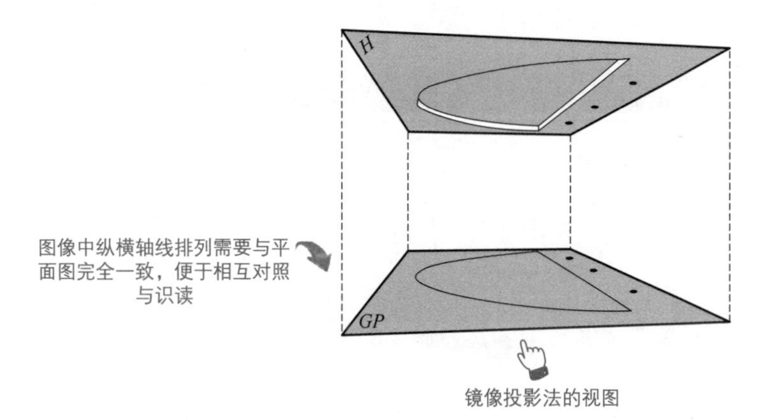
H
图像中纵横轴线排列需要与平面图完全一致，便于相互对照与识读
GP
镜像投影法的视图

图 2-4　镜像投影法

2.1.4　剖切符号的绘制与识读

剖切符号，就是表示剖视面或断面剖切位置的符号，如图 2-5 所示。

剖切符号宜优先选择国际通用的表示方法，也可以选择采用常用表示方法。同一套图纸应选用一种表示方法。

线段与圆之间应填充黑色并形成箭头表示剖视方向　剖切线与符号线线宽应为0.25*b*

水平直径上方为索引编号

下方应为图纸编号

剖切符号的编号宜由左至右、由下向上连续编排

2 A02　2 A02　1 A02　1 A02　3 A01

索引符号应位于剖切线两端

需要转折的剖切位置线应连续绘制

剖切符号的国际通用表示方法

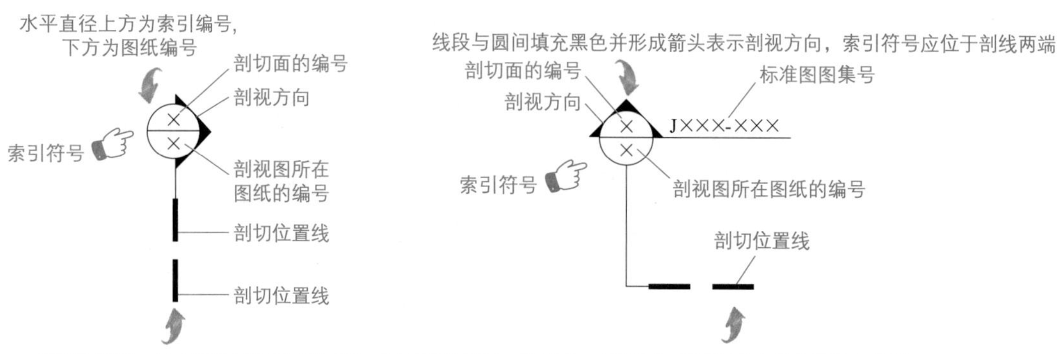

水平直径上方为索引编号，
下方为图纸编号
剖切面的编号
剖视方向
索引符号
剖视图所在
图纸的编号
剖切位置线
剖切位置线
线段与圆间填充黑色并形成箭头表示剖视方向，索引符号应位于剖线两端
剖切面的编号
标准图图集号
剖视方向
J×××-×××
索引符号
剖视图所在图纸的编号
剖切位置线

剖切位置线一般位于图样被剖切的部位，以粗实线绘制。绘制时，剖视剖切符号不应与其他图线相接触；

另外一种剖视剖切符号

剖视的剖切符号应由剖切位置线、投射方向线、索引符号等组成。

剖视剖切索引符号一般由直径为8～10mm的圆、水平直径、两条相互垂直且于外切圆的线段组成。

剖视的剖切符号的编号宜采用阿拉伯数字或字母表示，编写顺序根据剖切部位在图样中的位置由左到右、由下到上编排，并且注写在索引符号内。

断面及剖视详图剖切符号的索引符号应位于平面图外侧一端，另一端为剖视方向线，长度宜为7～9mm，宽度宜为2mm

图 2-5　剖切符号

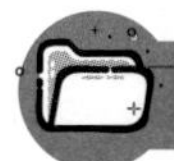

小贴士

建筑剖切符号标注的位置需要符合如下规定。

（1）建（构）筑物剖面图的剖切符号需要标注在 ±0.000 标高的平面图或首层平面图上。

（2）局部剖切图（不含首层）、断面图的剖切符号需要标注在包含剖切部位的最下面一层的平面图上。

剖视图的标注内容可简化或省略，如图 2-6 所示。

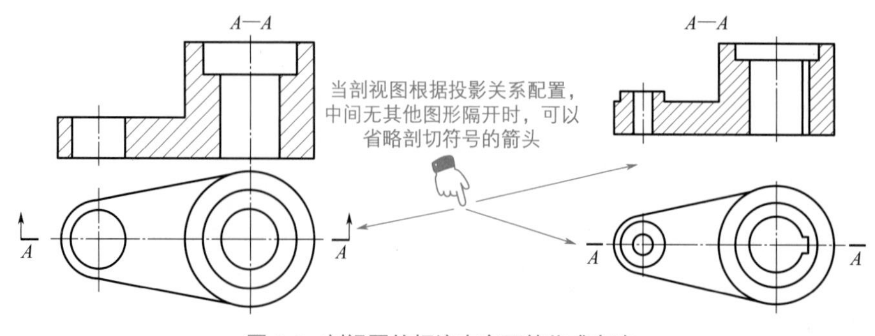

A—A
A—A
当剖视图根据投影关系配置，
中间无其他图形隔开时，可以
省略剖切符号的箭头
A
A
A
A

图 2-6　剖视图的标注内容可简化或省略

2.1.5 剖视图的剖切面类型

剖切符号，一般由剖切位置线、剖视方向线组成一直角，并且用粗实线绘制，剖切位置线的长度一般宜采用 5~10mm，剖视方向线的长度一般宜采用 4~6mm。

剖切符号不宜与图面上的图线接触。

剖切符号的编号一般宜采用阿拉伯数字或拉丁字母，根据顺序由左到右、由下到上连续编号，并且注写在剖视方向线的端部。

转折的剖切位置线，在转折位置可不标注字母或数字。在转折位置与其他图线发生混淆的，需要在转角的外侧加注相同的字母或数字。

剖视图一般宜根据投影关系配置在与剖切符号相对应的位置，并且在剖视图上方标注其编号和图名。

剖视图的剖切面类型如图 2-7 所示。

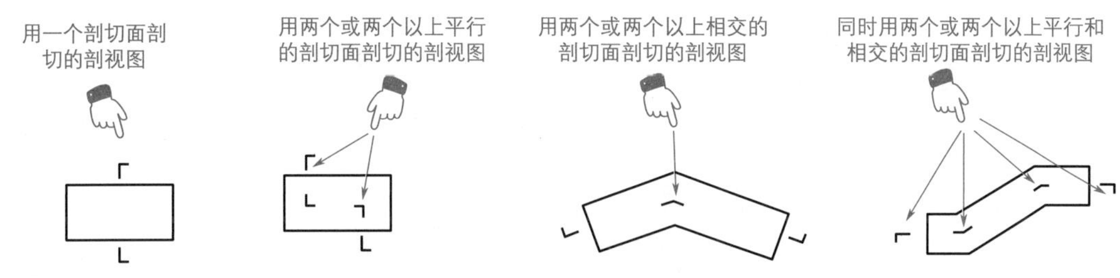
用一个剖切面剖切的剖视图
用两个或两个以上平行的剖切面剖切的剖视图
用两个或两个以上相交的剖切面剖切的剖视图
同时用两个或两个以上平行和相交的剖切面剖切的剖视图

图 2-7 剖视图的剖切面类型

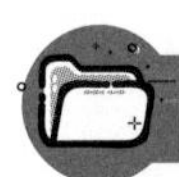

小贴士

（1）可根据投影关系配置的两个剖视图互作剖切。

（2）局部剖视图用波浪线与视图分界，波浪线不应与图样中的其他图线重合。

（3）阶梯剖视中的剖切位置，在转折位置易与其他图线发生混淆的在其两端及转折位置应画出剖切符号，并且标注相同字母。剖切位置明显的，转折位置可省略字母。

（4）剖视图有全剖视图、半剖视图、局部剖视图、阶梯剖视、旋转剖视图、复合剖视图等。

剖视图的种类如图 2-8 所示。

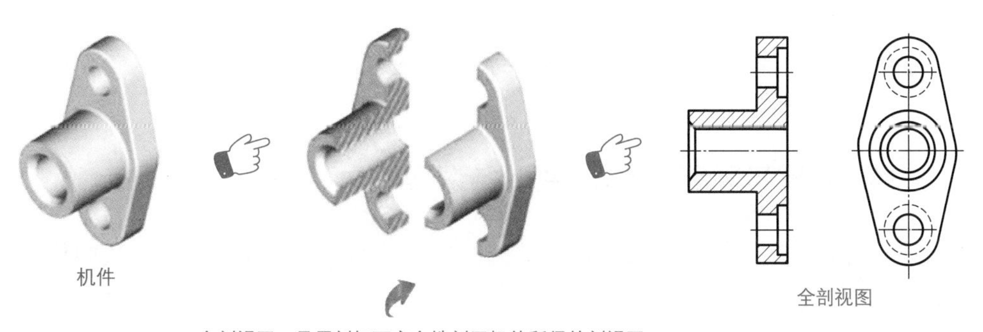
机件
全剖视图
全剖视图，是用剖切面完全地剖开机件所得的剖视图

图 2-8

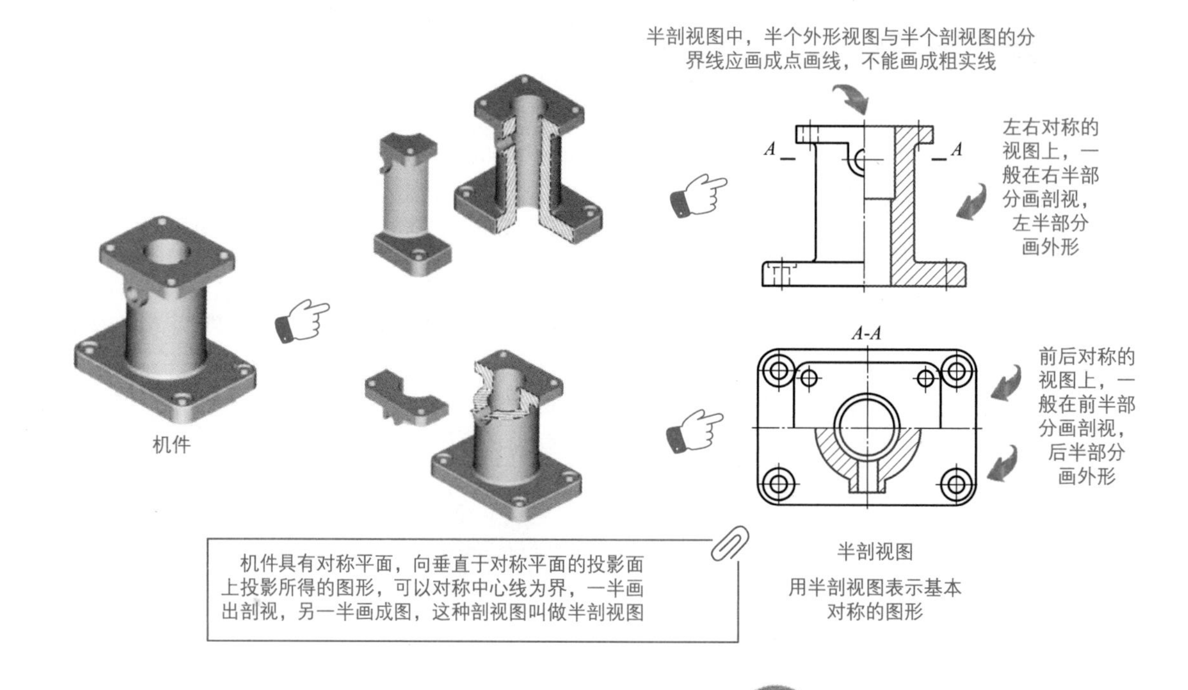
半剖视图中，半个外形视图与半个剖视图的分界线应画成点画线，不能画成粗实线
A
A
左右对称的视图上，一般在右半部分画剖视，左半部分画外形
A-A
前后对称的视图上，一般在前半部分画剖视，后半部分画外形
机件
机件具有对称平面，向垂直于对称平面的投影面上投影所得的图形，可以对称中心线为界，一半画出剖视，另一半画成图，这种剖视图叫做半剖视图
半剖视图
用半剖视图表示基本对称的图形

当被剖切结构为回转体时，允许以该结构的对称中心线作为局部剖视和视图的分界线
局部剖视图以波浪线或双折线分界。表示剖切范围的波浪线，不应与图形上其他图形重合。如果遇孔、槽，波浪线必须断开，也不能超出视图的轮廓线。如果使用双折线表示局部剖视范围时，双折线端头要超出轮廓线少许
用剖切面局部剖开机件所得的视图称为局部剖视图

图 2-8　剖视图的种类

2.1.6　旋转剖视图与复合剖视图的绘制与识读

用两相交且其交线垂直于某基本投影面的剖切面剖切物体，这样的剖视法叫作旋转剖、旋转剖视。

作旋转剖时，需要在剖切面转折和起讫处画上剖切符号、投影方向的箭头（符号）、大写字母 X，并且在剖视图上方注明相同的大写字母“X—X”。

两剖切面的交线应与物体上的某孔轴线重合，以免产生不完整要素。当剖切后产生不完整要素时，相应部分根据不剖绘制。

旋转剖视图如图 2-9 所示。

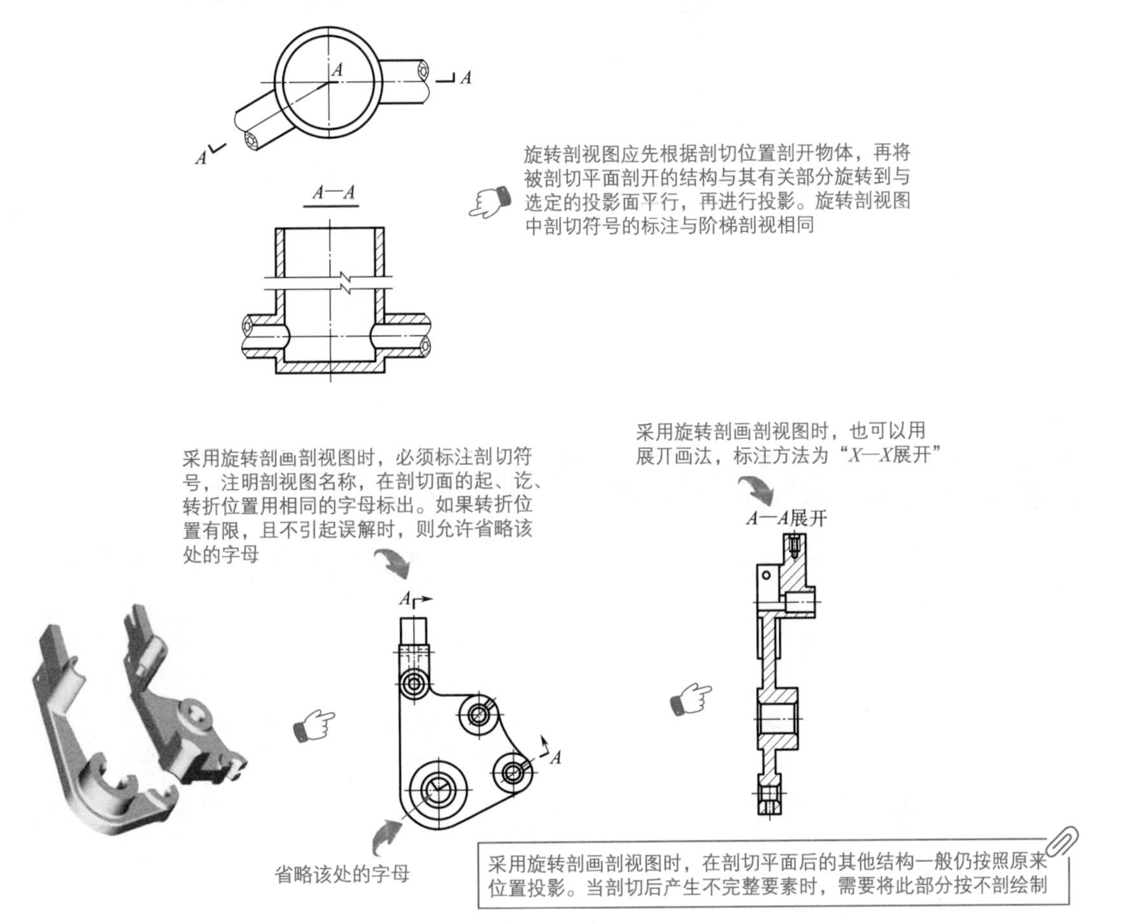

A
A
A
A—A
旋转剖视图应先根据剖切位置剖开物体，再将被剖切平面剖开的结构与其有关部分旋转到与选定的投影面平行，再进行投影。旋转剖视图中剖切符号的标注与阶梯剖视相同
采用旋转剖画剖视图时，必须标注剖切符号，注明剖视图名称，在剖切面的起、讫、转折位置用相同的字母标出。如果转折位置有限，且不引起误解时，则允许省略该处的字母
采用旋转剖画剖视图时，也可以用展开画法，标注方法为“X—X展开”
A—A展开
A
A
省略该处的字母
采用旋转剖画剖视图时，在剖切平面后的其他结构一般仍按照原来位置投影。当剖切后产生不完整要素时，需要将此部分按不剖绘制

图 2-9 旋转剖视图

除了旋转、阶梯剖以外，用组合的剖切平面剖开物件的方法叫作复合剖。采用复合剖视绘制的剖视图，也需要根据规定作标注，如图 2-10 所示。

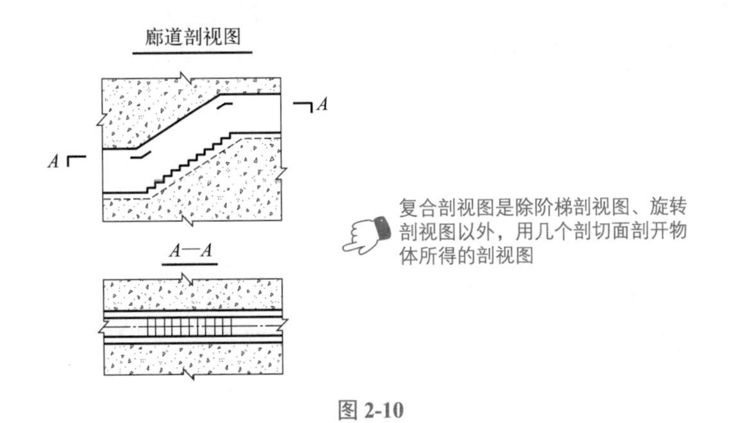

廊道剖视图
A
A
A—A
复合剖视图是除阶梯剖视图、旋转剖视图以外，用几个剖切面剖开物体所得的剖视图

图 2-10

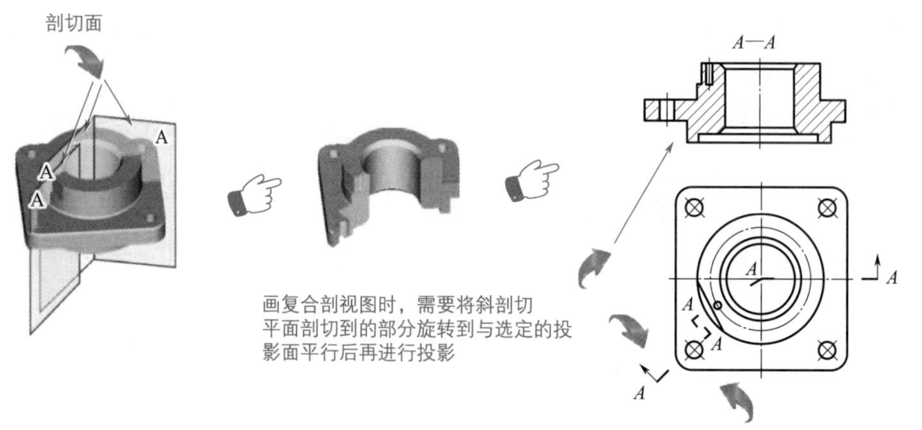
剖切面
A
A
A
A—A
A
A
A
A
A
画复合剖视图时，需要将斜剖切
平面剖切到的部分旋转到与选定的投
影面平行后再进行投影
画复合剖时，剖切符号和剖视名称必须全部标出

图 2-10　复合剖视图

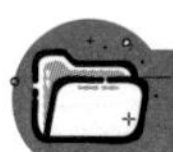

小贴士

如果会制图，则识读剖视图毫无困难。如果只是掌握识读技能，则识读剖视图应注意以下两个小技巧。

（1）首先要明确剖切平面的位置、投射方向，这样后面进行的投影分析就不会出现“前提错误”。

（2）需要了解不同的剖视图类型，因为不同的剖视图其投影分析是不同的。

2.1.7　断面图剖切符号的绘制

断面图的剖切符号绘制需要符合如下规定。

（1）剖切符号用剖切位置线表示，一般是以粗实线绘制，长度宜为 5 ～ 10mm。

（2）剖切符号的编号，一般宜采用阿拉伯数字或拉丁字母根据顺序连续编号表示，并且注写在剖切位置线的一侧，编号所在的一侧应为剖切后的投射方向。

（3）梁板的断面图画在其结构平面布置图内的，断面涂黑，可不标注剖切位置与投射方向。断面图中结构较小的构件可不画断面材料图例，用粗实线表达。

（4）断面图的类型有移出断面图、对称断面图、不对称断面图、涂黑断面图等，如图 2-11 所示。

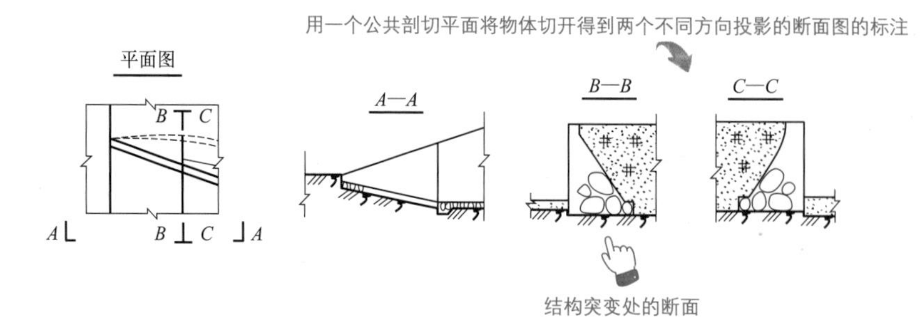
用一个公共剖切平面将物体切开得到两个不同方向投影的断面图的标注
平面图
B
C
A
B
C
A
A—A
B—B
C—C
结构突变处的断面

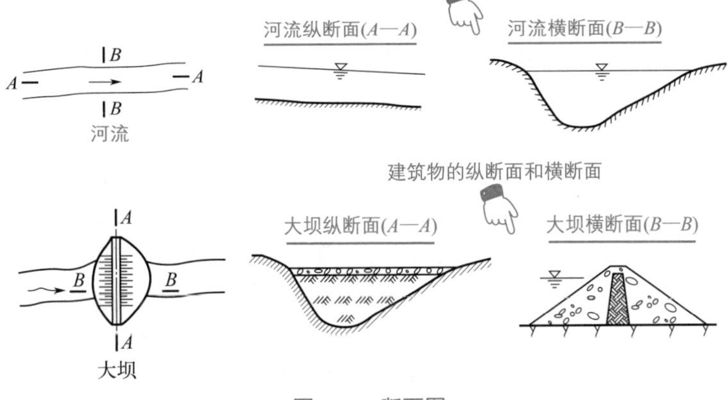
河流的纵断面与横断面的表示
河流纵断面(A—A)
河流横断面(B—B)
A
B
河流
建筑物的纵断面和横断面
大坝纵断面(A—A)
大坝横断面(B—B)
大坝

图 2-11　断面图

小贴士

断面图，就是假想用剖切面将机件的某处切断，仅画出其断面的图形，简称断面，如图 2-12 所示。

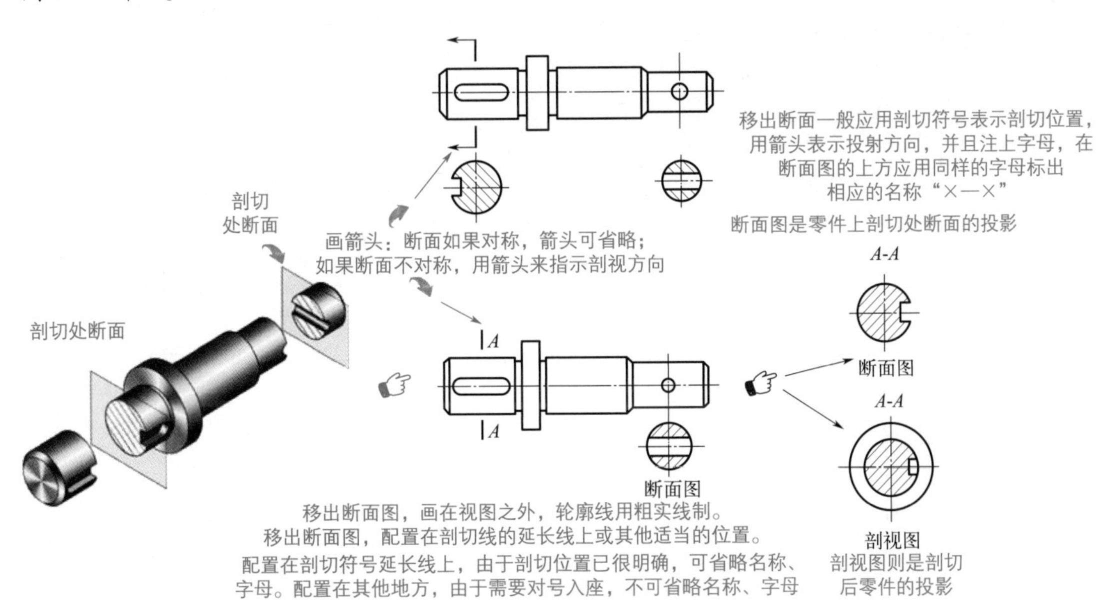
移出断面一般应用剖切符号表示剖切位置，用箭头表示投射方向，并且注上字母，在断面图的上方应用同样的字母标出相应的名称“×—×”
断面图是零件上剖切处断面的投影
剖切处断面
画箭头：断面如果对称，箭头可省略；如果断面不对称，用箭头来指示剖视方向
剖切处断面
A-A
断面图
A-A
断面图
移出断面图，画在视图之外，轮廓线用粗实线制。
移出断面图，配置在剖切线的延长线上或其他适当的位置。
配置在剖切符号延长线上，由于剖切位置已很明确，可省略名称、字母。配置在其他地方，由于需要对号入座，不可省略名称、字母
剖视图
剖视图则是剖切后零件的投影

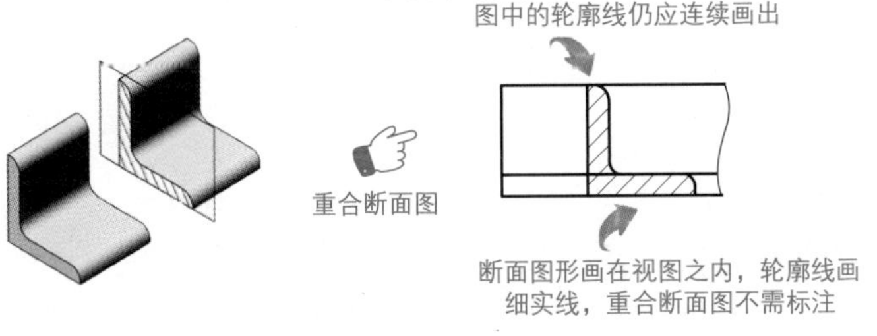
视图中的轮廓线与断面图的图线重合时，视图中的轮廓线仍应连续画出
重合断面图
断面图形画在视图之内，轮廓线画细实线，重合断面图不需标注

图 2-12　断面图

2.1.8　断面图中写数字处的规定

断面图中写数字处应留空，以确保数字的清楚与完整，如图 2-13 所示。

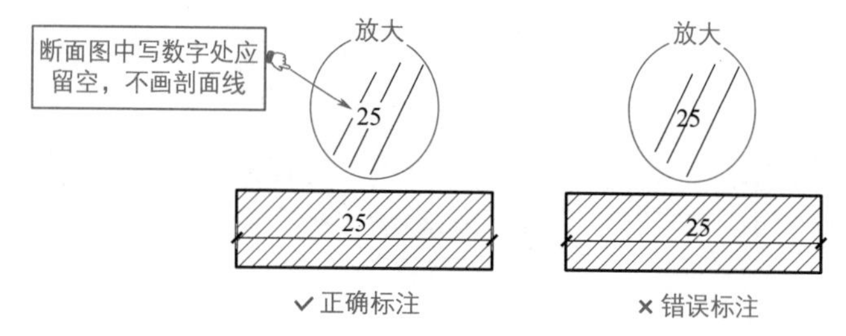
断面图中写数字处应留空，不画剖面线
放大
25
25
放大
25
25
✓正确标注
×错误标注

图 2-13　断面图中写数字处应留空

2.1.9　对应断面相互切取

对应断面相互切取如图 2-14 所示。

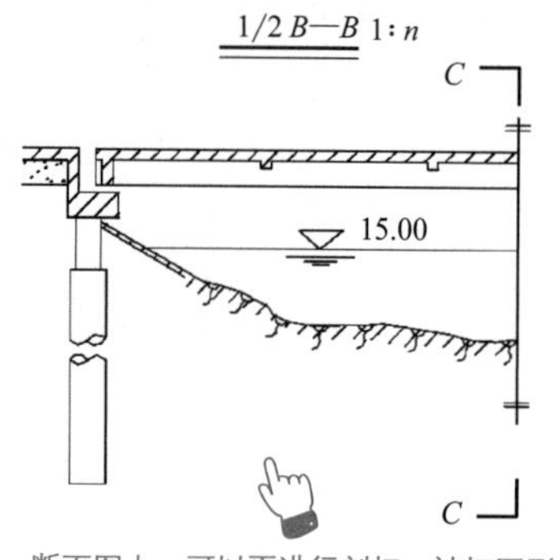
1/2 B—B 1∶n
C
15.00
C
断面图上，可以再进行剖切，被切图形可以仍是原完整图形

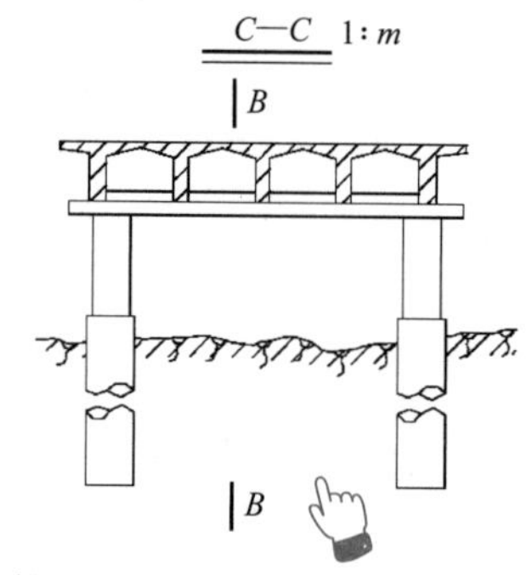
C—C 1∶m
B
B
断面图上，可以再进行剖切，也可以在两个对应的断面图上相互切取

图 2-14　对应断面相互切取

2.1.10　断面阴影线的标注要求

断面阴影线的标注要求如图 2-15 所示。

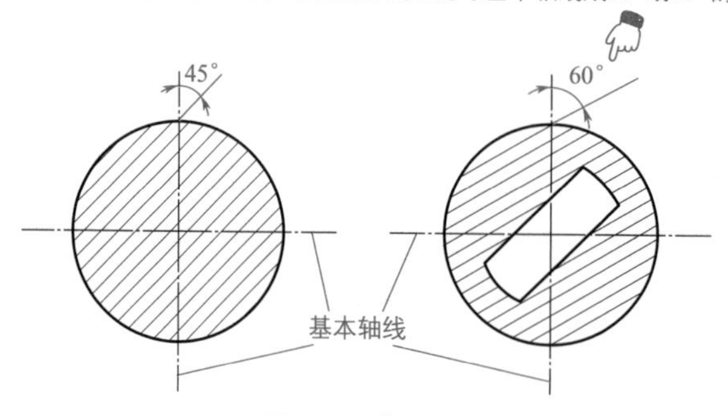
在断面图内，可标注阴影线、材料图例。当仅表示断面而不表示材料时，可采用与基本轴线成45°的细实线表示。在原图中，当已有图线与基本轴线倾斜45°时，可将阴影线画为与基本轴线成30°或60°的阴影线
45°
60°
基本轴线

图 2-15　断面阴影线的标注

2.1.11 曲面视图的绘制与识读

曲面，就是一条动线（直线或曲线）在空间连续运动的轨迹，如图 2-16 所示。

曲面体，就是由曲面围成或由曲面和平面围成的立体。

曲面画法，包括柱面画法、锥面画法、渐变段画法、扭曲面画法、方形变圆形或圆形变方形渐变段画法、圆环面或球面等的旋转面画法等。

产生曲面的那条线（直线或曲线）称为母线。母线在曲面上任一位置时称为素线。

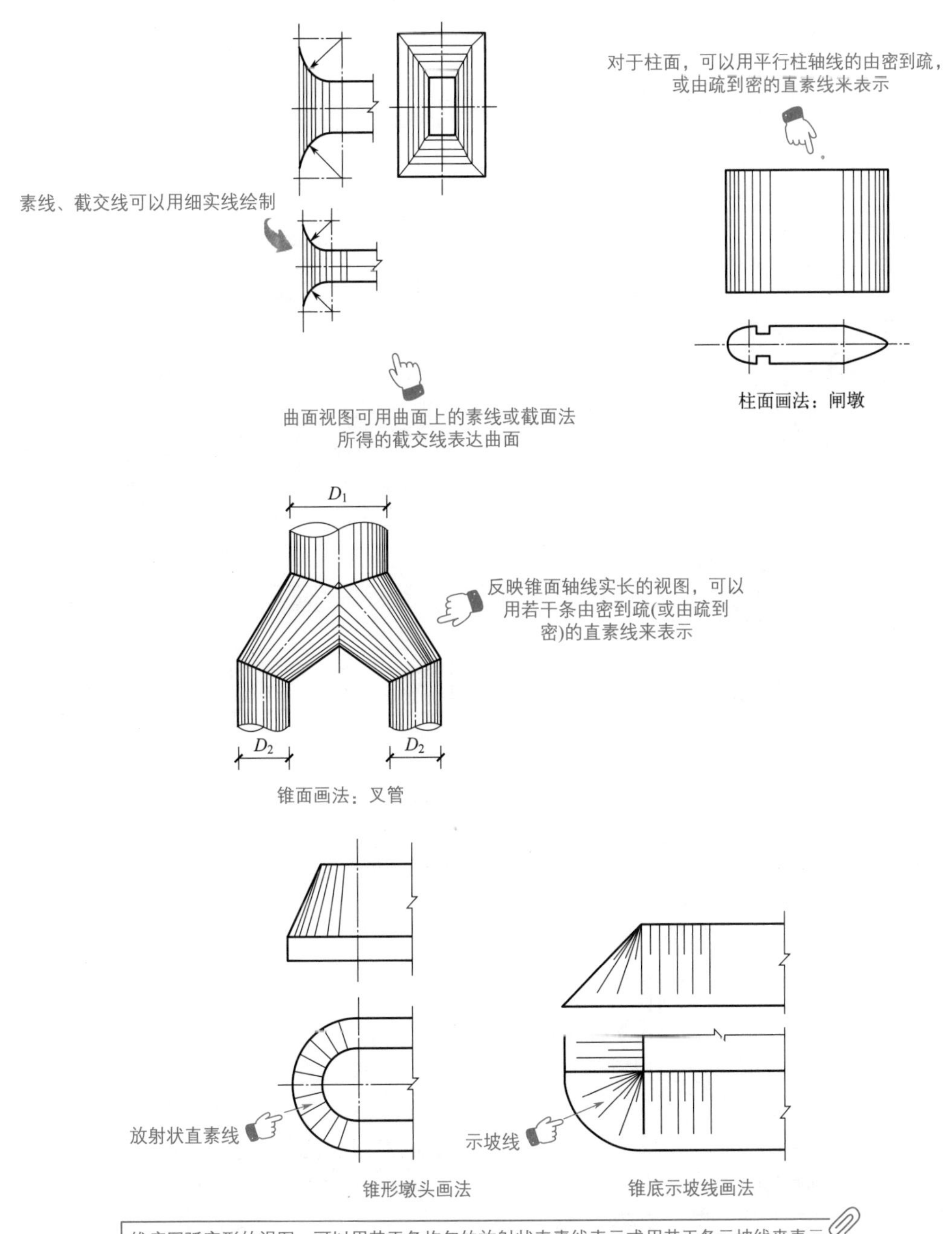

对于柱面，可以用平行柱轴线的由密到疏，或由疏到密的直素线来表示
素线、截交线可以用细实线绘制
柱面画法：闸墩
曲面视图可用曲面上的素线或截面法所得的截交线表达曲面
D1
反映锥面轴线实长的视图，可以用若干条由密到疏(或由疏到密)的直素线来表示
D2
D2
锥面画法：叉管
放射状直素线
示坡线
锥形墩头画法
锥底示坡线画法
锥底圆弧实形的视图，可以用若干条均匀的放射状直素线表示或用若干条示坡线来表示

图 2-16

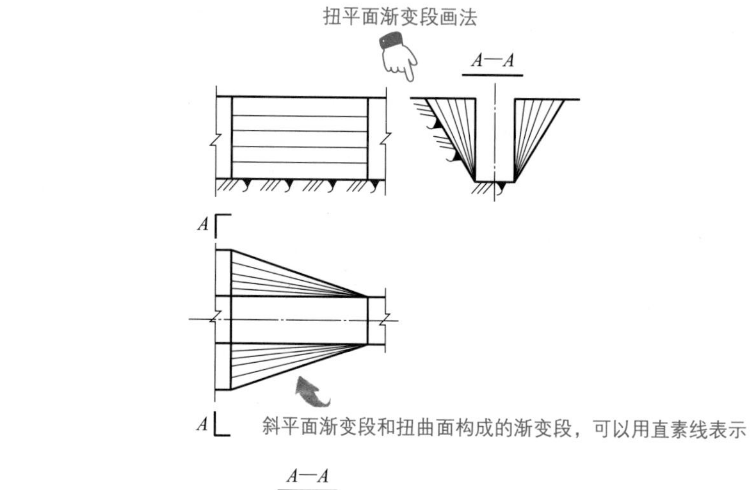
扭平面渐变段画法
A—A
A
A
斜平面渐变段和扭曲面构成的渐变段，可以用直素线表示

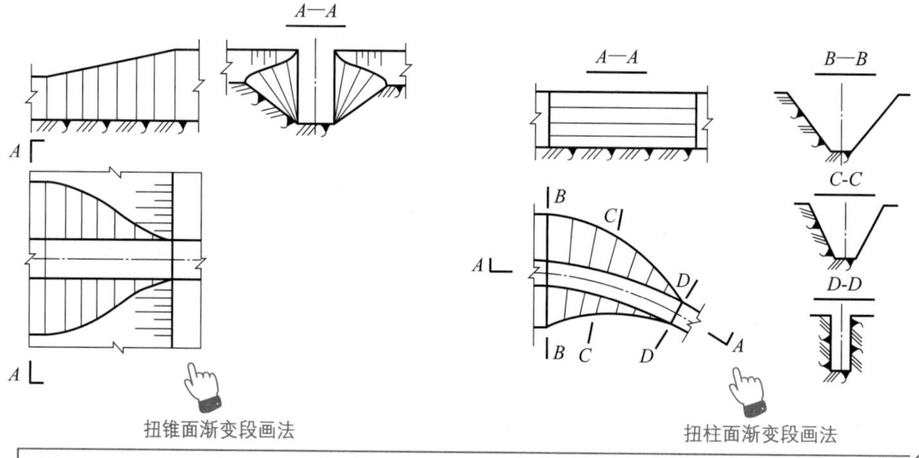
A—A
A
A
扭锥面渐变段画法
A—A
B—B
C-C
D-D
B
C
D
A
B C D A
扭柱面渐变段画法

由方形(或矩形)变到圆形，或由圆形变到方形(或矩形)的方圆渐变段，可以用素线法或截面素线法来表示

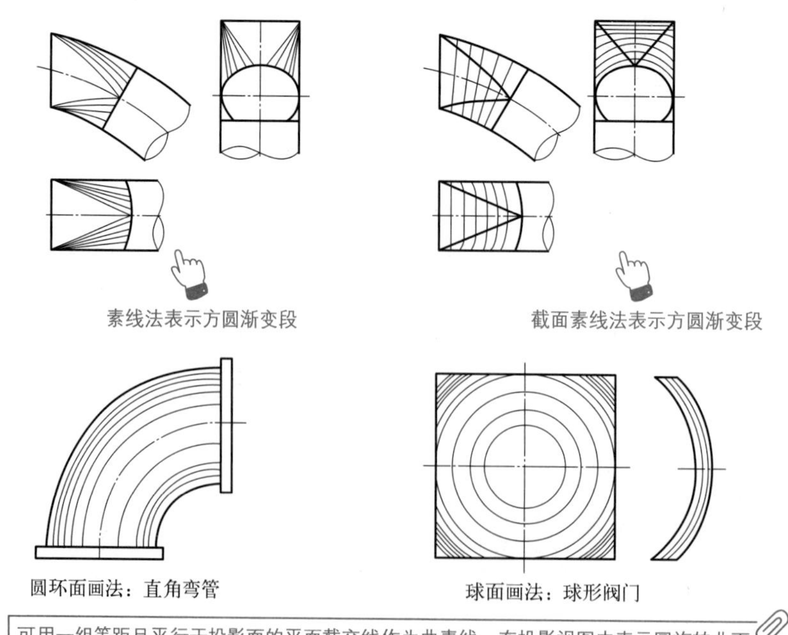
素线法表示方圆渐变段
截面素线法表示方圆渐变段
圆环面画法：直角弯管
球面画法：球形阀门

可用一组等距且平行于投影面的平面截交线作为曲素线，在投影视图中表示圆旋转曲面

图 2-16　曲面视图

2.2 轴测图、透视图与展开图

2.2.1 轴测图与透视图的特点

轴测图，就是用平行投影法将物体连同确定该物体的直角坐标系一起沿不平行于任一坐标平面的方向投射到一个投影面上所得到的图形。

透视图，就是根据透视原理绘制出的具有近大远小特征的图像，以表达建筑设计意图，如图 2-17 所示。

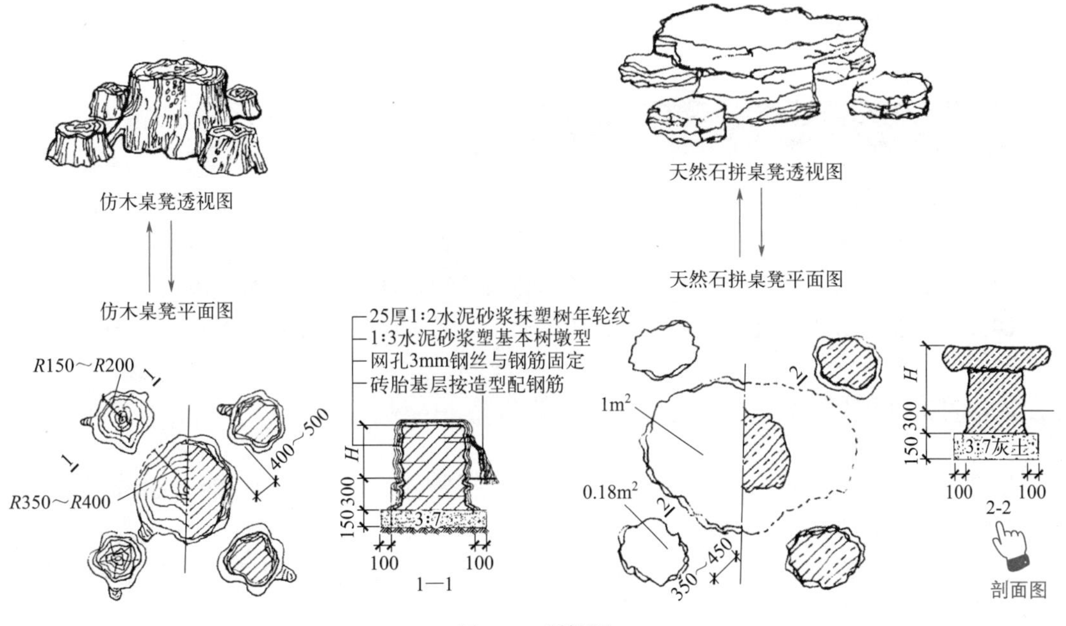

仿木桌凳透视图
仿木桌凳平面图
天然石拼桌凳透视图
天然石拼桌凳平面图
25厚1:2水泥砂浆抹塑树年轮纹
1:3水泥砂浆塑基本树墩型
网孔3mm钢丝与钢筋固定
砖胎基层按造型配钢筋
R150～R200
R350～R400
400～500
H
150 300
3:7
100
100
1—1
1m2
0.18m2
350～450
3:7灰土
2-2
剖面图

图 2-17 透视图

2.2.2 展开图的特点

物体的表面根据实际形状、大小，依次摊平在一个平面上，展开所得到的图样称为展开图，如图 2-18 所示。

表面可以分平面、曲面两种，其中曲面又可以分为可展曲面、不可展曲面两种。平面、可展曲面可得到精确的展开图，不可展曲面只能用近似方法展开。

展开作图，就是根据投影原理，通过几何作图将物体的可视表面展开成平面图形的操作过程。

展开图中应包含物体中的所有管孔、内部成形、外部成形、焊缝布置等要素，必要时注明冲压、折弯、焊接等加工工艺。

展开图的尺寸应标注齐全，主视图和展开图标注应对应。与展开图对应的局部剖视图和局部断面图的尺寸应标注齐全。

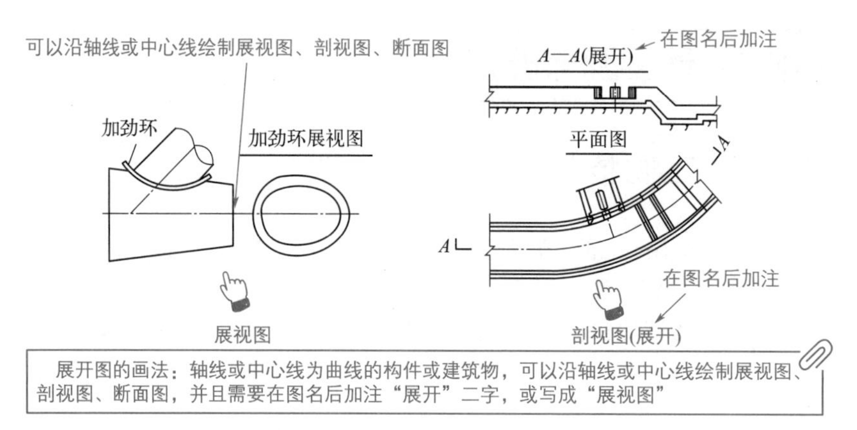
可以沿轴线或中心线绘制展视图、剖视图、断面图
加劲环
加劲环展视图
展视图
A—A(展开)
在图名后加注
平面图
在图名后加注
剖视图(展开)
展开图的画法：轴线或中心线为曲线的构件或建筑物，可以沿轴线或中心线绘制展视图、剖视图、断面图，并且需要在图名后加注“展开”二字，或写成“展视图”

图 2-18　展开图

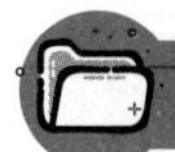

小贴士

（1）可展开物体，就是表面任一点高斯曲率恒为零的物体，否则为不可展开物体。

（2）外表面可视展开图，就是物体可视面为外表面的展开图，简称外展图。

（3）内表面可视展开图，就是物体可视面为内表面的展开图，简称内展图。

（4）近似展开图，就是对于不可展开物体表面运用近似展开方法展开所得到的图形。

2.2.3　相贯体的特点

相贯体，就是两个或多个物体表面相交所组成的物体。相贯线，就是组成相贯体的两个或多个物体表面的共有线。

相贯体的展开最重要的步骤是作出相贯体的相贯线，只有求出相贯线，才能将相贯体分解为简单的基本形体，利用基本方法进行展开。

要作相贯体的相贯线，需要从寻找组成相贯体的物体表面的共有点入手，找出了若干的共有点，然后将相应的共有点连接起来，就得到了相贯体的相贯线。

根据投影规律，如果某一点在一条直线上，其投影也必在该直线的投影上。因此，通过作出物体的三视图，找出物体表面的共有点，再连接共有点即可得到相贯线。

典型相贯体的图示如图 2-19 所示。

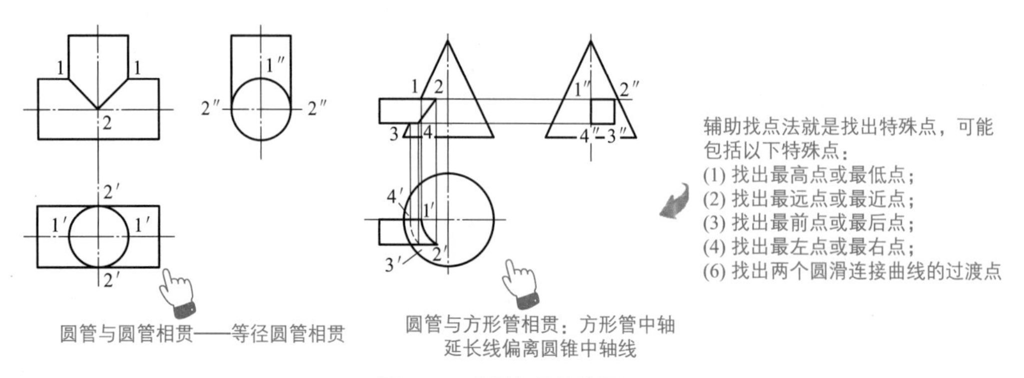
辅助找点法就是找出特殊点，可能包括以下特殊点：
(1) 找出最高点或最低点；
(2) 找出最远点或最近点；
(3) 找出最前点或最后点；
(4) 找出最左点或最右点；
(6) 找出两个圆滑连接曲线的过渡点
圆管与圆管相贯——等径圆管相贯
圆管与方形管相贯：方形管中轴延长线偏离圆锥中轴线

图 2-19　典型相贯体的图示

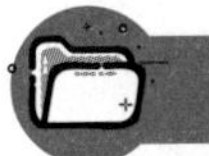

小贴士

（1）由于物体都有一定范围，因此，相贯线都是封闭的。

（2）相贯线为直线的物体，在主视图中只需找出两个结合点，也就是起点、终点即可。

（3）相贯线为曲线的物体，在主视图上不但需要找出起点、终点，还需用辅助找点法找出几个辅助点，才能作出圆滑的曲线（相贯线）。

2.2.4 柱状体表面展开

柱状体可以直接利用平行线法进行展开，如图 2-20 所示。

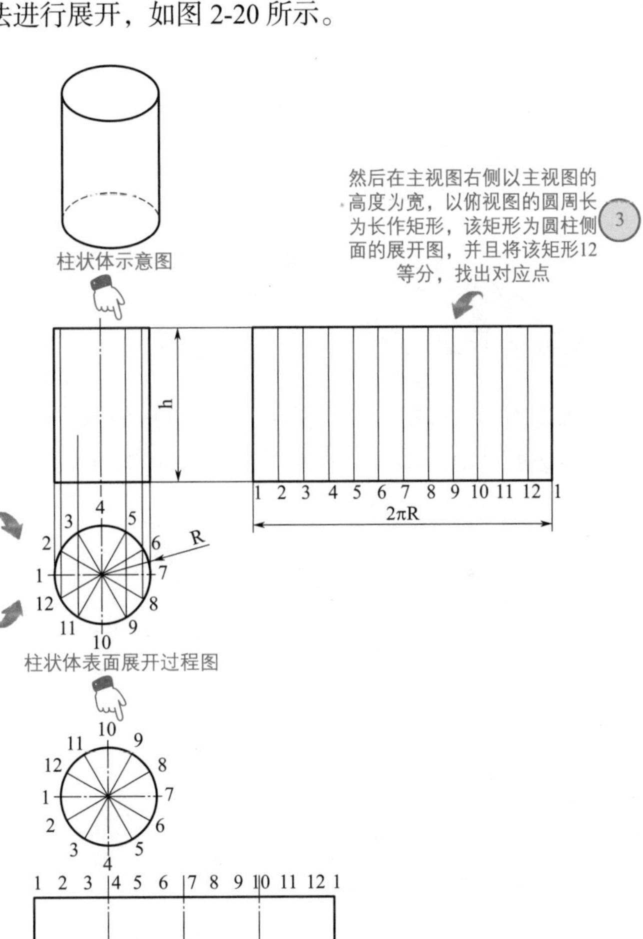

柱状体示意图
然后在主视图右侧以主视图的高度为宽，以俯视图的圆周长为长作矩形，该矩形为圆柱侧面的展开图，并且将该矩形12等分，找出对应点
3
h
1 2 3 4 5 6 7 8 9 10 11 12 1
2πR
1
画出柱状体的主视图和俯视图，等分俯视图(例如选择12等分)，得等分点1，2，……，12
2
然后从俯视图等分点1，2，……，12向上引投影线，与主视图相交，得到相应的定位点
R
柱状体表面展开过程图

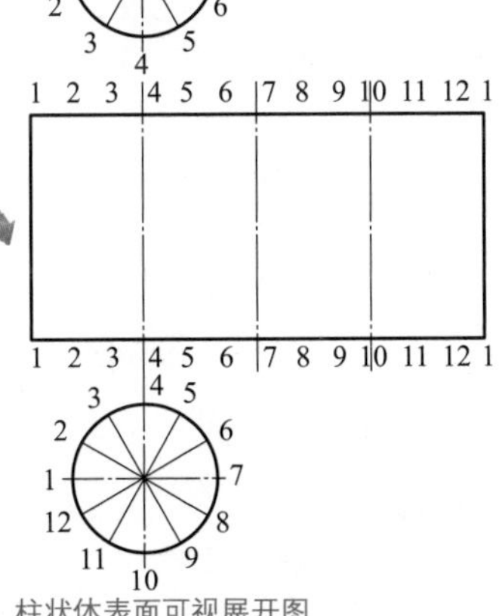

圆柱的上底、下底的展开图与该圆柱的俯视图、仰视图相同，并且将三个面的展开图根据定位点的对应关系配置，即可得到柱状体的表面可视展开图
1 2 3 4 5 6 7 8 9 10 11 12 1
柱状体表面可视展开图

图 2-20　柱状体表面展开图

2.2.5 立方体表面可视展开图

立方体表面可视展开图，可以直接利用平行线法进行展开，将立方体的表面分割成 6 个正方形，排列起来即可得到，如图 2-21 所示。

平行线法展开图的画法，适用于素线平行的物体表面展开。

平行线法展开图的画法：物体表面可以看成由无数条彼此平行的直素线所构成，并且任意相邻两素线及其上下端口曲线所围成的微小图形可近似看成是梯形或者长方形，当分解出的面积足够多时，各小平面的面积之和等于物体的表面面积，将小平面面积完整地铺开时，物体表面即被展开

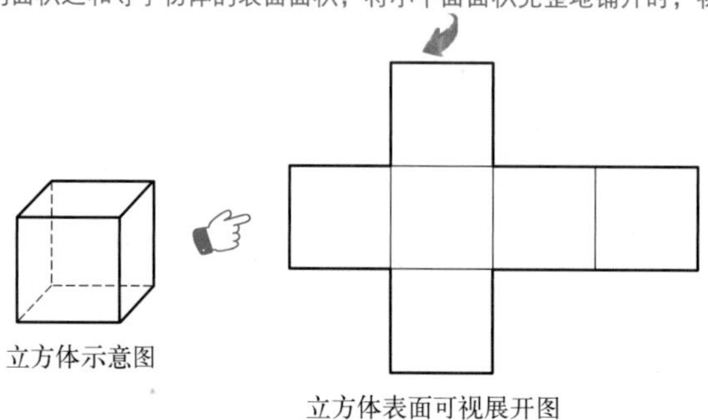
立方体示意图
立方体表面可视展开图

图 2-21 立方体表面可视展开图

2.2.6 锥状体表面展开图

锥状体表面的素线交于一点，可以使用射线法展开，如图 2-22 所示。

放射线法展开图的画法，适用于锥状物体的表面展开。

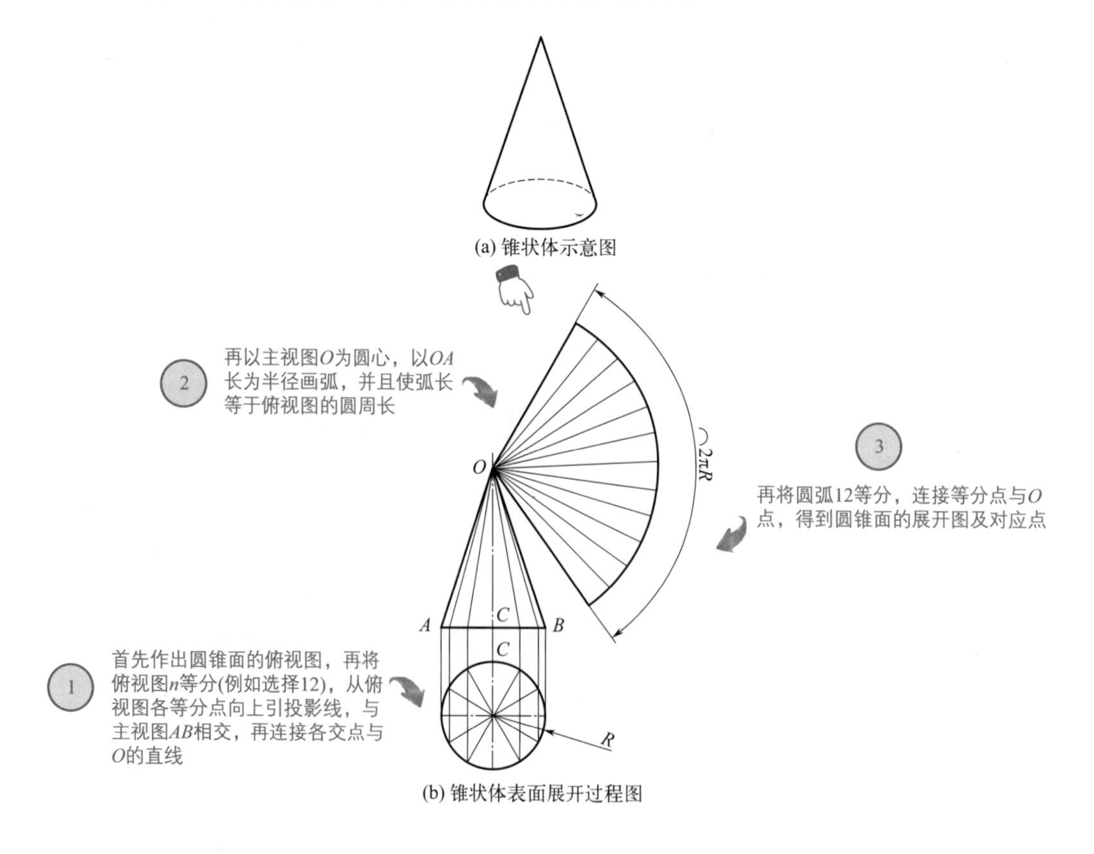
(a) 锥状体示意图
2
再以主视图O为圆心，以OA长为半径画弧，并且使弧长等于俯视图的圆周长
⌒2πR
3
再将圆弧12等分，连接等分点与O点，得到圆锥面的展开图及对应点
O
A
C
B
C
R
1
首先作出圆锥面的俯视图，再将俯视图n等分(例如选择12)，从俯视图各等分点向上引投影线，与主视图AB相交，再连接各交点与O的直线
(b) 锥状体表面展开过程图

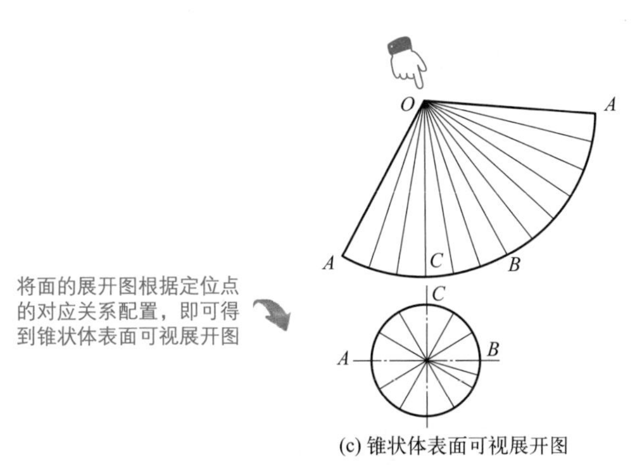
O
A
A
C
B
C
A
B
将面的展开图根据定位点
的对应关系配置，即可得
到锥状体表面可视展开图

(c) 锥状体表面可视展开图

图 2-22　锥状体表面展开图

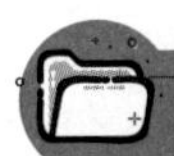

小贴士

（1）放射线法展开图的画法原理：物体表面由圆锥面或棱锥面围成，由于圆锥面或棱锥面上的素线或棱线相交于锥顶。如果沿表面的素线或棱线剪开，再将各素线或棱线绕锥顶平铺在同一平面上，则展开表面的各素线或棱线仍相交于一点，展开图上的各素线或棱线也交于一点。

（2）三角形法展开图的画法的原理：将物体表面分成一组或者多组三角形，再求出各组三角形每边的实长。把它的实形依次画在平面上得到展开图。三角形的划分是根据物体的形状特征进行的。用三角形展开法时，应求出各素线的实长。

2.3　管路系统的轴测图

2.3.1　管路或管段的绘制与识读

管路一般用线宽 b=0.5 ～ 2mm 的图线绘制，管件、阀门、控制元件等图形符号一般用线宽约为 b/2 的图线绘制。

管路或管段的绘制与识读如图 2-23 所示。

管路或管段的轴测图应按正等轴测投影绘制。
当管路或管段平行于直角坐标轴时；其轴测图用平行于对应的轴测轴的直线绘制。
当管路或管段不平行于直角坐标轴时，在轴测图上应同时画出其在相应坐标平面上的投影及投射平面。
当管路或管段的所在平面平行于直角坐标平面的垂直面时，应同时画出其在水平面上的投影及投射平面

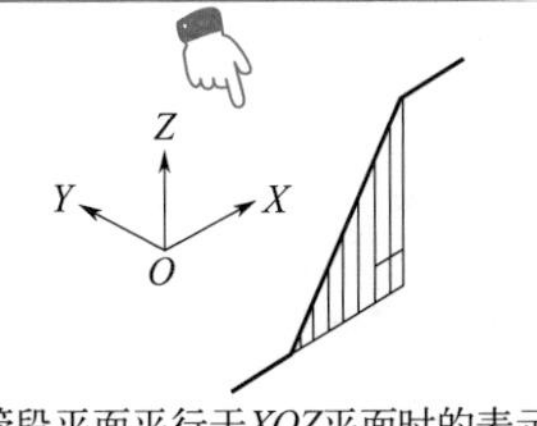
Z
Y
X
O

管段平面平行于 XOZ 平面时的表示

图 2-23

当管路或管段的所在平面平行于直角坐标平面的水平面时，应同时画出其在垂直面上投影及投射平面

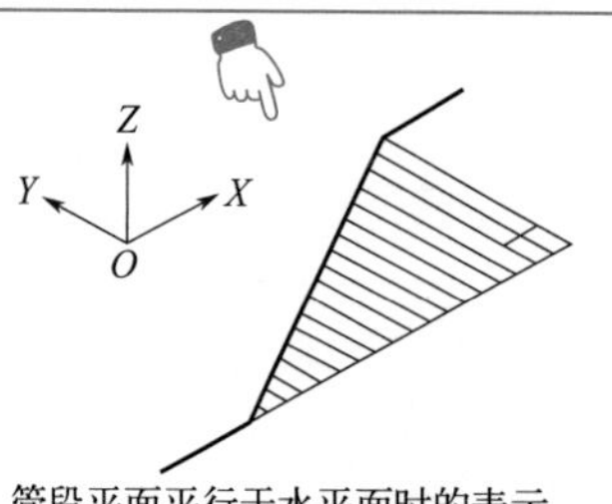
Z
Y
X
O

管段平面平行于水平面时的表示

管段不平行于任何直角坐标平面时的表示

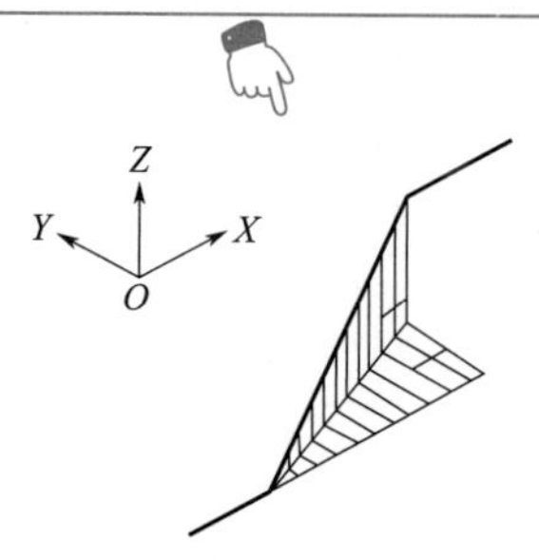
Z
Y
X
O

管路或管段的投射平面一般用直角三角形表示，也允许用长方形或长方体表示

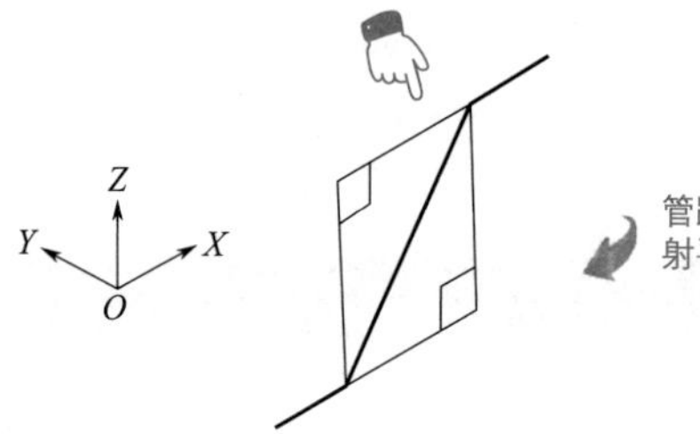
Z
Y
X
O

管路或管段的投影、投射平面及投射平面内的平行线均用细实线绘制

用长方形表示投射平面(1)

当用直角三角形表示投射平面时，应在投射平面内画出与其相关投影垂直且间距相等的平行线。水平投射平面内的平行线应平行于X轴或Y轴，其他投射平面内的平行线应平行于Z轴

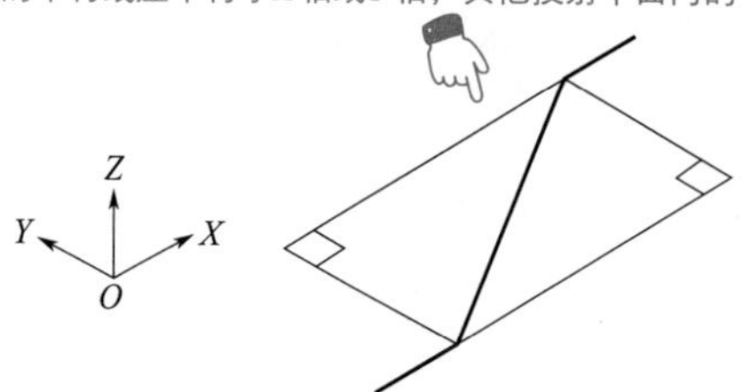
Z
Y
X
O

用长方形表示投射平面(2)

用长方体表示投射平面

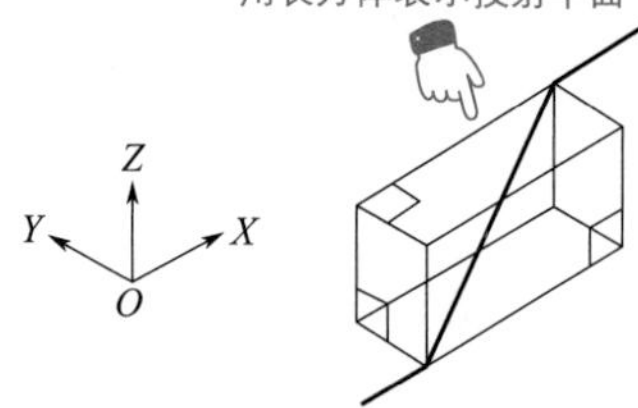
Z
Y
X
O

弯管所在平面内应用细实线画出间距相等的平行线

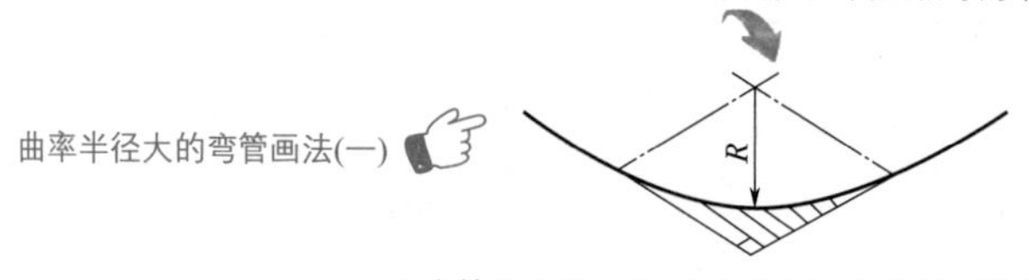
R

曲率半径大的弯管画法(一)

弯管所在平面内应用细实线画出间距相等的平行线

R

曲率半径大的弯管画法(二)

图 2-23　管路或管段的绘制与识读

2.3.2 法兰连接图形符号的绘制与识读

法兰连接图形符号的绘制与识读如图 2-24 所示。

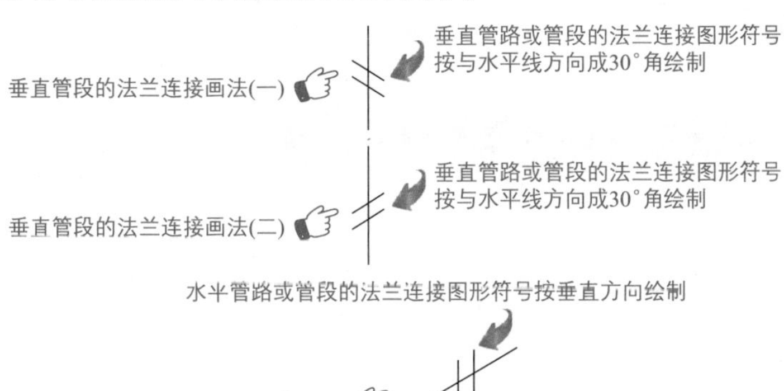
垂直管路或管段的法兰连接图形符号
按与水平线方向成30°角绘制
垂直管段的法兰连接画法(一)
垂直管路或管段的法兰连接图形符号
按与水平线方向成30°角绘制
垂直管段的法兰连接画法(二)
水平管路或管段的法兰连接图形符号按垂直方向绘制
水平管段的法兰连接画法
水平管路或管段的法兰连接图形符号按垂直方向绘制

水平管段的法兰连接画法

图 2-24 法兰连接图形符号的绘制与识读

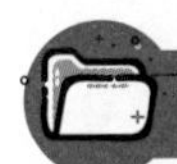

小贴士

同一张图样上法兰连接图形符号的方向应一致。

2.3.3 阀门图形符号的绘制与识读

阀门图形符号的绘制与识读如图 2-25 所示。

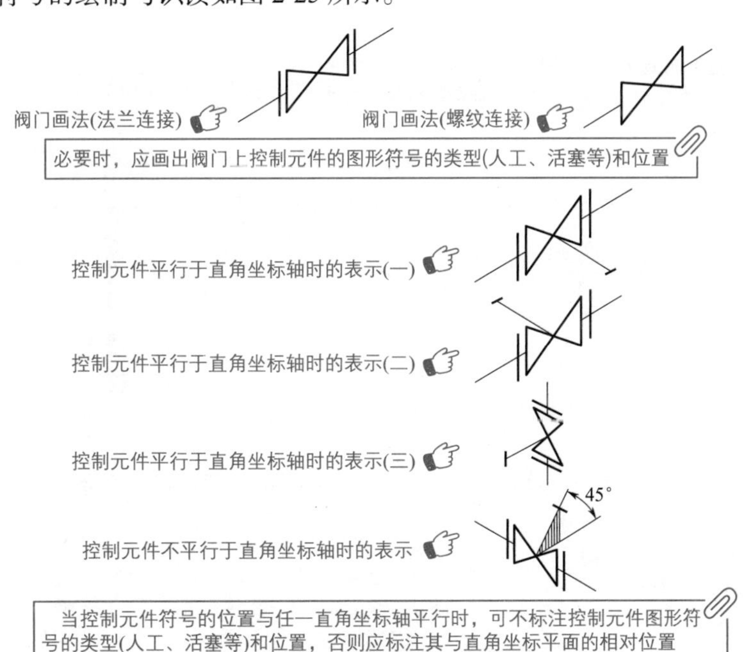
阀门画法(法兰连接)
阀门画法(螺纹连接)
必要时，应画出阀门上控制元件的图形符号的类型(人工、活塞等)和位置
控制元件平行于直角坐标轴时的表示(一)
控制元件平行于直角坐标轴时的表示(二)
控制元件平行于直角坐标轴时的表示(三)
45°
控制元件不平行于直角坐标轴时的表示
当控制元件符号的位置与任一直角坐标轴平行时，可不标注控制元件图形符号的类型(人工、活塞等)和位置，否则应标注其与直角坐标平面的相对位置

图 2-25 阀门图形符号的绘制与识读

Chapter 3

第03章 建筑工程制图与识图

3.1 建筑工程图的绘制与识读

3.1.1 建筑定位轴线

建筑工程，就是指通过对各类房屋建筑及其附属设施的建造和与其配套的线路、管道、设备的安装活动所形成的工程实体。

建筑工程制图的基础是投影。投影，就是令投射线通过点或其他物体，向选定的投影面投射，在该面上得到的图形。

定位轴线是标明建筑轴网、墙体位置及其之间尺寸的符号。平面图上定位轴线的编号，宜标注在图样的下方与左侧，或在图样的四面标注。横向编号应用阿拉伯数字，从左到右顺序编写；竖向编号应用大写英文字母，从下到上顺序编写，如图 3-1 所示。

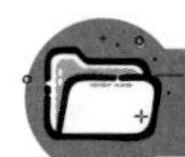

小贴士

拉丁字母的 I、O、Z 不得用作轴线编号。如果字母数量不够使用，则可以增用双字母或单字母加数字注脚，例如 AA、BA、…、YA 或 A_1、B_1、…、Y_1。

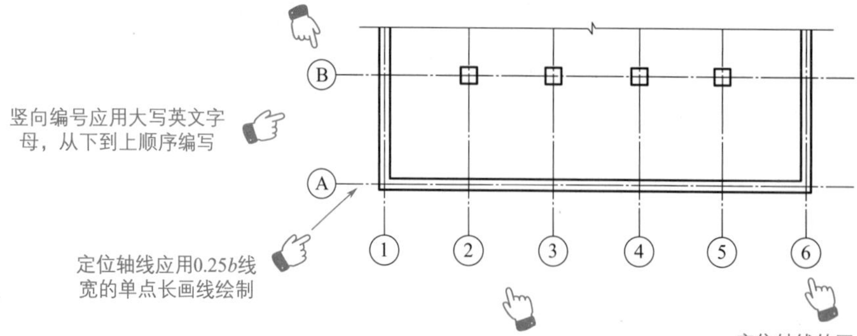

定位轴线应编号，并且编号注写在轴线端部的圆内。
圆应采用0.25b线宽的实线绘制，圆的直径为8～10mm
B
竖向编号应用大写英文字母，从下到上顺序编写
A
定位轴线应用0.25b线宽的单点长画线绘制
1
2
3
4
5
6
横向编号应用阿拉伯数字，从左到右顺序编写
定位轴线的圆心，应在定位轴线的延长线上或延长线的折线上

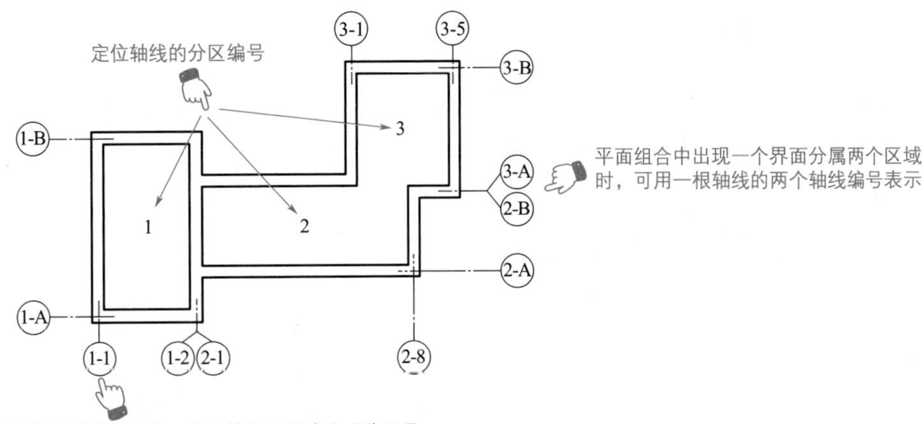
定位轴线的分区编号
3-1
3-5
3-B
1-B
3
平面组合中出现一个界面分属两个区域时，可用一根轴线的两个轴线编号表示
3-A
2-B
1
2
2-A
1-A
1-1
1-2
2-1
2-8
组合定位轴线可以采用分区编号，编号的注写形式为“分区号-该分区编号”。分区号采用阿拉伯数字或大写英文字母表示

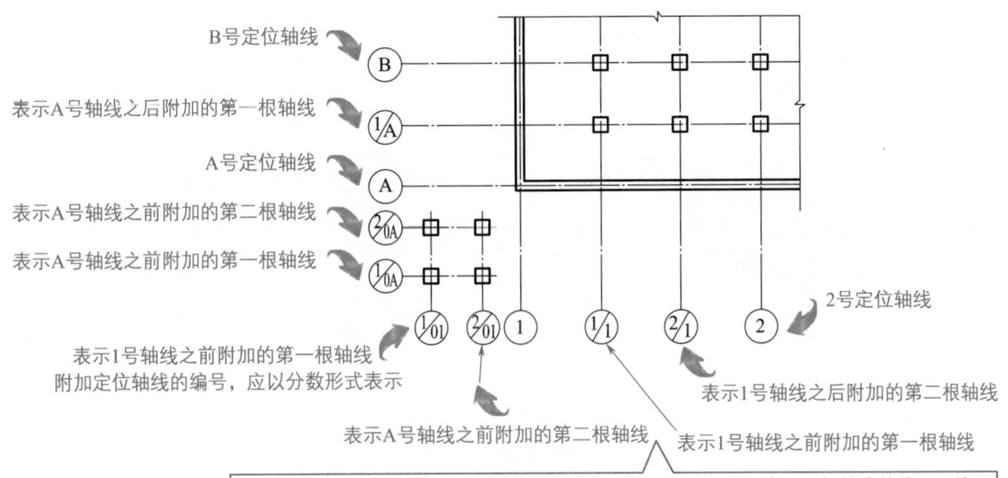
B号定位轴线
B
表示A号轴线之后附加的第一根轴线
1/A
A号定位轴线
A
表示A号轴线之前附加的第二根轴线
2/0A
表示A号轴线之前附加的第一根轴线
1/0A
1/01
2/01
1
1/1
2/1
2
2号定位轴线
表示1号轴线之前附加的第一根轴线
附加定位轴线的编号，应以分数形式表示
表示1号轴线之后附加的第二根轴线
表示A号轴线之前附加的第二根轴线
表示1号轴线之前附加的第一根轴线
两根轴线间的附加轴线，应以分母表示前一轴线的编号，分子表示附加轴线的编号，编号宜用阿拉伯数字顺序编写，1号轴线或A号轴线之前的附加轴线的分母应以01或0A表示

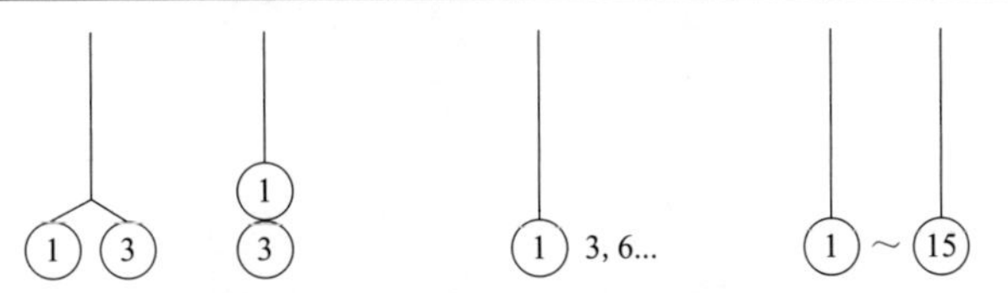
1
3
1
3
1
3, 6...
1
~
15
一个详图适用于几根轴线时，应同时注明各有关轴线的编号
通用详图中的定位轴线，应只画圆，不注写轴线编号

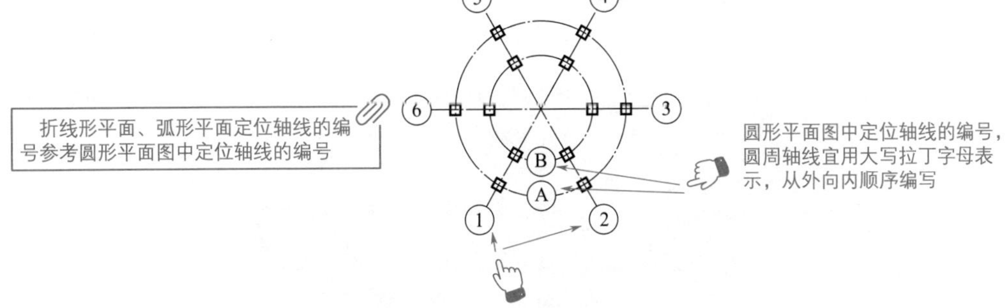
5
4
折线形平面、弧形平面定位轴线的编号参考圆形平面图中定位轴线的编号
6
3
圆形平面图中定位轴线的编号，圆周轴线宜用大写拉丁字母表示，从外向内顺序编写
B
A
1
2
圆形平面图中定位轴线的编号，其径向轴线宜用阿拉伯数字表示；从左下角开始，按逆时针顺序编写

图 3-1　定位轴线

3.1.2 建筑平面图的形成、绘制与识读

假想用一个水平的剖切平面沿房屋窗台以上的部位剖开，移去上部后向下投影，所得的水平投影图称为建筑平面图，如图 3-2 所示。

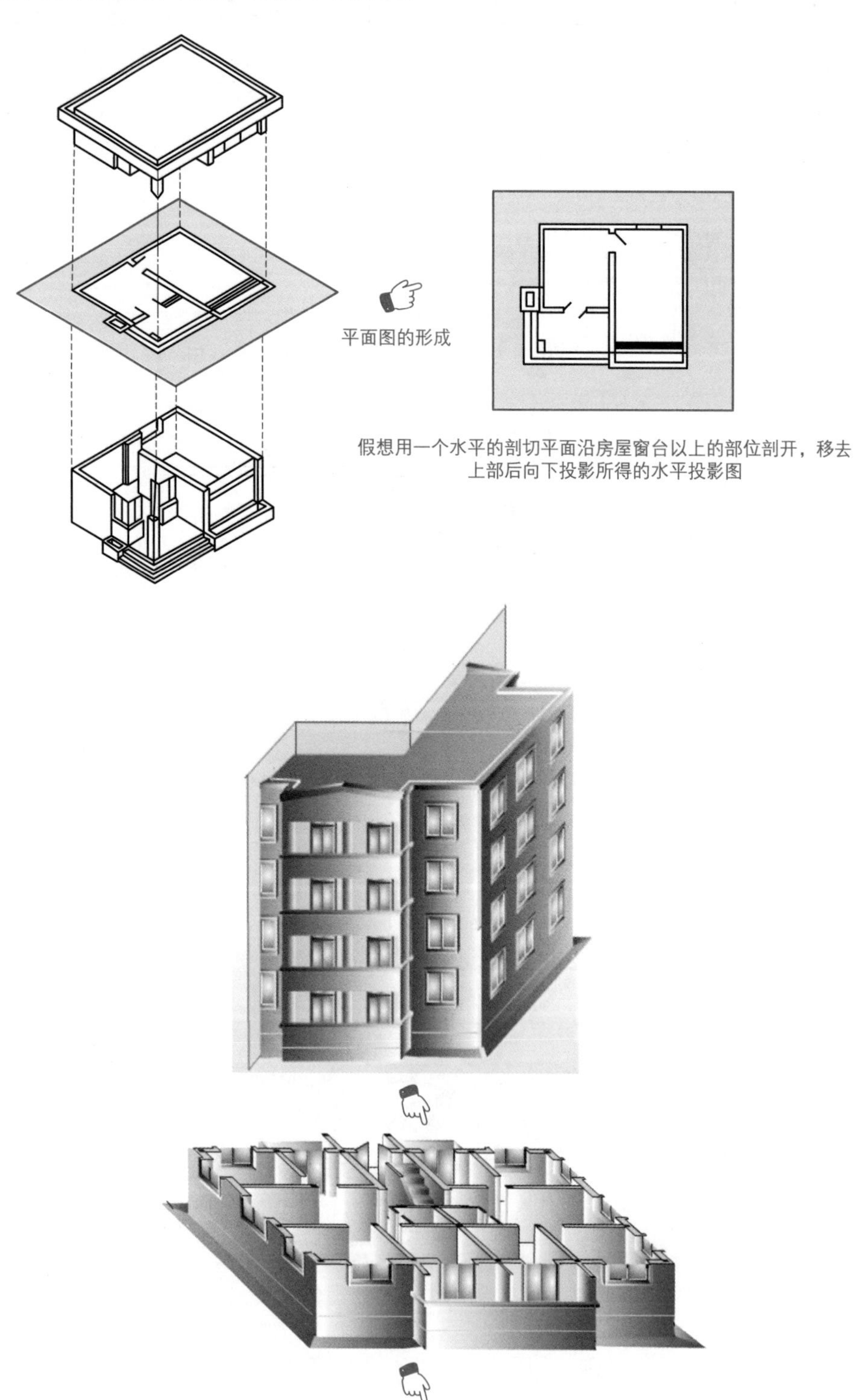
平面图的形成
假想用一个水平的剖切平面沿房屋窗台以上的部位剖开，移去上部后向下投影所得的水平投影图

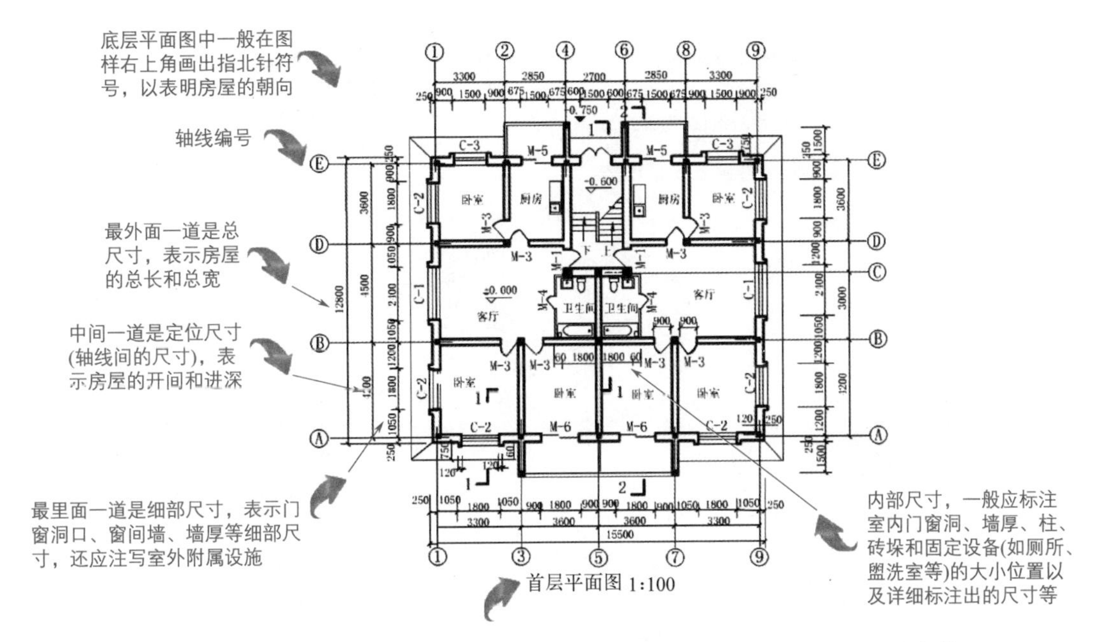

底层平面图中一般在图样右上角画出指北针符号，以表明房屋的朝向
轴线编号
最外面一道是总尺寸，表示房屋的总长和总宽
中间一道是定位尺寸(轴线间的尺寸)，表示房屋的开间和进深
最里面一道是细部尺寸，表示门窗洞口、窗间墙、墙厚等细部尺寸，还应注写室外附属设施
内部尺寸，一般应标注室内门窗洞、墙厚、柱、砖垛和固定设备(如厕所、盥洗室等)的大小位置以及详细标注出的尺寸等
卧室
厨房
客厅
卫生间
首层平面图 1:100

表示底层房间的平面布置、用途、名称、入口、走道、楼梯的位置、门窗类型、水池、搁板等

楼层平面图：与底层平面图的内容相近。不同之处：楼层平面图不必再画出底层平面图中已表示的内容，但是应该按投影关系画出在下层平面图中未表达的室外构配件和设施。

屋顶平面图：主要表明屋顶的形状、屋面排水方向及坡度，檐沟、女儿墙、屋脊线、落水口、上人孔、水箱及其他构筑物的位置和索引符号等

图 3-2　建筑平面图的形成、绘制与识读

小贴士

建筑平面图的线的绘制与识读要点如下。

（1）被剖切到的墙柱轮廓线画成粗实线。

（2）剖切到的钢筋混凝土构件应涂黑。

（3）建筑构配件的可见轮廓线，例如厨房设施、楼梯、踏步、台阶、卫生器具等，用中实线。

（4）尺寸线、定位轴线、尺寸界线等用细实线。

（5）如果需反映高窗、地沟等不可见部分，则可用虚线。

（6）在底层平面图中，还应标注出地面的相对标高，在地面有起伏的位置，应画出分界线。标注的标高为建筑标高。

3.1.3　建筑立面图的形成、绘制与识读

扫码观看视频

建筑立面图的识读

建筑立面图的形成、绘制与识读如图 3-3 所示。

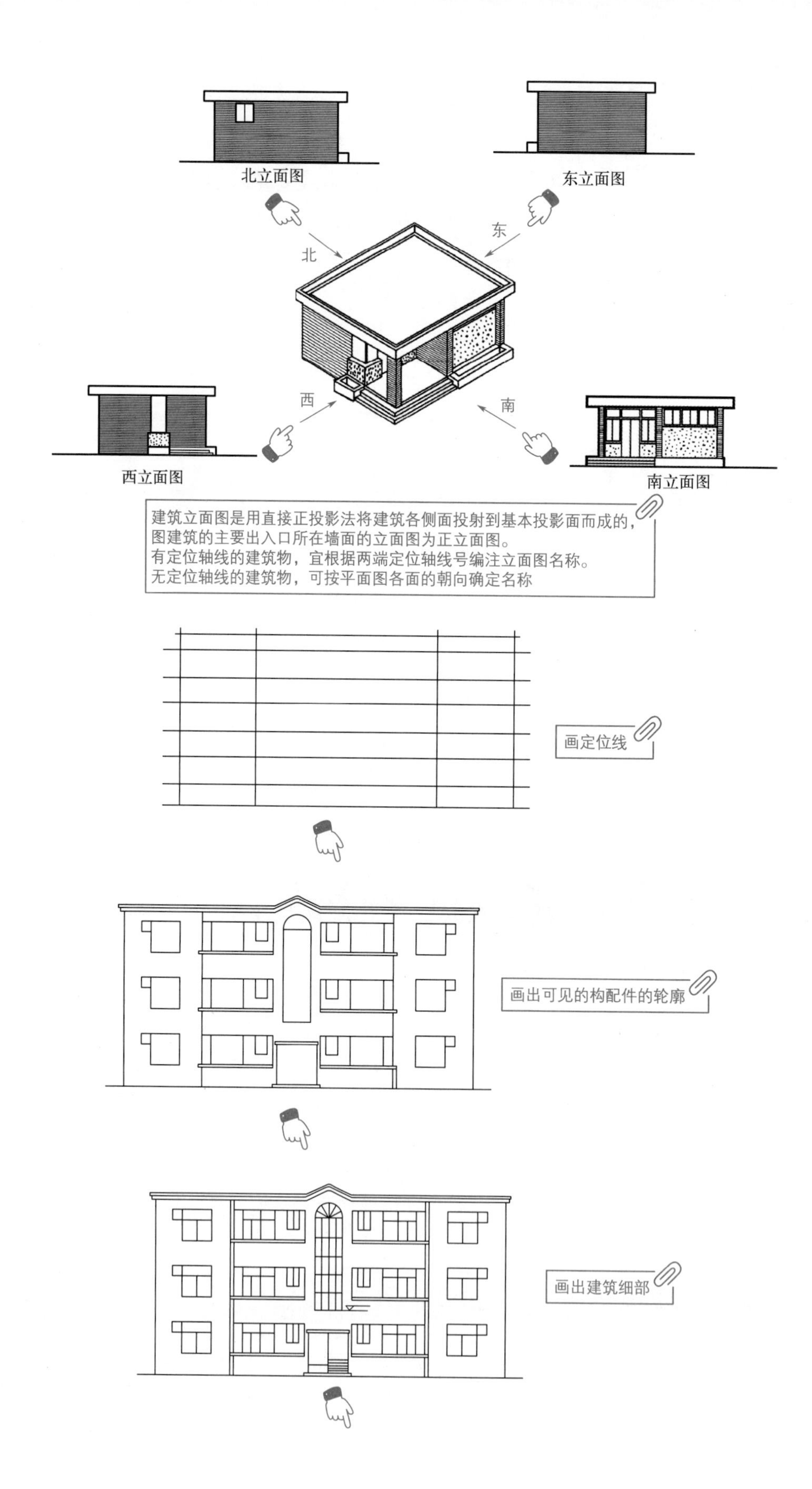
北立面图
东立面图
北
东
西
南
西立面图
南立面图
建筑立面图是用直接正投影法将建筑各侧面投射到基本投影面而成的，图建筑的主要出入口所在墙面的立面图为正立面图。
有定位轴线的建筑物，宜根据两端定位轴线号编注立面图名称。
无定位轴线的建筑物，可按平面图各面的朝向确定名称
画定位线
画出可见的构配件的轮廓
画出建筑细部

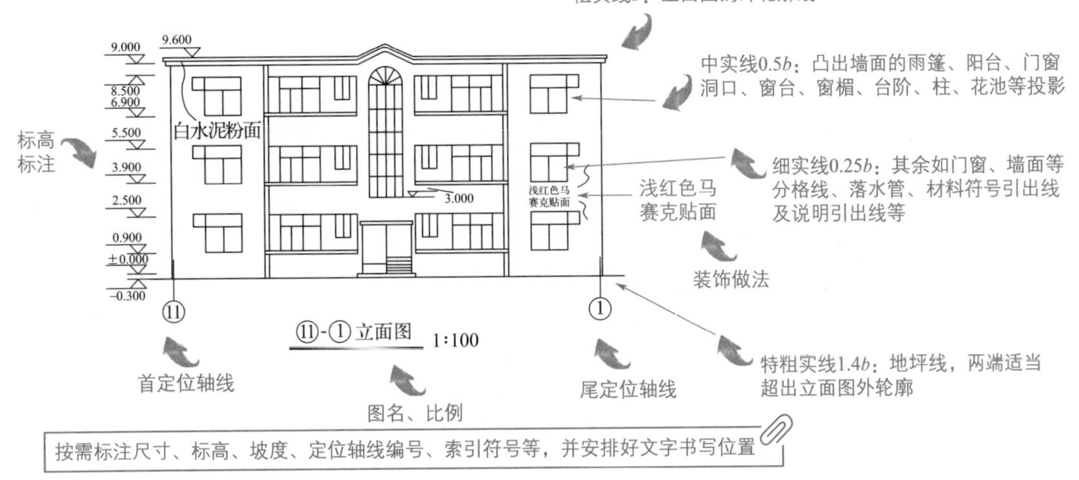
粗实线b：立面图的外轮廓线
中实线0.5b：凸出墙面的雨篷、阳台、门窗洞口、窗台、窗楣、台阶、柱、花池等投影
细实线0.25b：其余如门窗、墙面等分格线、落水管、材料符号引出线及说明引出线等
标高标注
白水泥粉面
浅红色马赛克贴面
装饰做法
9.600
9.000
8.500
6.900
5.500
3.900
2.500
0.900
±0.000
−0.300
3.000
⑪
①
⑪-① 立面图 1:100
首定位轴线
图名、比例
尾定位轴线
特粗实线1.4b：地坪线，两端适当超出立面图外轮廓
按需标注尺寸、标高、坡度、定位轴线编号、索引符号等，并安排好文字书写位置

图 3-3　建筑立面图的形成、绘制与识读

小贴士

建筑立面图与建筑立体示意图的比较如图 3-4 所示。

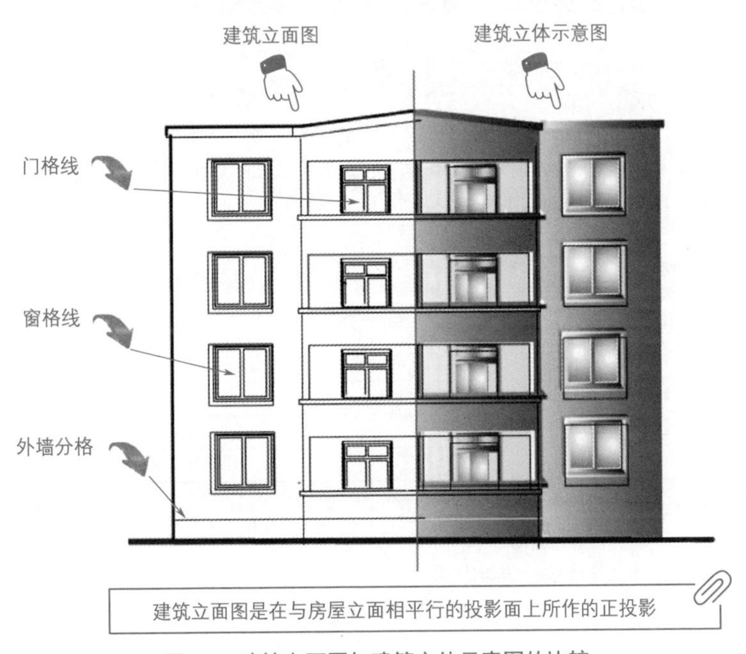
建筑立面图
建筑立体示意图
门格线
窗格线
外墙分格
建筑立面图是在与房屋立面相平行的投影面上所作的正投影

图 3-4　建筑立面图与建筑立体示意图的比较

扫码下载 DWG 文件

建筑灯具图例

3.1.4　建筑剖面图的形成

建筑剖面图主要用来表达房屋内部垂直方向的高度、楼层分层情况、简要的结构形式和构造方式，如图 3-5 所示。

假想用一个或多个垂直于外墙轴线的铅垂剖切平面将房屋剖开，移去靠近观察者的部分，对留下部分所作的正投影图叫做建筑剖面图

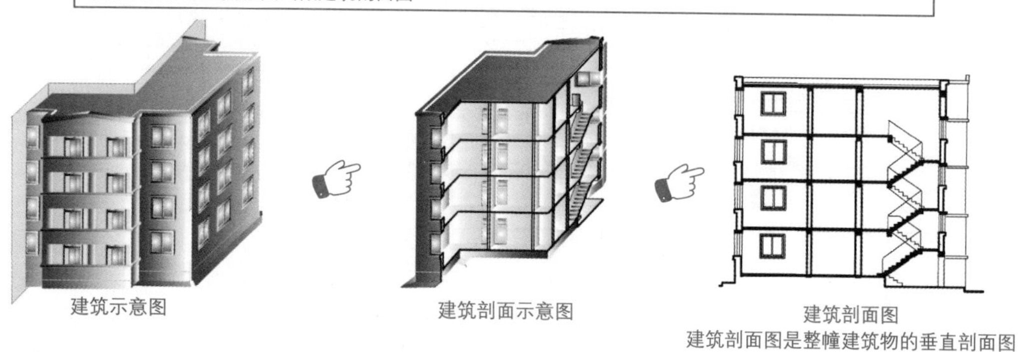
建筑示意图
建筑剖面示意图
建筑剖面图
建筑剖面图是整幢建筑物的垂直剖面图

图 3-5　建筑剖面图

3.2 建筑工程设计信息模型的制图

3.2.1 建筑工程设计信息模型视图的分类

制图表达，就是为了表达设计意图，使用建筑信息模型表述设计内容、呈现交付物的工作。

模型单元，就是建筑信息模型中承载建筑信息的实体及其相关属性的集合，是工程对象的数字化表述。

建筑信息模型工程视图，就是将建筑信息模型在某个空间方向上向投影面投射时所形成的投影，简称模型视图，如图 3-6 所示。

类别代码	模型视图	可表达的图
A	正投影图、镜像投影图、剖面图	平面图、立面图、剖面图、详图
B	轴测图、透视图	组合图、装配图、安装图
C	标高投影图	地形图
D	简图	原理图、系统图

说明：1. A类、B类和C类模型视图应由三维模型直接生成；
2. D类模型视图可独立绘制，并应与模型单元关联关系一一对应；
3. 详图宜在平面图、立面图、剖面图基础上绘制或独立绘制而成，并应与所表达的模型单元双向访问。

图 3-6　建筑工程设计信息模型视图的分类

小贴士

（1）正投影视图，就是建筑信息模型在投射线与投影面相垂直的方向上投射所形成的视图。

（2）镜像投影图，就是建筑信息模型在平面镜中反射投射时所形成的正投影视图。

（3）简图，就是由规定的符号、文字、图线组成的示意性的图。

（4）轴测图，就是将建筑信息模型连同其参考直角坐标系，沿不平行于任一坐标面的方向，用平行投影法将其投射在单一投影面上所形成的视图。

（5）透视图，就是用中心投影法将建筑信息模型投射在单一投影面上所形成的视图。

（6）标高投影图，就是在建筑信息模型的水平投影上，加注其某些特征面、线以及控制点的高程数值的正投影视图。

（7）多个模型单元在同一模型视图中无法正确表达工程对象重叠关系时，宜补充局部模型视图。

（8）图像宜内嵌在模型视图或表格中表达。点云、多媒体、网页宜作为外部文件与其他表达方式建立链接关系。

3.2.2　建筑信息模型的模型单元几何表达精度

建筑信息模型的模型单元几何表达精度示意如图 3-7 所示。

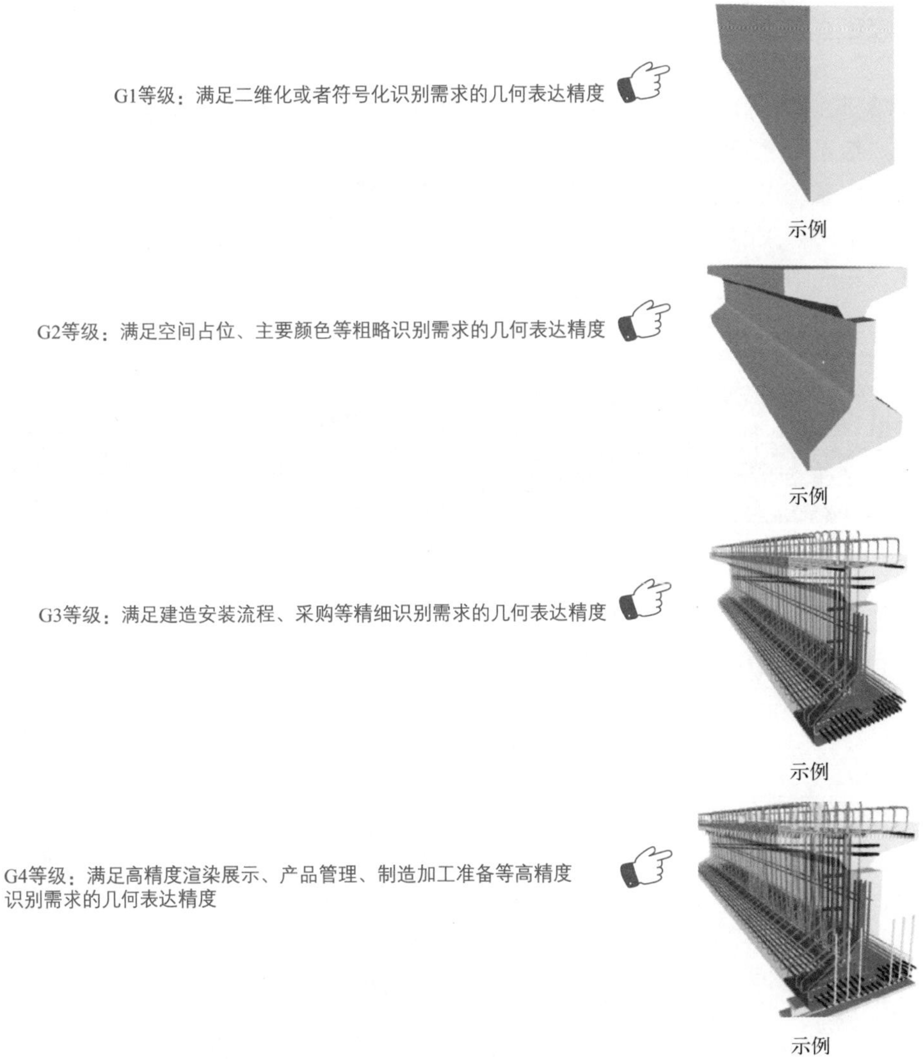

G1等级：满足二维化或者符号化识别需求的几何表达精度

示例

G2等级：满足空间占位、主要颜色等粗略识别需求的几何表达精度

示例

G3等级：满足建造安装流程、采购等精细识别需求的几何表达精度

示例

G4等级：满足高精度渲染展示、产品管理、制造加工准备等高精度识别需求的几何表达精度

示例

图 3-7　建筑信息模型的模型单元几何表达精度示意

3.2.3 建筑信息模型设计阶段模型构件的几何表达精度要求

建筑信息模型设计阶段模型构件的几何表达精度要求如图 3-8 所示。

G1等级 概念设计阶段模型构件的几何表达精度不宜低于

G1等级 方案设计阶段模型构件的几何表达精度不宜低于

G2等级 初设设计阶段模型构件的几何表达精度不宜低于

G3等级 施工图设计阶段模型构件的几何表达精度不应低于

G4等级 施工深化设计阶段模型构件的几何表达精度不应低于

图 3-8 建筑信息模型设计各阶段选取模型构件的几何表达精度要求

3.2.4 模型单元的系统分类颜色设置规则

模型单元，需要根据工程对象的系统分类设置颜色，并且应符合如下规定。

（1）一级系统之间的颜色需要差别显著，便于视觉区分，并且不应采用红色系。

（2）二级系统需要分别采用从属于一级系统的色系的不同颜色。

（3）与消防有关的二级系统以及消防救援场地、救援窗口等需要采用红色系。

颜色设置规则见表 3-1。

表3-1 颜色设置规则

一级系统	颜色设置值			二级系统	颜色设置值		
	红（R）	绿（G）	蓝（B）		红（R）	绿（G）	蓝（B）
给水排水系统	0	0	255	给水系统	0	191	255
				排水系统	0	0	205
				中水系统	135	206	235
				循环水系统	0	0	128
				消防系统	255	0	0
暖通空调系统	0	255	0	供暖系统	124	252	0
				通风系统	0	205	0
				防排烟系统	192	0	0
				空气调节系统	0	139	69
				除尘与有害气体净化系统	180	238	180

续表

一级系统	颜色设置值			二级系统	颜色设置值		
	红（R）	绿（G）	蓝（B）		红（R）	绿（G）	蓝（B）
电气系统	255	0	255	供配电系统	160	32	240
				应急电源系统	218	112	214
				照明系统	238	130	238
				防雷与接地系统	208	32	144
智能化系统	255	255	0	信息化应用系统	255	215	0
				智能化集成系统	238	221	130
				信息设施系统	255	246	143
				公共安全系统（火灾自动报警及消防联动控制系统除外）	255	165	0
				公共安全系统（火灾自动报警及消防联动控制系统）	238	0	0
				机房工程	139	105	20
动力系统	—	—	—	热力系统	139	139	139
				燃气系统	205	92	92
				油系统	193	205	193
				燃煤系统	224	238	238
				气体系统	105	105	105
				真空系统	190	190	190

说明：当不需要区分二级系统时，可采用一级系统颜色设置值；否则采用二级系统的颜色设置值。

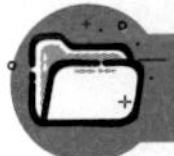

小贴士

属于两个及以上系统的模型单元，其颜色设置需要符合如下规定。

（1）根据项目应用需求可由项目参与方自定义，并且宜在建筑信息模型执行计划中说明定义的方法。

（2）与消防有关的模型单元，宜采用所归属消防类系统的颜色设置。

3.2.5　混凝土强度相同时的模型单元优先级

建筑信息模型中模型单元的几何信息表达，需要包含空间定位、空间占位、几何表达精度。

（1）模型单元的空间定位应准确，并且需要符合如下规定。

① 项目级、功能级模型单元的模型坐标，需要与项目工程坐标一致，并且需要注明所采用的平面坐标系统、高程基准。

② 有安装要求的构件级模型单元，需要标明定位基点，其中的一个定位基点需要采用安装交接面的特征点，定位基点应便于几何测量。

③ 相同类型的模型单元，定位基点的相对位置需要相同。

（2）模型单元的空间占位需要符合如下规定。

① 项目级、功能级模型单元的空间占位，需要符合设计意图。

② 构件级模型单元的空间占位应满足工程对象的形变、公差、操作空间要求。

③ 不同材质的模型单元应各自表达，不应相互重叠或剪切。

混凝土强度相同时的模型单元优先级见表 3-2。

表3-2 混凝土强度相同时的模型单元优先级

模型单元名称	优先级
基础	1
结构柱	2
结构梁	3
结构墙	4
结构板	5
建筑柱	6
建筑墙	7

说明：1. 优先级 1 为最高级，2 次之，依此类推。

2. 结构梁与结构墙的模型单元优先级尚应符合项目所在地现行的有关工程量计算规则。

小贴士

较高强度混凝土构配件的模型单元不应被较低强度混凝土构配件的模型单元重叠或剪切；当混凝土强度相同时，优先级较高的模型单元不应被优先级较低的模型单元重叠或剪切，优先级相同的模型单元不宜重叠。

3.2.6 混凝土部品部件的关联单元

模型单元的空间定位、空间占位需要符合模数、模数协调等有关要求。组装的整体模型不应有部品部件间的冲突。

混凝土部品部件的关联单元如图 3-9 所示。

关联单元

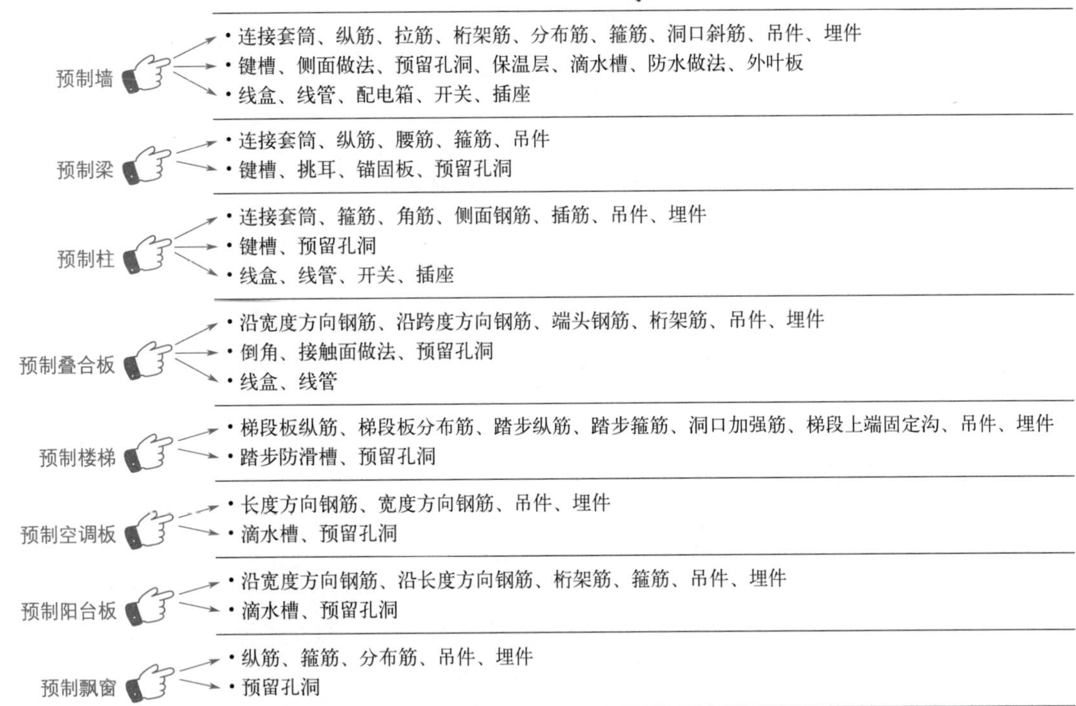
预制墙
• 连接套筒、纵筋、拉筋、桁架筋、分布筋、箍筋、洞口斜筋、吊件、埋件
• 键槽、侧面做法、预留孔洞、保温层、滴水槽、防水做法、外叶板
• 线盒、线管、配电箱、开关、插座
预制梁
• 连接套筒、纵筋、腰筋、箍筋、吊件
• 键槽、挑耳、锚固板、预留孔洞
预制柱
• 连接套筒、箍筋、角筋、侧面钢筋、插筋、吊件、埋件
• 键槽、预留孔洞
• 线盒、线管、开关、插座
预制叠合板
• 沿宽度方向钢筋、沿跨度方向钢筋、端头钢筋、桁架筋、吊件、埋件
• 倒角、接触面做法、预留孔洞
• 线盒、线管
预制楼梯
• 梯段板纵筋、梯段板分布筋、踏步纵筋、踏步箍筋、洞口加强筋、梯段上端固定沟、吊件、埋件
• 踏步防滑槽、预留孔洞
预制空调板
• 长度方向钢筋、宽度方向钢筋、吊件、埋件
• 滴水槽、预留孔洞
预制阳台板
• 沿宽度方向钢筋、沿长度方向钢筋、桁架筋、箍筋、吊件、埋件
• 滴水槽、预留孔洞
预制飘窗
• 纵筋、箍筋、分布筋、吊件、埋件
• 预留孔洞

图 3-9　混凝土部品部件的关联单元

小贴士

模型单元的几何表达精度宜采用 G3 级或 G4 级，用于加工制造的模型单元应采用 G4 级。采用生产成品时，可以采用 G2 级或 G3 级。

3.2.7　钢结构部品部件的关联单元

钢结构部品部件的关联单元如图 3-10 所示。

关联单元

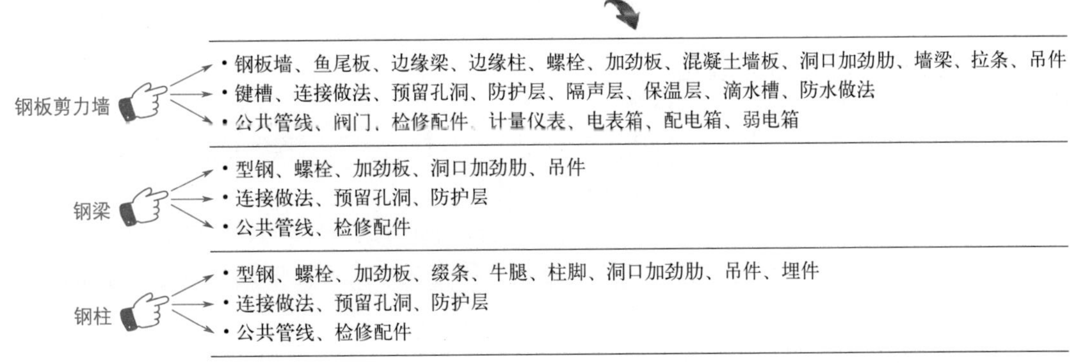
钢板剪力墙
• 钢板墙、鱼尾板、边缘梁、边缘柱、螺栓、加劲板、混凝土墙板、洞口加劲肋、墙梁、拉条、吊件
• 键槽、连接做法、预留孔洞、防护层、隔声层、保温层、滴水槽、防水做法
• 公共管线、阀门、检修配件、计量仪表、电表箱、配电箱、弱电箱
钢梁
• 型钢、螺栓、加劲板、洞口加劲肋、吊件
• 连接做法、预留孔洞、防护层
• 公共管线、检修配件
钢柱
• 型钢、螺栓、加劲板、缀条、牛腿、柱脚、洞口加劲肋、吊件、埋件
• 连接做法、预留孔洞、防护层
• 公共管线、检修配件

图 3-10

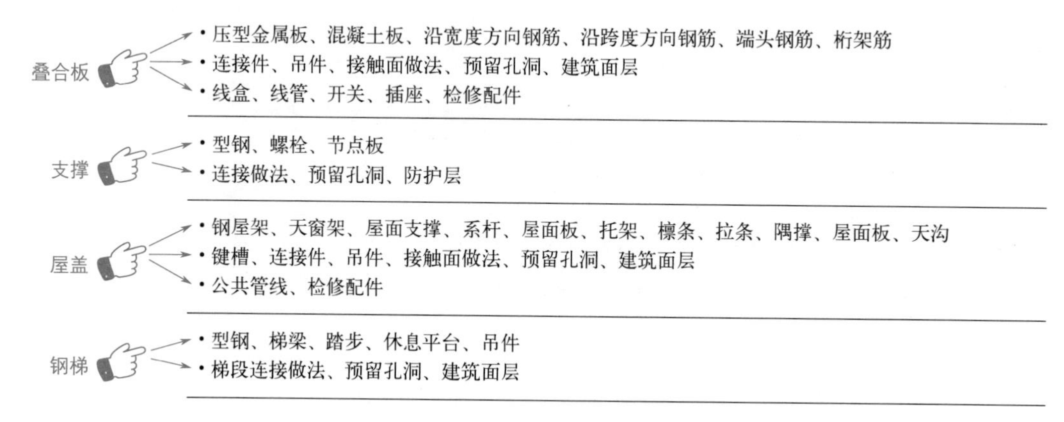
叠合板
• 压型金属板、混凝土板、沿宽度方向钢筋、沿跨度方向钢筋、端头钢筋、桁架筋
• 连接件、吊件、接触面做法、预留孔洞、建筑面层
• 线盒、线管、开关、插座、检修配件
支撑
• 型钢、螺栓、节点板
• 连接做法、预留孔洞、防护层
屋盖
• 钢屋架、天窗架、屋面支撑、系杆、屋面板、托架、檩条、拉条、隅撑、屋面板、天沟
• 键槽、连接件、吊件、接触面做法、预留孔洞、建筑面层
• 公共管线、检修配件
钢梯
• 型钢、梯梁、踏步、休息平台、吊件
• 梯段连接做法、预留孔洞、建筑面层

图 3-10　钢结构部品部件的关联单元

3.2.8　建筑木结构部品部件的关联单元

建筑木结构部品部件的关联单元如图 3-11 所示。

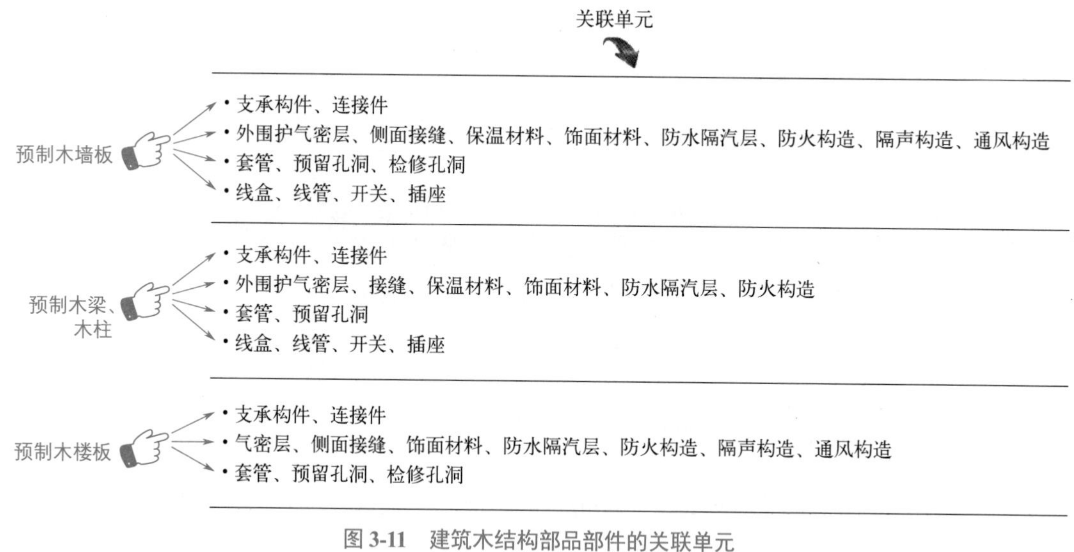
关联单元
预制木墙板
• 支承构件、连接件
• 外围护气密层、侧面接缝、保温材料、饰面材料、防水隔汽层、防火构造、隔声构造、通风构造
• 套管、预留孔洞、检修孔洞
• 线盒、线管、开关、插座
预制木梁、木柱
• 支承构件、连接件
• 外围护气密层、接缝、保温材料、饰面材料、防水隔汽层、防火构造
• 套管、预留孔洞
• 线盒、线管、开关、插座
预制木楼板
• 支承构件、连接件
• 气密层、侧面接缝、饰面材料、防水隔汽层、防火构造、隔声构造、通风构造
• 套管、预留孔洞、检修孔洞

图 3-11　建筑木结构部品部件的关联单元

3.2.9　图纸编号宜符合的规定

建筑信息模型设计交付物，应包括信息模型、属性信息表、工程图纸、项目需求书、建筑信息模型执行计划、建筑指标表、模型工程量清单等。

各类表达方式，需要采用与模型单元分类、组合相融合的单元化表达方法。提供工程图纸交付物时，还需要采用图纸化表达方法。各类表达方式，需要在单元化表达的基础之上，根据工程图纸出版要求进行图纸化表达。

图纸编号宜符合的规定如图 3-12 所示。

图纸编号	图纸内容
000～029	图纸目录、设计说明
030～059	原理图、系统图
060～099	勘察测绘图、总图、防火分区示意图、人防分区示意图
100～199	平面图(项目级、功能级模型单元)
200～299	立面图(项目级、功能级模型单元)
300～399	剖面图(项目级、功能级模型单元)
400～499	大比例模型视图(功能级模型单元或局部)
5000～5099	建筑外围护系统模型视图(构件级模型单元)
5100～5199	其他建筑构件系统模型视图(构件级模型单元)
5200～5299	给水排水系统模型视图(构件级模型单元)
5300～5399	暖通空调系统模型视图(构件级模型单元)
5400～5499	电气系统模型视图(构件级模型单元)
5500～5599	智能化系统模型视图(构件级模型单元)
5600～5699	动力系统模型视图(构件级模型单元)
600～699	(自定义)
700～799	(自定义)
800～899	建筑指标表、模型工程量清单等表格
900～999	项目需求书、建筑信息模型执行计划、工程建设审批等文档

注：图纸编号可根据实际需求扩充，并在建筑信息模型执行计划中说明。

图 3-12　图纸编号宜符合的规定

小贴士

（1）工程图纸应由模型视图、表格或图像组合而成，工程图纸电子文件可索引文档、多媒体或网页，但是需要建立可靠的链接关系。

（2）工程图纸命名宜由专业代码、图纸编号、图纸名称、描述等字段依次组成，以下划线“_”隔开，字段内部的词组以连字符“-”隔开。

3.3 混凝土结构

3.3.1 混凝土的特点与分类

混凝土主要材料包括水泥、水、砂、石等。混凝土的分类如下。

（1）根据表观密度的大小：普通混凝土、轻混凝土、重混凝土等。

（2）根据施工方法：预拌混凝土、泵送混凝土、喷射混凝土等。

（3）根据功能分：结构混凝土、防水混凝土、耐酸混凝土、装饰混凝土、大体积混凝土等。

（4）根据强度分：高强混凝土、超高强混凝土、低强混凝土等。

泵送混凝土的应用如图 3-13 所示。

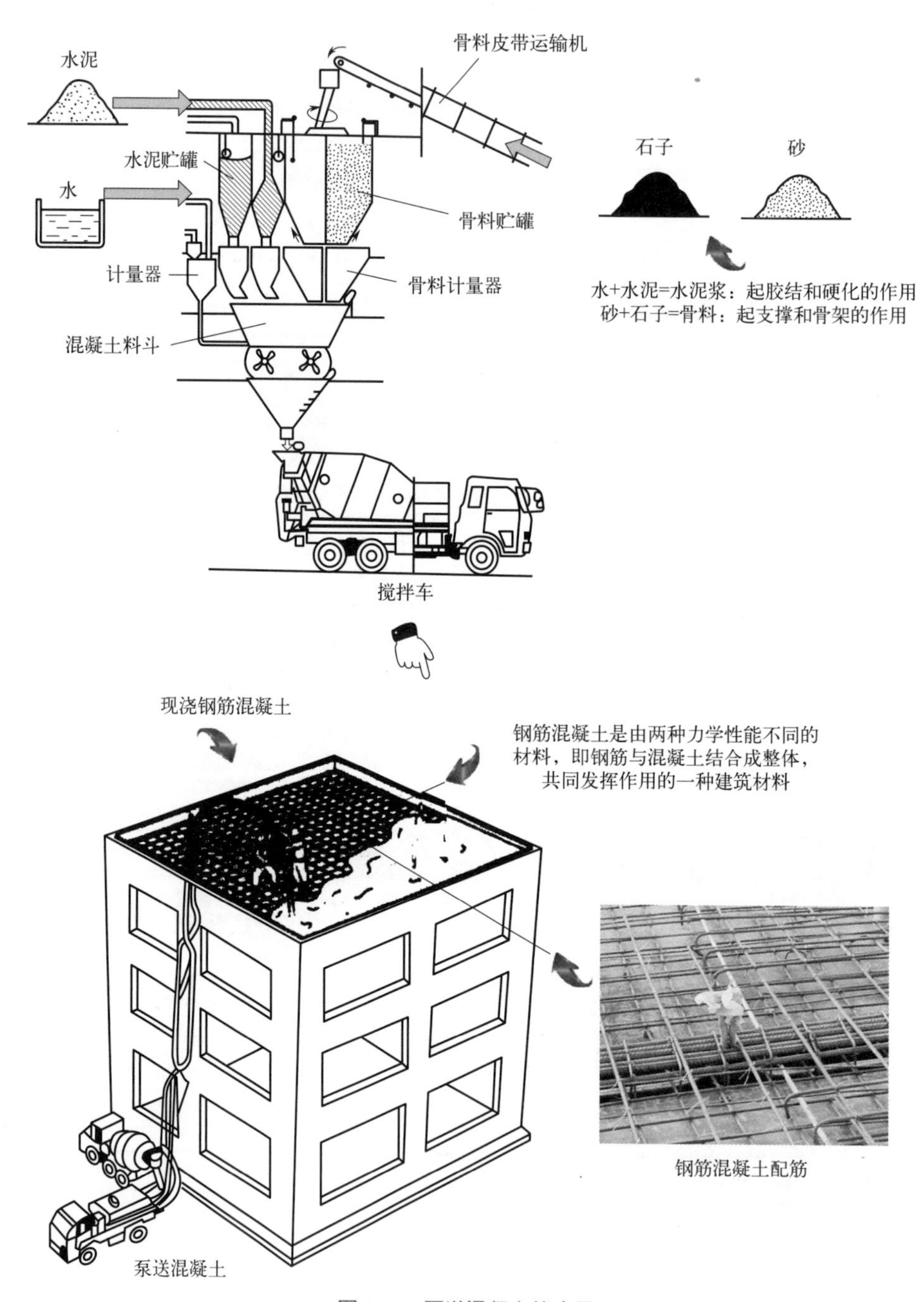
水泥
骨料皮带运输机
水泥贮罐
水
骨料贮罐
石子
砂
计量器
骨料计量器
水+水泥=水泥浆：起胶结和硬化的作用
砂+石子=骨料：起支撑和骨架的作用
混凝土料斗
搅拌车
现浇钢筋混凝土
钢筋混凝土是由两种力学性能不同的
材料，即钢筋与混凝土结合成整体，
共同发挥作用的一种建筑材料
钢筋混凝土配筋
泵送混凝土

图 3-13　泵送混凝土的应用

3.3.2　钢筋的弯钩与图例

钢筋的弯钩与图例如图 3-14 所示。

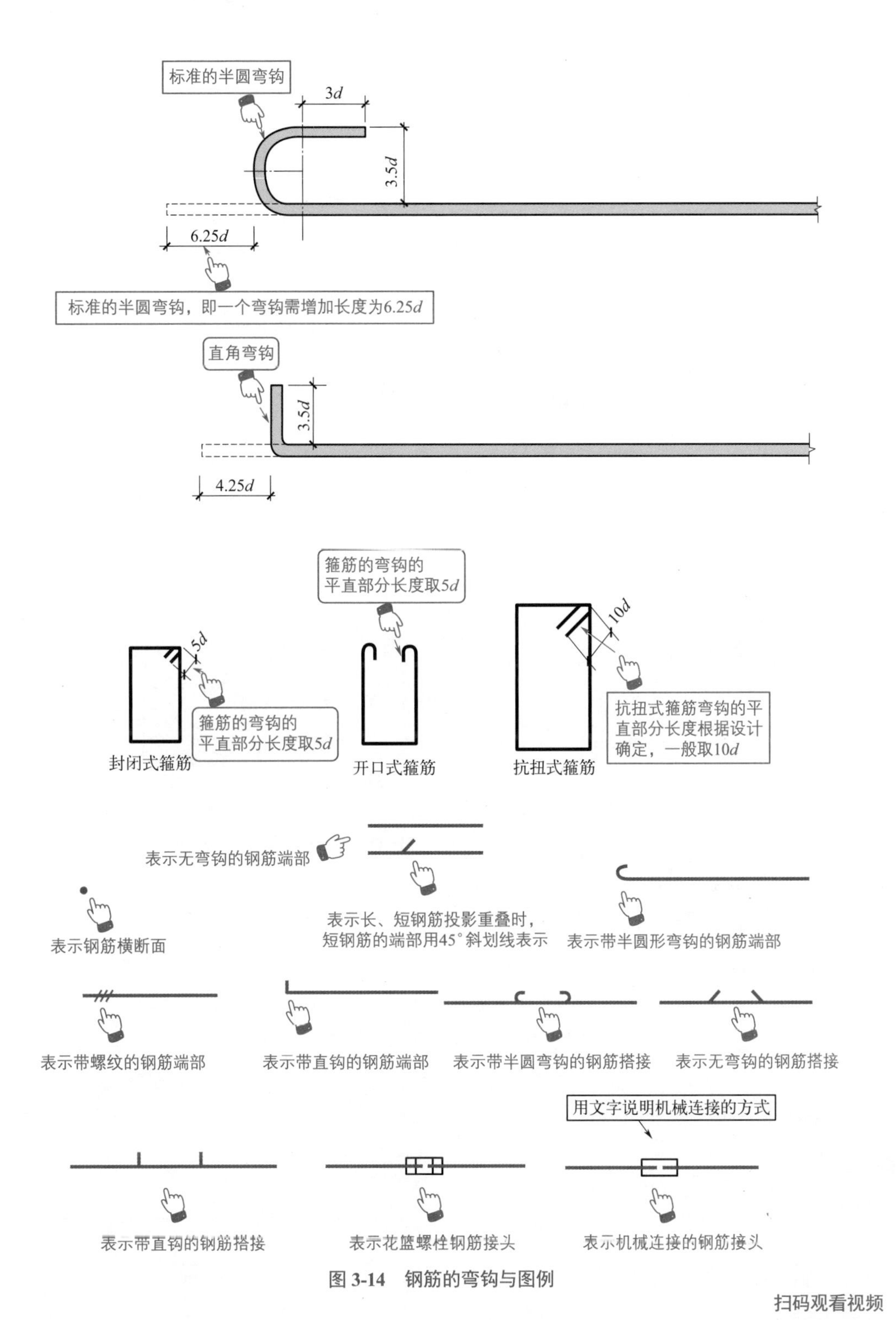
标准的半圆弯钩
3d
3.5d
6.25d
标准的半圆弯钩，即一个弯钩需增加长度为6.25d
直角弯钩
3.5d
4.25d
箍筋的弯钩的
平直部分长度取5d
5d
箍筋的弯钩的
平直部分长度取5d
10d
抗扭式箍筋弯钩的平
直部分长度根据设计
确定，一般取10d
封闭式箍筋
开口式箍筋
抗扭式箍筋
表示无弯钩的钢筋端部
表示钢筋横断面
表示长、短钢筋投影重叠时，
短钢筋的端部用45°斜划线表示
表示带半圆形弯钩的钢筋端部
表示带螺纹的钢筋端部
表示带直钩的钢筋端部
表示带半圆弯钩的钢筋搭接
表示无弯钩的钢筋搭接
用文字说明机械连接的方式
表示带直钩的钢筋搭接
表示花篮螺栓钢筋接头
表示机械连接的钢筋接头

图 3-14　钢筋的弯钩与图例

扫码观看视频

梁钢筋图的识读

3.3.3　建筑钢筋混凝土柱梁局部结构图的绘制与识读

建筑钢筋混凝土柱局部结构图的绘制与识读如图 3-15 所示。

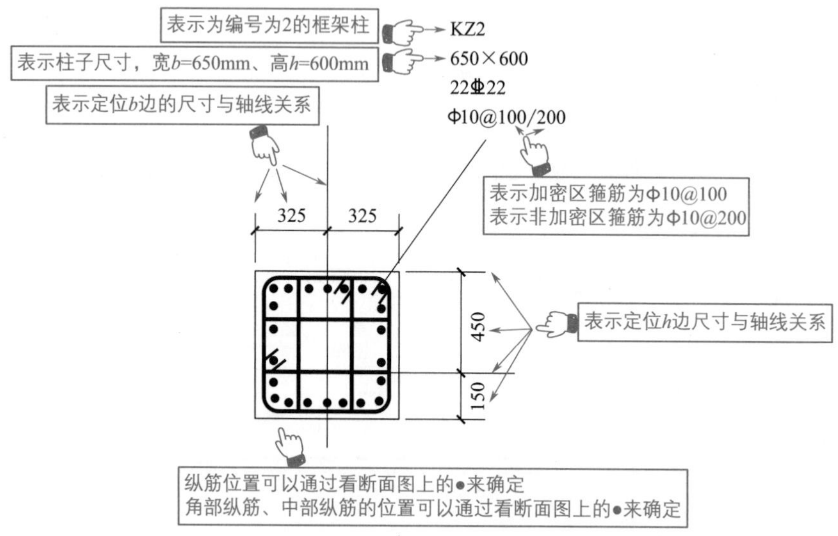
表示为编号为2的框架柱
表示柱子尺寸，宽b=650mm、高h=600mm
表示定位b边的尺寸与轴线关系
KZ2
650×600
22Φ22
Φ10@100/200
表示加密区箍筋为Φ10@100
表示非加密区箍筋为Φ10@200
325
325
450
150
表示定位h边尺寸与轴线关系
纵筋位置可以通过看断面图上的●来确定
角部纵筋、中部纵筋的位置可以通过看断面图上的●来确定

(a) 某柱平面图截面注写方式的绘制与识读

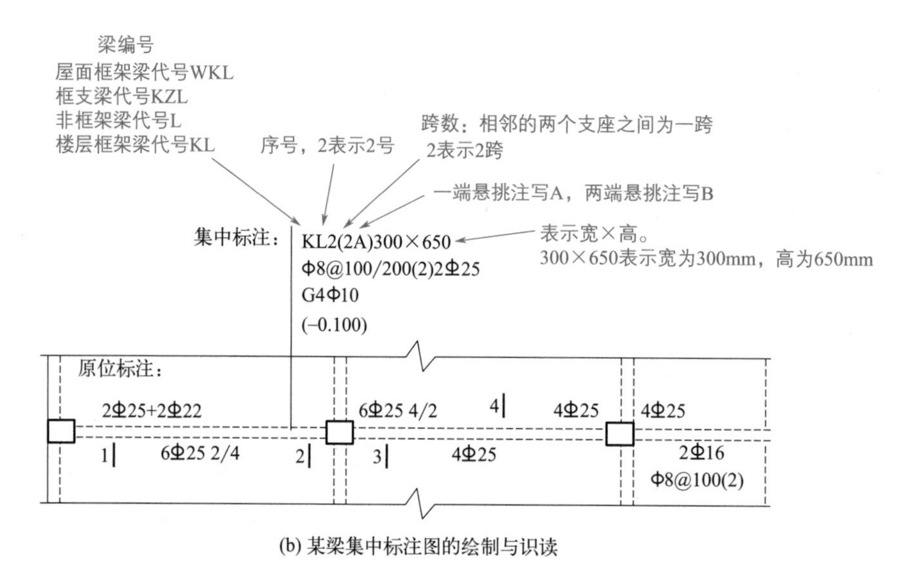
梁编号
屋面框架梁代号WKL
框支梁代号KZL
非框架梁代号L
楼层框架梁代号KL
序号，2表示2号
跨数：相邻的两个支座之间为一跨
2表示2跨
一端悬挑注写A，两端悬挑注写B
集中标注：
KL2(2A)300×650
Φ8@100/200(2)2Φ25
G4Φ10
(−0.100)
表示宽×高。
300×650表示宽为300mm，高为650mm
原位标注：
2Φ25+2Φ22
6Φ25 4/2
4
4Φ25
4Φ25
1
6Φ25 2/4
2
3
4Φ25
2Φ16
Φ8@100(2)

(b) 某梁集中标注图的绘制与识读

图 3-15　建筑钢筋混凝土柱局部结构图的绘制与识读

3.4 钢结构工程

3.4.1 钢结构工程图的类型

钢结构深化设计，是对原设计施工图进行细化设计，形成可用于深化设计报审、指导施工详图设计的技术文件，包括深化设计布置图、节点深化设计图、焊接连接通用图等。

施工详图设计，是对钢结构深化设计文件进行细化设计，形成可直接用于钢结构制造和安装的技术文件，包括工厂加工详图、现场安装布置图、各类清单等。

钢结构工程图的类型如图 3-16 所示。

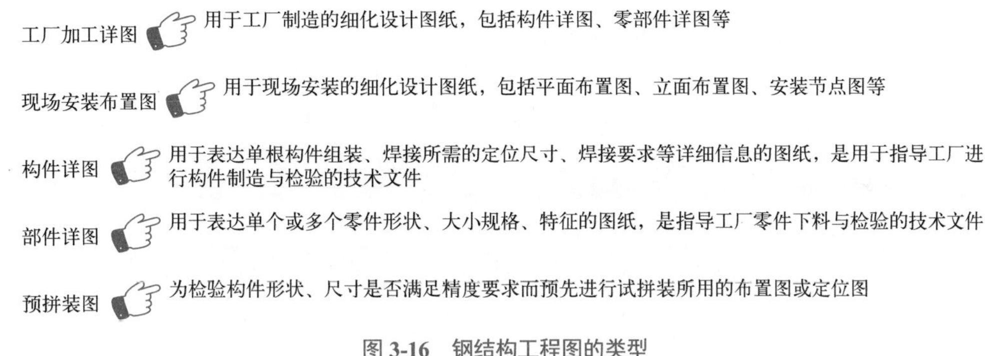
工厂加工详图
用于工厂制造的细化设计图纸，包括构件详图、零部件详图等
现场安装布置图
用于现场安装的细化设计图纸，包括平面布置图、立面布置图、安装节点图等
构件详图
用于表达单根构件组装、焊接所需的定位尺寸、焊接要求等详细信息的图纸，是用于指导工厂进行构件制造与检验的技术文件
部件详图
用于表达单个或多个零件形状、大小规格、特征的图纸，是指导工厂零件下料与检验的技术文件
预拼装图
为检验构件形状、尺寸是否满足精度要求而预先进行试拼装所用的布置图或定位图

图 3-16 钢结构工程图的类型

3.4.2 钢结构深化设计图绘制的图幅要求

钢结构深化设计图图纸布局宜包括图框、图签栏、图纸表达区域等。钢结构深化设计图绘制的图幅要求，如图 3-17 所示。

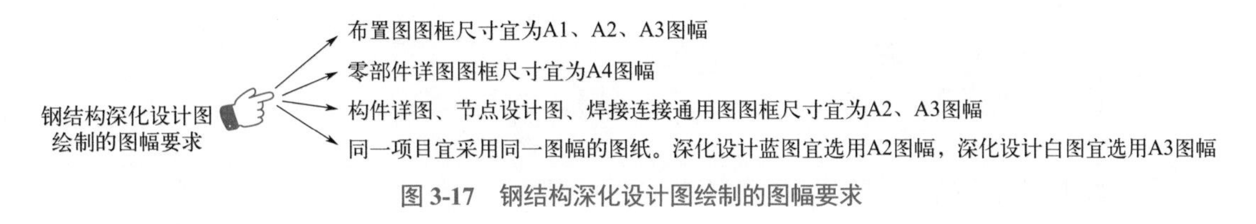
钢结构深化设计图绘制的图幅要求
布置图图框尺寸宜为A1、A2、A3图幅
零部件详图图框尺寸宜为A4图幅
构件详图、节点设计图、焊接连接通用图图框尺寸宜为A2、A3图幅
同一项目宜采用同一图幅的图纸。深化设计蓝图宜选用A2图幅，深化设计白图宜选用A3图幅

图 3-17 钢结构深化设计图绘制的图幅要求

3.4.3 钢结构深化设计制图线型的应用

钢结构深化设计制图线型的应用如图 3-18 所示。

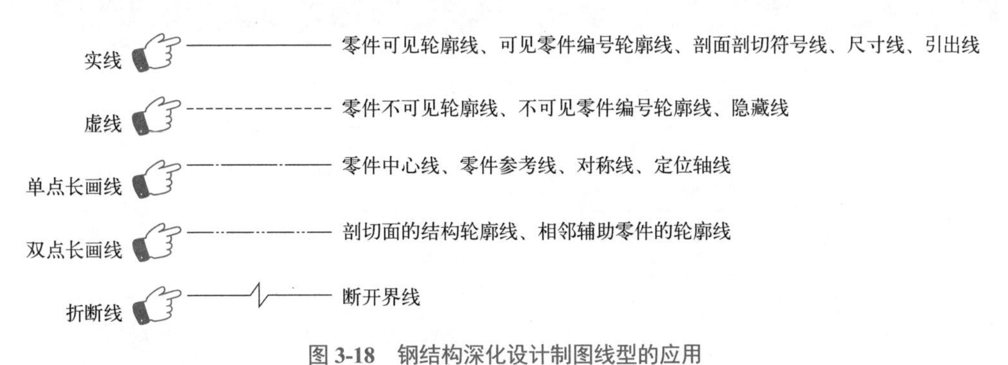
实线
零件可见轮廓线、可见零件编号轮廓线、剖面剖切符号线、尺寸线、引出线
虚线
零件不可见轮廓线、不可见零件编号轮廓线、隐藏线
单点长画线
零件中心线、零件参考线、对称线、定位轴线
双点长画线
剖切面的结构轮廓线、相邻辅助零件的轮廓线
折断线
断开界线

图 3-18 钢结构深化设计制图线型的应用

小贴士

（1）图纸线型的选用需要符合相应绘图软件的图层设定。

（2）相互平行的图例线，其净间隙或线中间隙不宜小于 0.7mm。

（3）同一图纸中相同比例的图样，需要选用相同的线宽组。

3.4.4 钢结构深化设计制图图样比例的选择

钢结构深化设计制图图样比例的选择见表3-3。

表3-3 钢结构深化设计制图图样比例的选择

图纸类别	常用比例	可用比例	说明
布置图（平、立、剖）	1:100、1:200、1:250	1:300、1:400、1:500	模数50
构件图	1:10、1:15、1:20、1:25、1:30	1:40、1:50、1:60	模数5
节点图	1:10、1:15	1:25、1:50	模数5
索引图	1:10、1:15、1:20、1:25、1:30	1:40、1:50、1:60	模数5

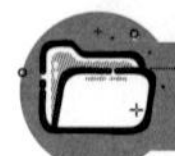

小贴士

（1）同一图样中构件的主要视图宜采用同一比例。
（2）细部剖面视图或节点大样图宜采用同一比例。
（3）单独绘制的零件图应采用同一比例。
（4）图样比例需要采用阿拉伯数字表示，图样比例应注写在图名下方。

3.4.5 型钢的标注方法

型钢的标注方法见表3-4。

表3-4 型钢的标注方法

名称	标注方法	备注
高频焊接H型钢	HG $h \times b \times t_1 \times t_2$	h为高度，b为翼缘宽，t_1为腹板厚度，t_2为翼缘厚度
轧制T型钢	TN $h \times b \times t_1 \times t_2$	N为型号，h为高度，b为翼缘宽，t_1为腹板厚度，t_2为翼缘厚度
焊接T型钢	BT $h \times b \times t_1 \times t_2$	h为高度，b为翼缘宽，t_1为腹板厚度，t_2为翼缘厚度
焊接箱型	BOX $h \times b \times t_1 \times t_2$	h为高度，b为翼缘宽，t_1为腹板厚度，t_2为翼缘厚度
圆管	PIP $D \times t$	D为直径（外径），t为壁厚
锥管	PIP $D \times d \times t$	D为直径（较大外径），d为直径（较小外径），t为壁厚
方管	SHS $b \times t$	b为宽度，t为壁厚
矩形管	RHS $h \times b \times t$	h为高度，b为宽度，t为壁厚
线（棒）材	Dd	d一般取直径

续表

名称	标注方法	备注
等边角钢	∟$b \times t$	b 为肢宽，t 为肢厚
不等边角钢	∟$B \times b \times t$	B 为长肢宽，b 为短肢宽，t 为肢厚
工字钢	In 或 QIn	轻型工字钢加注 Q，n 为型号
槽钢	Cn 或 QCn	轻型槽钢加注 Q，n 为型号
C 型钢	CC $h \times b \times d \times t$	h 为高度，b 为翼缘宽，d 为折边宽，t 为厚度
轧制 H 型钢	HN $h \times b \times t_1 \times t_2$	N 为型号，h 为高度，b 为翼缘宽，t_1 为腹板厚度，t_2 为翼缘厚度
焊接 H 型钢	BH $h \times b \times t_1 \times t_2$	h 为高度，b 为翼缘宽，t_1 为腹板厚度，t_2 为翼缘厚度

说明：当采用双截面时，应在构件详图中增加断面图。

3.4.6 连续等间距排列的栓钉、螺栓孔等的定位尺寸

连续等间距排列的栓钉、螺栓孔等的定位尺寸如图 3-19 所示。

连续等间距排列的栓钉、螺栓孔等的定位尺寸，宜用
“个数@等距尺寸”表示
4@60
个数
等距尺寸

图 3-19　连续等间距排列的栓钉、螺栓孔等的定位尺寸

3.4.7 零件倾斜角度的标注

零件倾斜角度的标注如图 3-20 所示。

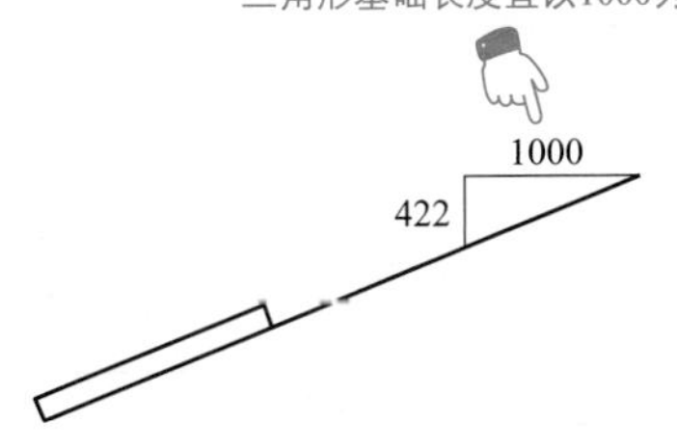
图中零件倾斜角度标注常以三角形表示，
三角形基础长度宜以1000为基数
1000
422

图 3-20　零件倾斜角度的标注

3.4.8 板偏符号

板偏符号如图 3-21 所示。

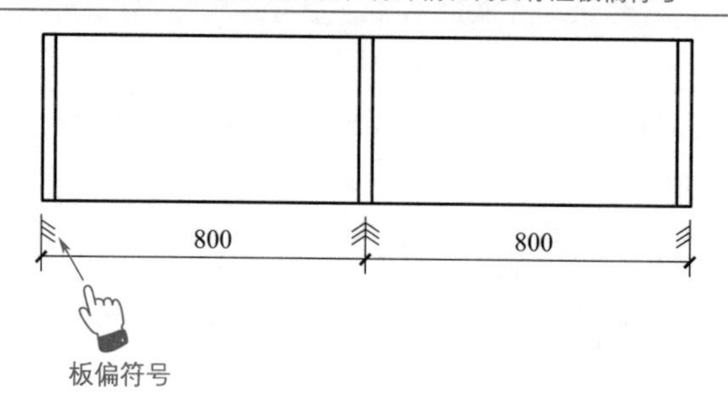
加劲板的尺寸标注一般是以右侧或上侧定位，梁柱牛腿定位尺寸一般标注在其翼缘外侧，特殊情况需要标注板偏符号
800
800
板偏符号

图 3-21　板偏符号

3.4.9　轧制型钢的标注

轧制型钢的标注如图 3-22 所示。

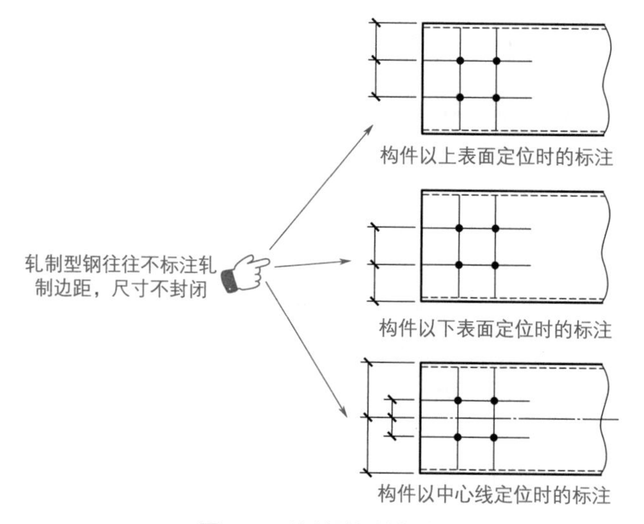
构件以上表面定位时的标注
轧制型钢往往不标注轧制边距，尺寸不封闭
构件以下表面定位时的标注
构件以中心线定位时的标注

图 3-22　轧制型钢的标注

3.4.10　螺栓孔的标注

螺栓孔的标注如图 3-23 所示。

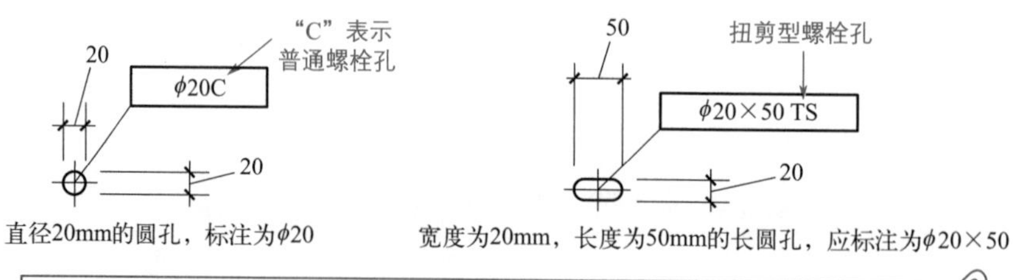
20
"C"表示普通螺栓孔
ϕ20C
20
直径20mm的圆孔，标注为ϕ20
50
扭剪型螺栓孔
ϕ20×50 TS
20
宽度为20mm，长度为50mm的长圆孔，应标注为ϕ20×50
图上的螺栓连接部位一般宜只标注螺栓孔直径。
图中的螺栓孔符号标注，应能区分普通螺栓孔(C)、高强度螺栓孔(TS扭剪型、HS大六角型)

图 3-23　螺栓孔的标注

3.4.11 构件的信息编码

构件的信息编码如图 3-24 所示。

区域：可以指同一项目不同区域，项目无区域划分时，构件编号中不必包含区域

流水号：指根据顺序从1开始的自然数，每个构件有且只有一个流水号，构件编号中必须包含流水号

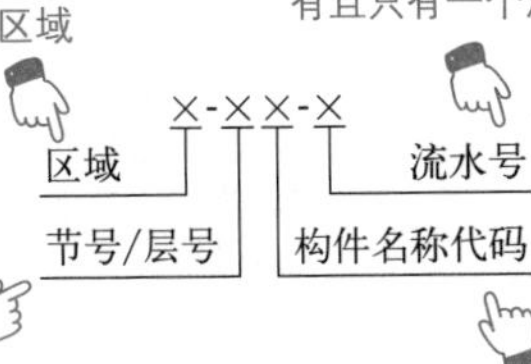
×-××-×
区域
流水号
节号/层号
构件名称代码

节号/层号：指钢柱、钢板墙等根据节划分的构件所属节号或钢梁、埋件、隅撑等根据层划分的构件所属层号，构件编号中必须包含节号/层号

构件名称代码：构件编号中必须包含构件名称代码

构件名称代码表

构件名称	名称代码	构件名称	名称代码
钢柱	GZ	钢桁架	HJ
钢框柱	GKZ	伸臂桁架	SHJ
暗柱	AZ	环形桁架	HHJ
钢梁	GL	钢屋架	WJ
钢框梁	GKL	钢檩条	LT
连梁	LL	钢支撑	ZC
暗梁	AL	楼梯	T
边梁	BL	隅撑	YC
吊车梁	DCL	埋件	MJ
钢板墙	GBQ	其他(包括零星构件、钢墙架、铸钢件、钢走道、钢栏杆等)	QT

图 3-24 构件的信息编码

小贴士

构件编码标准格式应包括构件所属区域、节号或层号、构件名称代码及流水号等。示例如下。

D1G BQ- 2 表示地下第 1 节钢板墙的 2 号构件。

Q-B1GL- 2 表示裙楼地下第 1 层钢梁的 2 号构件。

T1-2GKZ-3 表示 1 号塔楼地上第 2 节钢框柱的号构件。

3.4.12 零件的信息编码

零件的信息编码如图 3-25 所示。

小贴士

示例如下。

L2 表示所在的零件批次中角钢的 2 号零件。

L88 表示所在的零件批次中角钢的 88 号零件。

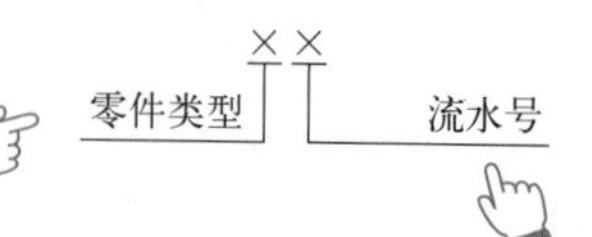
××
零件类型
流水号

零件类型：零件编号中必须包含零件类型

流水号：指根据顺序从1开始的自然数，每批零件中每个零件有且只有一个流水号，零件编号中必须包含流水号

零件名称代码表

零件前缀	零件类型	备注	零件前缀	零件类型	备注
X	现场安装小型散件	包括现场临时连接	T	T型钢	
S	常规现场结构连接	包括衬垫板	I	工字钢	
E	工厂焊吊耳和临时连接耳板		L	角钢	
P	工厂焊零件板、条板		C	槽钢	
TT	套筒		G	型材圆管、板卷圆管	
SD	栓钉		D	钢筋、圆钢	
MS	锚栓		F	方管、矩形管	
H	H型钢	包括牛腿	W	花纹钢板	
B	箱型钢		Y	其他	包括Z形截面等

图 3-25　零件的信息编码

3.4.13　预拼装图的绘制与识读

施工详图设计图纸表达，包括图纸清单、总说明、工厂加工详图、现场安装布置图、预拼装图、设计变更图等。

构件需要进行工厂或现场预拼装时，需要绘制预拼装图，如图 3-26 所示。

预拼装图，需要采用实际预拼装的姿态绘制，控制点坐标也需要根据拼装姿态标注。

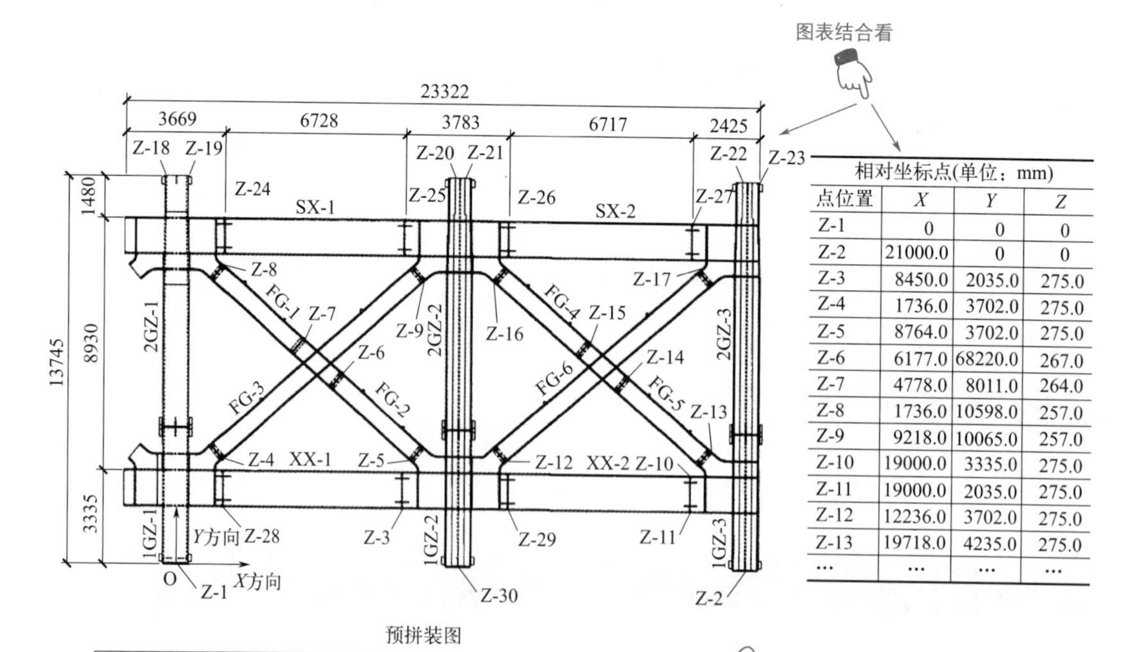
图表结合看
23322
3669
6728
3783
6717
2425
13745
1480
8930
3335
SX-1
SX-2
XX-1
XX-2
FG-1
FG-2
FG-3
FG-4
FG-5
FG-6
2GZ-1
2GZ-2
2GZ-3
1GZ-1
1GZ-2
1GZ-3
Y方向
X方向
O
预拼装图
预拼装图应采用实际预拼装的姿态绘制，控制点坐标也应按拼装姿态标注

相对坐标点(单位：mm)

点位置	X	Y	Z
Z-1	0	0	0
Z-2	21000.0	0	0
Z-3	8450.0	2035.0	275.0
Z-4	1736.0	3702.0	275.0
Z-5	8764.0	3702.0	275.0
Z-6	6177.0	68220.0	267.0
Z-7	4778.0	8011.0	264.0
Z-8	1736.0	10598.0	257.0
Z-9	9218.0	10065.0	257.0
Z-10	19000.0	3335.0	275.0
Z-11	19000.0	2035.0	275.0
Z-12	12236.0	3702.0	275.0
Z-13	19718.0	4235.0	275.0
…	…	…	…

图 3-26　预拼装图

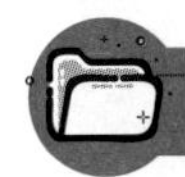

小贴士

（1）预拼装图，应包含预拼装验收需要的尺寸、临时拼接点的坐标信息、相关的使用说明。

（2）预拼装图，应提供各拼装构件之间的典型节点形式详图。

（3）预拼装图，应标注拼装整体的尺寸及其端部现场连接部位的定位尺寸。

（4）预拼装图，应标注主构件与次构件之间的相对定位尺寸。

3.4.14 设计变更图的绘制与识读

原设计施工图修改（设计变更图）而造成深化设计修改时，需要有正式的书面文件作为依据。

施工详图修改，需要采用设计修改（变更）通知单、变更说明、升版图等方式，如图3-27所示。

施工单位名称　　设计修改通知单　　编号：

××××年××月××日

建设单位：

总 承 包：

项目名称：

修改原因：

共×页　第×页

序号	相关图纸图号

修改内容：××××

序号	图号	构件号	数量	版次	变更内容

审核		校对		修改	

图3-27　设计修改（变更）通知单

小贴士

（1）设计修改（变更）通知单，需要注明修改原因。

（2）升版图中，需要将修改内容以云线圈出，并且注明版本号。

3.4.15　工厂加工详图的绘制与识读

工厂加工详图一般包含构件详图、零部件详图等。

构件详图，需要清晰表达单根构件制造的详细信息。构件详图主要类型包括：锚栓及预埋件加工详图、钢柱加工详图、钢梁加工详图、倾斜支撑加工详图等，如图 3-28 所示。

零部件详图，需要采用统一的比例（宜选用 1 ：25）绘制，同一编号的零件图宜单独编制一个文件，并且文件名宜与零件编号一致，零件图不得减短，需要根据 1 ：1 绘制。

零部件详图绘制需要包括的内容如下。

（1）零件编号、规格。

（2）尺寸标注，包括特征点的定位尺寸、总尺寸。

（3）螺栓孔尺寸、工艺孔等的细部标注。

（4）材料表，包含零件的规格、数量、材质等信息。

（5）零件所属构件列表。

（6）部件所含零件之间的定位组装尺寸、材料表。

（7）当零件图需要绘制在构件详图中时，可以采用不同的比例，采用的比例应在图面上注明。

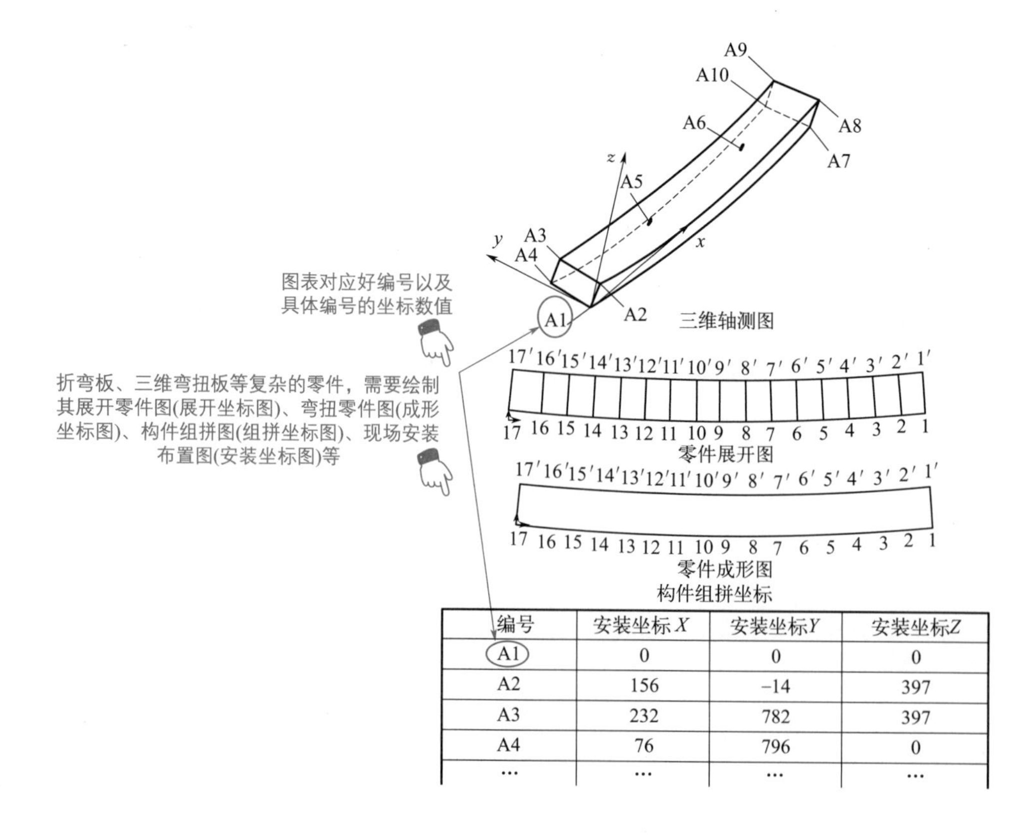
A9
A10
A6
A8
A7
z
A5
y
A3
A4
x
A1
A2
三维轴测图
图表对应好编号以及具体编号的坐标数值
折弯板、三维弯扭板等复杂的零件，需要绘制其展开零件图(展开坐标图)、弯扭零件图(成形坐标图)、构件组拼图(组拼坐标图)、现场安装布置图(安装坐标图)等
17′ 16′ 15′ 14′ 13′ 12′ 11′ 10′ 9′ 8′ 7′ 6′ 5′ 4′ 3′ 2′ 1′
17 16 15 14 13 12 11 10 9 8 7 6 5 4 3 2 1
零件展开图
17′ 16′ 15′ 14′ 13′ 12′ 11′ 10′ 9′ 8′ 7′ 6′ 5′ 4′ 3′ 2′ 1′
17 16 15 14 13 12 11 10 9 8 7 6 5 4 3 2 1
零件成形图

构件组拼坐标

编号	安装坐标 X	安装坐标 Y	安装坐标 Z
A1	0	0	0
A2	156	–14	397
A3	232	782	397
A4	76	796	0
…	…	…	…

现场安装坐标

编号	安装坐标 X	安装坐标 Y	安装坐标 Z
A1	614	63	–27
A2	72	451	–470
A3	926	548	28
…	…	…	…

零件展开坐标

编号	展开后坐标 X	展开后坐标 Y	展开后坐标 Z
1	8492	700	0
1′	8468	0	0
2	7992	714	0
2′	7971	15	0
…	…	…	…

零件成形坐标

编号	三维坐标 X	三维坐标 Y	三维坐标 Z
1	7629	700	2
1′	7608	0	0
2	7261	710	–335
2′	7241	10	–335
…	…	…	…

图 3-28　工厂加工详图

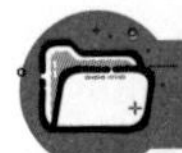

小贴士

锚栓、预埋件加工详图绘制需要符合的规定如下。

(1) 锚栓加工详图，宜以单根构件的锚栓群为单位进行绘制，并且对不同类型分别进行编号。

(2) 锚栓之间，需要根据施工现场实际情况进行定位固定，宜采用固定支架或定位模板进行固定。

(3) 锚栓加工详图，需要明确锚栓的规格、材质、螺纹长度、锚固长度、总长度、端部的锚固类型、与螺纹连接处的双螺母规格等。

(4) 预埋件加工详图，需要明确锚板的厚度、尺寸、材质，明确锚筋的规格、材质、数量、锚固长度、端部锚固类型、锚板的连接焊缝形式等。

第04章 风景园林与庭院绿化工程制图与识图

4.1 风景园林工程

4.1.1 风景园林图的种类要求

常见园林工程施工图包括：施工总平面图、种植施工图、竖向施工图、园路广场施工图、假山施工图、水景工程施工图等。

墨线图是指用墨线勾画出来的示意图。墨线图可以用于表现平面图、立面图、剖面图，一般是用水彩、彩色铅笔、马克笔等表现。墨线图具体粗细要分出层次，以达到美观的表现效果，如图4-1所示。

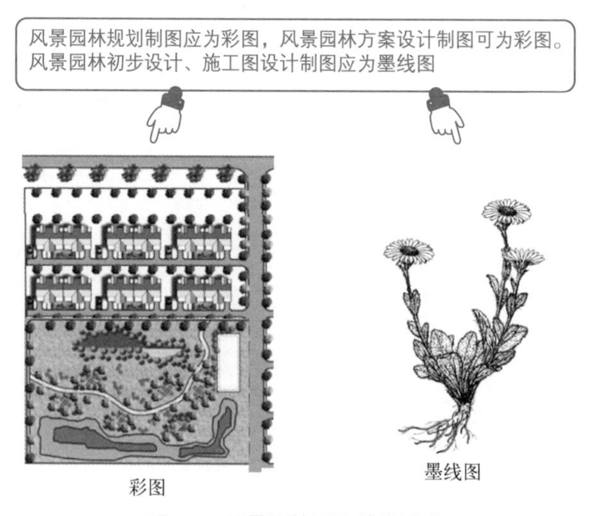
风景园林规划制图应为彩图，风景园林方案设计制图可为彩图。
风景园林初步设计、施工图设计制图应为墨线图
彩图
墨线图

图4-1 风景园林图的种类要求

园林工程图常采用彩色图纸。印刷或打印时，图形颜色是由C（青色）、M（洋红色）、Y（黄色）、K（黑色）4种印刷油墨的色彩浓度确定的。本章中以图形颜色中字母对应的数值为色彩浓度百分值。图中缺省的油墨类型的色彩浓度百分值一律为0。

小贴士

园林立面图如图 4-2 所示。

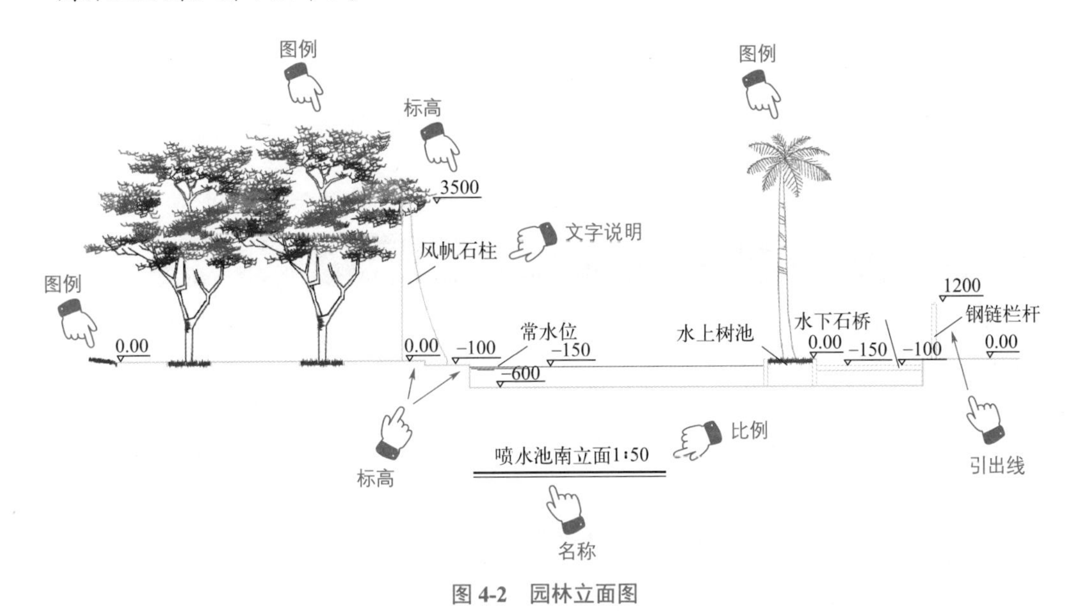
图例
标高
3500
图例
文字说明
风帆石柱
图例
1200
钢链栏杆
常水位
水上树池
水下石桥
0.00
0.00
−100
−150
−600
0.00
−150
−100
0.00
比例
标高
喷水池南立面1:50
引出线
名称

图 4-2　园林立面图

4.1.2　风景园林计算机辅助规划图图层名称、颜色

风景园林计算机辅助规划图图层名称、颜色如表 4-1 及图 4-3 所示。

表4-1　风景园林计算机辅助规划图图层名称

类别名	图层名称	类别名	图层名称
地形底图	00	规划控制线及辅助线	K
城市绿线	K3	规划范围界线	K9
风景名胜区规划分区	Q	景区	Q1
核心景区	Q2	外围控制（保护）地带	Q3
功能区	Q4	保护区	Q5
风景名胜区建设用地	H9	游览设施用地	H91
居民社会用地	H92	交通与工程用地	H93
风景名胜区非建设用地	E	风景游赏用地	E0
水域	EI	林地	E21
园地	E22	耕地	E23
草地	E24	滞留用地	E9
景源及服务设施	F	景源	F1
服务设施	F2	城市绿地	G
城市各类绿地	G*n*（*n* 为各类绿地代码）		

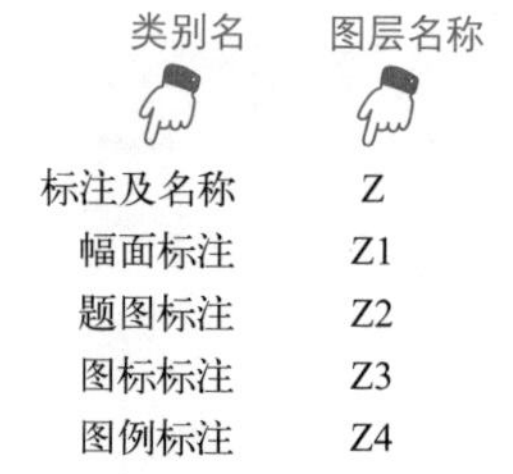
类别名
图层名称
标注及名称
Z
幅面标注
Z1
题图标注
Z2
图标标注
Z3
图例标注
Z4

图 4-3 计算机辅助规划制图的图层名称、颜色

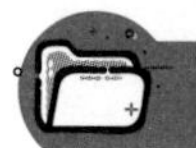

小贴士

计算机制图中的图纸电子文件名称，一般是与图纸名称一致的，并且序号编号也是根据图纸序号编号的。

4.1.3 风景园林计算机图的文件命名

风景园林计算机图的文件命名如图 4-4 所示。

4.1.4 风景园林常用设计阶段代码

风景园林常用设计阶段代码如图 4-5 所示。

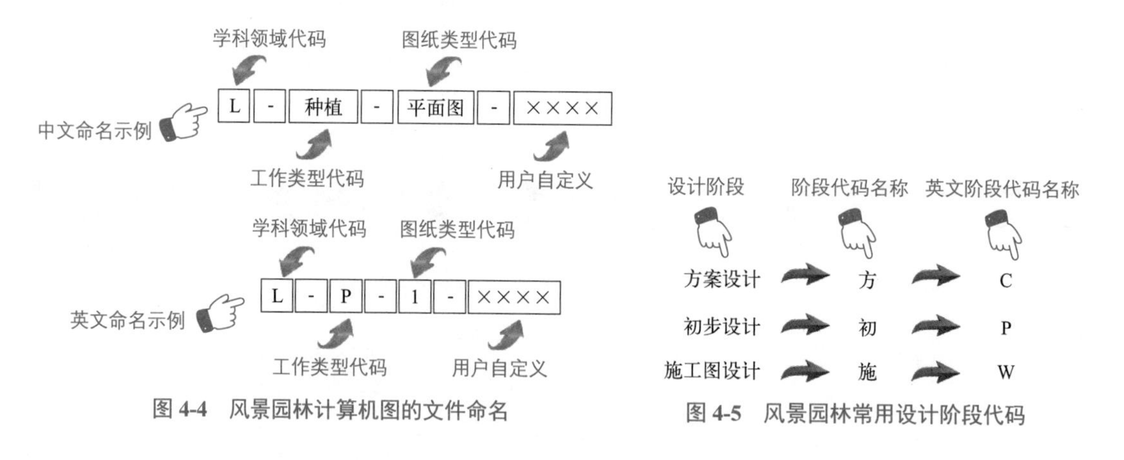
学科领域代码
图纸类型代码
中文命名示例
L
-
种植
-
平面图
-
××××
工作类型代码
用户自定义
学科领域代码
图纸类型代码
英文命名示例
L
-
P
-
1
-
××××
工作类型代码
用户自定义
设计阶段
阶段代码名称
英文阶段代码名称
方案设计
方
C
初步设计
初
P
施工图设计
施
W

图 4-4 风景园林计算机图的文件命名

图 4-5 风景园林常用设计阶段代码

4.1.5 城市绿地系统规划图纸内容与深度

风景园林规划图纸，可以分为现状图纸、规划图纸等。城市绿地系统规划主要图纸的基本内容与深度如图 4-6 所示。

4.1.6 风景名胜区总体规划图纸的规划内容

风景名胜区总体规划图纸的规划内容如图 4-7 所示。

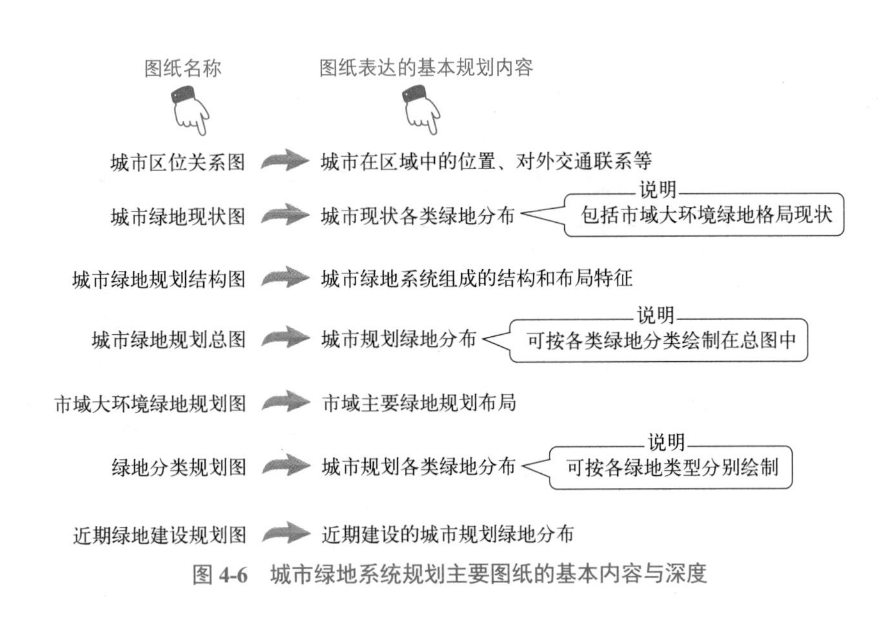
图纸名称
图纸表达的基本规划内容
城市区位关系图
城市在区域中的位置、对外交通联系等
城市绿地现状图
城市现状各类绿地分布
说明
包括市域大环境绿地格局现状
城市绿地规划结构图
城市绿地系统组成的结构和布局特征
城市绿地规划总图
城市规划绿地分布
说明
可按各类绿地分类绘制在总图中
市域大环境绿地规划图
市域主要绿地规划布局
绿地分类规划图
城市规划各类绿地分布
说明
可按各绿地类型分别绘制
近期绿地建设规划图
近期建设的城市规划绿地分布

图 4-6　城市绿地系统规划主要图纸的基本内容与深度

图纸名称	图纸表达的基本规划内容	说明
现状图(包括综合现状图)	风景资源，居民点与人口，旅游服务基地与设施，综合交通与设施，工程设施，用地，功能区划等	视风景区的现状特点，可按现状要素分项制图或将各要素综合制图
景源评价与现状分析图	分类评价和分级评价，至少标示至三级景点	
地理位置与区域分析图	风景区在全国或省、市域地理区位，区域交通分析，区域风景资源与旅游发展分析，区域生态分析等	视风景区的特点，可按分析要素分项制图或将各要素综合制图
规划总图	规划期末的风景资源，旅游服务基地与设施，综合交通与设施，功能或保护区划等	
风景游赏规划图	主要游览景点，游览组织，游览路线，景区划分等内容	视风景区的特点，可按规划要素分项制图或将各要素综合制图
旅游设施配套规划图	旅游市、旅游城、旅游镇、旅游村、旅游点服务设施系统及配套设施	
居民社会调控规划图	按照不同的规划调控类型的居民点分布	
风景保护培育规划图	按照分类保护、分级保护等划分的保护区布局、范围	
道路交通规划图	对外交通、出入口、车行游览道路、步行游览道路、索道、码头、停车场等	
基础工程规划图	给水、排水、电力、电信、热力、环卫等	按不同基础工程类型分项制图或将基础工程综合制图
土地利用协调规划图	按照风景区用地大类具体划分用地，部分可按中类划分用地	
近期发展规划图	近期发展的风景资源，旅游服务基地与设施，综合交通与设施，功能或保护区划等	

图 4-7　风景名胜区总体规划主要图纸基本规划内容

4.1.7　各类绿地方案设计图的要求

各类绿地方案设计的主要图应符合的要求如图 4-8 所示。

绿地类型 \ 图		区位图	用地范围图	现状分析图	总平面图	功能分区图	竖向设计图	园林小品设计图	园林交通设计图	种植设计图	综合管网设施图	重点景区平面图	效果图或意向图
公园绿地	综合公园	◇	△	▲	▲	▲	▲	▲	▲	▲	▲	▲	▲
	社区公园	◇	◇	▲	▲	△	▲	△	△	▲	▲	▲	▲
	专类公园	◇	△	▲	▲	▲	▲	▲	▲	▲	▲	▲	▲
	带状公园	◇	△	▲	▲	▲	△	△	△	▲	▲	▲	▲
	街旁绿地	◇	◇	▲	▲	△	△	△	△	▲	▲	△	▲
防护绿地	防护绿地	◇	◇	△	▲	—	◇	—	◇	▲	▲	—	△
附属绿地	附属绿地	◇	◇	△	▲	△	△	△	▲	▲	▲	△	▲

注：“▲”为应单独出图；“△”为可单独出图纸；“◇”为可合并；“—”为不需要出图。

图 4-8 各类绿地方案设计的主要图应符合的要求

4.1.8 风景园林图方案设计图内容与深度

风景园林图方案设计主要图的基本内容与深度应符合的规定如图 4-9 所示。

图纸名称	图纸表达的基本内容与深度
区位图	绿地在城市中的位置及其与周边地区的关系
用地范围图	绿地范围线的界定
现状分析图	绿地范围内场地竖向、植被、构筑物、水体、市政设施及周边用地的现状情况分析
总平面图	1. 绿地边界及与用地毗邻的道路、建筑物、水体、绿地等； 2. 方案设计的园路、广场、停车场、建筑物、构筑物、园林小品、种植、山形水系的位置、轮廓或范围；绿地出入口位置； 3. 建筑物、构筑物和景点、景区的名称； 4. 用地平衡表
功能分区图	各功能分区的位置、名称及范围
竖向设计图	1. 绿地及周边毗邻场地原地形等高线及设计等高线； 2. 绿地内主要控制点的高程；用地内水体的最高水位、常水位、水底标高
重点景区平面图	重点景区的铺装场地、绿化、园林小品和其他景观设施的详细平面布局
效果图或意向图	反映设计意图的计算机制作、手绘鸟瞰图、人视点效果图，也可采用意向照片
园路交通设计图	1. 主路、支路、小路的路网分级布局； 2. 主路、支路、小路的宽度及横断面； 3. 主要及次要出入口和停车场的位置； 4. 对外、对内交通服务设施的位置； 5. 游览自行车道、电瓶车道和游船的路线
种植设计图	1. 常绿植物、落叶植物、地被植物及草坪的布局； 2. 保留或利用的现状植物的位置或范围； 3. 树种规划与说明
综合管网设施图	1. 给水、排水、雨水、电气等内容的干线管网的布局方案； 2. 绿地内管网与外部市政管网的对接关系

说明
可分项做图或综合制图

说明
本图也可与现状分析图合并

图 4-9 风景园林图方案设计主要图的基本内容与深度

4.1.9 风景园林初步设计和施工图设计图的内容与深度

风景园林初步设计和施工图设计主要图的基本内容与深度如图 4-10 所示。

初步设计

1. 用地边界线及毗邻用地名称、位置；
2. 用地内各组成要素的位置、名称、平面形态或范围，包括建筑物、构筑物、道路、铺装场地、绿地、园林小品、水体等；
3. 设计地形等高线

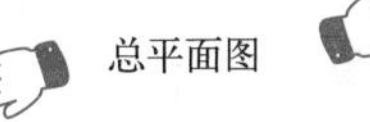

总平面图

施工图设计

1. 用地边界线及毗邻用地名称、位置；
2. 用地内各组成要素的位置、名称、平面形态或范围，包括建筑物、构筑物、道路、铺装场地、绿地、园林小品、水体等；
3. 设计地形等高线

初步设计

1. 用地边界坐标；
2. 在总平面图上标注各工程的关键点的定位坐标和控制尺寸；
3. 在总平面图上无法表示清楚的定位应在详图中标注

定位图/放线图

施工图设计

除初步设计所标注的内容外，还应标注：
1. 放线坐标网格；
2. 各工程的所有定位坐标和详细尺寸；
3. 在总平面图上无法表示清楚的定位应绘制定位详图

初步设计

1. 用地毗邻场地的关键性标高点和等高线；
2. 在总平面上标注道路、铺装场地、绿地的设计地形等高线和主要控制点标高；
3. 在总平面图上无法表示清楚的竖向应在详图中标注；
4. 土方量

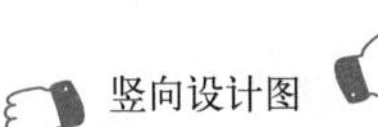

竖向设计图

施工图设计

除初步设计所标注的内容外，还应标注以下内容。
1. 在总平面上标注所有工程控制点的标高，包括下列内容。
①道路起点、变坡点、转折点和终点的设计标高、纵横坡度；
②广场、停车场、运动场地的控制点的设计标高、坡度和排水方向；
③建筑物、构筑物室内外地面控制点标高；
④工程坐标网格；
⑤土方平衡表。
2. 屋顶绿化的土层处理，应做的结构剖面

初步设计

1. 水体平面；
2. 水体的常水位、池底、驳岸标高；
3. 驳岸形式，剖面做法，节点做法；
4. 各种水体形式的剖面

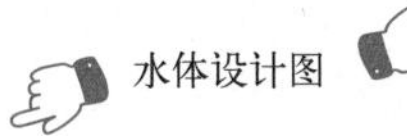

水体设计图

施工图设计

除初步设计所标注的内容外，还应标注：
1. 平面放线；
2. 驳岸不同做法的长度标注；
3. 水体驳岸标高、等深线、最低点标高；
4. 各种驳岸及流水形式的剖面及做法；
5. 泵坑、上水、泄水、溢水、变形缝的位置、索引及做法

初步设计

1. 在总平面图上绘制设计地形等高线、现状保留植物名称、位置，尺寸按实际冠幅绘制；设计的主要植物种类、名称、位置、控制数量和株行距；
2. 在总平面上无法表示清楚的种植应绘制种植分区图或详图；
3. 苗木表，标注种类、规格、数量

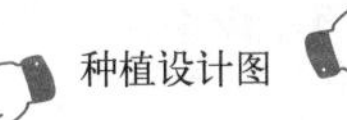

种植设计图

施工图设计

除初步设计所标注的内容外，还应标注：
1. 工程坐标网格或放线尺寸；设计的所有植物的种类、名称、种植点位或株行距、群植位置、范围、数量；
2. 在总平面上无法表示清楚的种植应绘制种植分区图或详图；
3. 若种植比较复杂，可分别绘制乔木种植图和灌木种植图；
4. 苗木表，包括：序号、中文名称、拉丁学名、苗木详细规格、数量、特殊要求等

初步设计

1. 在总平面上绘制和标注园路和铺装场地的材料、颜色、规格、铺装纹样；
2. 在总平面上无法表示清楚的应绘制铺装详图表示；
3. 园路铺装主要构造做法索引及构造详图

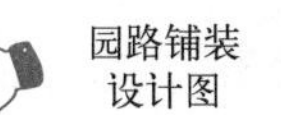

园路铺装设计图

施工图设计

除初步设计所标注的内容外，还应标注：
1. 路缘石的材料、颜色、规格，说明伸缩缝做法及间距；
2. 在总平面定位图中无法表述铺装纹样和铺装材料变化时，应单独绘制铺装放线或定位图

图 4-10

园林小品设计图

初步设计

1. 在总平面上绘制园林小品详图索引图。
2. 园林小品详图，包括平、立、剖面图。
3. 园林小品详图的平面图应标明下列内容：
①承重结构的轴线、轴线编号、定位尺寸、总尺寸；
②主要部件名称和材料；
③重点节点的剖切线位置和编号；
④图纸名称及比例。
4. 园林小品详图的立面图应标明下列内容：
①两端的轴线、编号及尺寸；
②立面外轮廓及主要结构和构建的可见部分的名称及尺寸；
③可见主要部位的饰面材料；
④图纸名称及比例。
5. 园林小品详图的剖面图应准确、清楚地标示出剖到或看到的地上部分的相关内容，并应标明下列内容：
①承重结构的轴线、轴线编号和尺寸；
②主要结构和构造部件的名称、尺寸及工艺；
③小品的高度、尺寸及地面的绝对标高；
④图纸名称及比例

施工图设计

除初步设计所标注的内容外，还应标注以下内容：
1. 平面图应标明：
①全部部件名称和材质；
②全部节点的剖切线位置和编号。
2. 立面图应标明下列内容：
①立面外轮廓及所有结构和构件的可见部分的名称及尺寸；
②小品的高度和关键控制点标高的标注；
③平面、剖面未能表示出来的构件的标高或尺寸。
3. 剖面图应标明下列内容：
①所有结构和构造部件的名称、尺寸及工艺做法；
②节点构造详图索引号

给水排水设计图

初步设计

1. 说明及主要设备列表。
2. 给水、排水平面图，应标明下列内容：
①给水和排水管道的平面位置、主要给水排水构筑物位置、各种灌溉形式的分区范围；
②与城市管道系统连接点的位置以及管径。
3. 水景的管道平面图、泵坑位置图

施工图设计

除初步设计所标注的内容外，还应标注以下内容：
1. 给水平面图应标明：
①给水管道布置平面、管径标注及闸门井的位置(或坐标)编号、管段距离；
②水源接入点、水表井位置；
③详图索引号；
④本图中乔、灌木的种植位置。
2. 排水平面图应标明：
①排水管径、管段长度、管底标高及坡度；
②检查井位置、编号、设计地面及井底标高；
③与市政管网接口处的市政检查井的位置、标高、管径、水流方向；
④详图索引号；
⑤子项详图。
3. 水景工程的给水排水平面布置图、管径、水泵型号、泵坑尺寸。
4. 局部详图应标明：设备间平、剖面图；水池景观水循环过滤泵房；雨水收集利用设施等节点详图

电气照明及弱电系统设计图

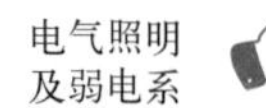

初步设计

1. 说明及主要电气设备表；
2. 路灯、草坪灯、广播等用配电设施的平面位置图

施工图设计

除初步设计所标注的内容外，还应标注以下内容。
1. 电气平面图应标明：
①配电箱、用电点、线路等的平面位置；
②配电箱编号以及干线和分支线回路的编号、型号、规格、敷设方式、控制形式。
2. 系统图应标明：照明配电系统图、动力配电系统图、弱电系统图

图 4-10　风景园林初步设计和施工图设计主要图的基本内容与深度

4.1.10　风景园林图与总图标准、建筑图中相同的内容

风景园林工程图、园林工程图、绿化工程图与房屋建筑工程图，或者与《总图制图标准》(GB/T 50103—2010)需要符合的一些规定相同，说明这两种工程图在这部分无论是制图，还是识图，都具有相通性、互参性。

（1）风景园林工程图、园林工程图、绿化工程图中的标注，需要符合现行国家标准《总图制图标准》（GB/T 50103—2010）、《房屋建筑制图统一标准》（GB/T 50001—2017）的规定。也就是说，风景园林图中的标注，无论是制图，还是识图，这些工程图的标注要求、规则、识读是相通的，可以互参。

（2）风景园林工程、园林工程图、绿化工程图的标准图幅，需要符合现行国家标准《房屋建筑制图统一标准》（GB/T 50001—2017）中的相关规定。

（3）园林绿地设计初步设计、施工图设计的图幅样式，需要符合现行国家标准《房屋建筑制图统一标准》（GB/T 50001—2017）的规定。

（4）风景园林工程、园林工程图、绿化工程图图线的线宽，需要根据图样的复杂程度、比例，根据现行国家标准《房屋建筑制图统一标准》（GB/T 50001—2017）中的相关规定选用。

（5）墨线图中同一图纸字体种类不应超过两种，需要符合现行国家标准《房屋建筑制图统一标准》（GB/T 50001—2017）中的相关规定。

（6）园林绿地方案设计、初步设计、施工图设计的图纸，应绘制指北针。指北针的样式、大小，需要符合现行国家标准《房屋建筑制图统一标准》（GB/T 50001—2017）的相关规定。

（7）风景园林规划图中距离、长度、宽度的标注，可根据现行国家标准《房屋建筑制图统一标准》（GB/T 50001—2017）中的相关规定绘制，标注单位为 m 或 km。

（8）园林绿地设计中的图例，需要根据《总图制图标准》（GB/T 50103—2010）中的图例、《房屋建筑制图统一标准》（GB/T 50001—2017）常用建筑材料图例的规定执行。

（9）风景园林初步设计、施工图设计的标注及符号，需要符合《房屋建筑制图统一标准》（GB/T 50001—2017）中的相关规定。

（10）风景园林初步设计、施工图设计的标注图示大小，需要符合《房屋建筑制图统一标准》（GB/T 50001—2017）的相关规定。

（11）风景园林计算机制图规则，需要符合《房屋建筑制图统一标准》（GB/T 50001—2017）中计算机制图规则的相关规定。

（12）风景园林初步设计、施工图设计使用计算机制图时，可依据《房屋建筑制图统一标准》（GB/T 50001—2017）执行图纸命名。根据风景园林制图特点，文件命名一般在学科代码（L）之后由工作类型、图纸类型、图纸类型的自定义描述三个部分依次构成。

（13）风景园林图剖切符号、索引符号、详图符号、对称符号、指北针、图纸中局部变更部分，宜采用云线、引出线、多层引出线等与《房屋建筑制图统一标准》（GB/T 50001—2017）的规定基本一样。

（14）风景园林图计算机制图规则，需要符合现行国家标准《房屋建筑制图统一标准》（GB/T 50001—2017）中的相关规定。

《总图制图标准》（GB/T 50103—2010）、《房屋建筑制图统一标准》（GB/T 50001—2017）有关知识在本书第 1 章、第 2 章中有讲述，不再重述。

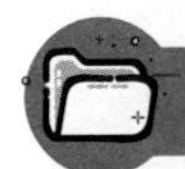

小贴士

简单来说，风景园林工程图、园林工程图、绿化工程图与房屋建筑工程图中相通性、互参性的制图识图要素大致如下：标注、标准图幅、图幅样式、图线的线宽、墨线图中的字体种类、指北针、图例、符号、标注图示大小、计算机制图规则、图纸命名、剖切符号、索引符号、详图符号、对称符号、云线、引出线、多层引出线等。

4.1.11 风景园林规划图纸版式的绘制与识读

风景园林规划图纸版式的识读如图 4-11 所示。

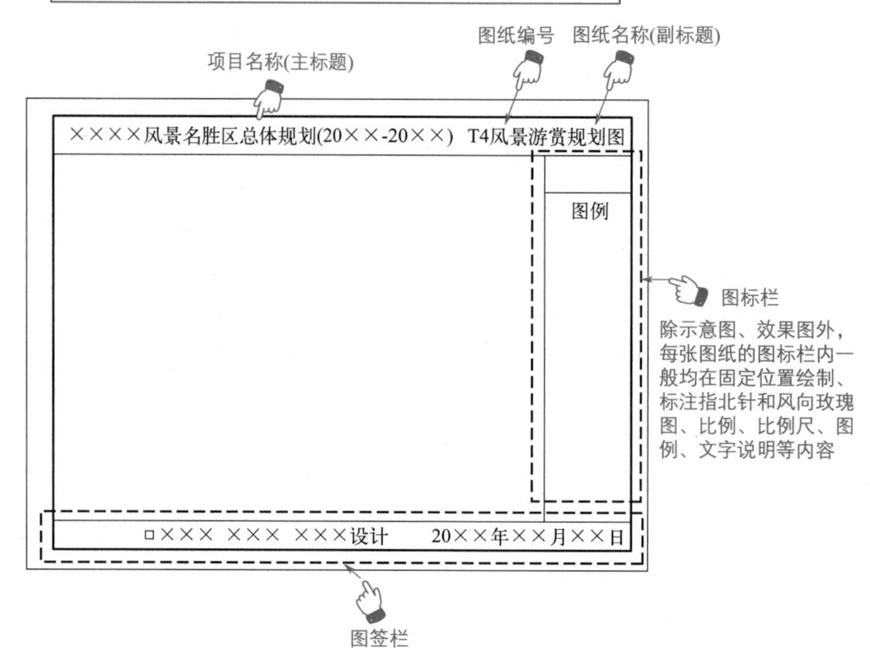

图题一般是横写，位置一般选在图纸的上方，图题一般不应遮盖图中现状或规划的实质内容。图题内容一般包括：项目名称(主标题)、图纸名称(副标题)、图纸编号或项目编号
图纸编号
图纸名称(副标题)
项目名称(主标题)
××××风景名胜区总体规划(20××-20××)
T4风景游赏规划图
图例
图标栏
除示意图、效果图外，每张图纸的图标栏内一般均在固定位置绘制、标注指北针和风向玫瑰图、比例、比例尺、图例、文字说明等内容
□××× ××× ×××设计
20××年××月××日
图签栏
图标栏与图签栏有的图是统一设置，有的是分别设置
图签栏的内容一般包括规划编制单位名称、资质等级、编绘日期等内容。
规划编制单位名称一般采用正式全称，并且可加绘其标识徽记

图 4-11　风景园林规划图纸版式的识读

小贴士

用于讲解、宣传、展示的图纸可不设图标栏或图签栏，可在图纸的固定位置署名。图纸编排顺序一般为：现状图纸、规划图纸。图纸顺序一般与规划文本的相关内容顺序一致。

4.1.12 风景园林规划图图线线型、线宽、颜色及用途

图纸中一般会应用不同线型、不同颜色的图线表示规划边界、用地边界以及道路、市政管线等内容。

风景园林规划图纸图线的线型、线宽、颜色及主要用途如图 4-12 所示。

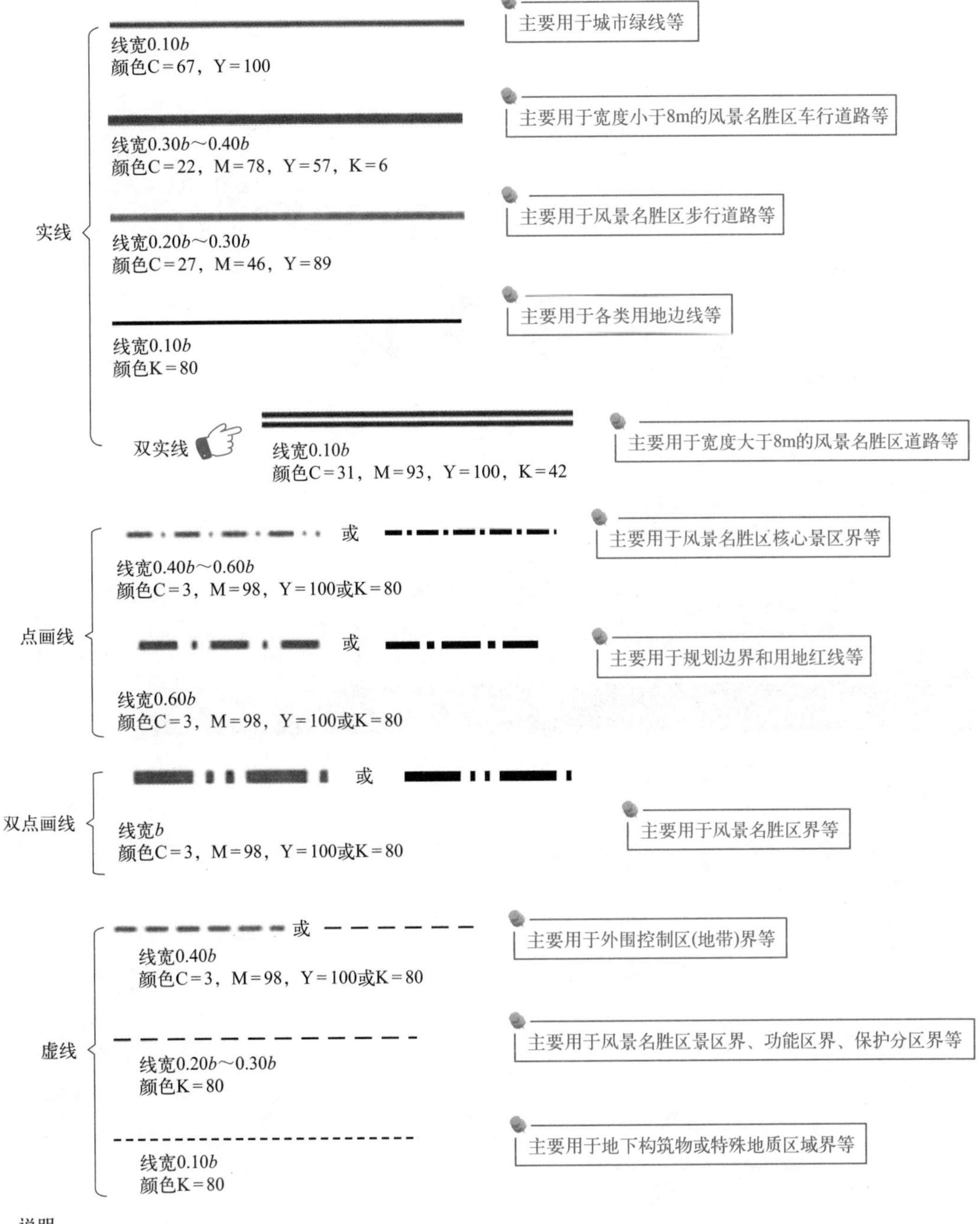
实线
线宽0.10b
颜色C=67，Y=100
主要用于城市绿线等
线宽0.30b～0.40b
颜色C=22，M=78，Y=57，K=6
主要用于宽度小于8m的风景名胜区车行道路等
线宽0.20b～0.30b
颜色C=27，M=46，Y=89
主要用于风景名胜区步行道路等
线宽0.10b
颜色K=80
主要用于各类用地边线等
双实线
线宽0.10b
颜色C=31，M=93，Y=100，K=42
主要用于宽度大于8m的风景名胜区道路等
点画线
或
线宽0.40b～0.60b
颜色C=3，M=98，Y=100或K=80
主要用于风景名胜区核心景区界等
或
线宽0.60b
颜色C=3，M=98，Y=100或K=80
主要用于规划边界和用地红线等
双点画线
或
线宽b
颜色C=3，M=98，Y=100或K=80
主要用于风景名胜区界等
虚线
或
线宽0.40b
颜色C=3，M=98，Y=100或K=80
主要用于外围控制区(地带)界等
线宽0.20b～0.30b
颜色K=80
主要用于风景名胜区景区界、功能区界、保护分区界等
线宽0.10b
颜色K=80
主要用于地下构筑物或特殊地质区域界等
说明：
(1) b表示图线宽度，一般是根据图幅、规划区域的大小确定的。
(2) 风景名胜区界、风景名胜区核心景区界、外围控制区(地带)界、规划边界、用地红线一般用红色。如果使用红色

图 4-12　风景园林规划图纸图线的线型、线宽、颜色及主要用途

4.1.13　图例的特点

图纸中往往会标有图例。图例，一般由图形外边框、文字、图形等组成。每张图纸图例

的图形外边框、文字大小一般是一致的。

图例的特点如图 4-13 所示。

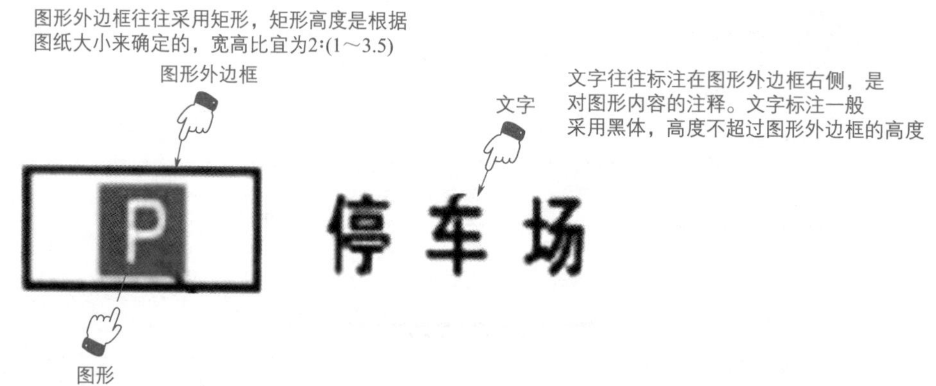
图形外边框往往采用矩形，矩形高度是根据
图纸大小来确定的，宽高比宜为2∶(1～3.5)
图形外边框
文字
文字往往标注在图形外边框右侧，是
对图形内容的注释。文字标注一般
采用黑体，高度不超过图形外边框的高度
P
停车场
图形
图形往往由色块、图案或数字代号组成，
绘制在图形外边框的内部并且是居中的。
采用色块作为图形的色块一般充满图形外边框

图 4-13　图例的特点

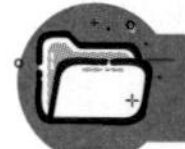

小贴士

对于制图而言，图例的特点需要掌握，并且据此会绘制，必要时在图中还要进行图例说明。

对于识图而言，需要了解图例的代表含义，尤其是常见常用的图例。因为不是所有的图纸均给出了图例说明。

扫码查看图片

城市绿地系统规划图用地图例

4.1.14　城市绿地系统规划图用地图例

城市绿地系统规划图中用地图例如图 4-14 所示。

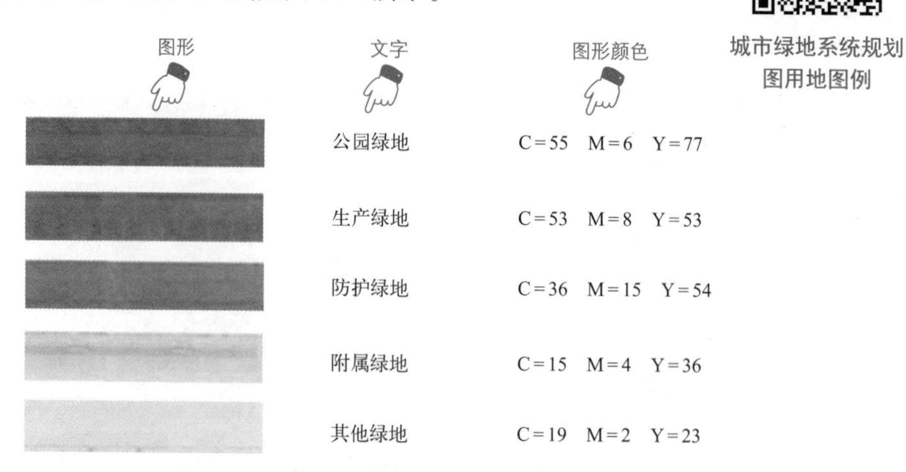
图形
文字
图形颜色
公园绿地
C＝55　M＝6　Y＝77
生产绿地
C＝53　M＝8　Y＝53
防护绿地
C＝36　M＝15　Y＝54
附属绿地
C＝15　M＝4　Y＝36
其他绿地
C＝19　M＝2　Y＝23

图 4-14　城市绿地系统规划图中用地图例

4.1.15 风景名胜区总体规划图用地图例

扫码查看图片
风景名胜区总体规划图用地图例

风景名胜区总体规划图用地图例如图 4-15 所示。

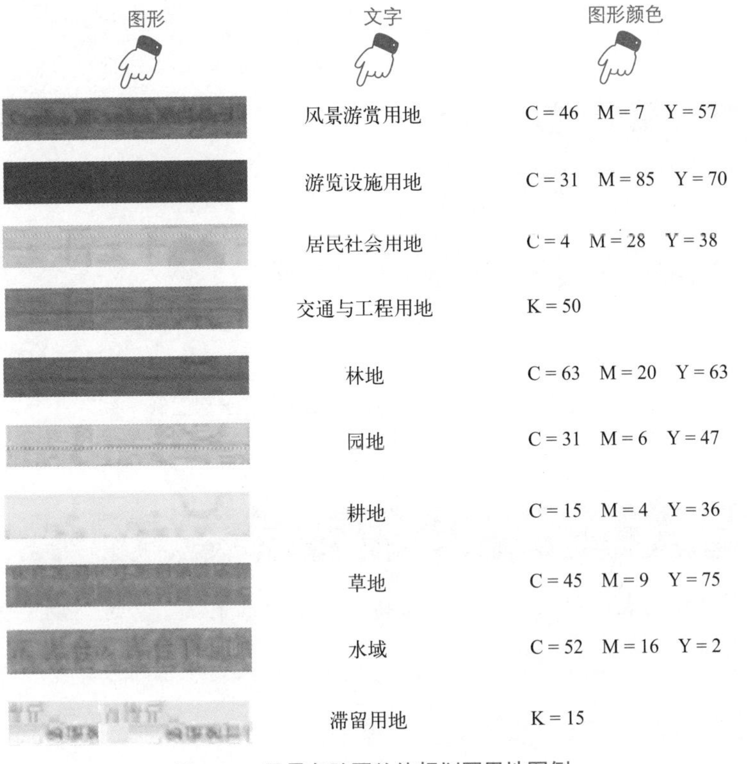
图形
文字
图形颜色
风景游赏用地
C = 46 M = 7 Y = 57
游览设施用地
C = 31 M = 85 Y = 70
居民社会用地
C = 4 M = 28 Y = 38
交通与工程用地
K = 50
林地
C = 63 M = 20 Y = 63
园地
C = 31 M = 6 Y = 47
耕地
C = 15 M = 4 Y = 36
草地
C = 45 M = 9 Y = 75
水域
C = 52 M = 16 Y = 2
滞留用地
K = 15

图 4-15 风景名胜区总体规划图用地图例

4.1.16 风景名胜区总体规划图保护分类图例

扫码查看图片
风景名胜区总体规划图保护分类图例

风景名胜区总体规划图保护分类图例如图 4-16 所示。

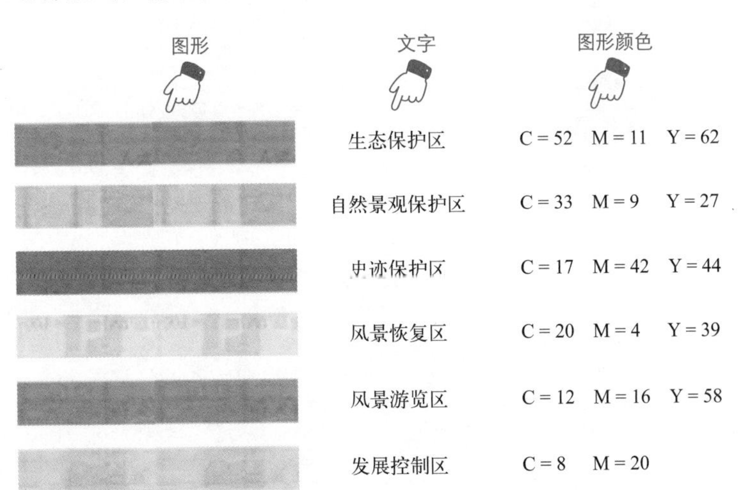
图形
文字
图形颜色
生态保护区
C = 52 M = 11 Y = 62
自然景观保护区
C = 33 M = 9 Y = 27
史迹保护区
C = 17 M = 42 Y = 44
风景恢复区
C = 20 M = 4 Y = 39
风景游览区
C = 12 M = 16 Y = 58
发展控制区
C = 8 M = 20

图 4-16 风景名胜区总体规划图保护分类图例

4.1.17　风景名胜区总体规划图保护分级图例

扫码查看图片

风景名胜区总体规划图保护分级图例

风景名胜区总体规划图保护分级图例如图 4-17 所示。

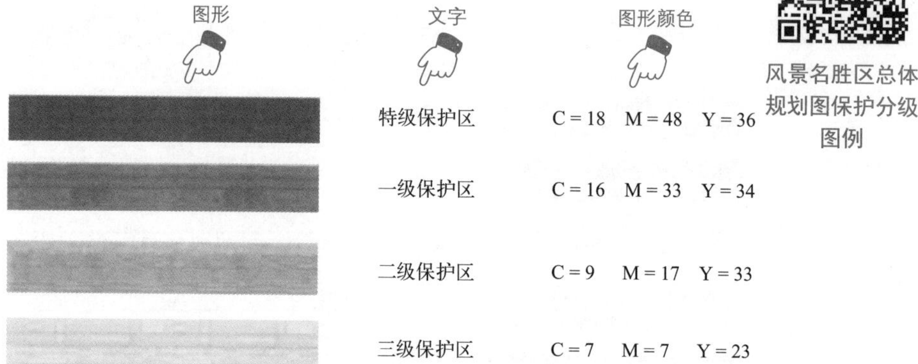

图形
文字
图形颜色
特级保护区
C = 18　M = 48　Y = 36
一级保护区
C = 16　M = 33　Y = 34
二级保护区
C = 9　M = 17　Y = 33
三级保护区
C = 7　M = 7　Y = 23

图 4-17　风景名胜区总体规划图保护分级图例

小贴士

实际的图会根据画面表达效果需要，在保持色系不变的前提下，适当调整保护分类、保护分级图形的颜色。

扫码查看图片

风景名胜区总体规划图人文景源图例

4.1.18　风景名胜区总体规划图人文景源图例

风景名胜区总体规划图人文景源图例如图 4-18 所示。

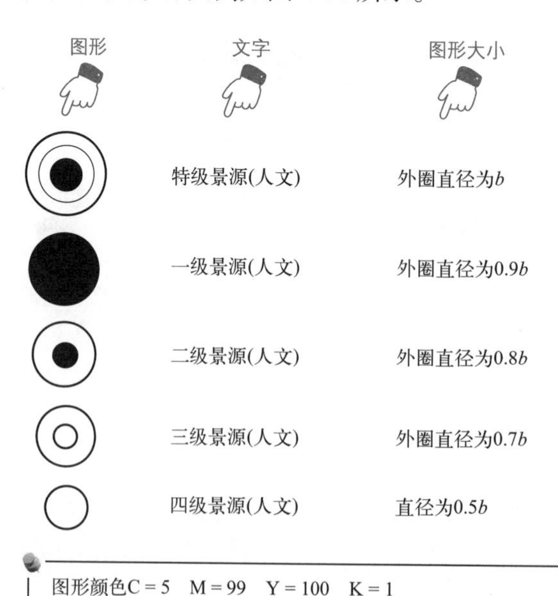

图形
文字
图形大小
特级景源(人文)
外圈直径为*b*
一级景源(人文)
外圈直径为0.9*b*
二级景源(人文)
外圈直径为0.8*b*
三级景源(人文)
外圈直径为0.7*b*
四级景源(人文)
直径为0.5*b*
图形颜色C = 5　M = 99　Y = 100　K = 1
*b*为外圈直径，根据图幅大小、规划区域的大小来确定

图 4-18　风景名胜区总体规划图人文景源图例

4.1.19 风景名胜区总体规划图自然景源图例

风景名胜区总体规划图自然景源图例如图 4-19 所示。

扫码查看图片

风景名胜区总体规划图自然景源图例

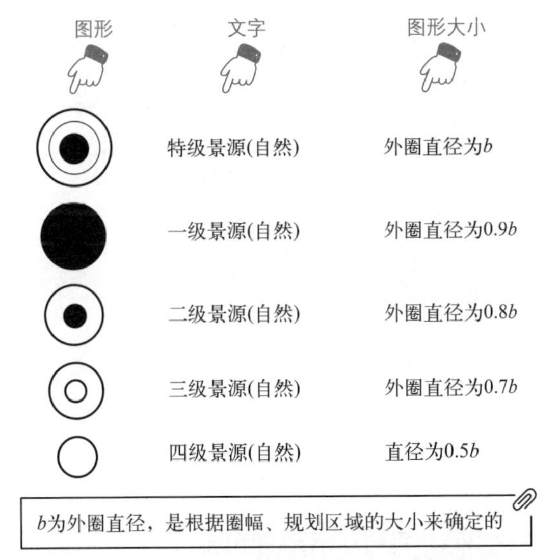

图形
文字
图形大小
特级景源(自然)
外圈直径为b
一级景源(自然)
外圈直径为0.9b
二级景源(自然)
外圈直径为0.8b
三级景源(自然)
外圈直径为0.7b
四级景源(自然)
直径为0.5b
b为外圈直径，是根据圈幅、规划区域的大小来确定的

图 4-19　风景名胜区总体规划图自然景源图例

4.1.20 风景名胜区总体规划图服务基地图例

风景名胜区总体规划图服务基地图例如图 4-20 所示。

扫码查看图片

风景名胜区总体规划图服务基地图例

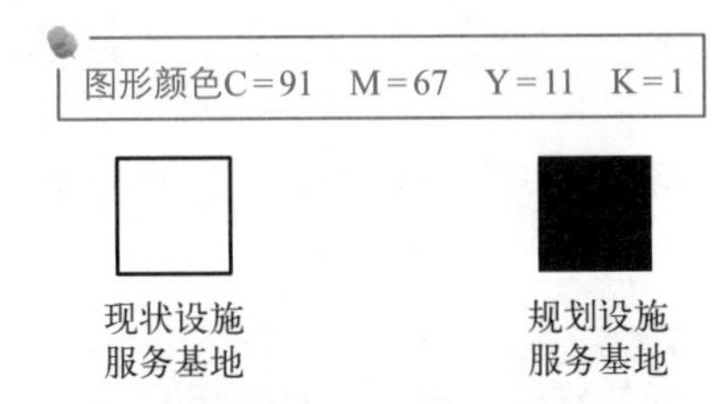

图形颜色C=91　M=67　Y=11　K=1
现状设施
服务基地
规划设施
服务基地

图 4-20　风景名胜区总体规划图服务基地图例

4.1.21 风景名胜区总体规划图旅行图例

风景名胜区总体规划图旅行图例如图 4-21 所示。

扫码查看图片

风景名胜区总体规划图旅行图例

图形颜色C=91　M=67　Y=11　K=1
轨道交通
自行车租赁点
出入口
停车场
公交停靠站
码头

图 4-21　风景名胜区总体规划图旅行图例

4.1.22 风景名胜区总体规划图游览图例

扫码查看图片

风景名胜区总体规划图游览图例

风景名胜区总体规划图游览图例如图 4-22 所示。

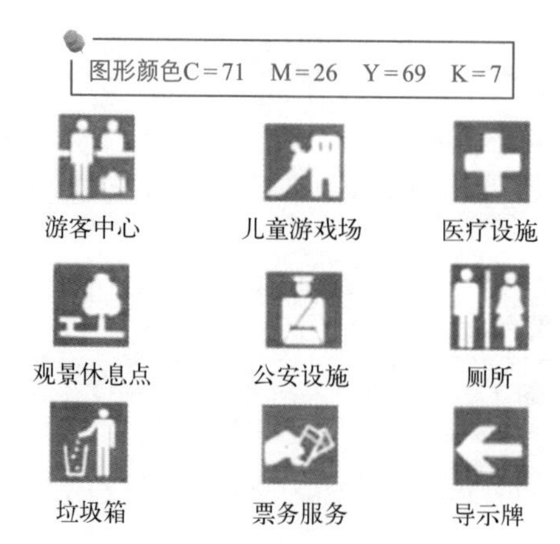

图形颜色C=71 M=26 Y=69 K=7
游客中心
儿童游戏场
医疗设施
观景休息点
公安设施
厕所
垃圾箱
票务服务
导示牌

图 4-22 风景名胜区总体规划图游览图例

4.1.23 风景名胜区总体规划图其他设施图例

扫码查看图片

风景名胜区总体规划图纸其他设施图例

风景名胜区总体规划图其他设施图例如图 4-23 所示。

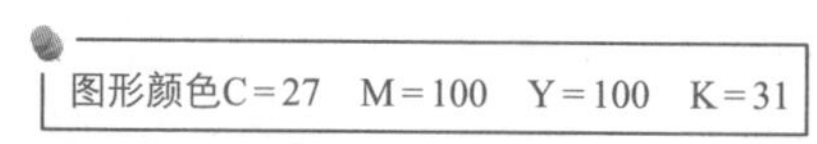

图形颜色C=27 M=100 Y=100 K=31

住宿设施

餐饮设施

管理机构驻地

购物设施

图 4-23 风景名胜区总体规划图其他设施图例

小贴士

图例一般要求布置在每张图纸的相同位置，排放有序。

4.1.24 路线平面图的绘制与识读

扫码观看视频

路线平面图的识读（一）

路线平面图主要表示园路的平面布置情况，如图 4-24 所示。

4.1.25 路线图示的方法

路线图示的方法如图 4-25 所示。

4.1.26 道路平面图图例的绘制与识读

道路平面图图例如图 4-26 所示。

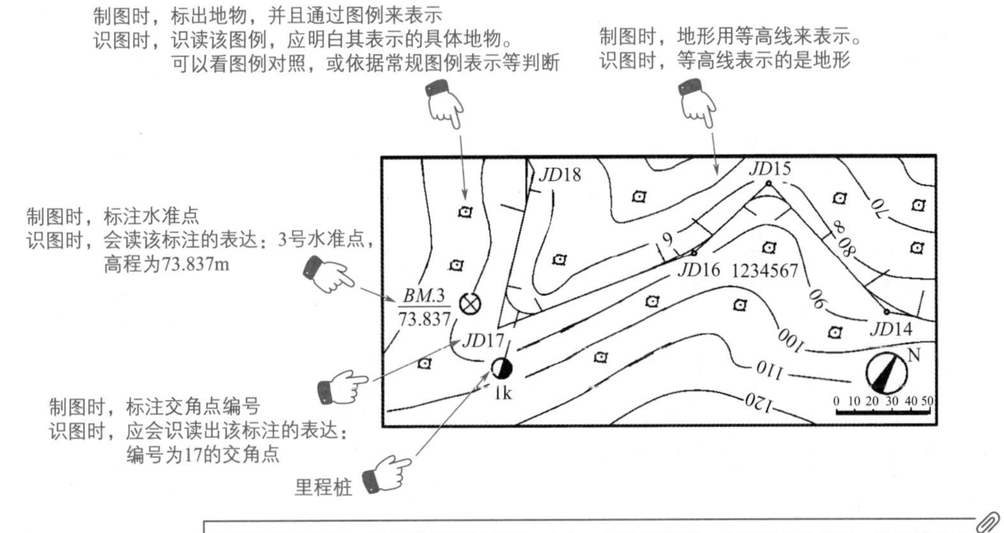
制图时，标出地物，并且通过图例来表示
识图时，识读该图例，应明白其表示的具体地物。
可以看图例对照，或依据常规图例表示等判断
制图时，地形用等高线来表示。
识图时，等高线表示的是地形
制图时，标注水准点
识图时，会读该标注的表达：3号水准点，
高程为73.837m
BM.3
73.837
JD18
JD15
JD16 1234567
JD17
JD14
1k
70
80
90
100
110
120
N
0 10 20 30 40 50
制图时，标注交角点编号
识图时，应会识读出该标注的表达：
编号为17的交角点
里程桩

识读路线平面图，可以掌握线形状况、方向、沿路线两侧一定范围内的地形、地物等信息

JD14表示第14号交角点。

图 4-24　路线平面图的绘制与识读

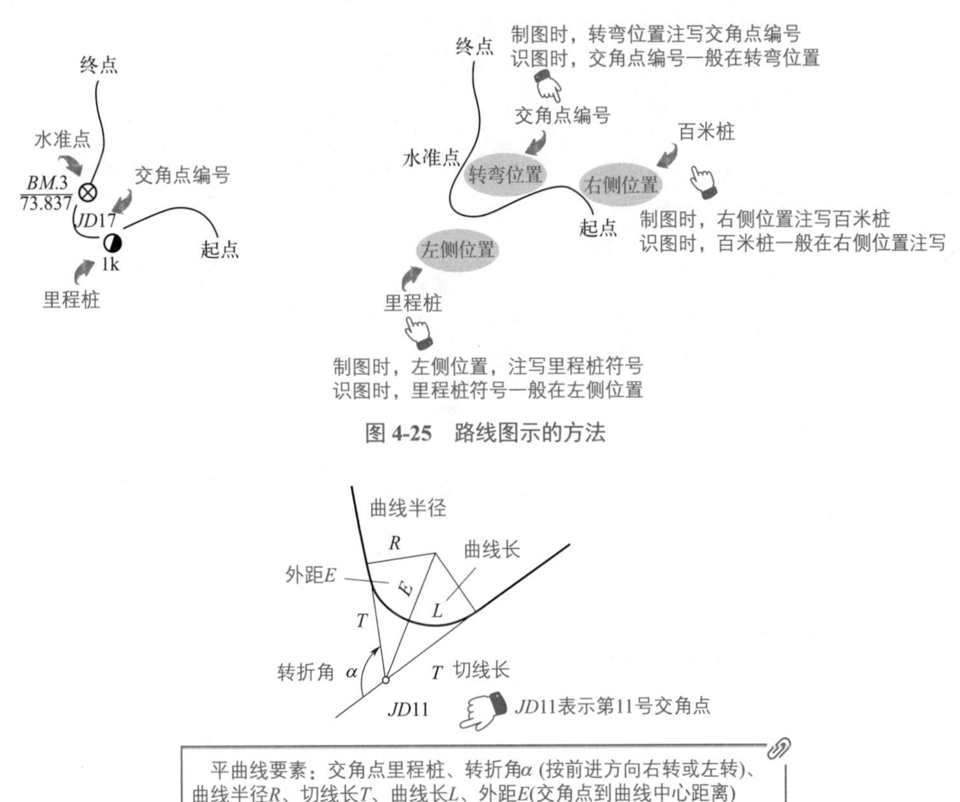
终点
水准点
BM.3
73.837
JD17
交角点编号
1k
起点
里程桩
终点
制图时，转弯位置注写交角点编号
识图时，交角点编号一般在转弯位置
交角点编号
百米桩
水准点
转弯位置
右侧位置
起点
制图时，右侧位置注写百米桩
识图时，百米桩一般在右侧位置注写
左侧位置
里程桩
制图时，左侧位置，注写里程桩符号
识图时，里程桩符号一般在左侧位置
曲线半径
R
曲线长
外距E
E
L
T
转折角 α
T 切线长
JD11
JD11表示第11号交角点
平曲线要素：交角点里程桩、转折角α (按前进方向右转或左转)、
曲线半径R、切线长T、曲线长L、外距E(交角点到曲线中心距离)

图 4-25　路线图示的方法

图 4-26　道路平面图图例

4.1.27　道路平面图转弯处的绘制与识读

道路平面图转弯处的绘制与识读如图 4-27 所示。

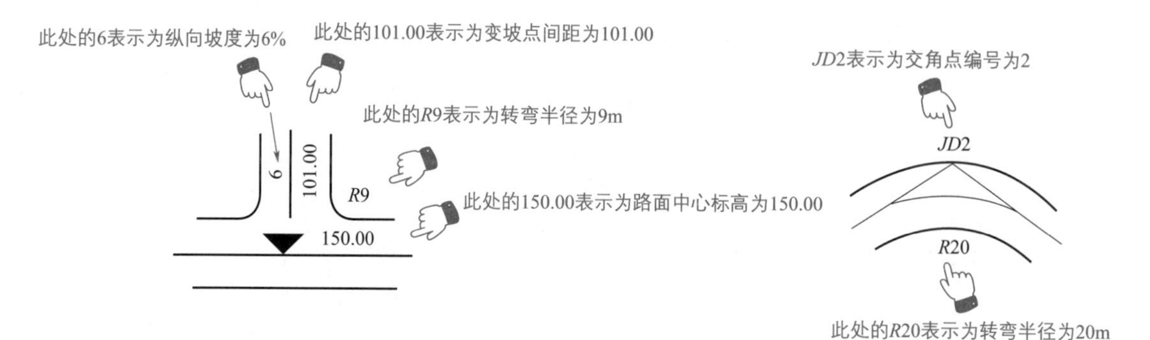
此处的6表示为纵向坡度为6%
此处的101.00表示为变坡点间距为101.00
此处的R9表示为转弯半径为9m
此处的150.00表示为路面中心标高为150.00
6
101.00
R9
150.00
JD2表示为交角点编号为2
JD2
R20
此处的R20表示为转弯半径为20m

图 4-27 道路平面图转弯处的绘制与识读

4.1.28 路线图拼接的绘制与识读

如果路线狭长，需要画在几张图纸上时，则应分段绘制。路线分段，需要在整数里程桩断开。断开的两端，需要画出垂直于路线的接线图线。

路线图拼接的绘制与识读如图 4-28 所示。

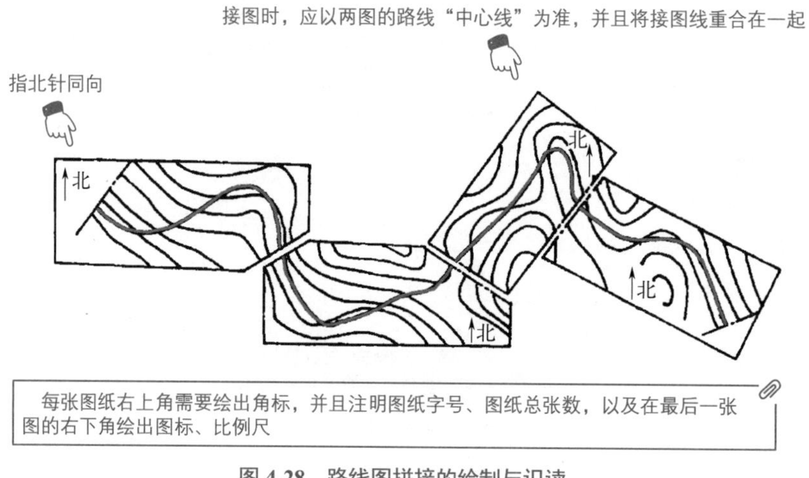
接图时，应以两图的路线“中心线”为准，并且将接图线重合在一起
指北针同向
北
北
北
北
每张图纸右上角需要绘出角标，并且注明图纸字号、图纸总张数，以及在最后一张图的右下角绘出图标、比例尺

图 4-28 路线图拼接的绘制与识读

4.2 园林庭院绿化工程

4.2.1 园林工程主要图纸

常见园林工程建设施工图包括：施工总平面图、种植施工图、竖向施工图、园路广场施工图、假山施工图、水景工程施工图等。

园林工程涉及的具体工程（专业）有施工放线、建筑工程、结构工程、电气工程、给排水工程、园林绿化工程、土方工程等。

园林工程施工图，可以分为园林建设施工图、园林结构施工图、园林工程设备施工图。

园林工程建设施工图是指导园林工程现场施工的技术性图纸，类型比较多，但是绘制要求基本一致。施工图平面尺寸一般以毫米（mm）为单位，高程一般以米（m）为单位，高程数字要求精确到小数点后两位。

园林工程的主要图纸如图 4-29 所示。

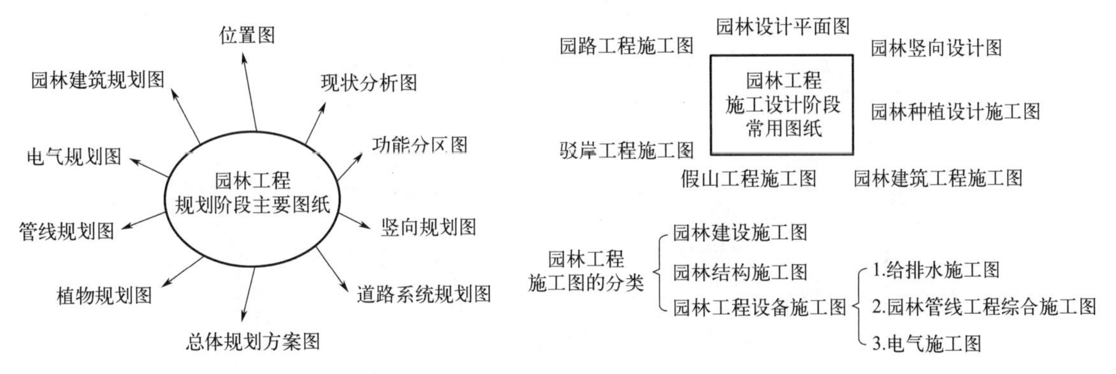

位置图
园林建筑规划图
现状分析图
功能分区图
电气规划图
园林工程
规划阶段主要图纸
管线规划图
竖向规划图
植物规划图
道路系统规划图
总体规划方案图
园林设计平面图
园路工程施工图
园林竖向设计图
园林工程
施工设计阶段
常用图纸
园林种植设计施工图
驳岸工程施工图
假山工程施工图
园林建筑工程施工图
园林工程
施工图的分类
园林建设施工图
园林结构施工图
园林工程设备施工图
1.给排水施工图
2.园林管线工程综合施工图
3.电气施工图

图 4-29　园林工程的主要图纸

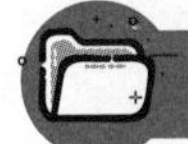

小贴士

园林种植施工图与假山工程施工图如图 4-30 所示。

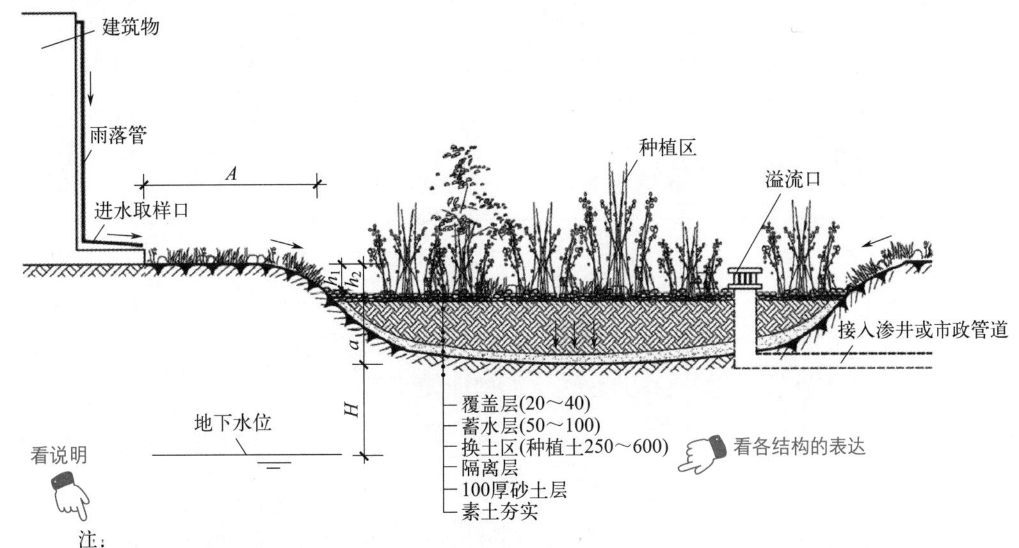

建筑物
雨落管
A
进水取样口
种植区
溢流口
h1
h2
a
H
接入渗井或市政管道
地下水位
覆盖层(20～40)
蓄水层(50～100)
换土区(种植土250～600)
隔离层
100厚砂土层
素土夯实
看说明
看各结构的表达

注：
1.下沉式绿地底部距离最高地下水位$H>1$m处，距离建筑基础水平距离$A>3$m，若未达到适当距离，应采取增加防渗层等措施避免对周边基础的侵害。
2.下沉式绿地的下凹深度h_1应根据植物耐淹性能和土壤渗透性能确定，一般为100～200mm，蓄水层$200<h_2<300$mm，换土层(种植土)$a\geqslant 250$mm。
3.下沉式绿地内一般应设置溢流口(如雨水口)，保证暴雨时径流的溢流排放，溢流口顶部标高b一般应高于绿地50～100mm

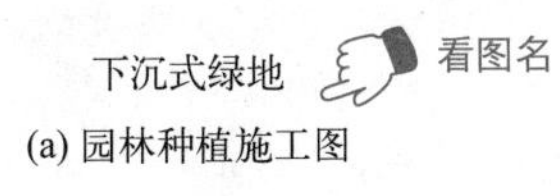

下沉式绿地
看图名

(a) 园林种植施工图

图 4-30

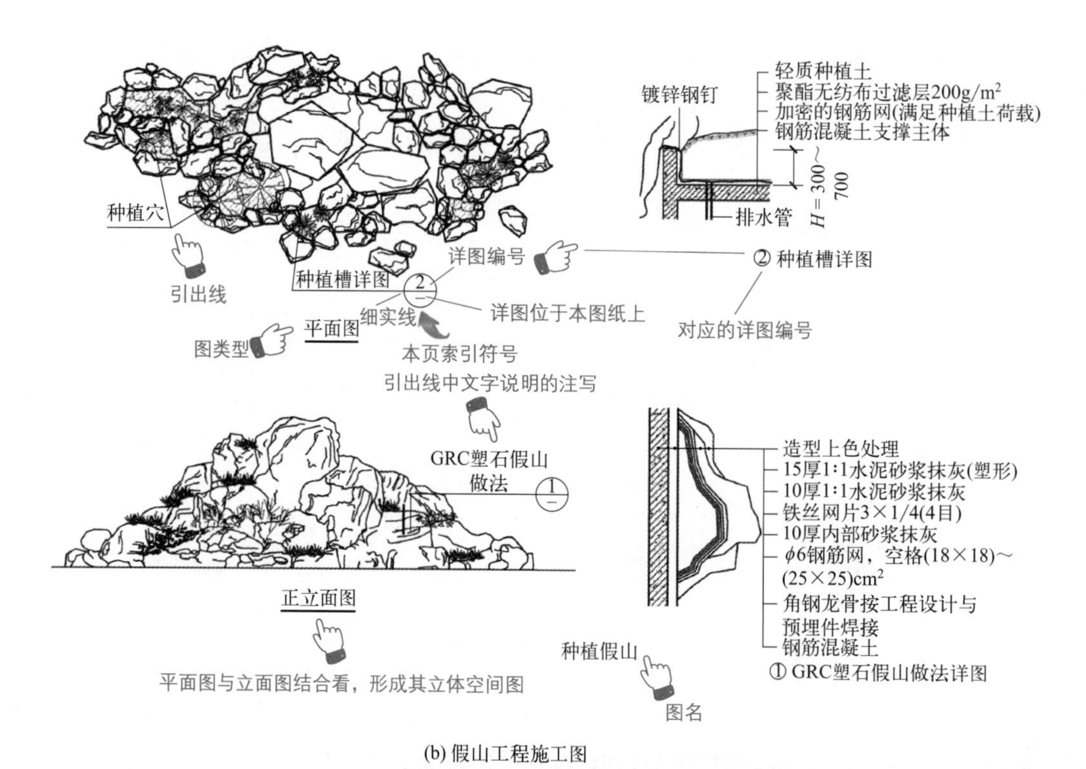
轻质种植土
镀锌钢钉
聚酯无纺布过滤层200g/m²
加密的钢筋网(满足种植土荷载)
钢筋混凝土支撑主体
H = 300～700
排水管
种植穴
引出线
种植槽详图
详图编号
② 种植槽详图
细实线
详图位于本图纸上
对应的详图编号
平面图
图类型
本页索引符号
引出线中文字说明的注写
GRC塑石假山
做法
造型上色处理
15厚1∶1水泥砂浆抹灰(塑形)
10厚1∶1水泥砂浆抹灰
铁丝网片3×1/4(4目)
10厚内部砂浆抹灰
φ6钢筋网，空格(18×18)～(25×25)cm²
角钢龙骨按工程设计与预埋件焊接
钢筋混凝土
正立面图
种植假山
① GRC塑石假山做法详图
平面图与立面图结合看，形成其立体空间图
图名

(b) 假山工程施工图

图 4-30　园林种植施工图与假山工程施工图

4.2.2　园林工程图签栏的识图

某图签栏的识图如图 4-31 所示。

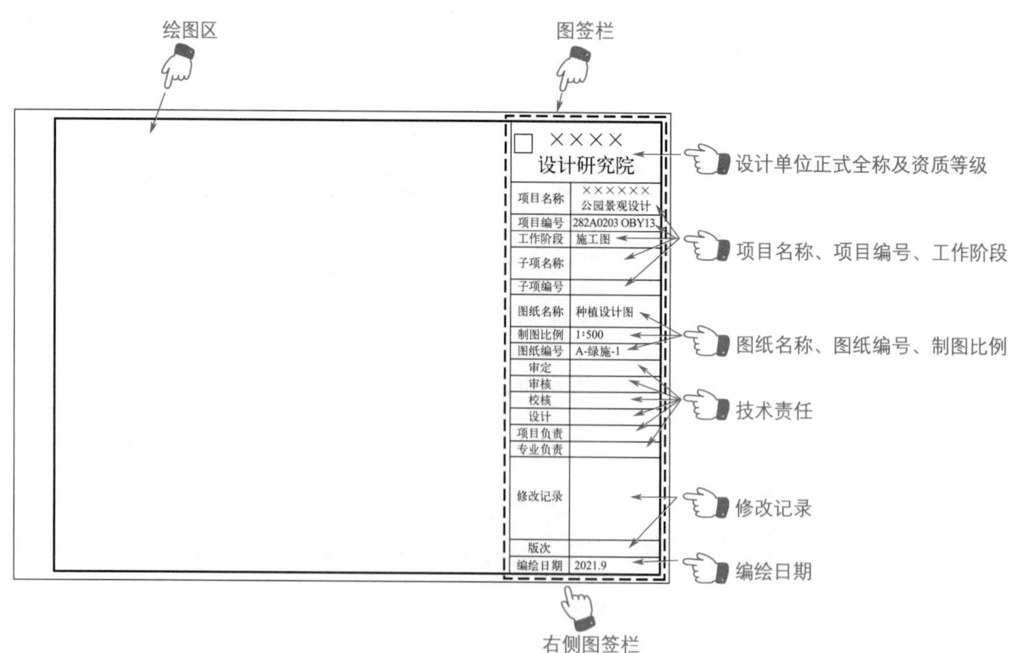
绘图区
图签栏
××××
设计研究院
设计单位正式全称及资质等级
项目名称
××××××
公园景观设计
项目编号
282A0203 OBY13
工作阶段
施工图
子项名称
子项编号
项目名称、项目编号、工作阶段
图纸名称
种植设计图
制图比例
1∶500
图纸编号
A-绿施-1
图纸名称、图纸编号、制图比例
审定
审核
校核
设计
项目负责
专业负责
技术责任
修改记录
修改记录
版次
编绘日期
2021.9
编绘日期
右侧图签栏
施工图、初步设计的图签栏一般采用的是右侧图签栏或下侧图签栏

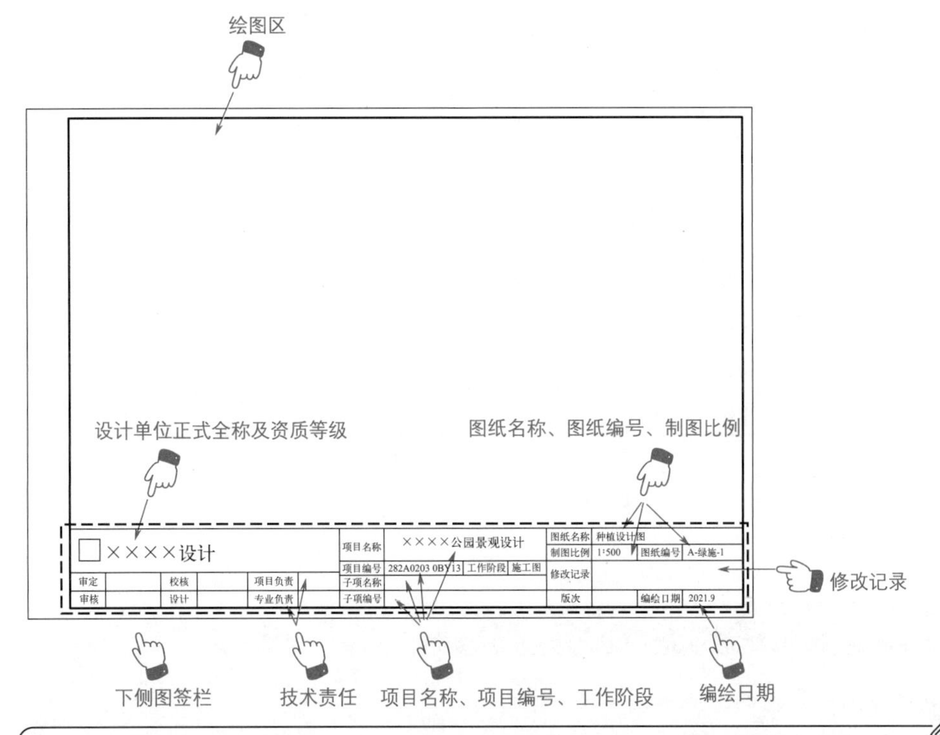

绘图区
设计单位正式全称及资质等级
图纸名称、图纸编号、制图比例
××××设计
项目名称
××××公园景观设计
图纸名称
种植设计图
制图比例
1:500
图纸编号
A-绿施-1
项目编号
282A0203 0BY13
工作阶段
施工图
修改记录
子项名称
审定
校核
项目负责
审核
设计
专业负责
子项编号
版次
编绘日期
2021.9
修改记录
下侧图签栏
技术责任
项目名称、项目编号、工作阶段
编绘日期

施工图上、初步设计一般会绘制图签栏。图签栏的内容往往会包括设计单位正式全称、资质等级、项目名称、项目编号、工作阶段、制图比例、技术责任、图纸名称、图纸编号、修改记录、编绘日期等

图 4-31　图签栏的识图

小贴士

施工图、初步设计，如果根据规定的图纸比例一张图幅放不下时，则会增绘分区（分幅）图，在其分图右上角会有索引标识。施工图、初步设计，图的编排顺序往往依次是封面、目录、设计说明、设计图纸。

4.2.3 园林工程图的常用比例

园林工程图的常用比例如图 4-32 所示。

图纸类型	绿地规模/hm^2		
	≤50	>50	异形超大
重点景区的平面图	1:200、1:500	1:200、1:500	1:200、1:500
总图类(用地范围、现状分析、总平面、竖向设计、建筑布局、园路交通设计、种植设计、综合管网设施等)	1:500、1:1000	1:1000、1:2000	以整比例表达清楚或标注比例尺

(a) 方案设计图的常用比例

图 4-32

图纸类型	初步设计图纸常用比例	施工图设计图纸常用比例
种植设计图	1∶500、1∶1000	1∶200、1∶500
园路铺装及部分详图索引平面图	1∶200、1∶500	1∶100、1∶200
园林设备、电气平面图	1∶500、1∶1000	1∶200、1∶500
建筑、构筑物、山石、园林小品设计图	1∶50、1∶100	1∶50、1∶100
做法详图	1∶5、1∶10、1∶20	1∶5、1∶10、1∶20
总平面图(索引图)	1∶500、1∶1000、1∶2000	1∶200、1∶500、1∶1000
分区(分幅)图		可无比例
放线图、竖向设计图	1∶500、1∶1000	1∶200、1∶500

(b) 初步设计、施工图的常用比例

图 4-32　园林工程图的常用比例

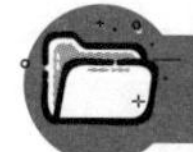

小贴士

某做法详图所采用的比例如图 4-33 所示。

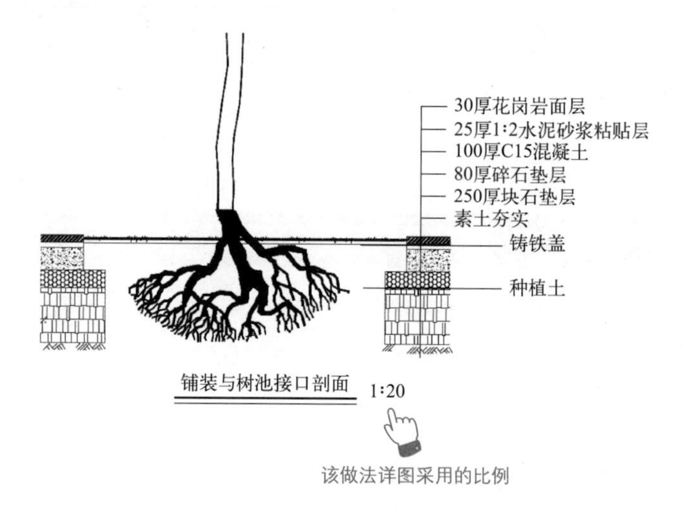

30厚花岗岩面层
25厚1∶2水泥砂浆粘贴层
100厚C15混凝土
80厚碎石垫层
250厚块石垫层
素土夯实
铸铁盖
种植土
铺装与树池接口剖面
1∶20
该做法详图采用的比例

图 4-33　某做法详图所采用的比例

4.2.4　图线的线型、线宽与用途

（1）实线的线型、线宽与用途如下。

图线线宽为基本要求。实际中的图会根据面所表达的内容进行调整，以突出重点。*b* 为线宽宽度，根据图幅的大小来确定，宜使用 1mm。

图线（实线）的线型、线宽与主要用途如图 4-34 所示。

（2）图线（虚线）的线型、线宽与主要用途如图 4-35 所示。

（3）图线（单点画线）的线型、线宽与主要用途如图 4-36 所示。

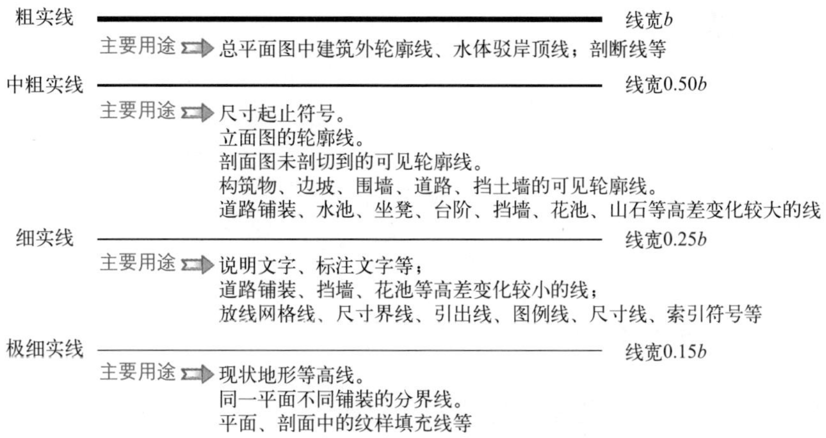

粗实线 线宽b

主要用途 总平面图中建筑外轮廓线、水体驳岸顶线；剖断线等

中粗实线 线宽$0.50b$

主要用途 尺寸起止符号。
立面图的轮廓线。
剖面图未剖切到的可见轮廓线。
构筑物、边坡、围墙、道路、挡土墙的可见轮廓线。
道路铺装、水池、坐凳、台阶、挡墙、花池、山石等高差变化较大的线

细实线 线宽$0.25b$

主要用途 说明文字、标注文字等；
道路铺装、挡墙、花池等高差变化较小的线；
放线网格线、尺寸界线、引出线、图例线、尺寸线、索引符号等

极细实线 线宽$0.15b$

主要用途 现状地形等高线。
同一平面不同铺装的分界线。
平面、剖面中的纹样填充线等

图 4-34 图线（实线）的线型、线宽与主要用途

粗虚线 线宽b

主要用途 新建建筑物、构筑物的地下轮廓线。建筑物、构筑物的不可见轮廓线

中粗虚线 线宽$0.50b$

主要用途 分幅线。
局部详图外引范围线。
计划预留扩建的建筑物、构筑物、铁路、道路、运输设施、管线的预留用地线

细虚线 线宽$0.25b$

主要用途 设计等高线。
各专业制图标准中规定的线型

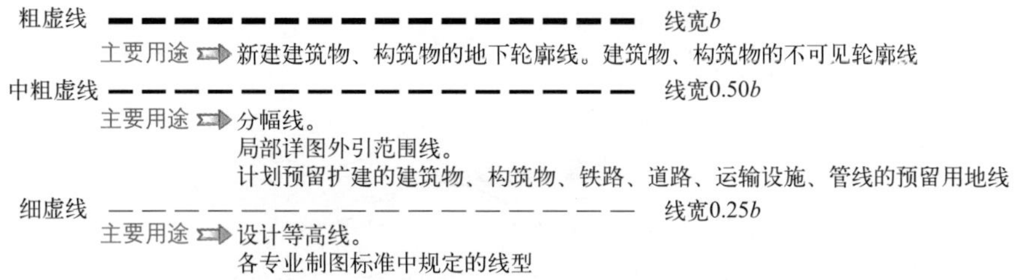

图 4-35 图线（虚线）的线型、线宽与主要用途

粗单点画线 线宽b

主要用途 露天矿开采界限等

中单点画线 线宽$0.50b$

主要用途 土方填挖区零线等

细单点画线 线宽$0.25b$

主要用途 分水线、对称线、中心线、定位轴线等

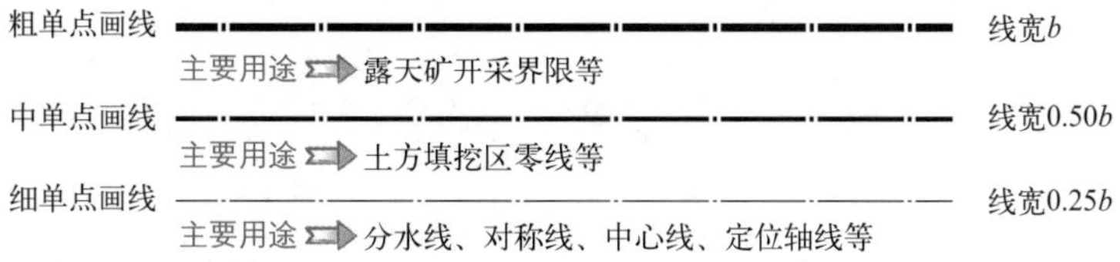

图 4-36 图线（单点画线）的线型、线宽与主要用途

（4）图线（双点画线）的线型、线宽与主要用途如图 4-37 所示。

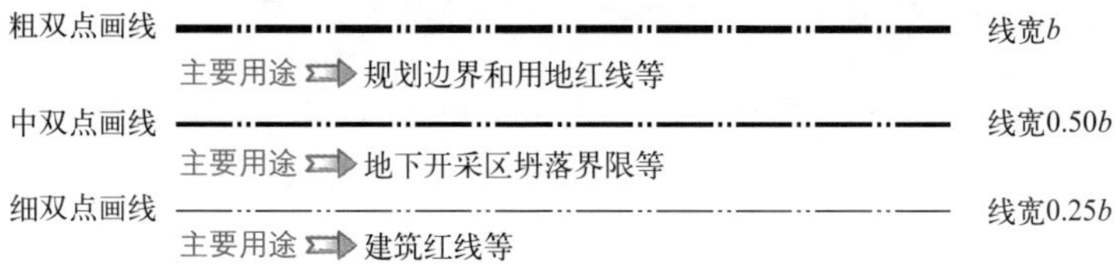

粗双点画线 线宽b

主要用途 规划边界和用地红线等

中双点画线 线宽$0.50b$

主要用途 地下开采区坍落界限等

细双点画线 线宽$0.25b$

主要用途 建筑红线等

图 4-37 图线（双点画线）的线型、线宽与主要用途

（5）折断线、波浪线的线型、线宽与主要用途如图 4-38 所示。

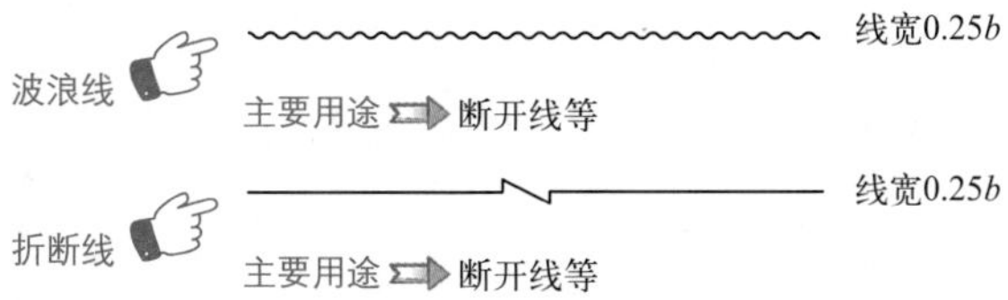

波浪线 线宽$0.25b$

主要用途 断开线等

折断线 线宽$0.25b$

主要用途 断开线等

图 4-38 折断线、波浪线的线型、线宽与主要用途

4.2.5 温室建筑图例

温室建筑图例的绘制与识读如图 4-39 所示。

温室建筑，根据设计绘制具体形状

图 4-39 温室建筑图例

4.2.6 等高线图例的绘制与识读

施工图中等高距值与图纸比例需要符合的规定如下。

（1）图纸比例 1 ： 200，等高距值 0.2m。

（2）图纸比例 1 ： 1000，等高距值 1m。

（3）图纸比例 1 ： 500，等高距值 0.5m。

等高线图例的绘制与识读如图 4-40 所示。

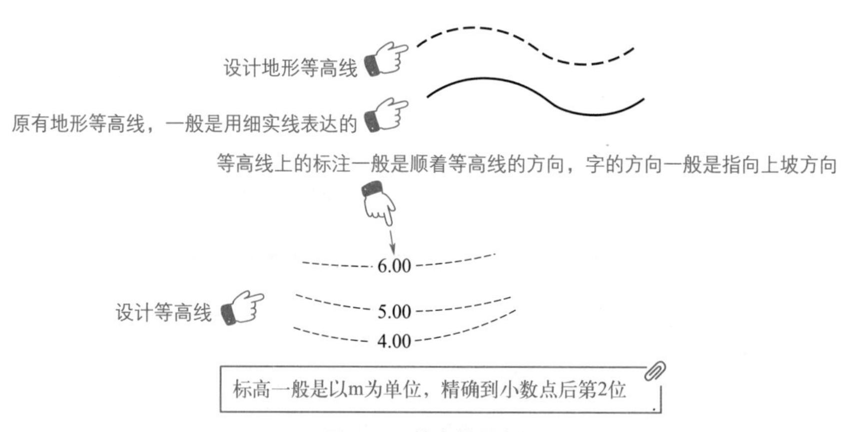
设计地形等高线
原有地形等高线，一般是用细实线表达的
等高线上的标注一般是顺着等高线的方向，字的方向一般是指向上坡方向
6.00
设计等高线
5.00
4.00
标高一般是以m为单位，精确到小数点后第2位

图 4-40 等高线图例

小贴士

某工程图的等高线如图 4-41 所示。

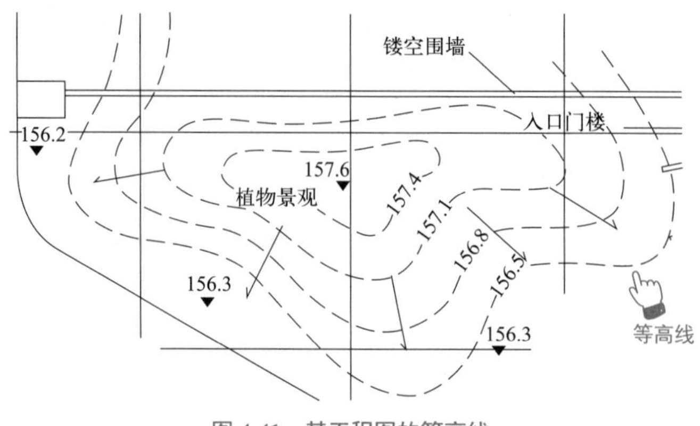
镂空围墙
入口门楼
156.2
157.6
植物景观
157.4
157.1
156.8
156.5
156.3
156.3
等高线

图 4-41 某工程图的等高线

4.2.7 水体图例的绘制与识读

水体图例的绘制与识读如图 4-42 所示。

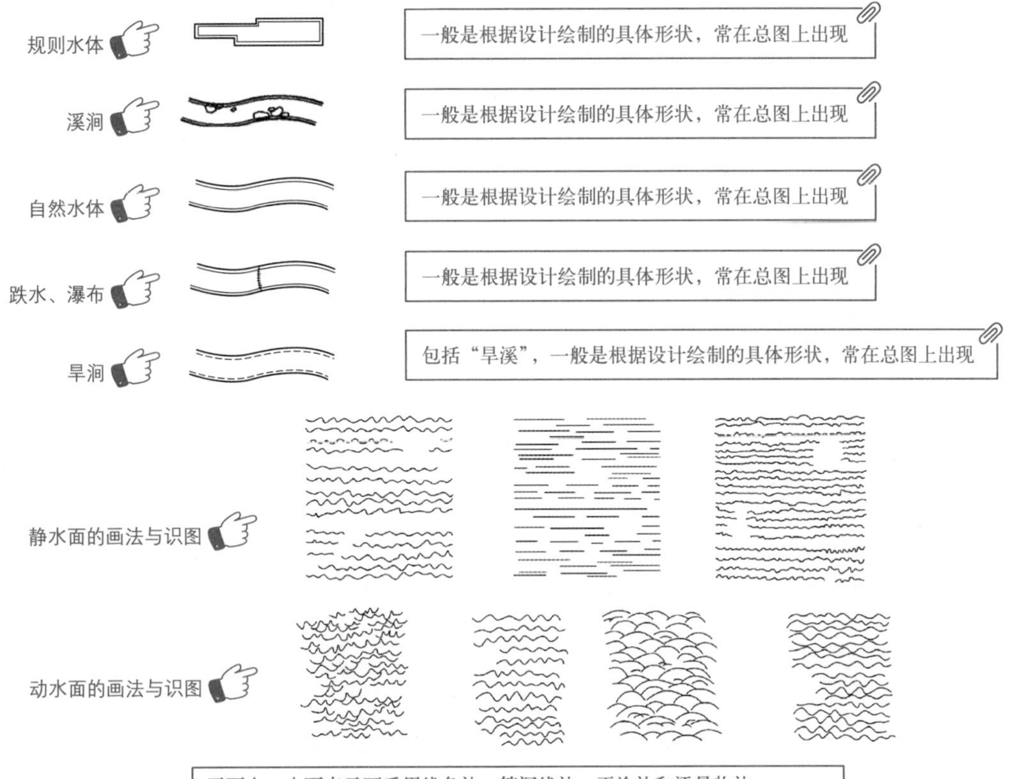
规则水体
一般是根据设计绘制的具体形状，常在总图上出现
溪涧
一般是根据设计绘制的具体形状，常在总图上出现
自然水体
一般是根据设计绘制的具体形状，常在总图上出现
跌水、瀑布
一般是根据设计绘制的具体形状，常在总图上出现
旱涧
包括“旱溪”，一般是根据设计绘制的具体形状，常在总图上出现
静水面的画法与识图
动水面的画法与识图
平面上，水面表示可采用线条法、等深线法、平涂法和添景物法。
线条法、等深线法、平涂法为直接的水面表示法；添景物法为间接表示法

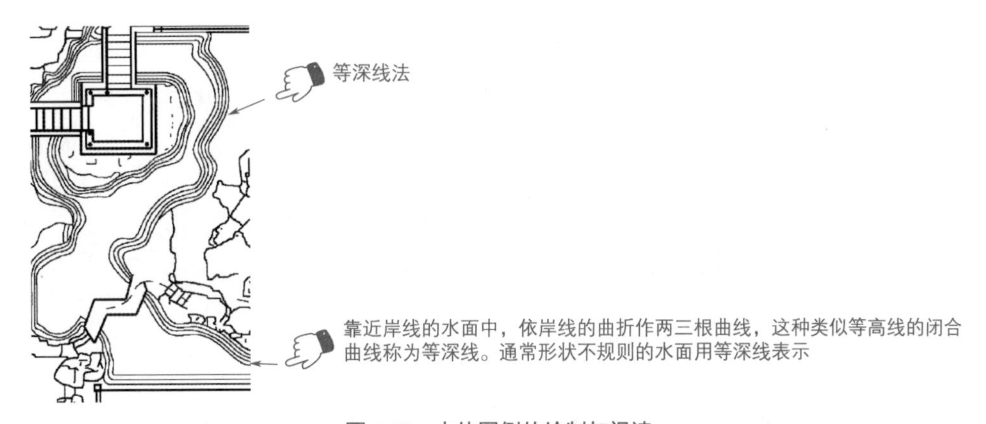
等深线法
靠近岸线的水面中，依岸线的曲折作两三根曲线，这种类似等高线的闭合曲线称为等深线。通常形状不规则的水面用等深线表示

图 4-42　水体图例的绘制与识读

4.2.8 绿化图例的绘制与识读

方案设计中的种植设计图，一般会区分乔木（常绿、落叶）、灌木（常绿、落叶）、地被植物（草坪、花卉）。在有较复杂植物种植层次或地形变化丰富的区域，往往会用立面图或剖

面图清楚地表达该区植物的形态特点。

绿化图例的绘制与识读如图 4-43 所示。

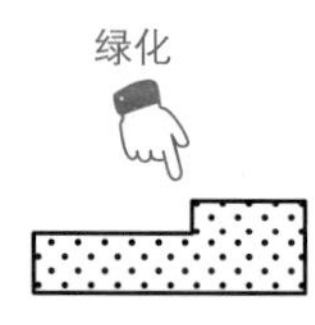
绿化

施工图总平面图中绿地是不宜标示植物的，而是以填充与文字来表达的

图 4-43　绿化图例的绘制与识读

4.2.9　常用景观小品图例的绘制与识读

常用景观小品图例的绘制与识读如图 4-44 所示。

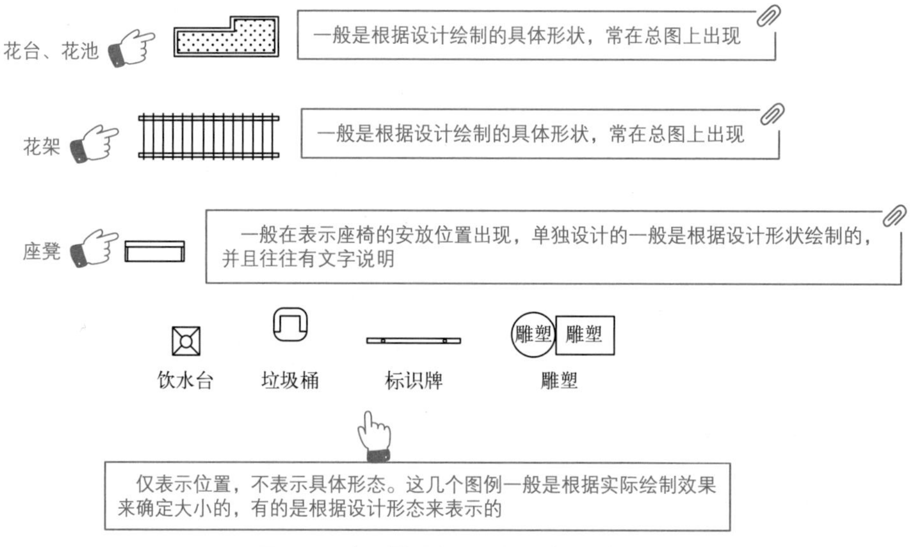
花台、花池
一般是根据设计绘制的具体形状，常在总图上出现
花架
一般是根据设计绘制的具体形状，常在总图上出现
座凳
一般在表示座椅的安放位置出现，单独设计的一般是根据设计形状绘制的，并且往往有文字说明
雕塑
雕塑
饮水台
垃圾桶
标识牌
雕塑
仅表示位置，不表示具体形态。这几个图例一般是根据实际绘制效果来确定大小的，有的是根据设计形态来表示的

图 4-44　常用景观小品图例的绘制与识读

4.2.10　植物图例的绘制与识读

植物图例的绘制与识读如图 4-45 所示。

小贴士

（1）初步设计、施工图中的种植设计图的植物图例，往往是简洁清晰的，并且往往标出了种植点，并会通过标注植物名称或编号区分不同种类的植物。

（2）种植设计图中乔木与灌木重叠较多时，有的图采用了分别绘制乔木种植设计图、灌木种植设计图、地被种植设计图的方式。

名称	图形			图形大小
	单株设计	单株现状	群植	
竹类		—		单株往往是示意的图。群植范围往往是根据实际分布情况绘制的，其中的单株图例为示意
地被				图例往往是根据实际范围绘制的
绿篱				
常绿针叶乔木				乔木单株冠幅，一般是根据实际冠幅为3～6m绘制的。灌木单株冠幅，一般是根据实际冠幅为1.5～3m绘制的。往往根据植物成龄冠幅选择大小
常绿阔叶乔木				
落叶阔叶乔木				
常绿针叶灌木				
常绿阔叶灌木				
落叶阔叶灌木				

图 4-45　植物图例的绘制与识读

扫码下载 DWG 文件

园林绿化制图植物图例

4.2.11　园林工程植物的绘制与识读

园林工程植物的绘制与识读如图 4-46 所示。

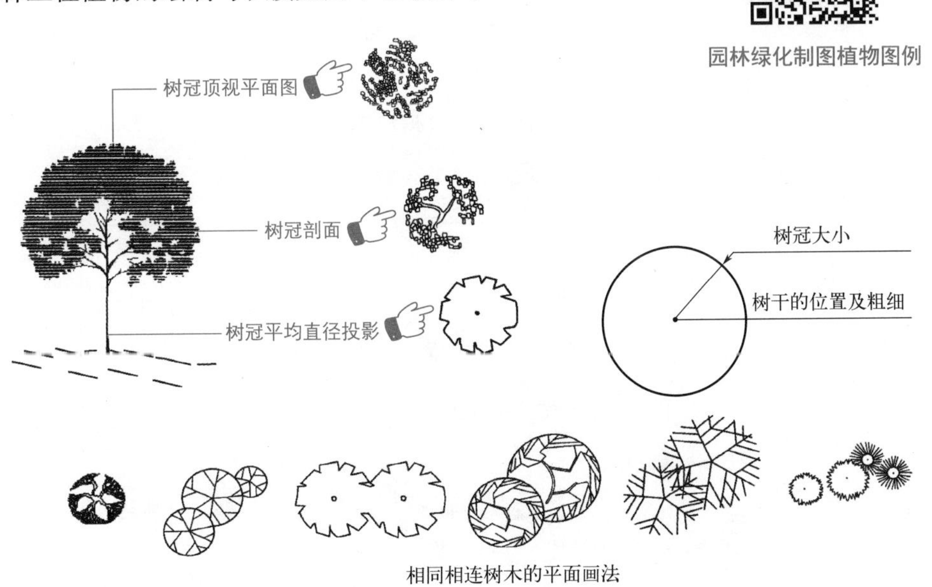
树冠顶视平面图
树冠剖面
树冠平均直径投影
树冠大小
树干的位置及粗细
相同相连树木的平面画法

图 4-46

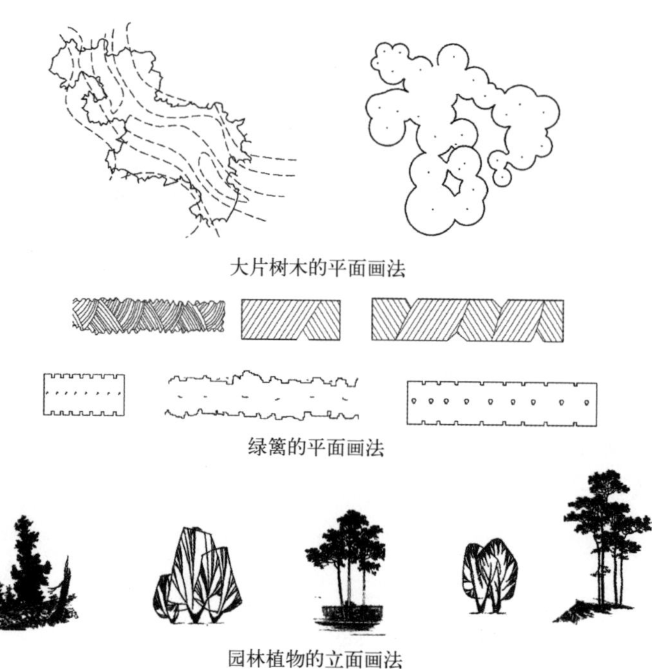
大片树木的平面画法
绿篱的平面画法
园林植物的立面画法

图 4-46　园林工程植物的绘制与识读

4.2.12　园林工程常见标注的绘制与识读

园林工程常见标注的绘制与识读如图 4-47 所示。

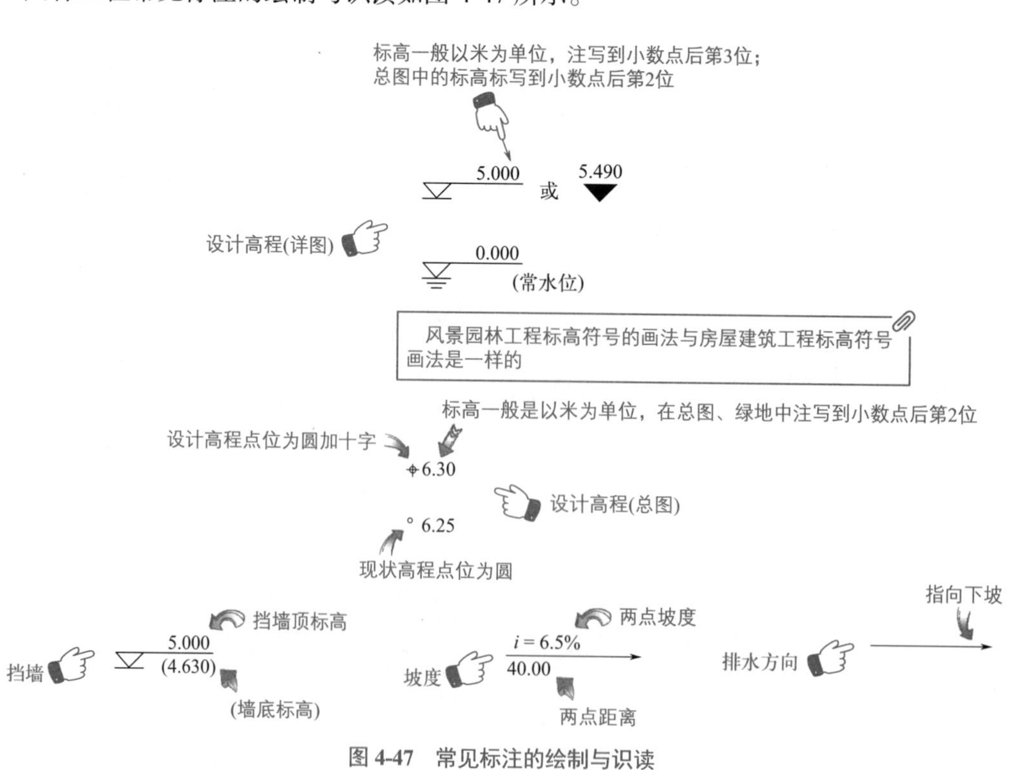
标高一般以米为单位，注写到小数点后第3位；
总图中的标高标写到小数点后第2位
5.000
或
5.490
设计高程(详图)
0.000
(常水位)
风景园林工程标高符号的画法与房屋建筑工程标高符号画法是一样的
标高一般是以米为单位，在总图、绿地中注写到小数点后第2位
设计高程点位为圆加十字
6.30
设计高程(总图)
6.25
现状高程点位为圆
指向下坡
挡墙顶标高
两点坡度
5.000
(4.630)
i = 6.5%
40.00
挡墙
坡度
排水方向
(墙底标高)
两点距离

图 4-47　常见标注的绘制与识读

4.2.13 单株种植植物、群植植物标注

单株种植植物、群植植物标注的绘制与识读如图 4-48 所示。

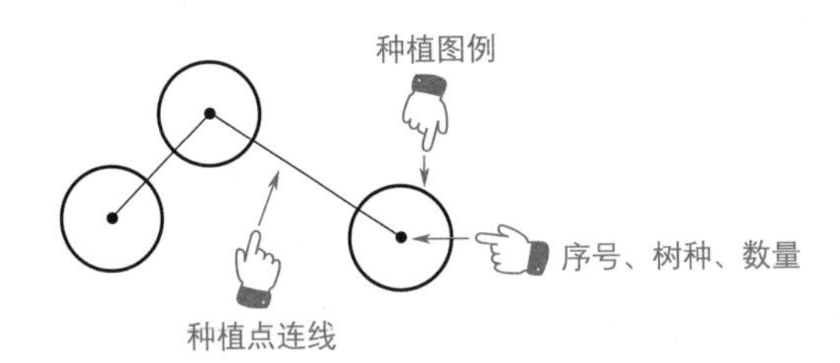
种植图例
序号、树种、数量
种植点连线

单株种植需要表示出种植点，从种植点作引出线，文字往往由序号、植物名称、数量组成。初步设计图中可只标序号、树种

序号、树种、数量、株行距

序号、树种、数量、株行距

群植是可标种植点，也可不标种植点。
群植的标注是从树冠线作引出线，文字往往由序号、树种、数量、株行距或每平方米株数组成，序号与苗木表中的序号相对应

图 4-48 单株种植植物、群植植物标注的绘制与识读

小贴士

株行距单位一般是米，乔灌木有要求可保留小数点后 1 位；花卉等精细种植一般宜保留小数点之后 2 位。

4.2.14 山石图例的绘制与识读

山石图例的绘制与识读如图 4-49 所示。

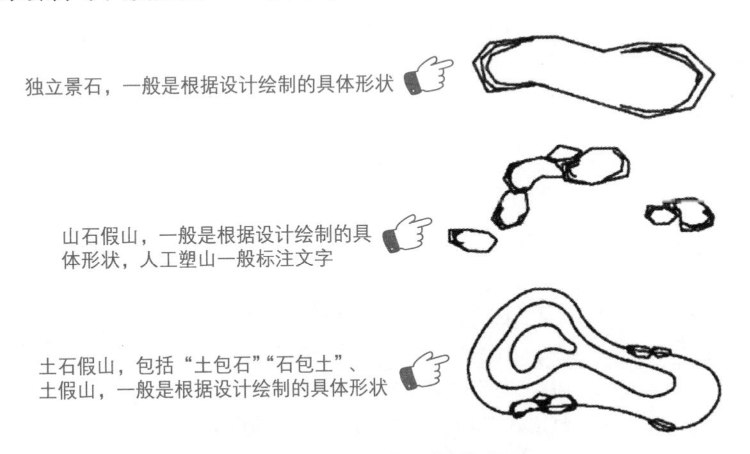
独立景石，一般是根据设计绘制的具体形状
山石假山，一般是根据设计绘制的具体形状，人工塑山一般标注文字
土石假山，包括“土包石”“石包土”、土假山，一般是根据设计绘制的具体形状

图 4-49 山石图例的绘制与识读

小贴士

某工程图山石图例的绘制与识读如图 4-50 所示。

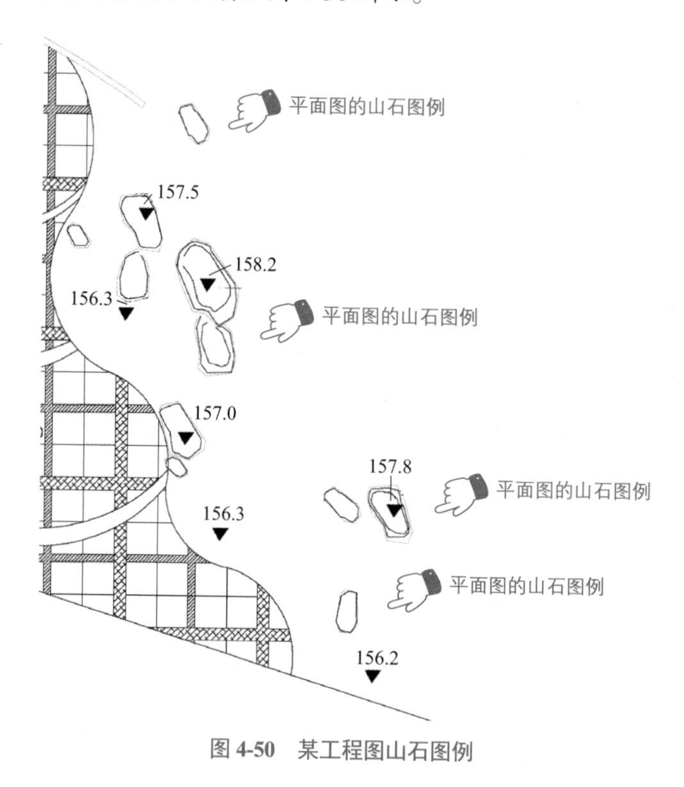

平面图的山石图例
157.5
158.2
156.3
平面图的山石图例
157.0
157.8
平面图的山石图例
156.3
平面图的山石图例
156.2

图 4-50　某工程图山石图例

4.2.15　石块的平面、立面的绘制与识读

石块的平面、立面的绘制与识读如图 4-51 所示。

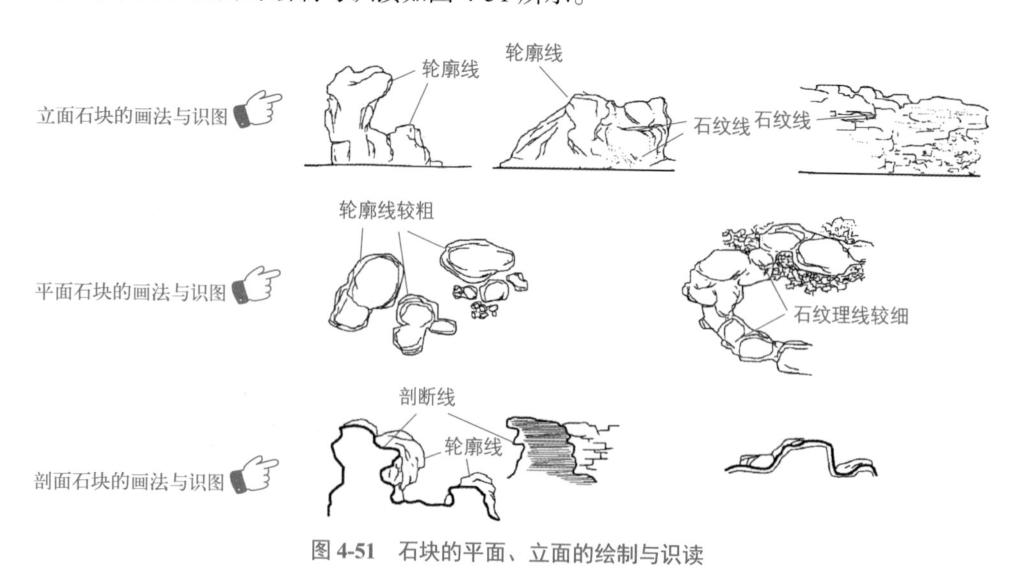

立面石块的画法与识图
轮廓线
轮廓线
石纹线
石纹线
轮廓线较粗
平面石块的画法与识图
石纹理线较细
剖断线
轮廓线
剖面石块的画法与识图

图 4-51　石块的平面、立面的绘制与识读

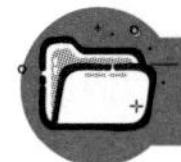

小贴士

自然山石的绘制与识图如图 4-52 所示。

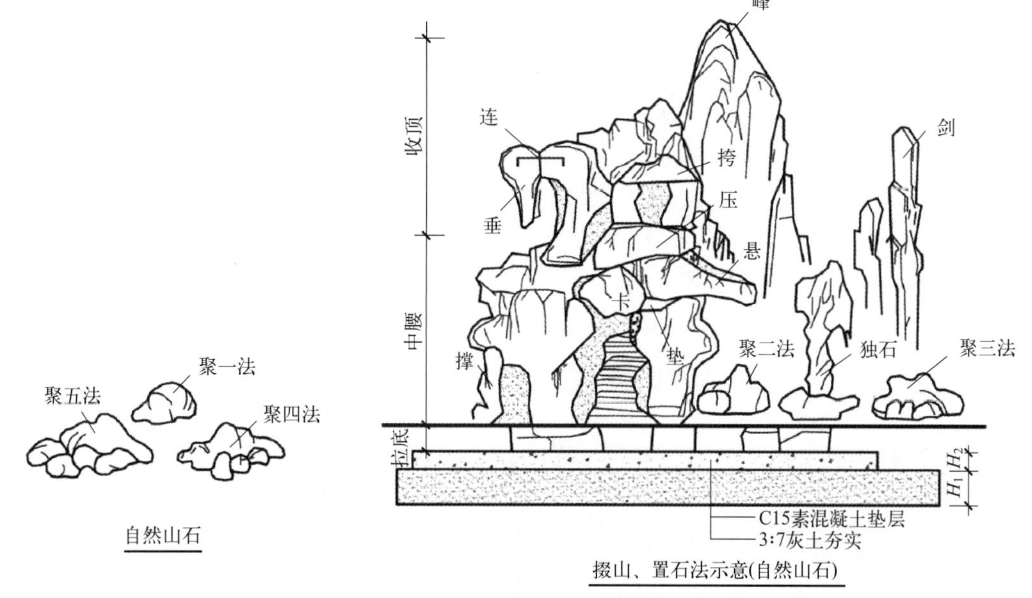

峰
收顶
连
剑
挎
垂
压
悬
中腰
卡
撑
垫
聚二法
独石
聚三法
聚一法
聚五法
聚四法
拉底
H_1
H_2
C15素混凝土垫层
3:7灰土夯实
自然山石
掇山、置石法示意(自然山石)
注：1.山石搭配应参照石材质量、规格大小而定量，不在图中具体定量。
2. H_1、H_2需依据景石材质及体量进行具体工程设计

图 4-52　自然山石的绘制与识图

4.2.16　园林绿化工程施工图文字注释杠改法修改

园林绿化工程竣工图凡是涉及变更的图纸，其改绘的具体方式包括杠改法、叉改法、补绘法。

凡取消或修改数字、文字、符号等内容，采用杠改法。

凡取消或改变线段图形、图表等内容，能够在原施工图上加以修改补充的，采用叉改法。

凡修改较大，导致在原施工蓝图上杠改、叉改后图面不清、辨认困难的，可以用云线圈出修改部位，在本页图的空白处补绘或增页重新绘制，并且在原修改部位用带箭头的引出线标注修改依据。

园林绿化工程竣工图凡设计内容有所增加或设计时有遗漏内容的，在施工蓝图上将增加的内容按实际位置补绘或增页重新绘制，并且用带箭头的引出线在应增补处标注修改依据。

凡项目位置、红线、平面布置、结构等有重大改变，或者变更部分超过图面 1/3 且修改后混乱、分辨不清的图纸，则应重新绘制竣工图。

凡不宜在原施工图上修改补充的，可以重新绘制该页图纸替换原图，原图不再归档，但是应在编制说明中注明修改依据；也可以用云线在原施工图上圈出修改部位，并且把重绘的部位绘制成补图，注明修改依据、新增图纸的名称、图号，新增图纸图名、图号应与原施工图图名、图号相关联。

园林绿化工程施工图文字注释杠改法修改示例如图 4-53 所示。

采用杠改法对原园林绿化工程施工图的文字注释内容进行修改

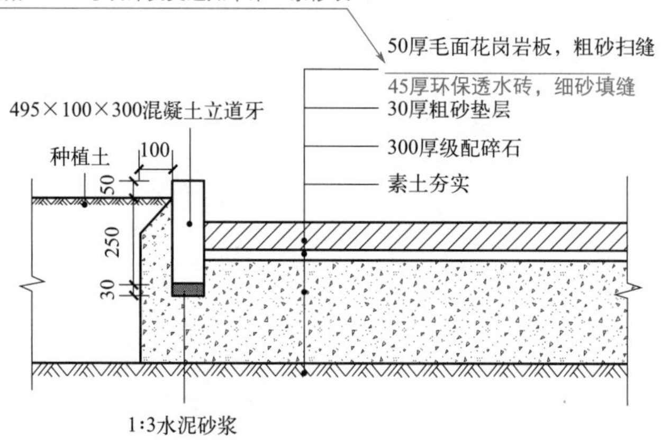
根据×××号设计变更通知单第×条修改
50厚毛面花岗岩板，粗砂扫缝
45厚环保透水砖，细砂填缝
495×100×300混凝土立道牙
30厚粗砂垫层
300厚级配碎石
素土夯实
种植土
100
50
250
30
1∶3水泥砂浆

图 4-53 园林绿化工程施工图文字注释杠改法修改示例

4.2.17 园林绿化工程施工图叉改法修改线条内容

园林绿化工程施工图叉改法修改线条内容如图 4-54 所示。

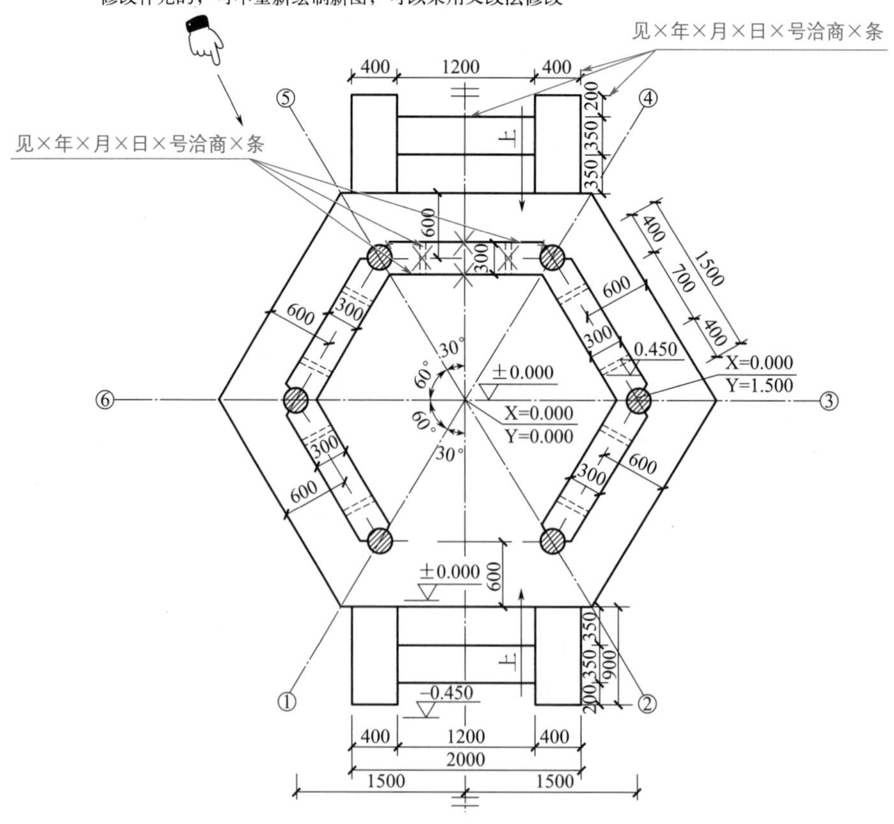
原园林绿化工程施工图中的线条修改的内容，能够在原施工图上加以修改补充的，可不重新绘制新图，可以采用叉改法修改
见×年×月×日×号洽商×条
见×年×月×日×号洽商×条
400
1200
400
200
350
350
上
600
300
400
700
1500
400
600
300
0.450
X=0.000
Y=1.500
30°
60°
±0.000
X=0.000
Y=0.000
60°
30°
600
300
300
600
600
300
±0.000
600
上
−0.450
350
350
200
900
400
1200
400
2000
1500
1500

图 4-54 园林绿化工程施工图叉改法修改线条内容

4.2.18 园林绿化工程竣工图章样式

园林绿化工程竣工图，简称竣工图，其是园林绿化工程竣工后，真实反映施工实际结果所绘制的图样。电子竣工图，是通过计算机等数字设备制成，可使用计算机等电子设备查阅、处理，并且可以在网络上传送的竣工图。凡根据施工图施工而未发生任何变更的图纸，在原施工蓝图上加盖竣工图章即可。

园林绿化工程竣工图章样式如图 4-55 所示。

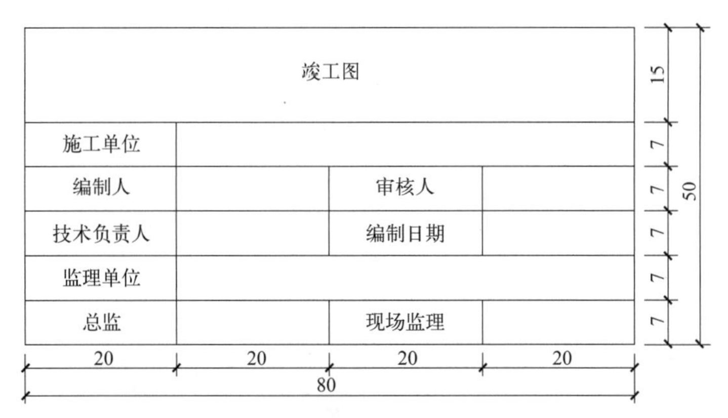
竣工图
施工单位
编制人
审核人
技术负责人
编制日期
监理单位
总监
现场监理
15
7
7
7
7
7
50
20
20
20
20
80

图 4-55 园林绿化工程竣工图章样式（单位：mm）

4.2.19 园林总平面图（索引图）的绘制与识读

园林施工总平面图的绘制要求与方法如下。

（1）布局与比例。图纸一般根据上北下南方向绘制，根据场地形状或布局，可向左或右偏转，但不宜超过 45° 。

（2）图例。根据标准选择。如果因某些原因需要另行设定图例时，需要在总图上绘制专门的图例表进行说明。

（3）单位。施工总平面图中的坐标、标高、距离一般宜以米（m）为单位，并且至少取到小数点后两位，不足时以 0 补齐。详图一般宜以毫米（mm）为单位，如果不以 mm 为单位，则应另加说明。

（4）铁路、道路转向角的度数，一般宜注写到秒（″），特殊情况，则另加说明。

（5）道路纵坡度、场地平整坡度、排水沟沟底纵坡度一般宜以百分比计，并且取到小数点后一位，不足时以 0 补齐。

（6）施工坐标网格应以细实线绘制，一般画成 100m×100m 或者 50m×50m 的方格网，也可以根据需要调整。

（7）坐标一般宜直接标注在图上，如果图面无足够位置，也可以列表标注。如果坐标数字的位数太多时，则可以将前面相同的位数省略，其省略位数需要在附注中加以说明。

（8）建筑物、构筑物的定位轴线（或外墙线）或其交点应标注。

（9）圆形建筑物、构筑物的中心应标注。

（10）挡土墙墙顶外边缘线或转折点应标注。

（11）表示建筑物、构筑物位置的坐标，宜标注其三个角的坐标。

（12）如果建筑物、构筑物与坐标轴线平行，则可以标注对角坐标。

（13）平面图上有测量和施工两种坐标系统时，应在附注中注明两种坐标系统的换算公式。

（14）以详细尺寸或坐标标明各类园林植物的种植位置，各类构筑物、地下管线的位置、外轮廓。

（15）施工总平面图中要注明基点、基线，基点要同时注明标高。

（16）注明道路、广场、建筑物、河湖水面、地下管沟、山丘、绿地、古树根部的标高，并且在它们的衔接部分要做相应标注。

园林总平面图（索引图）的识读如图 4-56 所示。

名称	图例	说明
地下建筑物		用粗虚线表示
坡屋顶建筑		包括瓦顶、石片顶、饰面砖顶
草顶建筑或简易建筑		
温室建筑		

名称	图例	说明
规划的建筑物		用粗实线表示
原有的建筑物		用中实线表示
规划扩建的预留地或建筑物		用虚实线表示
拆除的建筑物		用细实线表示

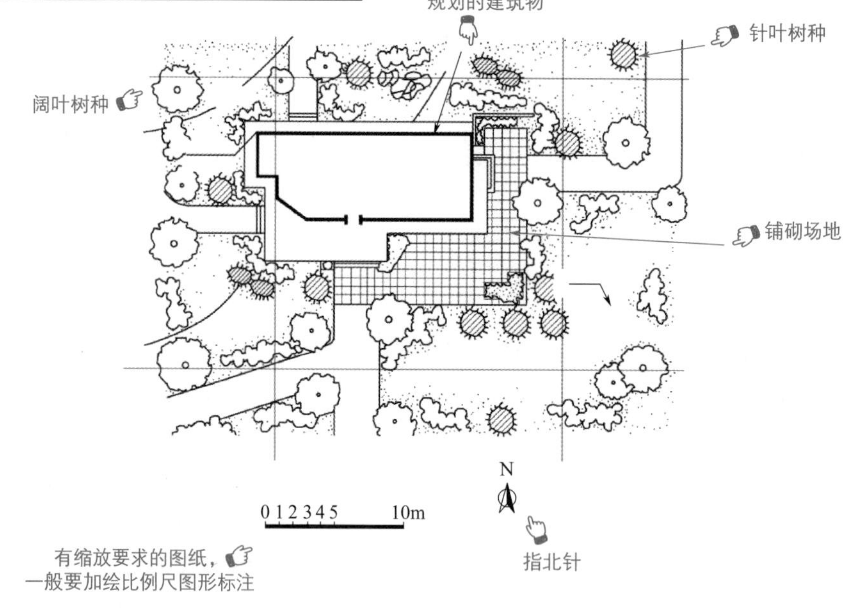
规划的建筑物
针叶树种
阔叶树种
铺砌场地
0 1 2 3 4 5 10m
N
有缩放要求的图纸，
一般要加绘比例尺图形标注
指北针

图 4-56　园林总平面图的识读

小贴士

（1）掌握、了解园林总平面图中所有标注、图例所表达的意思。

（2）看文字说明、设计说明，掌握、了解设计依据、设计要求、材料数量、材料规格、设计范围、标高及标注单位、施工要求、经济技术指标等。

（3）总平面图，可用剖平面法绘制或用平顶法绘制。

4.2.20 园林种植施工图的基础

园林种植施工图，是指导园林种植工程施工的技术性图纸，一份完整的种植施工图纸主要包括的内容如下。

（1）种植工程施工平面图。

（2）立面图、剖面图。

（3）局部放大图。

（4）说明、苗木表、预算等。

园林种植施工平面图上，需要根据实际距离尺寸标注出各种植物的品种、数量，以及标明与周围固定构筑物、地下管线距离的尺寸，写明施工放线的依据。

自然式种植，可以用方格网控制距离与位置。方格网规格为（2m×2m）～（10m×10m），并且尽量与测量图的方格线在方向上一致。

园林种植工程施工平面图的比例一般为（1∶100）~（1∶500）。对于现存需要保留的树种，如属于古树名木，则要单独注明。

某园林种植施工图（局部），如图 4-57 所示。

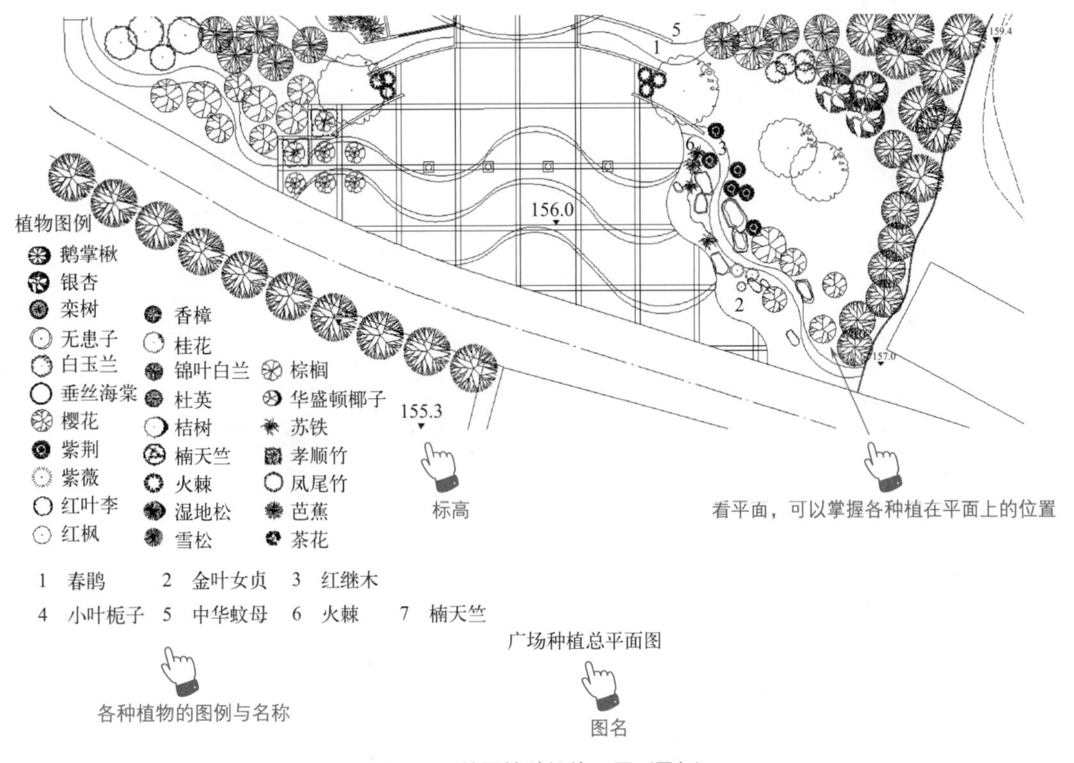
植物图例
鹅掌楸
银杏
栾树
无患子
白玉兰
垂丝海棠
樱花
紫荆
紫薇
红叶李
红枫
香樟
桂花
锦叶白兰
杜英
桔树
楠天竺
火棘
湿地松
雪松
棕榈
华盛顿椰子
苏铁
孝顺竹
凤尾竹
芭蕉
茶花
1 春鹃 2 金叶女贞 3 红继木
4 小叶栀子 5 中华蚊母 6 火棘 7 楠天竺
156.0
155.3
157.0
159.4
标高
看平面，可以掌握各种植在平面上的位置
各种植物的图例与名称
广场种植总平面图
图名

图 4-57 某园林种植施工图（局部）

小贴士

（1）立面图、剖面图在竖向上需要标明各园林植物间的关系、园林植物与周围环境及地上地下管线设施间的关系，标明施工时准备选用的园林植物的高度、体型，山石的关系。

（2）立面图、剖面图常用的比例尺为（1 ： 20）～（1 ： 50）。

（3）局部放大图，主要反映重点树丛、各树种关系、古树名木周围处理、覆层混交林种植的详细尺寸、花坛的花纹细部、山石的关系等。

4.2.21 园林种植施工图的绘制与识图

园林植物种植施工图中，宜将各种植物根据平面图中的图例，绘制在所设计的种植位置上，并且需要以圆点标示出树干位置。

树冠大小根据成龄后效果最好时的冠幅绘制。

为了便于区别树种，计算株数，需要将不同树种统一编号，标注在树冠图例内。

规则式的种植设计图中，对单株或丛植的植物，宜以圆点表示种植位置。对蔓生、成片种植的植物，用细实线绘出种植范围。草坪用疏密不同的圆点表示。凡在道路、建筑物、山石、水体等边缘位置，应由密而逐渐稀疏，做出退晕的效果。

园林种植施工图的绘制与识图示例如图 4-58 所示。

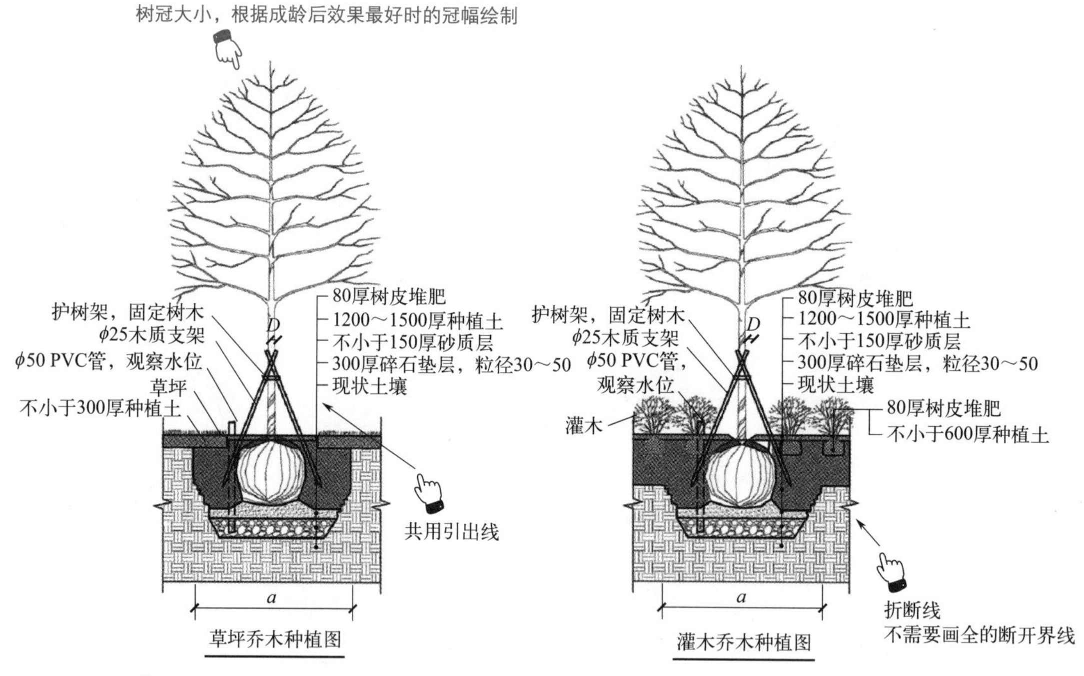
树冠大小，根据成龄后效果最好时的冠幅绘制
护树架，固定树木
φ25木质支架
φ50 PVC管，观察水位
草坪
不小于300厚种植土
D
80厚树皮堆肥
1200～1500厚种植土
不小于150厚砂质层
300厚碎石垫层，粒径30～50
现状土壤
共用引出线
a
草坪乔木种植图
护树架，固定树木
φ25木质支架
φ50 PVC管，
观察水位
灌木
80厚树皮堆肥
不小于600厚种植土
灌木乔木种植图
折断线
不需要画全的断开界线
注：
1. a不超过2倍土球宽度，且80＜a＜100。
2.此图样中灌木高度不超过800。
3.现状土壤需为适合植物生长的土壤。
大树全冠种植技术

图 4-58 园林种植施工图的绘制与识图示例

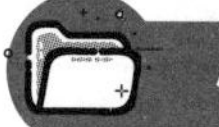

小贴士

同一树种在可能的情况下尽量以粗实线连接起来，并且用索引符号逐树种编号。索引符

号一般用细实线绘制，圆圈的上半部注写植物编号，下半部注写数量，尽量排列整齐，使图面清晰。

4.2.22 树池的绘制与识读

树池的绘制与识读如图 4-59 所示。

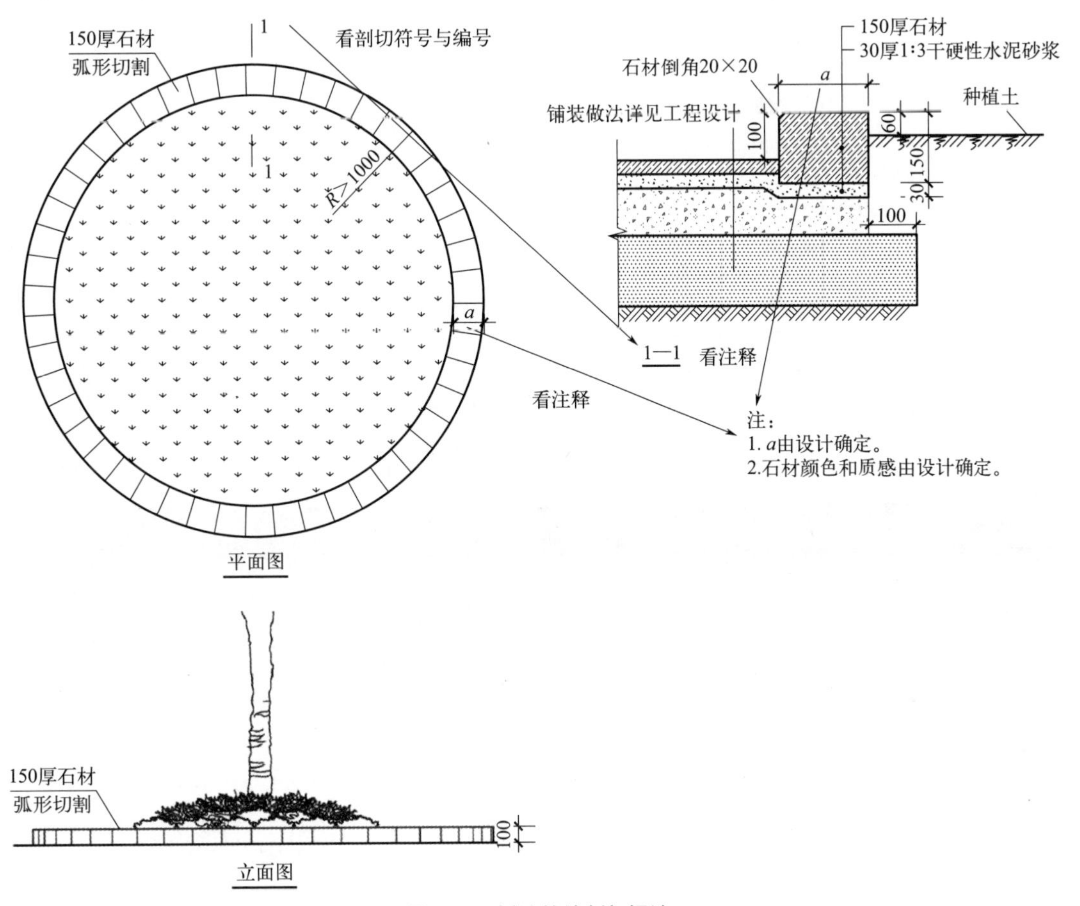

150厚石材
弧形切割
1
看剖切符号与编号
1
R≥1000
a
平面图
看注释
150厚石材
30厚1∶3干硬性水泥砂浆
石材倒角20×20
a
种植土
铺装做法详见工程设计
100
60
150
30
100
1—1 看注释
注：
1. a由设计确定。
2.石材颜色和质感由设计确定。
150厚石材
弧形切割
100
立面图

图 4-59 树池的绘制与识读

4.2.23 苗木表的绘制与识读

苗木表包括的内容如下。

（1）苗木的种类、品种。

（2）苗木的规格与单位：胸径一般以厘米（cm）为单位，并且精确到小数点后一位。冠径、高度一般以米（m）为单位，并且精确到小数点后一位。

（3）观花类植物应标明花色。

（4）苗木的数量。

某苗木表的绘制与识读如图 4-60 所示。

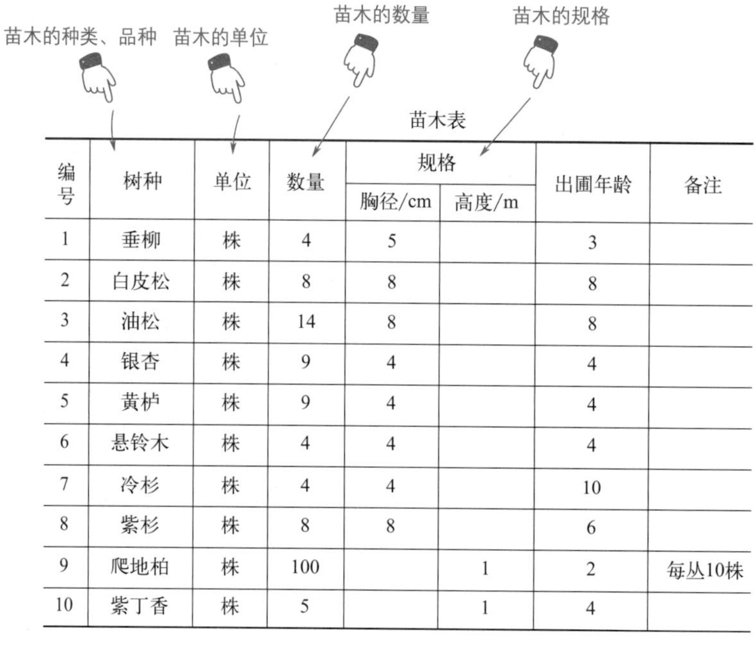
苗木的种类、品种
苗木的单位
苗木的数量
苗木的规格

苗木表

编号	树种	单位	数量	规格		出圃年龄	备注
				胸径/cm	高度/m		
1	垂柳	株	4	5		3	
2	白皮松	株	8	8		8	
3	油松	株	14	8		8	
4	银杏	株	9	4		4	
5	黄栌	株	9	4		4	
6	悬铃木	株	4	4		4	
7	冷杉	株	4	4		10	
8	紫杉	株	8	8		6	
9	爬地柏	株	100		1	2	每丛10株
10	紫丁香	株	5		1	4	

图 4-60　某苗木表的绘制与识读

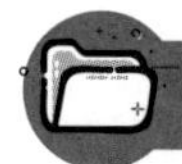

小贴士

园林植物种植设计图的线型要求如下：要求绘制出植物、建筑、水体、道路、地下管线等位置，其中植物用细实线表示；水体边界用粗实线表示出驳岸，沿水体边界内侧用细实线表示出水面；建筑用中实线；道路用细实线；地下管线或构筑物用中虚线。

4.2.24　竖向施工平面图的绘制与识读

园林竖向施工图，包括平面图、剖面图、说明等。竖向施工图中做法说明的内容包括：微地形处理说明、施工现场土质分析、土壤的夯实程度、客土处理方法。

竖向施工图的绘制与识读如图 4-61 所示。竖向施工平面图的绘制要求如下。

（1）根据用地范围的大小、图样复杂程度，选择适宜的比例绘图。就同一个工程而言，一般采用与总体规划设计图相同的比例。图的比例尺常见为（1：100）～（1：500）。

（2）确定合适的图幅，以便合理布置图面。

（3）确定定位轴线，或者绘制直角坐标网。具体绘图时，往往是先绘定位轴线，这样有利于其他线条图形位置的确定。

（4）根据地形设计选定合适的等高距，并且绘制等高线。

（5）绘制竖向设计图时，一般要根据地形设计中地形在竖向上的变化情况选定适合的等高距。

（6）现代园林中不建议大规模挖湖堆山。因此，一般情况下等高距为 0.25~1m，在不说明的情况下等高距多默认为 1m。

（7）竖向设计图中，一般用细实线表示设计地形的等高线，用细虚线表示原地形的等高线。等高线上，需要标注高程，高程数字处等高线应断开，高程数字的字头应朝向山头，并且数字要排列整齐。

（8）周围平整地面（或者说相对零点）高程标注为 ±0.00。高于相对零点为正，数字前面应注写“+”号，但是一般情况下常省略不写。低于相对零点为负，数字前应注写“−”号。高程单位常为 m，并且要求保留两位小数。

为了更清楚地反映设计意图，指导施工，需要在重点地区、坡度变化复杂地段绘制剖面图，并且标示出各关键部位标高。竖向施工剖面图的比例尺一般为（1 ∶ 20）～（1 ∶ 50）。

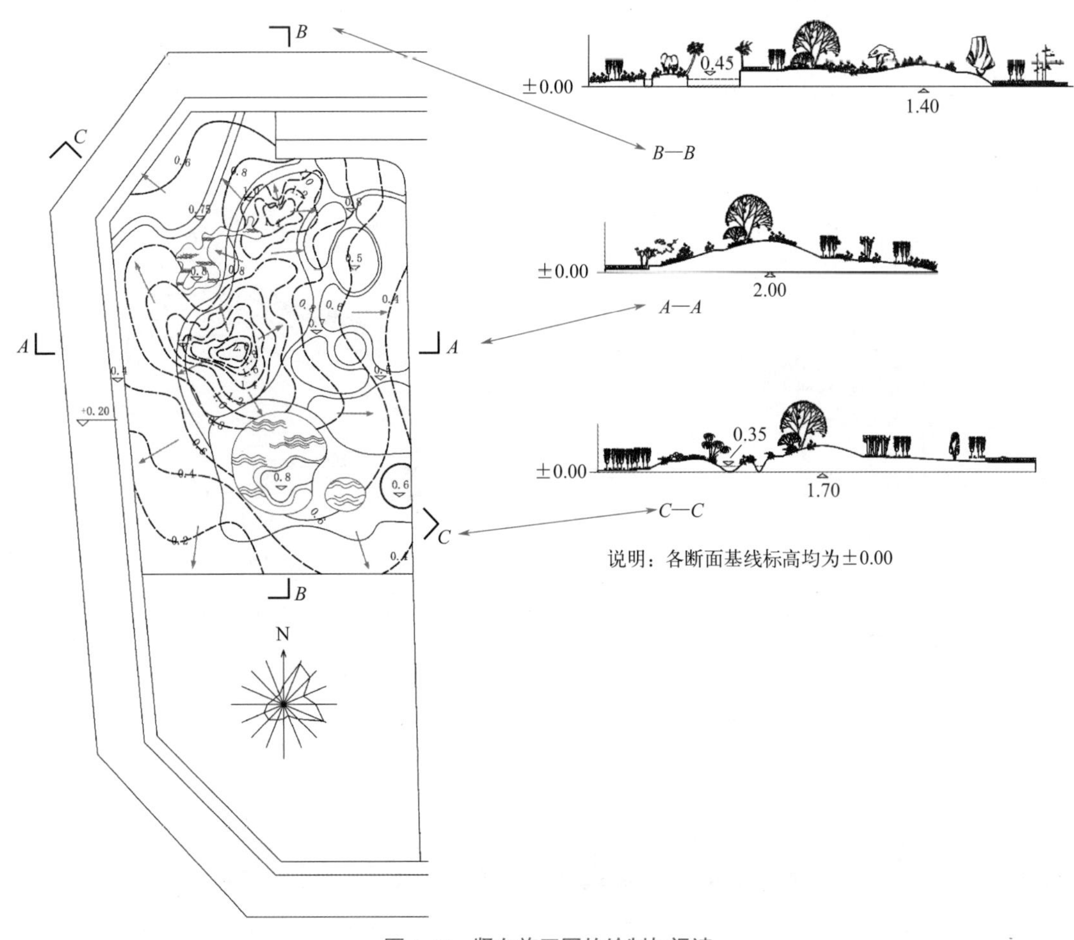
B
C
A
+0.20
N
±0.00
0.45
1.40
B—B
±0.00
2.00
A—A
±0.00
0.35
1.70
C—C
说明：各断面基线标高均为±0.00

图 4-61　竖向施工图的绘制与识读

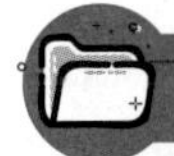

小贴士

识读竖向施工平面图时，主要掌握的内容如下。

（1）现状标高、原地形标高。

（2）设计等高线。

（3）土山的山顶标高。

（4）水体驳岸标高、岸顶标高、岸底的标高。

（5）池底标高，水面最低水位标高、最高水位标高、常水位高度。

（6）建筑物室内外标高、建筑物出入口标高、室外标高。

（7）道路、道路折点处标高，纵坡坡度。

（8）画出排水方向、雨水口位置。

（9）图的比例尺。

（10）土调配图，各方格点原地面标高、设计标高、填挖高度、土方平衡表等。

4.2.25 驳岸的绘制与识读

驳岸的绘制与识读如图 4-62 所示。

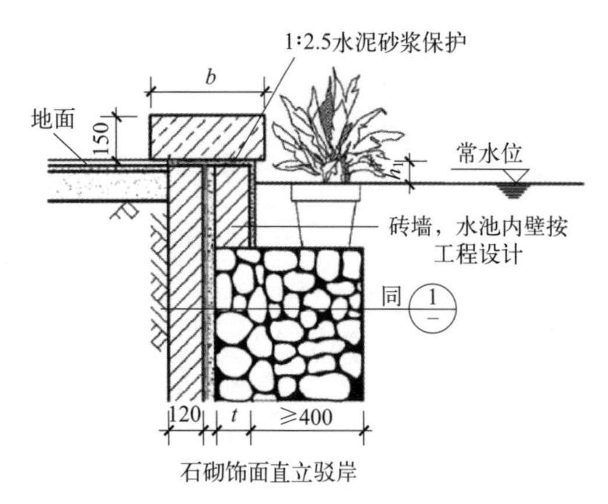

1:2.5水泥砂浆保护
b
地面
150
h_1
常水位
砖墙，水池内壁按
工程设计
同
1
–
120
t
≥400

石砌饰面直立驳岸

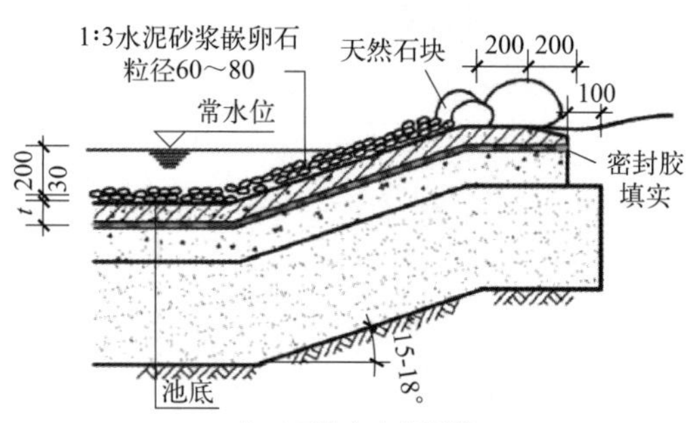

1:3水泥砂浆嵌卵石
粒径60～80
天然石块
200
200
100
常水位
密封胶
填实
200
30
t_1
15-18°
池底

人工硬池底自然驳岸

注：1.工程面层做法包括面层材质和结合层做法。
2.面层材质颜色、质感、尺寸由设计确定。
3.b, t按工程设计，h_1满足溢水要求。
4.砖墙为M5水泥砂浆砌筑MU10非黏土砖墙。
5.3∶7灰土可根据地区情况改用1∶2∶4砾石三合土。
6.在季节性冻土区及寒冷地区，如水池池底位于冻土层以上时，采用天然级配砂石垫层

注：1.置石的体积范围为0.03～0.1m^3。
2.b、h、t按工程设计。
3.砖墙为M5水泥砂浆砌筑MU10非黏土砖墙。
4.3∶7灰土可根据地区情况改用1∶2∶4砾石三合土。
5.在季节性冻土区，如水池池底位于冻土层以上时，采用天然级配砂石

图 4-62 驳岸的绘制与识读

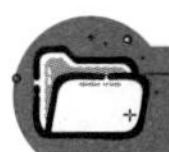

小贴士

水体的绘制方法如下。

（1）用特粗实线绘出水体边界线（即驳岸线）。

（2）湖底为缓坡时，一般用细实线绘出湖底等高线，同时均需标注高程。在标注高程数字处将等高线断开。

（3）湖底为平面时，一般在水面上用标高符号标注湖底高程，标高符号下面需要加画短横线表示湖底。

水池平面图如图 4-63 所示。

4.2.26 景观桥的绘制与识读

景观桥的绘制与识读如图 4-64 所示。

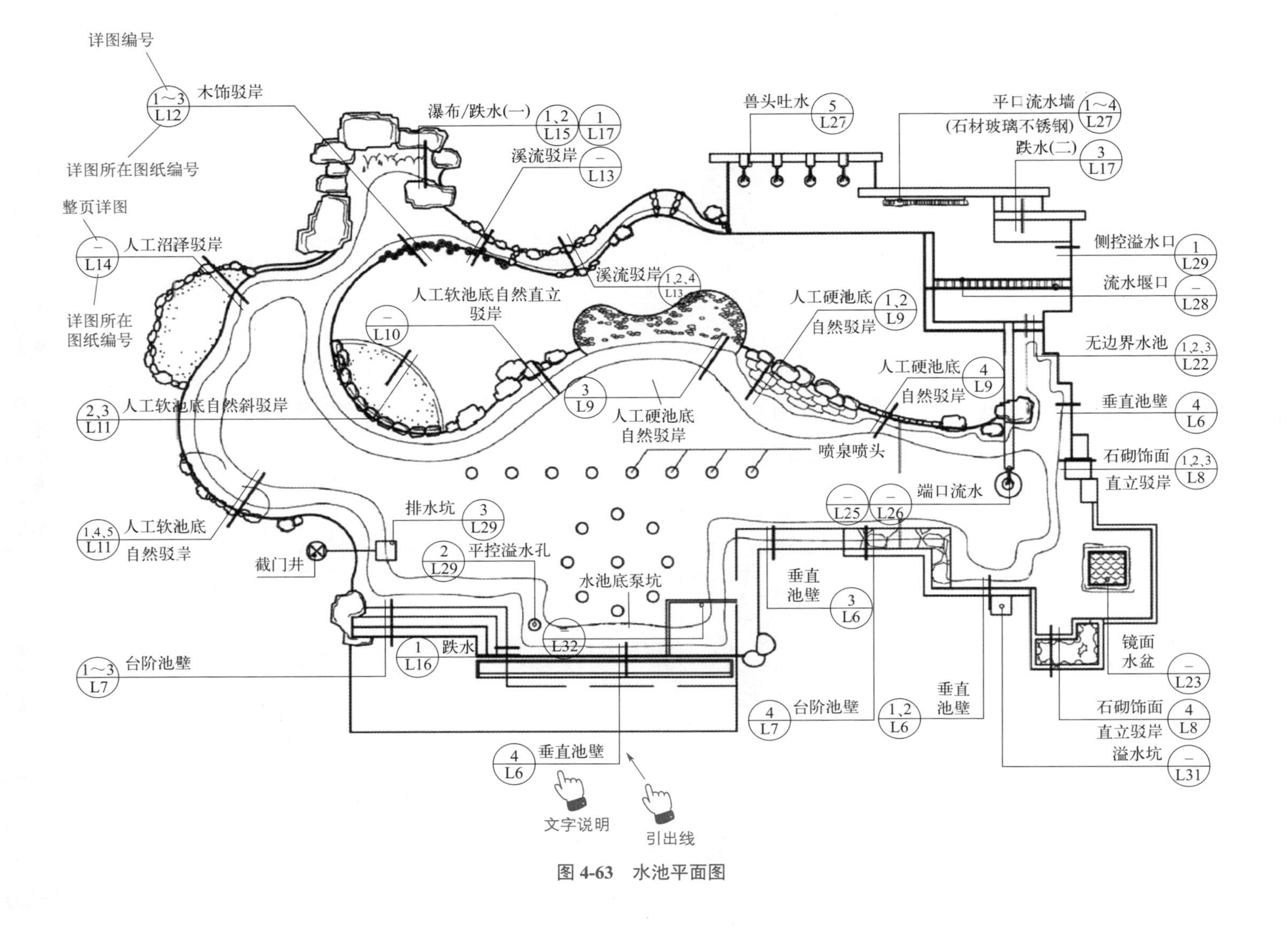
详图编号
1～3
L12
木饰驳岸
详图所在图纸编号
瀑布/跌水(一)
1、2
L15
1
L17
溪流驳岸
–
L13
兽头吐水
5
L27
平口流水墙
(石材玻璃不锈钢)
1～4
L27
跌水(二)
3
L17
整页详图
–
L14
人工沼泽驳岸
详图所在
图纸编号
侧控溢水口
1
L29
流水堰口
–
L28
溪流驳岸
1,2,4
L13
人工软池底自然直立
驳岸
–
L10
人工硬池底
自然驳岸
1,2
L9
无边界水池
1,2,3
L22
人工硬池底
自然驳岸
4
L9
垂直池壁
4
L6
2,3
L11
人工软池底自然斜驳岸
3
L9
人工硬池底
自然驳岸
喷泉喷头
石砌饰面
直立驳岸
1,2,3
L8
端口流水
–
L25
–
L26
排水坑
3
L29
1,4,5
L11
人工软池底
自然驳岸
截门井
2
L29
平控溢水孔
水池底泵坑
垂直
池壁
3
L6
镜面
水盆
–
L23
–
L32
1
L16
跌水
1～3
L7
台阶池壁
4
L7
台阶池壁
1,2
L6
垂直
池壁
石砌饰面
直立驳岸
4
L8
溢水坑
–
L31
4
L6
垂直池壁
文字说明
引出线
图 4-63　水池平面图

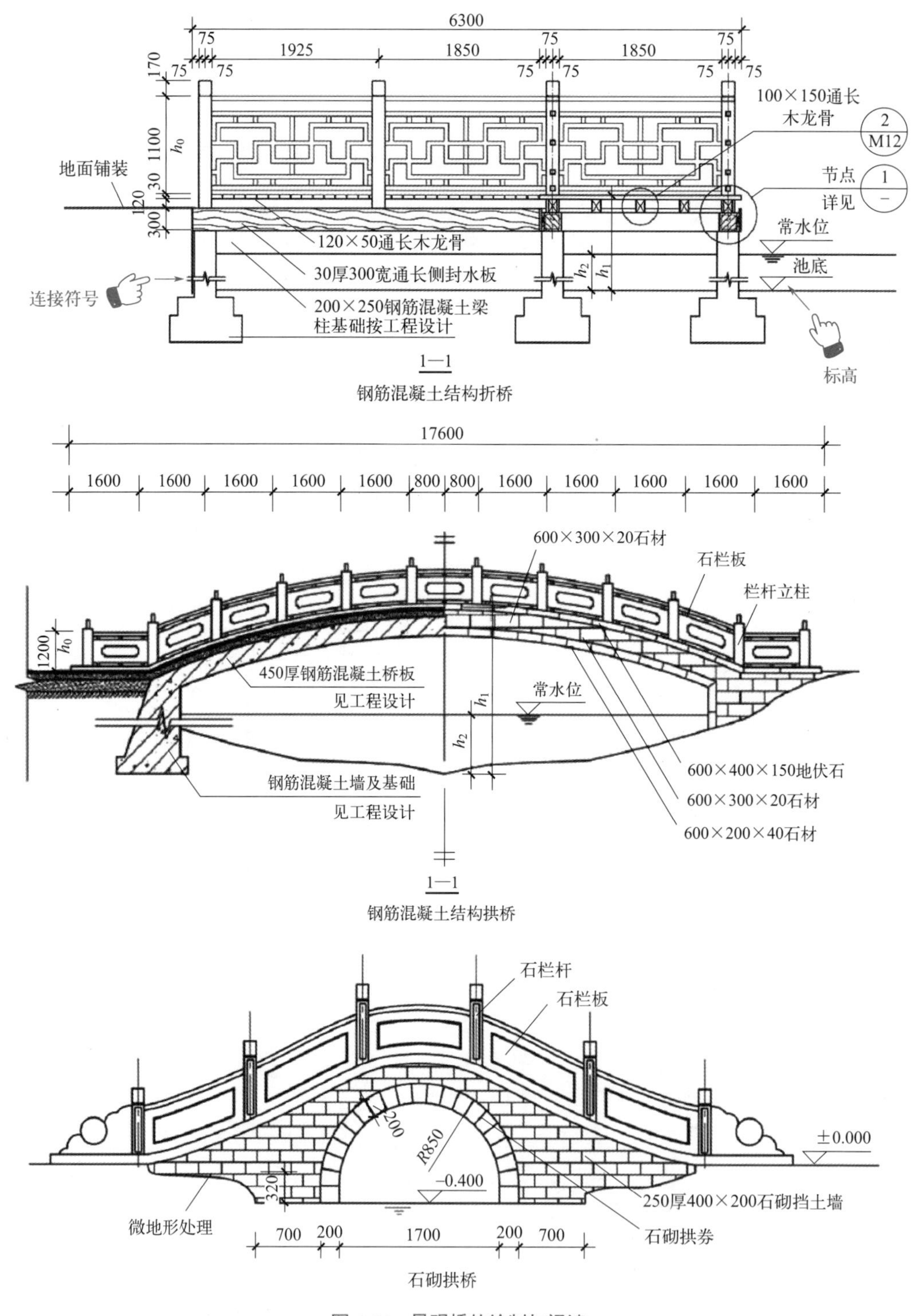
6300
75
1925
1850
75
1850
75
170
75
75
75
75
75
75
100×150通长
木龙骨
2
M12
1100
h_0
地面铺装
30
节点
详见
1
120
300
常水位
120×50通长木龙骨
池底
30厚300宽通长侧封水板
h_2
h_1
连接符号
200×250钢筋混凝土梁
柱基础按工程设计
标高
1—1
钢筋混凝土结构折桥
17600
1600
1600
1600
1600
1600
800
800
1600
1600
1600
1600
1600
600×300×20石材
石栏板
栏杆立柱
1200
h_0
450厚钢筋混凝土桥板
见工程设计
常水位
h_1
h_2
600×400×150地伏石
钢筋混凝土墙及基础
见工程设计
600×300×20石材
600×200×40石材
1—1
钢筋混凝土结构拱桥
石栏杆
石栏板
200
R850
±0.000
−0.400
320
250厚400×200石砌挡土墙
微地形处理
石砌拱券
700
200
1700
200
700
石砌拱桥

图 4-64　景观桥的绘制与识读

小贴士

识读景观桥施工图，掌握其用材用料、结构、标高、尺寸、节点、局部造型等信息。

Chapter 5

第05章 道路工程制图与识图

5.1 道路工程基础与常识

5.1.1 道路的概念与分类

道路是供各种车辆、行人等通行的工程设施。根据其使用特点分为公路、城市道路、厂矿道路、林区道路、乡村道路等。

公路是联结城市、乡村，主要供汽车行驶的具备一定技术条件与设施的道路。

城市道路是在城市范围内，供车辆、行人通行的具备一定技术条件和设施的道路。

道路工程，就是以道路为对象而进行的规划、勘测、设计、施工等技术活动的全过程与其所形成的工程实体。

根据在公路网中的地位与作用，公路分为高速公路、干线公路、支线公路以及国家干线公路（国道）、省干线公路（省道）、县公路（县道）、乡公路（乡道）等。公路网如图 5-1 所示。

城市道路，分为（城市）快速路、（城市）主干路、（城市）次干路、（城市）支路、街道、郊区道路、居住区道路、工业区道路等。

厂矿道路，分为厂外道路、厂内道路等。

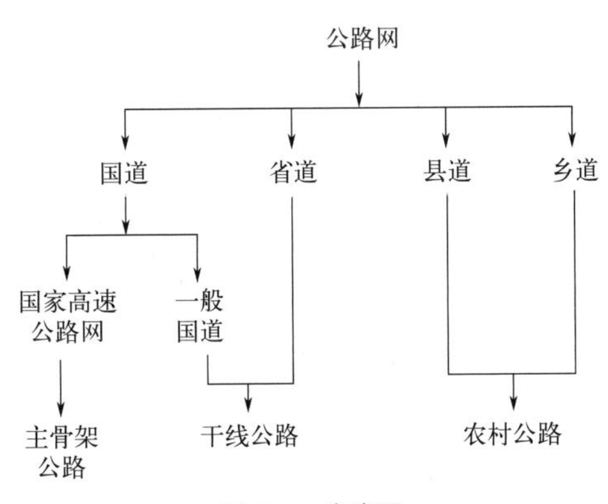
公路网
国道
省道
县道
乡道
国家高速
公路网
一般
国道
主骨架
公路
干线公路
农村公路

图 5-1　公路网

5.1.2 道路的结构

道路的结构如图 5-2 所示。

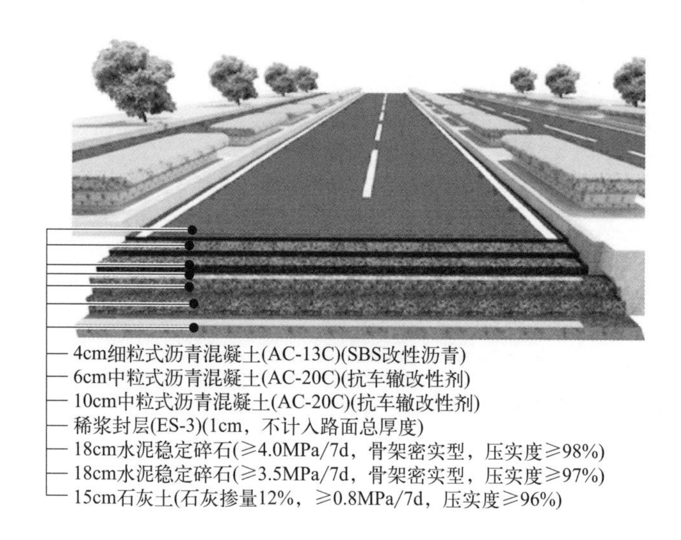
4cm细粒式沥青混凝土(AC-13C)(SBS改性沥青)
6cm中粒式沥青混凝土(AC-20C)(抗车辙改性剂)
10cm中粒式沥青混凝土(AC-20C)(抗车辙改性剂)
稀浆封层(ES-3)(1cm，不计入路面总厚度)
18cm水泥稳定碎石(≥4.0MPa/7d，骨架密实型，压实度≥98%)
18cm水泥稳定碎石(≥3.5MPa/7d，骨架密实型，压实度≥97%)
15cm石灰土(石灰掺量12%，≥0.8MPa/7d，压实度≥96%)

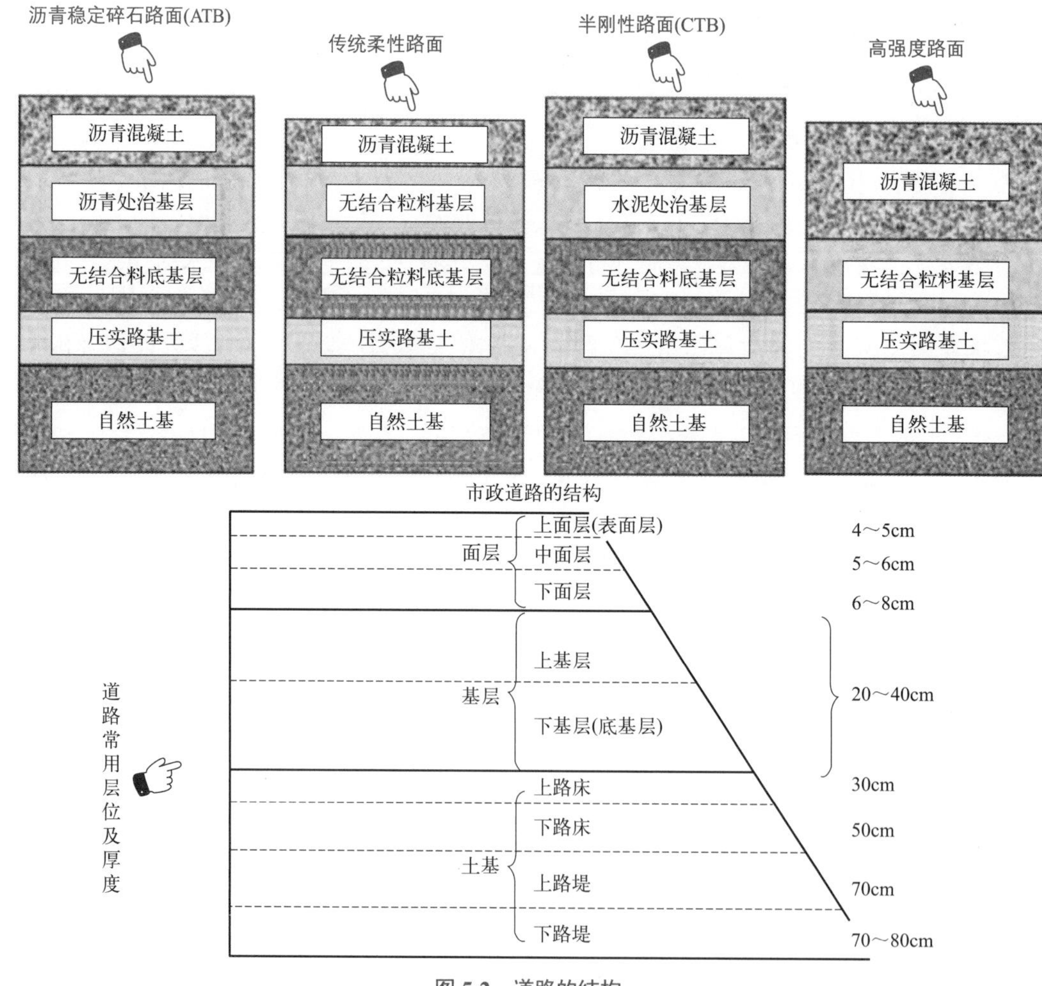
沥青稳定碎石路面(ATB)
沥青混凝土
沥青处治基层
无结合料底基层
压实路基土
自然土基
传统柔性路面
沥青混凝土
无结合粒料基层
无结合粒料底基层
压实路基土
自然土基
半刚性路面(CTB)
沥青混凝土
水泥处治基层
无结合料底基层
压实路基土
自然土基
高强度路面
沥青混凝土
无结合粒料基层
压实路基土
自然土基
市政道路的结构
道路常用层位及厚度
面层
上面层(表面层)
中面层
下面层
4～5cm
5～6cm
6～8cm
基层
上基层
下基层(底基层)
20～40cm
土基
上路床
下路床
上路堤
下路堤
30cm
50cm
70cm
70～80cm

图 5-2 道路的结构

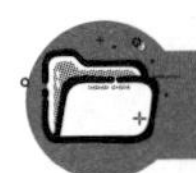

小贴士

道路路面类型，可以分为铺装路面、简易铺装路面、未铺筑路面等。根据路面力学特性，道路路面分为柔性路面、半刚性路面、刚性路面。

5.1.3 道路结构组成

公路的结构组成主要有路基、路面、桥涵、隧道等。

公路排水工程主要有边沟、截水沟、排水沟、跌水、急流槽、盲沟、过水路面、渗水路堤、渡水槽等。

公路防护工程主要有护栏、挡土墙、护脚等。

路线交叉工程主要有平面交叉、立体交叉。

公路沿线设施主要有防护栏、绿化布置。

高等级公路还包括较完善的公路安全设施、管理服务设施、通信系统、监控系统、收费系统、供电照明系统、环境绿化工程等。高等级公路如图 5-3 所示。

隔离栅栏
路肩
车道
中央分隔带
防撞护栏

图 5-3 高等级公路

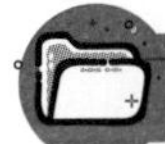

小贴士

（1）公路等级反映公路上汽车的通行能力、公路的服务水平、技术水平等指标。

（2）高速公路是专供汽车分向、分车道行驶，并且全部控制出入的多车道公路。根据行车道数量，高速公路有四车道、六车道、八车道等。

（3）一级公路为供汽车分向、分车道行驶，并且可以根据需要控制出入的多车道公路。根据行车道数量有四车道、六车道等。

（4）二级公路为供汽车行驶的双车道公路。

（5）三级公路为主要供汽车行驶的双车道公路。

（6）四级公路为主要供汽车行驶的双车道、单车道公路。

5.1.4 道路路线

公路路线即公路的中心线。

公路路线为平面上呈曲线、纵面上有起伏的立体空间线形。

公路的平面线形由直线、平曲线组成。平曲线又包括圆曲线、缓和曲线。

公路的截面图与道路路线的平面图如图 5-4 所示。

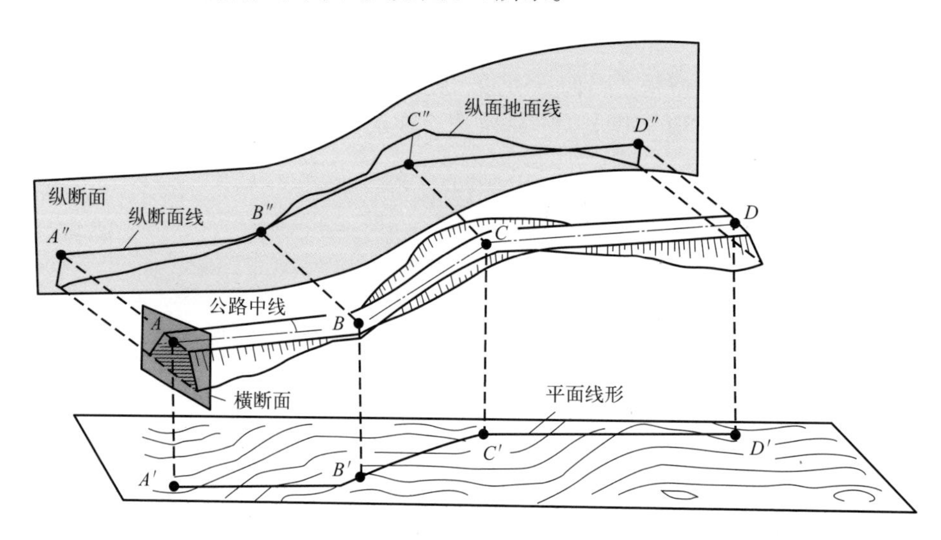
纵面地面线
C″
D″
纵断面
纵断面线
B″
A″
D
C
公路中线
B
A
横断面
平面线形
C′
D′
B′
A′

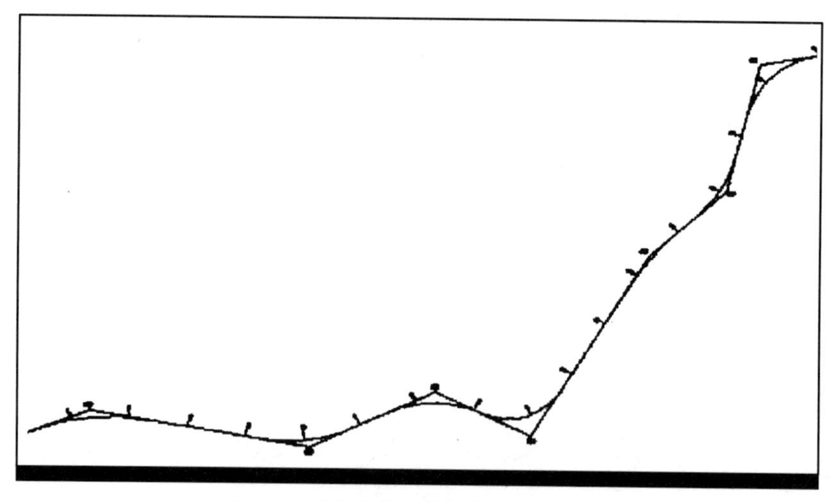

图 5-4 公路的截面图与道路路线的平面图

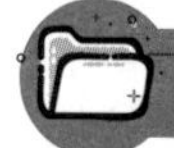

小贴士

（1）超高、超高缓和段的长度、公路的加宽、加宽过渡方式纵面线形由直线坡段、竖曲线两大部分组成。

（2）最短坡长限制的设置是为了保证汽车行驶的安全与平顺。最短坡长以不小于设计速度行驶 9~12s 的行程为宜。

5.1.5 道路工程图类型与单位

道路工程图类型有线路工程图、构筑物详图，如图 5-5 所示。

公路工程图，往往包括公路路线工程图、构造物工程图等。路线工程图，往往用于表达线路的整体状况。公路路线工程图往往又包括路线平面图、路线纵断面图、路线横断面图等。构造物工程图，往往是表达各工程实体构造的桥梁、隧道、涵洞等工程的图。

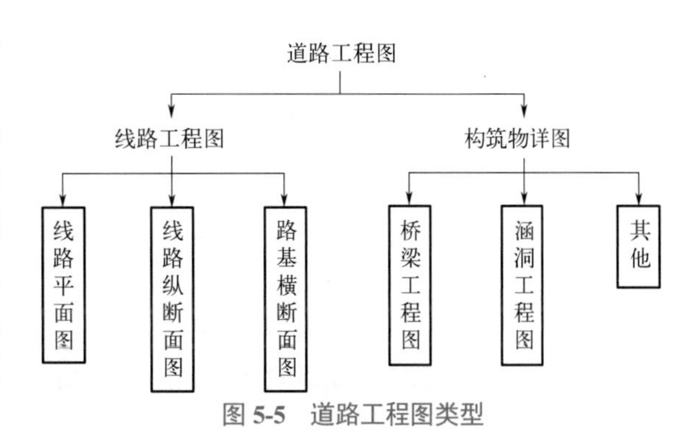
道路工程图
线路工程图
构筑物详图
线路平面图
线路纵断面图
路基横断面图
桥梁工程图
涵洞工程图
其他

图 5-5 道路工程图类型

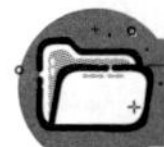

小贴士

道路工程图中常用的长度单位如下。

（1）线路的里程桩号，一般是以千米（km）为单位。

（2）标高、坡长、曲线要素均是以米（m）为单位。

（3）一般砖、石、混凝土等工程结构物、钢筋和钢材的长度，一般是以厘米（cm）为单位。

（4）钢筋、钢材断面一般是以毫米（mm）为单位。

（5）图样上尺寸数字后不必注写单位，但是在注解及技术要求中要注明尺寸单位。

5.1.6 城市道路路线工程图

城市道路路线工程图有横断面图、平面图、纵断面图等。

城市道路横断面图与公路横断面图形式是一样的，但是内容不同。

城市道路横断面图布置的基本形式有一块板、二块板、三块板、四块板等，如图 5-6 所示。

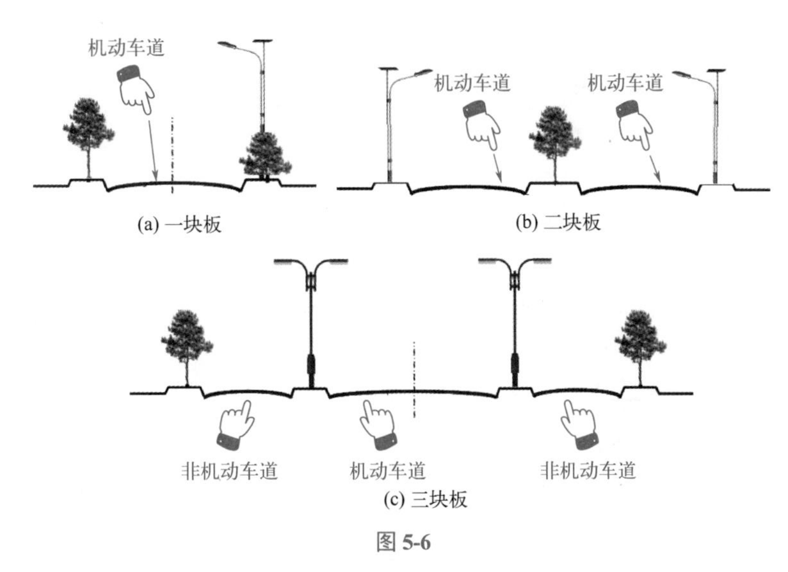
机动车道
(a) 一块板
机动车道
机动车道
(b) 二块板
非机动车道
机动车道
非机动车道
(c) 三块板

图 5-6

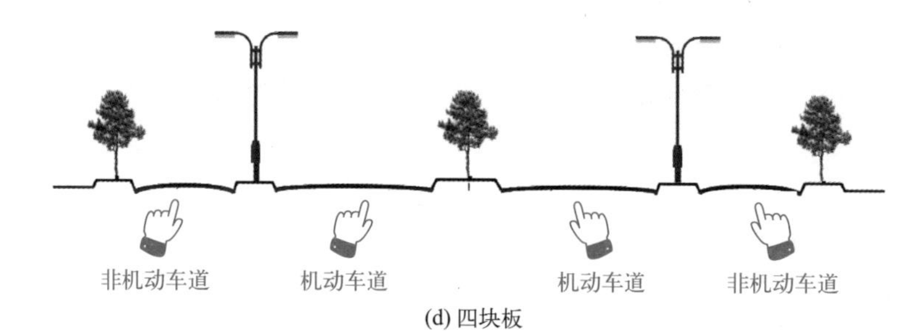
非机动车道
机动车道
机动车道
非机动车道
(d) 四块板

图 5-6　城市道路横断面图布置的基本形式

扫码下载 DWG 文件

部分公路制图图例

5.1.7　道路工程常用图例的绘制与识读

道路工程常用图例的绘制与识读如图 5-7 所示。

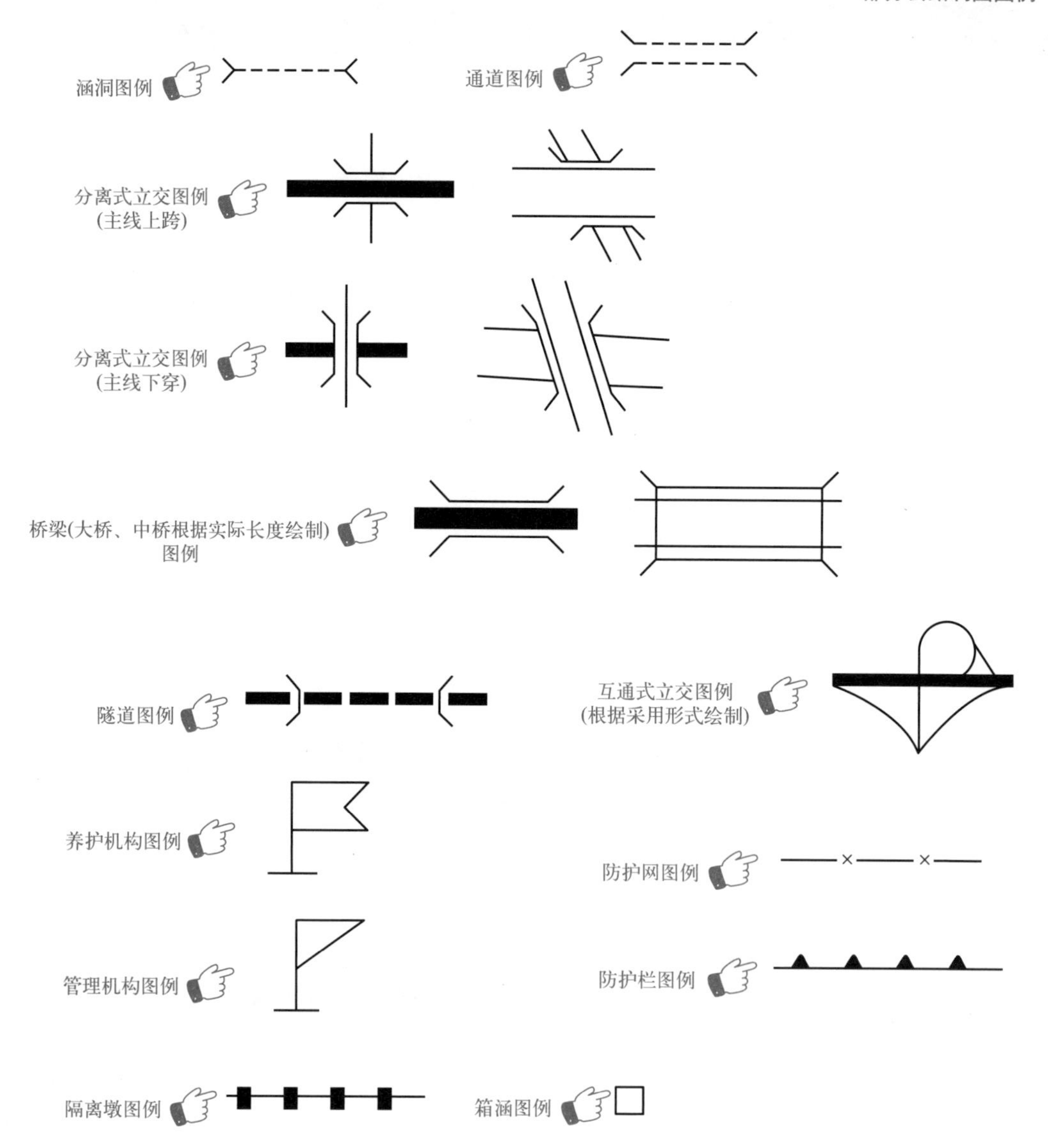
涵洞图例
通道图例
分离式立交图例
(主线上跨)
分离式立交图例
(主线下穿)
桥梁(大桥、中桥根据实际长度绘制)
图例
隧道图例
互通式立交图例
(根据采用形式绘制)
养护机构图例
防护网图例
管理机构图例
防护栏图例
隔离墩图例
箱涵图例

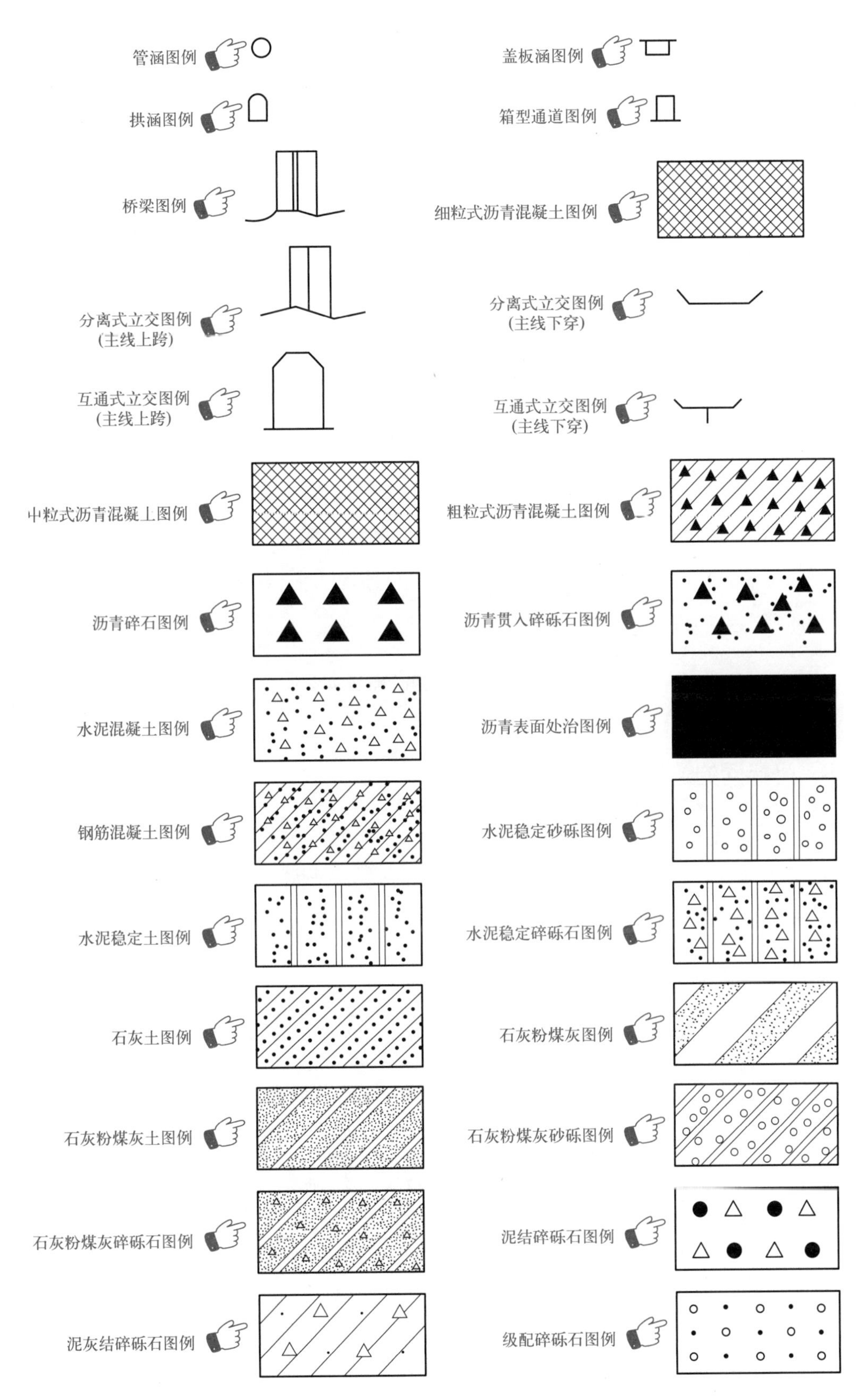
管涵图例
盖板涵图例
拱涵图例
箱型通道图例
桥梁图例
细粒式沥青混凝土图例
分离式立交图例
(主线上跨)
分离式立交图例
(主线下穿)
互通式立交图例
(主线上跨)
互通式立交图例
(主线下穿)
中粒式沥青混凝土图例
粗粒式沥青混凝土图例
沥青碎石图例
沥青贯入碎砾石图例
水泥混凝土图例
沥青表面处治图例
钢筋混凝土图例
水泥稳定砂砾图例
水泥稳定土图例
水泥稳定碎砾石图例
石灰土图例
石灰粉煤灰图例
石灰粉煤灰土图例
石灰粉煤灰砂砾图例
石灰粉煤灰碎砾石图例
泥结碎砾石图例
泥灰结碎砾石图例
级配碎砾石图例

图 5-7

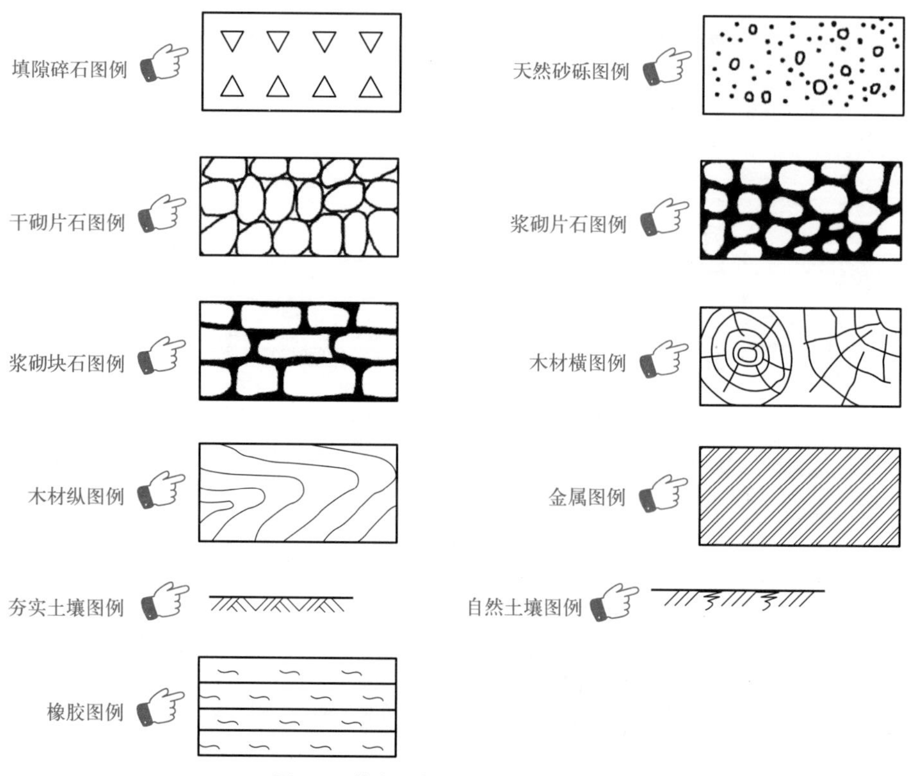
填隙碎石图例
天然砂砾图例
干砌片石图例
浆砌片石图例
浆砌块石图例
木材横图例
木材纵图例
金属图例
夯实土壤图例
自然土壤图例
橡胶图例

图 5-7 道路工程常用图例绘制与识读

5.1.8 坐标网的绘制与识读

坐标网的绘制与识读如图 5-8 所示。

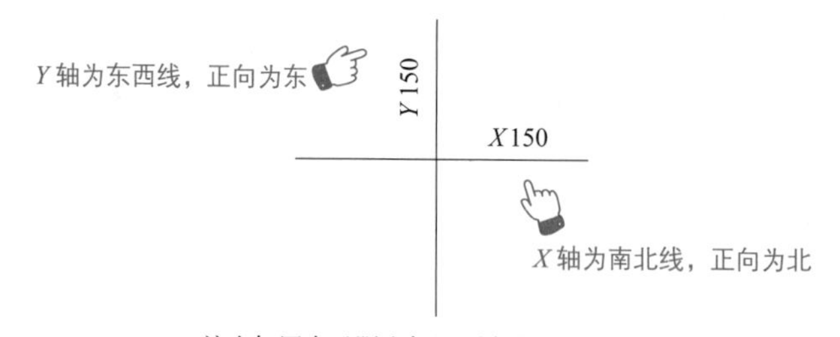
Y 轴为东西线，正向为东
Y 150
X 150
X 轴为南北线，正向为北
该坐标网表示距坐标网原点北150m、东150m
表示距坐标原点北2000m，东3000m
表示东3000m
Y = 3000
X = 2000
表示北2000m

图 5-8 坐标网的绘制与识读

5.1.9 构造物名称、规格和中心桩号的绘制与识读

桥涵、隧道、涵洞、通道统称为构造物。构造物名称、规格和中心桩号绘制与识读如图 5-9 所示。

表示一座单跨20m的石拱桥

表示桥中心桩号

1-20m石拱桥

K6+900

表示在里程桩k6+900位置有一座单跨20m的石拱桥，桥中心桩号为K6+900

图 5-9 构造物名称、规格和中心桩号绘制与识读

5.1.10 坡度、坡长的绘制与识读

坡度、坡长的绘制与识读如图 5-10 所示。

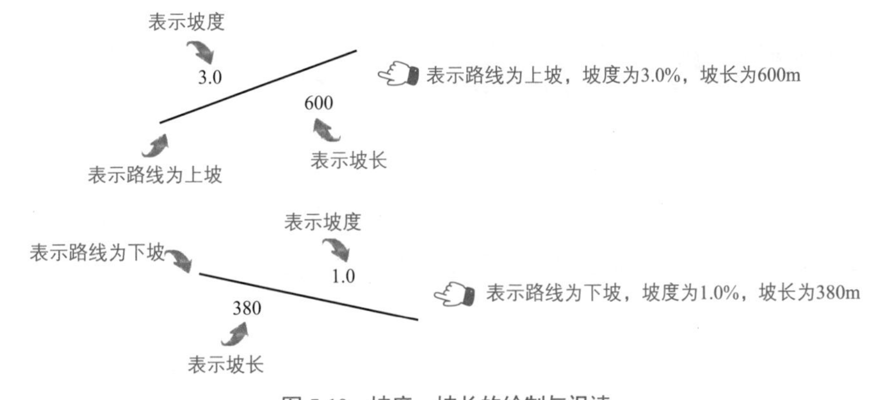

表示坡度
3.0
600
表示路线为上坡，坡度为3.0%，坡长为600m
表示路线为上坡
表示坡长
表示坡度
表示路线为下坡
1.0
380
表示路线为下坡，坡度为1.0%，坡长为380m
表示坡长

图 5-10 坡度、坡长的绘制与识读

扫码观看视频

坡度、坡长的识读

5.1.11 纵坡的绘制与识读

纵坡的绘制与识读如图 5-11 所示。

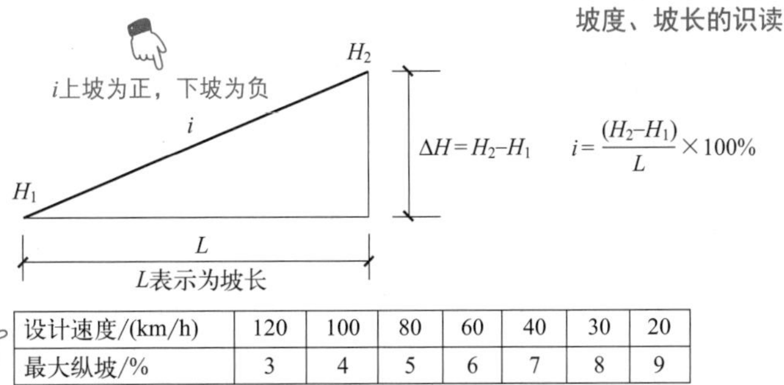

i上坡为正，下坡为负
H2
i
H1
ΔH=H2−H1
i=(H2−H1)/L×100%
L
L表示为坡长

各级公路最大纵坡的要求

设计速度/(km/h)	120	100	80	60	40	30	20
最大纵坡/%	3	4	5	6	7	8	9

各级公路最小纵坡的要求　各级公路最小纵坡为0.3%~0.5%，一般情况下为0.5%，需要满足排水要求

图 5-11 纵坡的绘制与识读

5.1.12 缩图（示意图）中主要构造物标注与识读

缩图（示意图）中主要构造物的标注与识读如图 5-12 所示。

5.1.13 文字的标注

文字的标注与识读如图 5-13 所示。

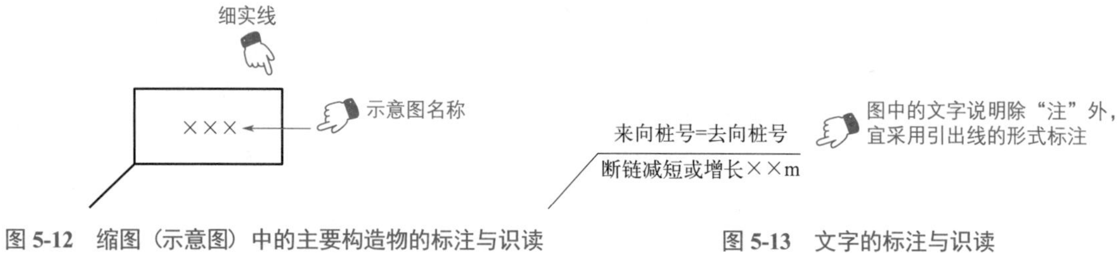

细实线
×××
示意图名称
来向桩号=去向桩号
断链减短或增长××m
图中的文字说明除"注"外，宜采用引出线的形式标注

图 5-12　缩图（示意图）中的主要构造物的标注与识读　　图 5-13　文字的标注与识读

小贴士

（1）图中原管线应采用细实线表示，设计管线应采用粗实线表示。规划管线应采用虚线表示。

（2）边沟水流方向应采用单边箭头表示。

（3）水泥混凝土路面的胀缝应采用两条细实线表示，假缝应采用细虚线表示，其余应采用细实线表示。

5.2 路线平面

5.2.1 路线平面图

扫码观看视频

路线平面图的识读（二）

路线平面图，往往包括地形、地物、路线部分等。道路平面图中常用的图线需要符合的规定如下。

（1）设计路线应采用加粗粗实线表示，比较线应采用加粗粗虚线表示。

（2）道路中线应采用细点画线表示。

（3）中央分隔带边缘线应采用细实线表示。

（4）路基边缘线应采用粗实线表示。

（5）导线、边坡线、护坡道边缘线、边沟线、切线、引出线、原有通路边线等应采用细实线表示。

（6）用地界线应采用中粗点画线表示。

（7）规划红线应采用粗双点画线表示。

（8）平曲线的切线一般采用细实线。

路线平面图中的地貌，一般是用等高线表示。等高线越稠密，表示高差越大。反之高差越小。图中的地物一般用图例表示。

路线平面图的绘制与识读如图 5-14 所示。

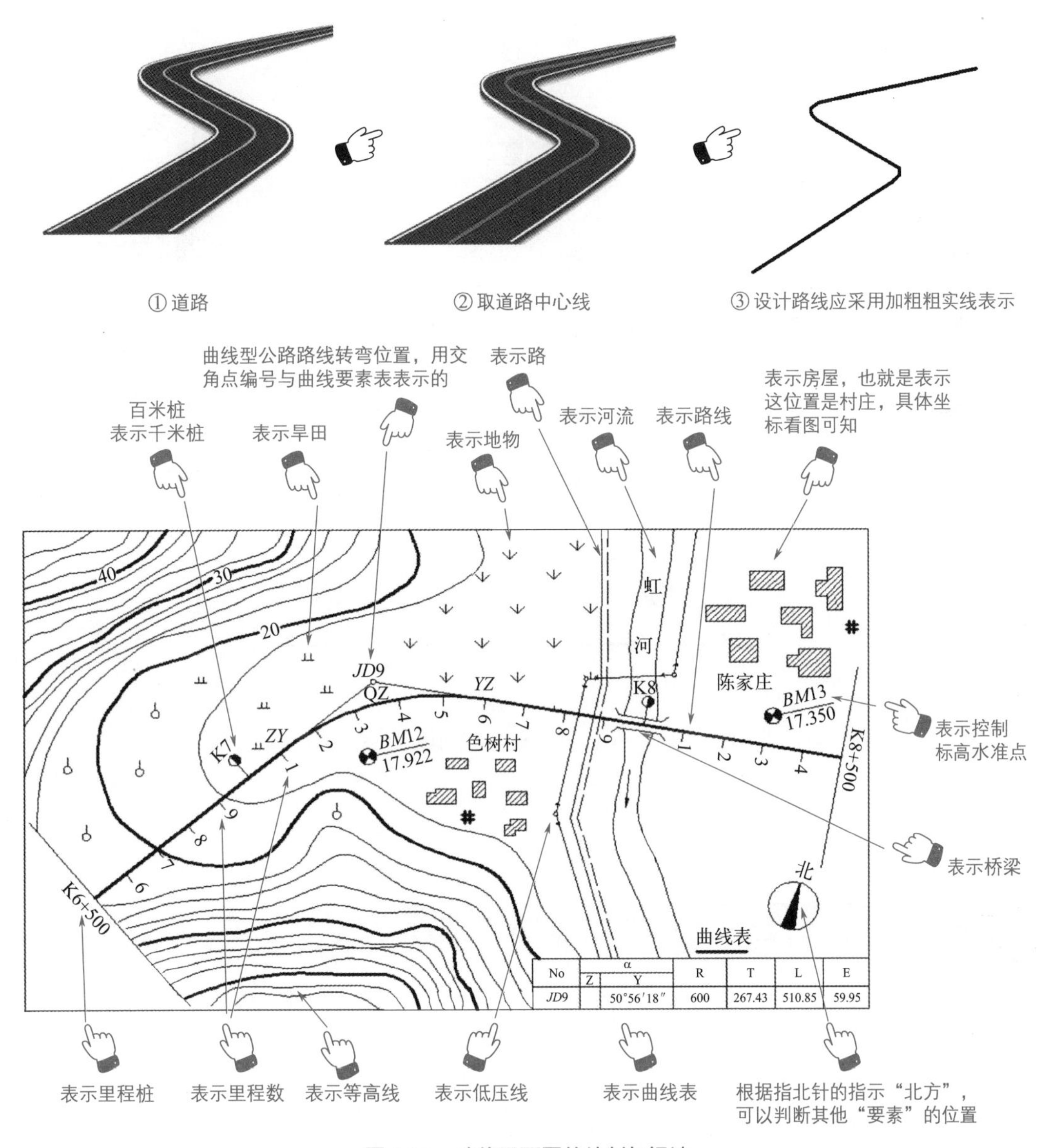

① 道路
② 取道路中心线
③ 设计路线应采用加粗粗实线表示
曲线型公路路线转弯位置，用交角点编号与曲线要素表表示的
表示路
百米桩
表示千米桩
表示旱田
表示地物
表示河流
表示路线
表示房屋，也就是表示这位置是村庄，具体坐标看图可知
表示控制标高水准点
表示桥梁
表示里程桩
表示里程数
表示等高线
表示低压线
表示曲线表
根据指北针的指示“北方”，可以判断其他“要素”的位置
40
30
20
JD9
QZ
YZ
ZY
K7
K8
K6+500
K8+500
BM12
17.922
BM13
17.350
色树村
陈家庄
虹
河
北
曲线表

No	α		R	T	L	E
	Z	Y				
JD9		50°56′18″	600	267.43	510.85	59.95

图 5-14　路线平面图的绘制与识读

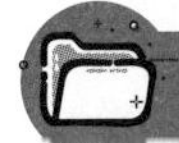

小贴士

识读路线平面图时，需要掌握的信息如下。

（1）了解比例。一般地形复杂的地方，往往采用大比例。

（2）掌握坐标位置。往往是看图中坐标网或指北针来了解坐标位置。

（3）根据等高线了解地形，具体到哪些是平原、哪些是洼地、哪些是丘陵等情况。

（4）根据平面图图例，了解房屋、路、桥梁、菜地、旱田、水稻田、高压线、沙滩、河流等是否存在，或者其具体位置。

5.2.2 路线平面图常见图例

路线平面图常见图例的绘制与识读如图 5-15 所示。植物图例应朝上、朝北。

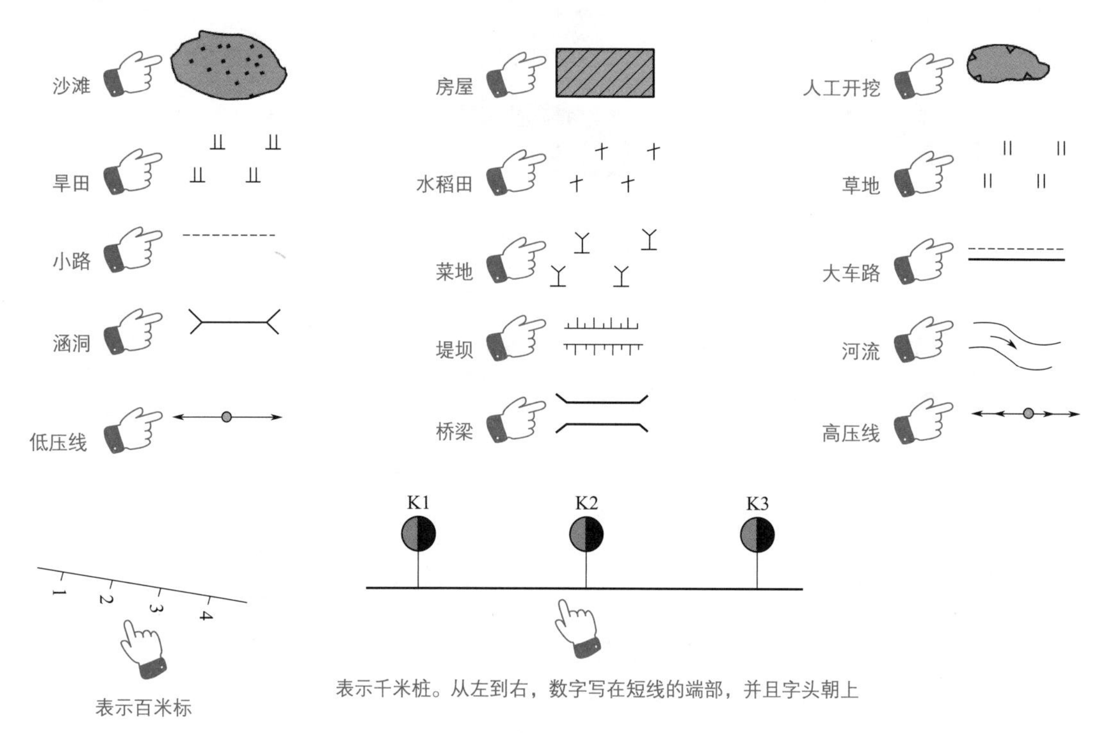

沙滩
房屋
人工开挖
旱田
水稻田
草地
小路
菜地
大车路
涵洞
堤坝
河流
低压线
桥梁
高压线
K1
K2
K3
1
2
3
4
表示百米标
表示千米桩。从左到右，数字写在短线的端部，并且字头朝上

图 5-15 路线平面图常见图例的绘制与识读

小贴士

（1）路线平面图所用比例较小，公路路线一般只是沿路的中心线画出一条粗实线来表示。

（2）路线长度用里程表示，一般是分段画出，并且根据规定由左到右递增。沿路线前进方向，在左侧表示里程数，在右侧设百米桩。

（3）曲线型公路路线转弯位置一般用交角点编号、曲线要素表来表示。

（4）控制标高的水准点应标有标高值。

5.2.3 控制点、标高水准点的绘制与识读

控制点、标高水准点的绘制与识读如图 5-16 所示。

5.2.4 水准点里程、编号、高程和具体位置的绘制与识读

水准点里程、编号、高程和具体位置的绘制与识读如图 5-17 所示。

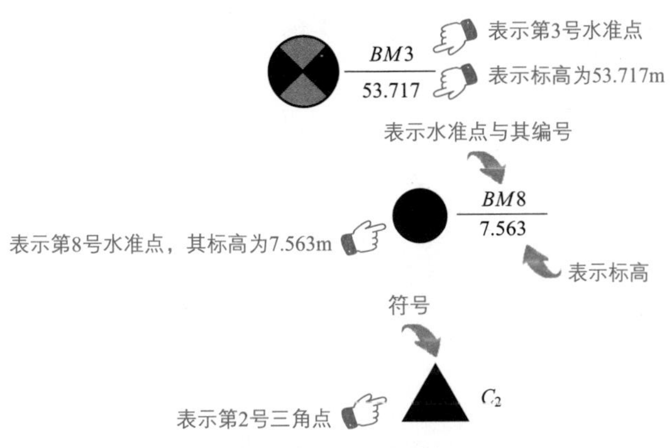
BM3
53.717
表示第3号水准点
表示标高为53.717m
表示水准点与其编号
BM8
7.563
表示第8号水准点，其标高为7.563m
表示标高
符号
C_2
表示第2号三角点

图 5-16 控制点、标高水准点的绘制与识读

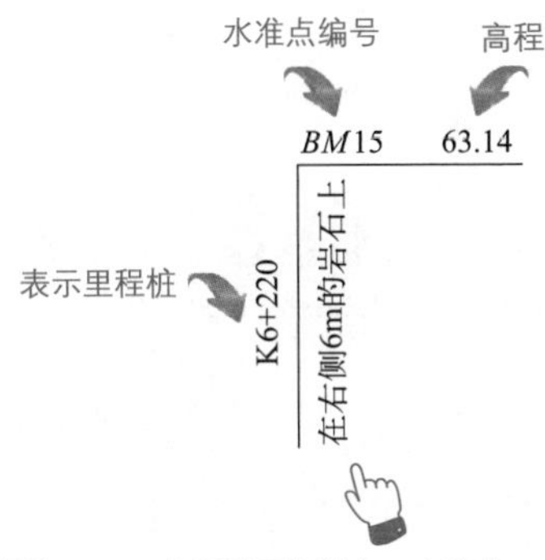
水准点编号
高程
BM15
63.14
表示里程桩
K6+220
在右侧6m的岩石上

表示在里程桩K6+220右侧岩石上设有一水准点，水准点编号为BM15，高程为63.14m

图 5-17 水准点里程、编号、高程和具体位置的绘制与识读

小贴士

（1）设计高程，也就是路基边缘点设计高程。

（2）地面高程，也就是原地面点中心点标高。

（3）填挖高度＝设计高程－地面高程。

（4）填挖高度正值为填高，填挖高度负值为挖深。

5.2.5 里程桩号的标注

公路建成后的公路桩号是对公路沿线技术属性定位的重要依据，是公路管理工作的基础。公路建成后的公路桩号如图 5-18 所示。

施工图中的桩号是施工定位的重要依据，是制图、识图必须掌握的。

里程桩号的标注，应在道路中线上从路线起点到终点，根据从小到大、从左到右的顺序排列。

千米桩，宜标注在路线前进方向的左侧，并且用符号“○”表示。

百米桩，宜标注在路线前进方向的右侧，用垂直于路线的短线表示。也可在路线的同一侧，均采用垂直于路线的短线表示千米桩与百米桩。

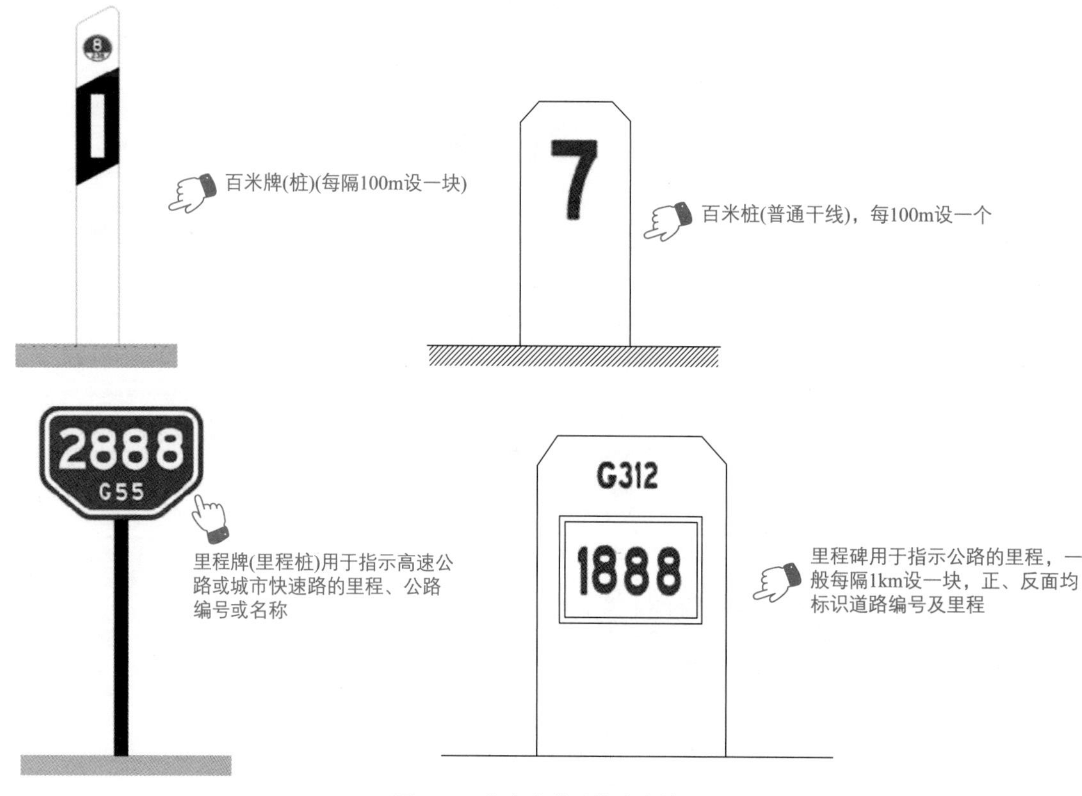
百米牌(桩)(每隔100m设一块)
7
百米桩(普通干线)，每100m设一个
2888
G55
里程牌(里程桩)用于指示高速公路或城市快速路的里程、公路编号或名称
G312
1888
里程碑用于指示公路的里程，一般每隔1km设一块，正、反面均标识道路编号及里程

图 5-18 公路建成后的公路桩号

小贴士

（1）常见的桩有千米桩、百米桩、二十米整桩、曲线要素点桩、构造物中心点桩、加桩等。

（2）里程桩的表示：里程桩号表示法是指在公路两侧设置里程桩，用数字表示公路的里程数。例如：

公路起点为 0km，则里程桩号为 0+000。

公路 1km 处的里程桩号为 1+000，以此类推。

K257+015～K262+505 表示 257km 再过 15m 到 262km 再过 505m 的范围内。也就是“K”后的“+”前面的数字单位为 km，“+”后面的三个数字单位为 m。

5.2.6 交角点

当受地形和其他障碍物限制时，公路路线在平面上改变方向。路线改变方向的转折点，叫作交角点（*JD*）。

交角点如图 5-19 所示。

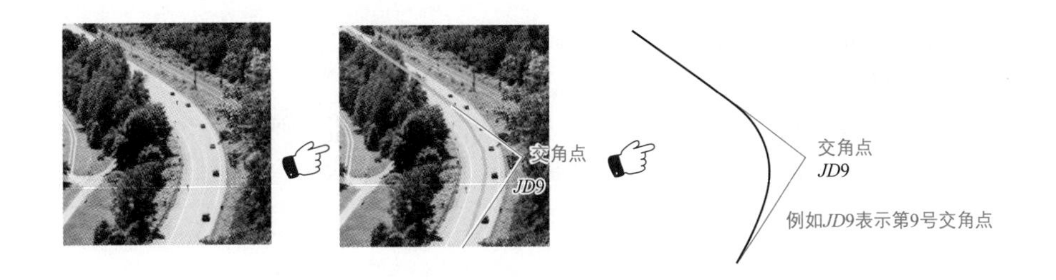
交角点
JD9
交角点
JD9
例如JD9表示第9号交角点

图 5-19　交角点

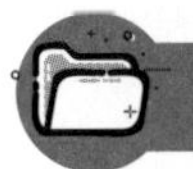
小贴士

公路曲线段（转弯位置）在平面图中，往往用交角点编号来表示。例如 *JD*12 表示第 12 号交角点。

5.2.7　道路平面线

平面线形要素：直线、圆曲线、缓和曲线等。直线灵活性差，难以适应地形的变化，在应用时受到较大限制。过长的直线易引起驾驶员的厌倦、疲劳、注意力不集中等现象。直线过短，行车方向变化频繁，会影响行车安全与路容美观，如图 5-20 所示。

长直线纵坡不宜过大，易导致行车的高速度

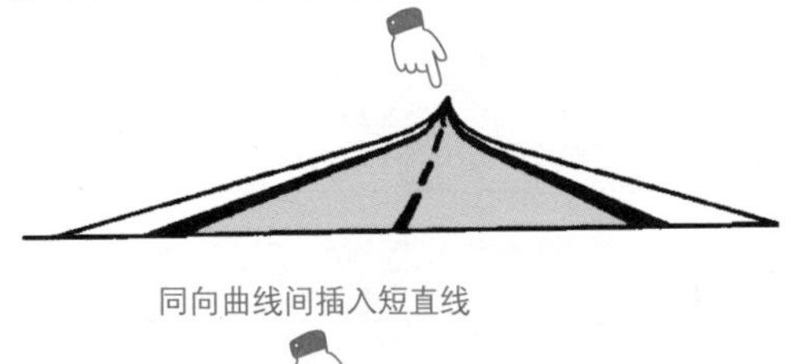
长直线与大半径凹形竖曲线组合，可使生硬呆板的直线得到一些缓和

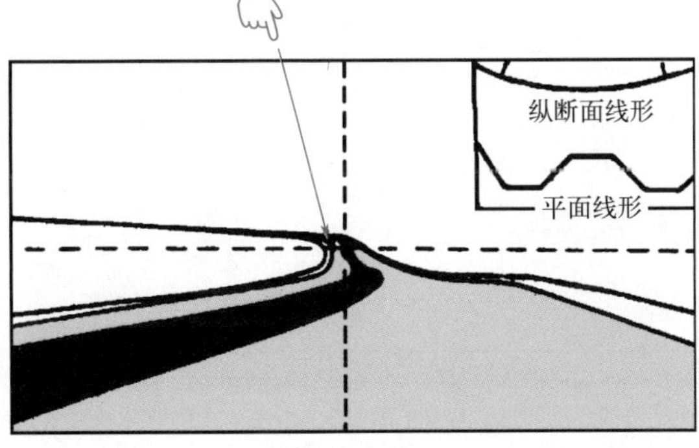
同向曲线间插入短直线
纵断面线形
平面线形

图 5-20　直线

圆曲线设置一般是在路线交点处。汽车在公路上行驶受重力、离心力的作用。因此，圆曲线设置时，应考虑半径的选择、平曲线最小长度等的要求。

缓和曲线，就是在直线与曲线间或曲线与曲线间设置的曲率半径连续变化的曲线。缓和曲线的采用，便于驾驶路线顺畅，构成最佳线形。

道路平面线如图 5-21 所示。

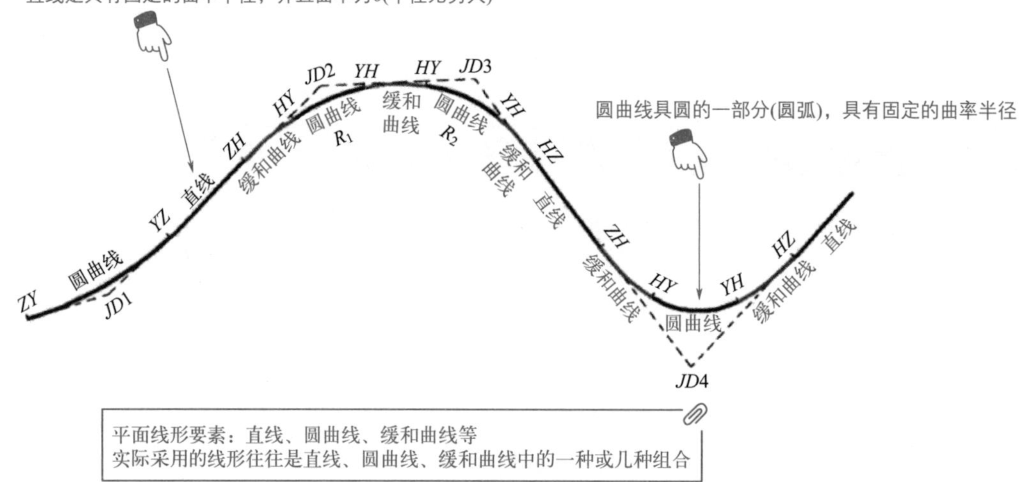
直线是具有固定的曲率半径，并且曲率为0(半径无穷大)
圆曲线具圆的一部分(圆弧)，具有固定的曲率半径
ZY
圆曲线
JD1
YZ
直线
ZH
缓和曲线
HY
JD2
YH
圆曲线
R_1
缓和
曲线
HY
JD3
圆曲线
R_2
YH
缓和
曲线
HZ
直线
ZH
缓和曲线
HY
圆曲线
YH
JD4
缓和曲线
HZ
直线
平面线形要素：直线、圆曲线、缓和曲线等
实际采用的线形往往是直线、圆曲线、缓和曲线中的一种或几种组合

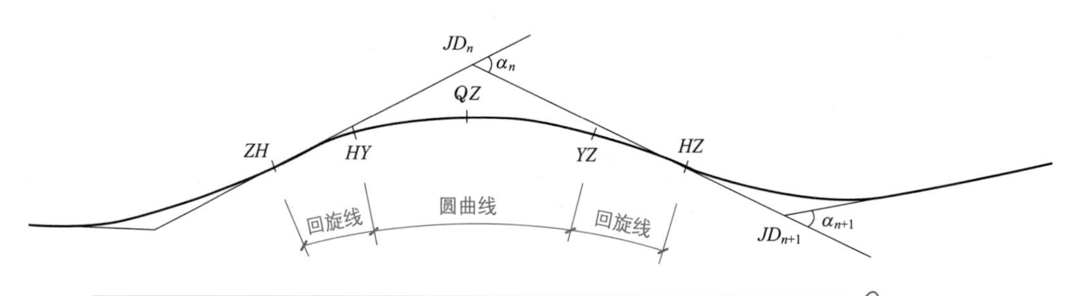
JD_n
α_n
QZ
ZH
HY
YZ
HZ
回旋线
圆曲线
回旋线
JD_{n+1}
α_{n+1}

基本型曲线，就是根据“直线-回旋曲线-圆曲线-回旋曲线-直线”的顺序组合起来的线型。基本型曲线，又可以根据其中两个回旋曲线参数相等与否，分为对称式、不对称式

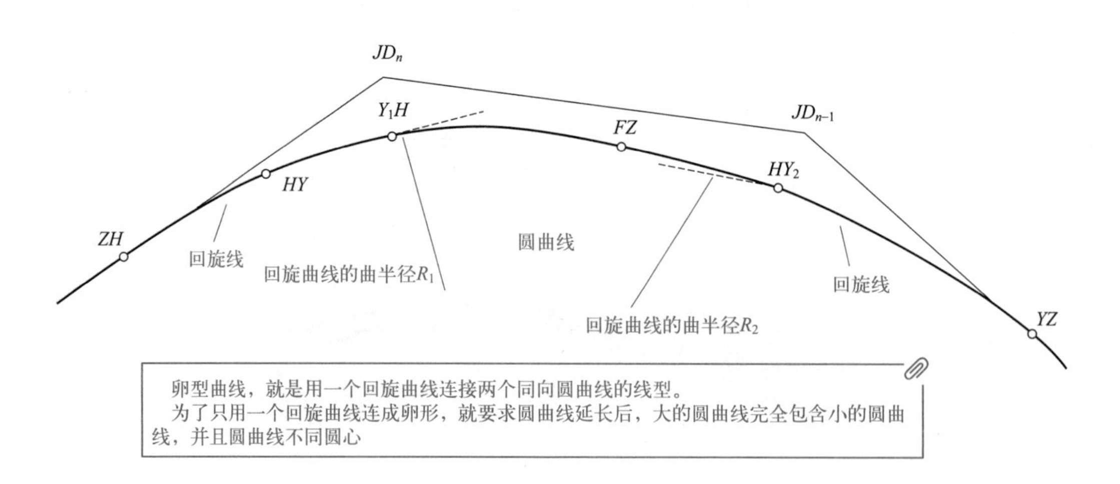
JD_n
Y_1H
FZ
JD_{n-1}
HY_2
HY
ZH
回旋线
回旋曲线的曲半径R_1
圆曲线
回旋线
回旋曲线的曲半径R_2
YZ

卵型曲线，就是用一个回旋曲线连接两个同向圆曲线的线型。

为了只用一个回旋曲线连成卵形，就要求圆曲线延长后，大的圆曲线完全包含小的圆曲线，并且圆曲线不同圆心

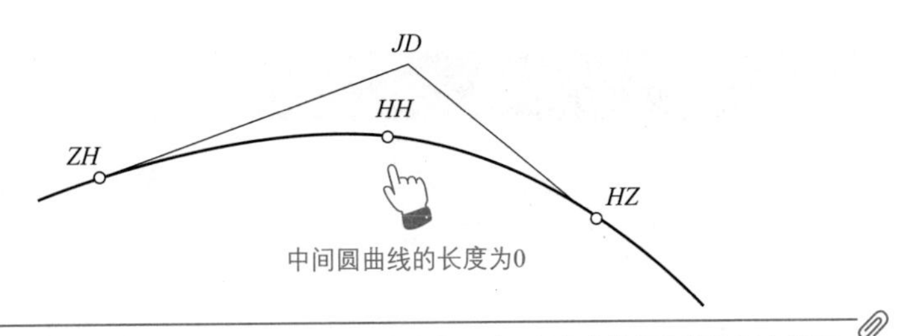
JD
HH
ZH
HZ
中间圆曲线的长度为0

凸型曲线是用一个回旋曲线连接两个同向回旋曲线，并且回旋曲线间不插入圆曲线而直接衔接而成的线型。

凸型曲线分对称型、非对称型

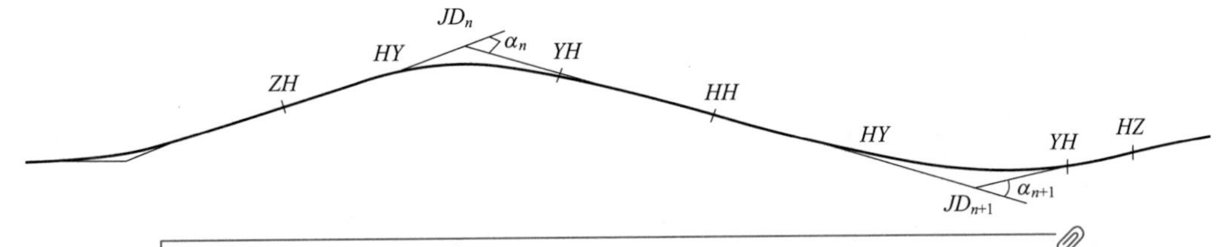
JDn
αn
HY
YH
ZH
HH
HY
YH
HZ
αn+1
JDn+1

S型曲线，就是把两个反向圆曲线用回旋曲线连接起来的线型。两个反向回旋曲线的参数可以相等，也可以不相等

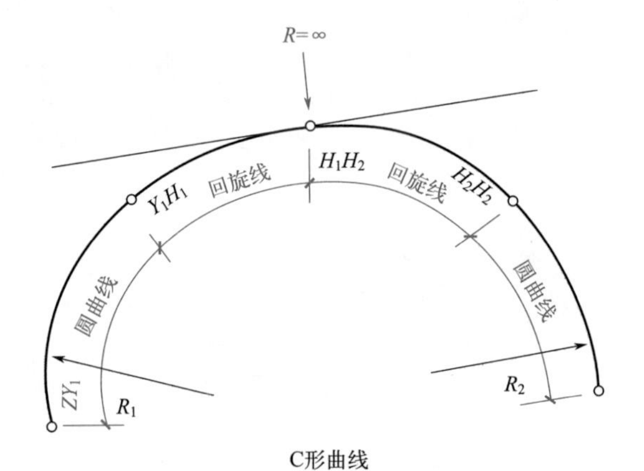
R=∞
H1H2
回旋线
回旋线
Y1H1
H2H2
圆曲线
圆曲线
ZY1
R1
R2

C形曲线

复合型曲线，就是两个以上同向回旋曲线在曲率相等处相互连接的形式

图 5-21　道路平面线

小贴士

（1）平曲线特殊点如第一缓曲线起点、圆曲线起点、圆曲线中点、第二缓和曲线终点、第二缓和曲线起点、圆曲线终点的位置，宜在曲线内侧用引出线的形式表示，并且应标注点的名称与桩号。

（2）高速公路、一级公路、二级公路、三级公路平面线形应由直线、圆曲线、回旋线三种要素组成。

（3）四级公路平面线形应由直线、圆曲线两种要素组成。

5.2.8 曲线的绘制

曲线的绘制，关键是曲线要素的计算。曲线要素的计算，关键是要素计算公式的掌握。曲线要素计算公式如图 5-22 所示。

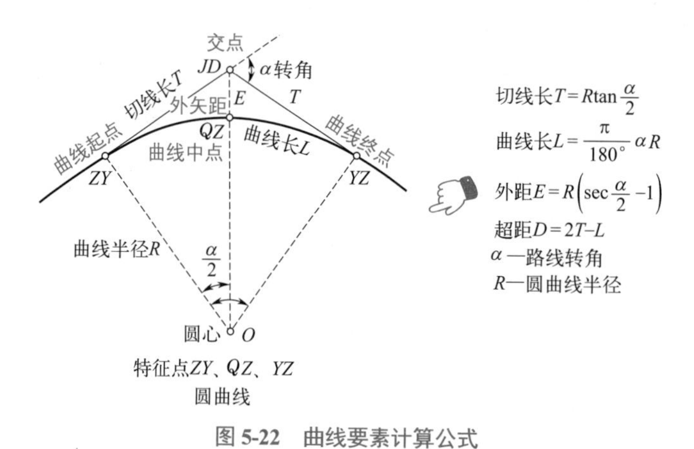

交点
JD
α转角
切线长T
外矢距
E
T
QZ
曲线中点
曲线长L
曲线起点
曲线终点
ZY
YZ
曲线半径R
α/2
圆心
O
特征点ZY、QZ、YZ
圆曲线
切线长$T=R\tan\frac{\alpha}{2}$
曲线长$L=\frac{\pi}{180^\circ}\alpha R$
外距$E=R\left(\sec\frac{\alpha}{2}-1\right)$
超距$D=2T-L$
α—路线转角
R—圆曲线半径

图 5-22 曲线要素计算公式

5.3 路线纵断面

5.3.1 路线纵断图的构成线形

路线纵断图的构成线形如图 5-23 所示。

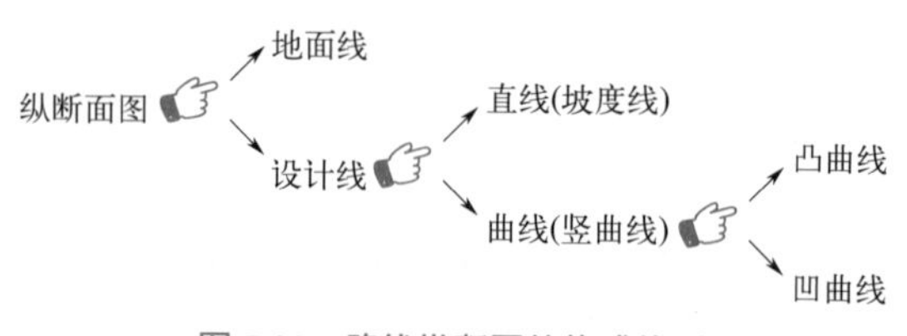

纵断面图
地面线
设计线
直线(坡度线)
曲线(竖曲线)
凸曲线
凹曲线

图 5-23 路线纵断图的构成线形

5.3.2 纵断面图线型的应用

纵断面图中，线型的应用如下。

（1）道路设计线一般采用粗实线表示。

（2）原地面线一般采用细实线表示。

（3）地下水位线一般采用细双点画线及水位符号表示。

（4）路线坡度发生变化时，变坡点一般用直径为 2mm 的中粗线圆圈表示。
（5）切线一般采用细虚线表示。
（6）竖曲线一般应采用粗实线表示。
纵断面图线型的绘制与识读如图 5-24 所示。

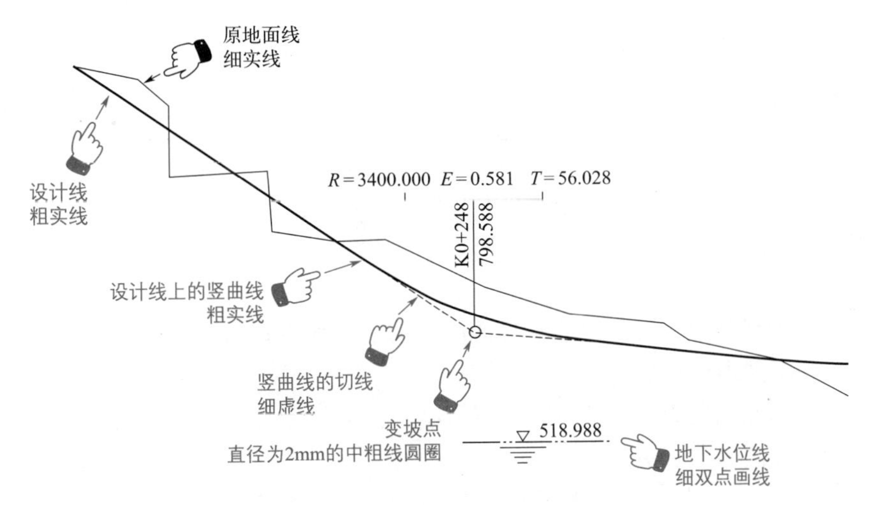

原地面线
细实线
设计线
粗实线
R=3400.000 E=0.581 T=56.028
K0+248
798.588
设计线上的竖曲线
粗实线
竖曲线的切线
细虚线
变坡点
直径为2mm的中粗线圆圈
518.988
地下水位线
细双点画线

图 5-24　纵断面图线型的绘制与识读

5.3.3 纵断面图图样的布置

纵断面图图样的布置要求如下。
（1）纵断面图的图样，需要布置在图幅上部。
（2）测设数据，需要采用表格形式布置在图幅下部。
（3）高程标尺，需要布置在测设数据表的上方左侧。
纵断面图图样的布置如图 5-25 所示。

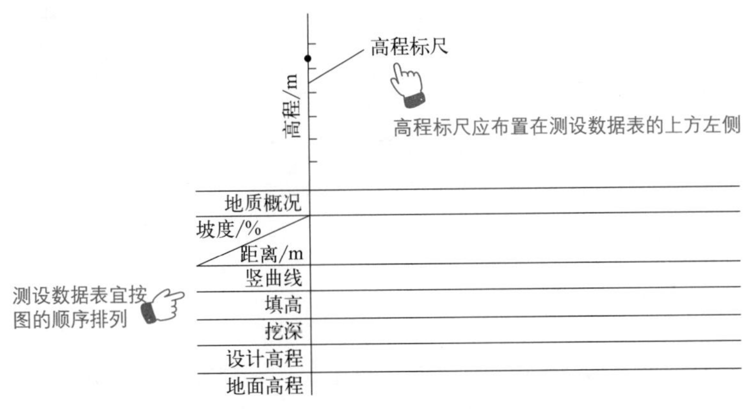

高程标尺
高程/m
高程标尺应布置在测设数据表的上方左侧
地质概况
坡度/%
距离/m
竖曲线
填高
挖深
设计高程
地面高程
测设数据表宜按
图的顺序排列

图 5-25　纵断面图图样的布置

5.3.4 道路设计线、原地面线、地下水位线与水位符号的绘制与识读

道路设计线、原地面线、地下水位线与水位符号的绘制与识读如图 5-26 所示。

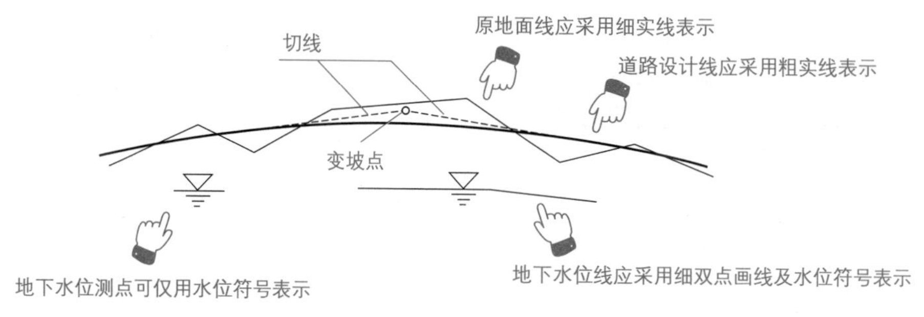
切线
原地面线应采用细实线表示
道路设计线应采用粗实线表示
变坡点
地下水位测点可仅用水位符号表示
地下水位线应采用细双点画线及水位符号表示

图 5-26　道路设计线、原地面线、地下水位线与水位符号的绘制与识读

5.3.5　断链的标注

断链，是指因局部改线或分段测量等原因造成的桩号不相连接的现象。桩号重叠的情况称长链，桩号间断的现象称短链。

长链较长而不能利用原纵断面图时，应另绘制长链部分的纵断面图。

断链的标注如图 5-27 所示。

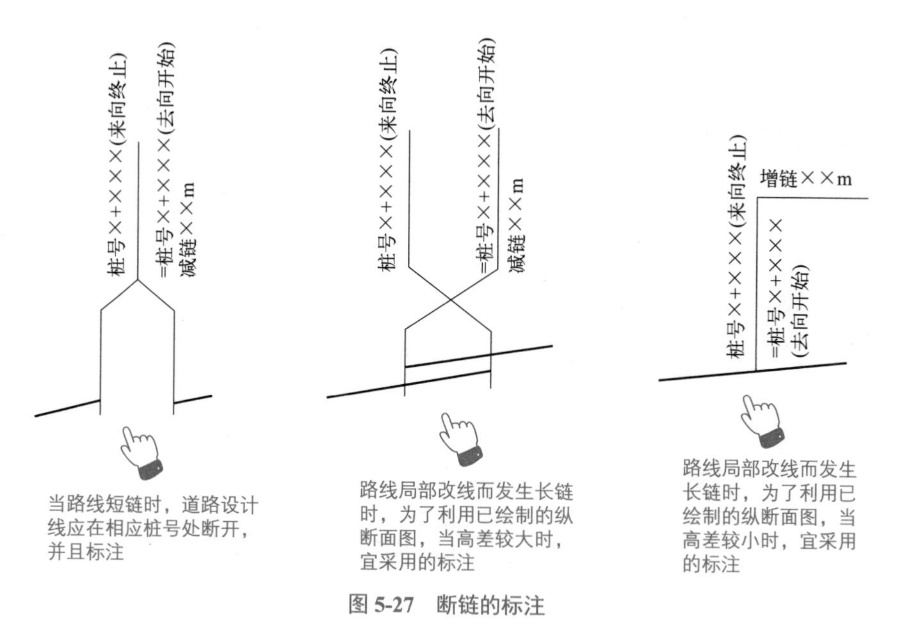
桩号××+×××(来向终止)
=桩号××+×××(去向开始)
减链××m
当路线短链时，道路设计线应在相应桩号处断开，并且标注
桩号××+×××(来向终止)
=桩号××+×××(去向开始)
减链××m
路线局部改线而发生长链时，为了利用已绘制的纵断面图，当高差较大时，宜采用的标注
增链××m
桩号××+×××(来向终止)
=桩号××+×××
(去向开始)
路线局部改线而发生长链时，为了利用已绘制的纵断面图，当高差较小时，宜采用的标注

图 5-27　断链的标注

5.3.6　竖曲线的定义

纵断面上两个坡段的转折位置，为了便于行车，用一段曲线来缓和，称为竖曲线。竖曲线的形状，常采用平曲线或二次抛物线两种。

变坡点，就是相邻两条坡度线的交点。

变坡角，就是相邻两条坡度线的坡度值之差，一般用 ω 表示。

竖曲线的定义如图 5-28 所示。

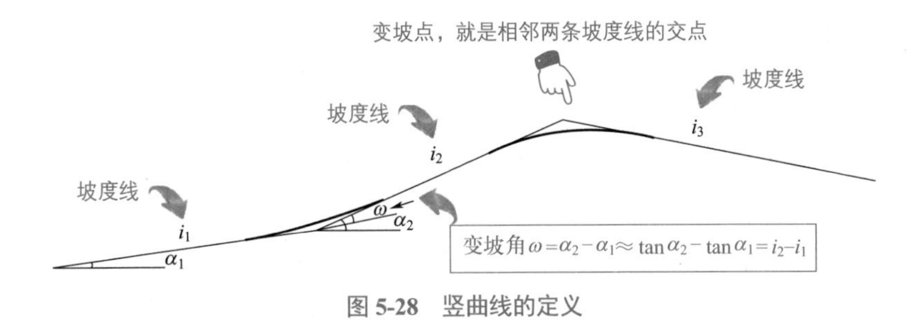
变坡点，就是相邻两条坡度线的交点
坡度线
坡度线
坡度线
i_1
i_2
i_3
ω
α_1
α_2
变坡角 $\omega=\alpha_2-\alpha_1\approx\tan\alpha_2-\tan\alpha_1=i_2-i_1$

图 5-28　竖曲线的定义

5.3.7　竖曲线符号的绘制与识读

竖曲线符号的绘制与识读如图 5-29 所示。

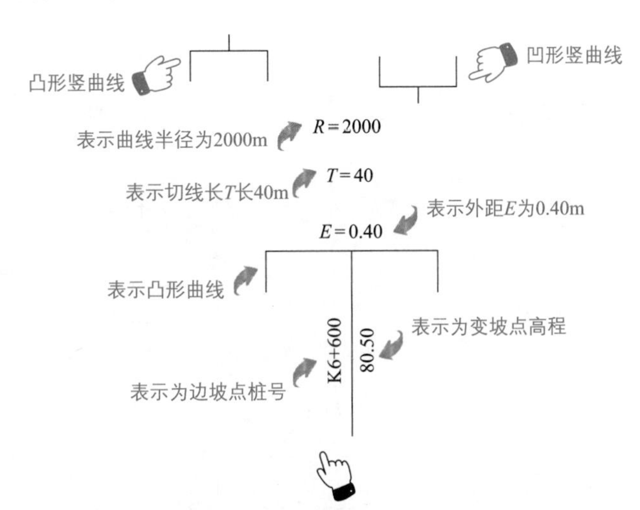
凸形竖曲线
凹形竖曲线
表示曲线半径为2000m
R=2000
表示切线长T长40m
T=40
表示外距E为0.40m
E=0.40
表示凸形曲线
表示为变坡点高程
K6+600
80.50
表示为边坡点桩号
表示凸形曲线，曲线半径R为2000m，切线长T长40m，外距E为0.40m，K6+600为边坡点桩号，80.50为变坡点高程

图 5-29　竖曲线符号的绘制与识读

小贴士

凹形与凸形的绘制与识读如图 5-30 所示。

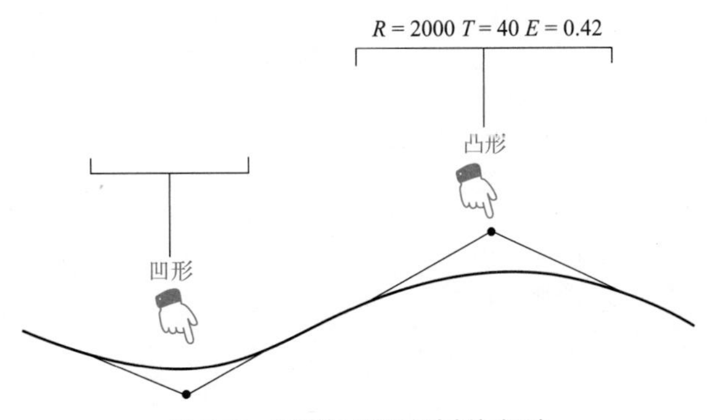
R = 2000 T = 40 E = 0.42
凸形
凹形

图 5-30　凹形与凸形的绘制与识读

5.3.8 竖曲线的标注

竖曲线的标注如图 5-31 所示。

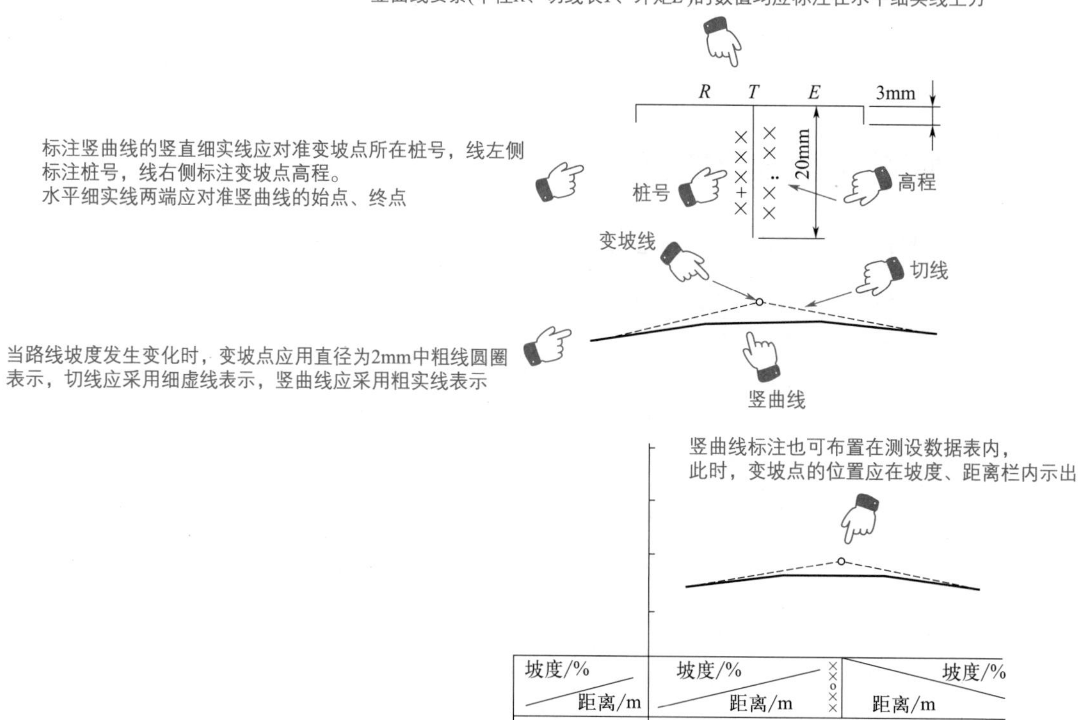

两端的短竖直细实线在水平线之上为凹曲线；反之为凸曲线。
竖曲线要素(半径R、切线长T、外矩E)的数值均应标注在水平细实线上方
R
T
E
3mm
20mm
标注竖曲线的竖直细实线应对准变坡点所在桩号，线左侧标注桩号，线右侧标注变坡点高程。
水平细实线两端应对准竖曲线的始点、终点
桩号
高程
变坡线
切线
当路线坡度发生变化时，变坡点应用直径为2mm中粗线圆圈表示，切线应采用细虚线表示，竖曲线应采用粗实线表示
竖曲线
竖曲线标注也可布置在测设数据表内，
此时，变坡点的位置应在坡度、距离栏内示出
坡度/%
距离/m
竖曲线
R=
T=
E=

图 5-31 竖曲线的标注

5.3.9 沿线构筑物、交叉口的标注

沿线构筑物、交叉口的标注如图 5-32 所示。

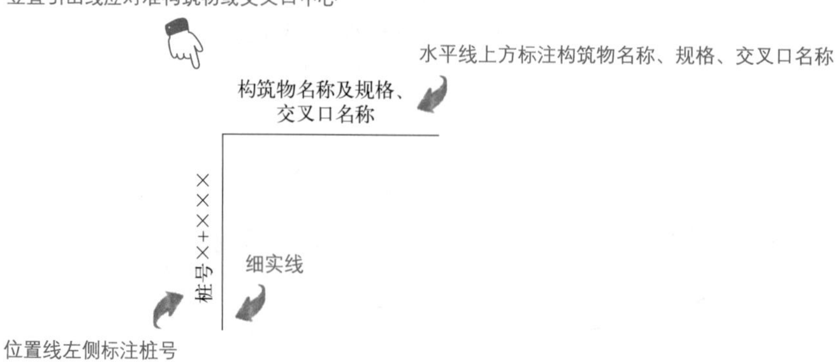

道路沿线的构筑物、交叉口，可在道路设计线的上方，用竖直引出线标注，
竖直引出线应对准构筑物或交叉口中心
水平线上方标注构筑物名称、规格、交叉口名称
构筑物名称及规格、
交叉口名称
桩号××+×××
细实线
位置线左侧标注桩号

图 5-32 沿线构筑物、交叉口的标注

5.3.10 水准点的标注

水准点，就是水准高程的标志。水准点有永久水准点、临时水准点等类型。水准点的标注如图 5-33 所示。

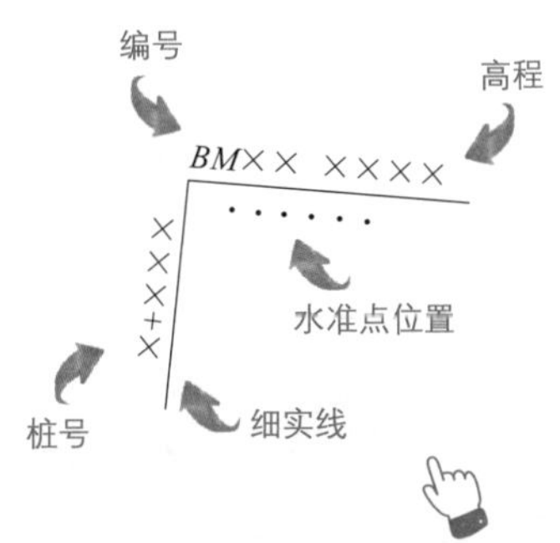

编号
高程
BM×× ××××
水准点位置
桩号
细实线

水准点宜按图标注，竖直引出线应对准水准点桩号，线左侧标注桩号，水平线上方标注编号及高程，线下方标注水准点的位置

图 5-33 水准点的标注

小贴士

在纵断面图中，可以根据需要绘制地质柱状图，并且示出岩土图例或代号。各地层高程需要与高程标尺对应。探坑需要根据宽为 0.5cm、深为 1 ∶ 100 的比例绘制，在图样上标注高程、土壤类别图例。钻孔可根据宽 0.2cm 绘制，仅标注编号、深度，深度过长时可采用折断线示出。

5.3.11 盲沟、边沟底线的标注

盲沟又叫暗沟，其就是指在路基或地基内设置的充填碎石、砾石等粗粒材料，并且铺以倒滤层（有的其中埋设透水管）的排水、截水暗沟。盲沟可以排除地下水，降低地下水位。

边沟，就是指设置在挖方路基路肩外侧及低填方路基地脚外侧的纵向人工沟渠，用以收集路面的地面水，排除路基拦截道路上方边坡的坡面水，迅速汇集并把它们顺畅地引入排水通道中，通过桥涵等将其泄放到道路的下方。边沟如图 5-34 所示。

盲沟、边沟底线的标注如图 5-35 所示。

边沟
道路

图 5-34 边沟

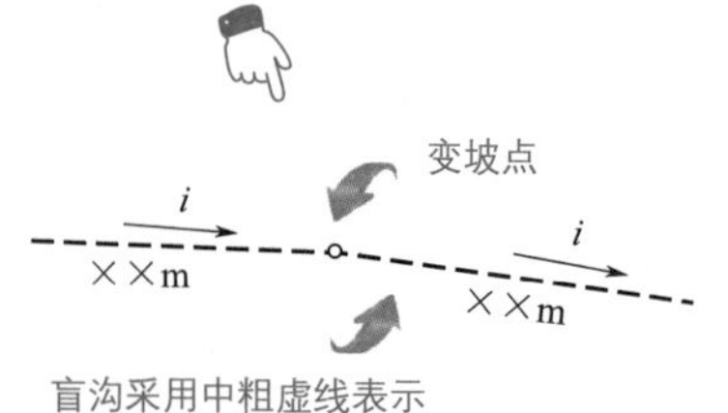
变坡点、距离、坡度宜按图标注，
变坡点用直径为1～2mm的圆圈表示
变坡点
i
××m
边沟底线采用中粗长虚线表示
变坡点、距离、坡度宜按图标注，
变坡点用直径为1～2mm的圆圈表示
变坡点
i
××m
盲沟采用中粗虚线表示

图 5-35　盲沟、边沟底线的标注

小贴士

（1）纵断面图中，给排水管涵应标注规格、管内底的高程。

（2）纵断面图中，地下管线横断面应采用相应图例。无图例时可自拟图例，并且应在图纸中说明。

5.3.12　里程桩号的标注

在测设数据表中，设计高程、地面高程、填高、挖深的数值应对准其桩号，单位以 m 计。

里程桩号应由左向右排列，应将所有固定桩及加桩桩号标示出，如图 5-36 所示。

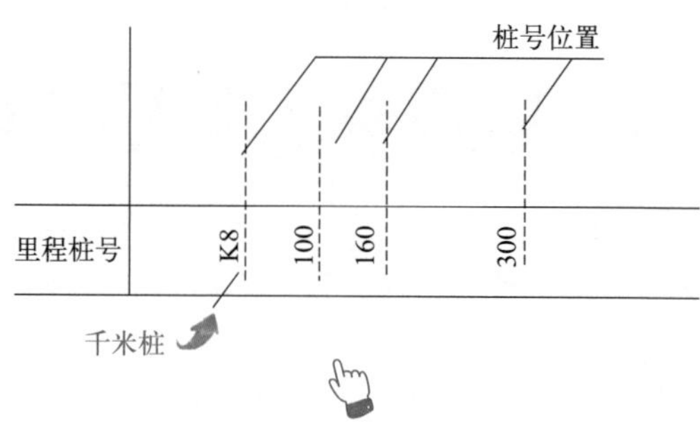
桩号位置
里程桩号
K8
100
160
300
千米桩
桩号数值的字底应与所表示桩号位置对齐，整千米桩应标注“K”，
其余桩号的千米数可省略

图 5-36　里程桩号的标注

5.3.13　平曲线的标注

平曲线，就是在平面线形中路线转向处曲线的总称，包括圆曲线、缓和曲线。平曲线是连接两直线的线，能够使车辆从一根直线行驶到另一根直线上。

平曲线的标注如图 5-37 所示。

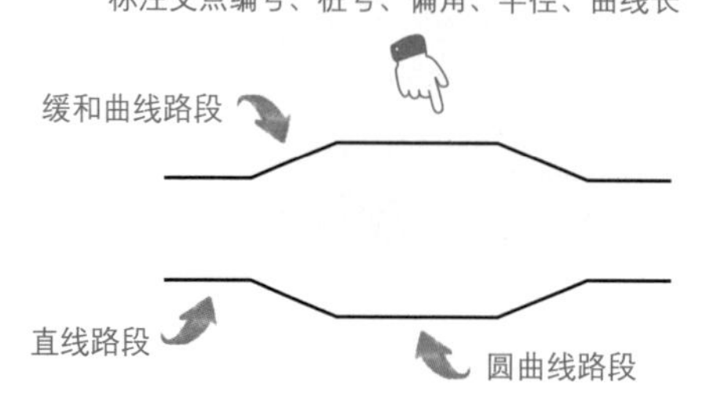
在测设数据表中的平曲线栏中，道路左、右转
弯应分别用凹、凸折线表示。
当设缓和曲线段时，按图标注。在曲线的一侧
标注交点编号、桩号、偏角、半径、曲线长
缓和曲线路段
直线路段
圆曲线路段

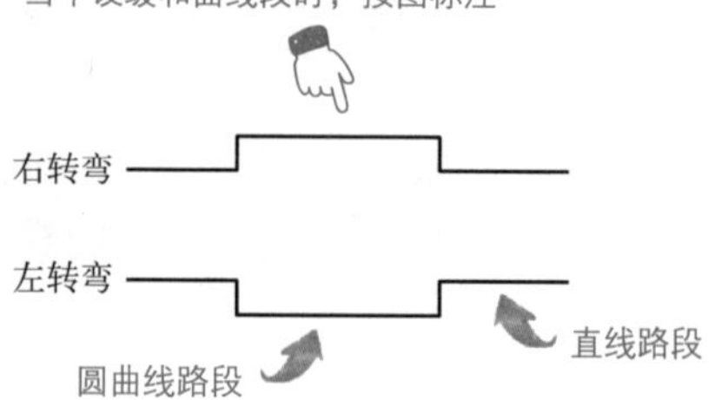
在测设数据表中的平曲线栏中，道路左、右转
弯应分别用凹、凸折线表示。
当不设缓和曲线段时，按图标注
右转弯
左转弯
圆曲线路段
直线路段

图 5-37　平曲线的标注

5.3.14 路线纵断面图的绘制与识读

路线纵断面图，就是把道路用假想的铅垂面通过路中心线进行剖切展开后得到的断面图。

路线纵断面图主要用于表达路线中心纵向线形、地面起伏、地质和沿线设置构筑物的概况。

线路纵断面图，主要由图样部分、资料表部分等组成。

路线纵断面图绘制的方法与步骤如下。

（1）路线纵断面图常在方格纸上绘制，可省去用比例尺。

（2）画路线纵断面图，从左到右根据里程顺序画出。

（3）每张图纸右上角画有角标，并且注明图纸序号、总张数。

（4）图标画在最后一张图纸上的右下角，并且注明路线名称、纵横比例、设计人等。

路线纵断面图的绘制与识读如图 5-38 所示。

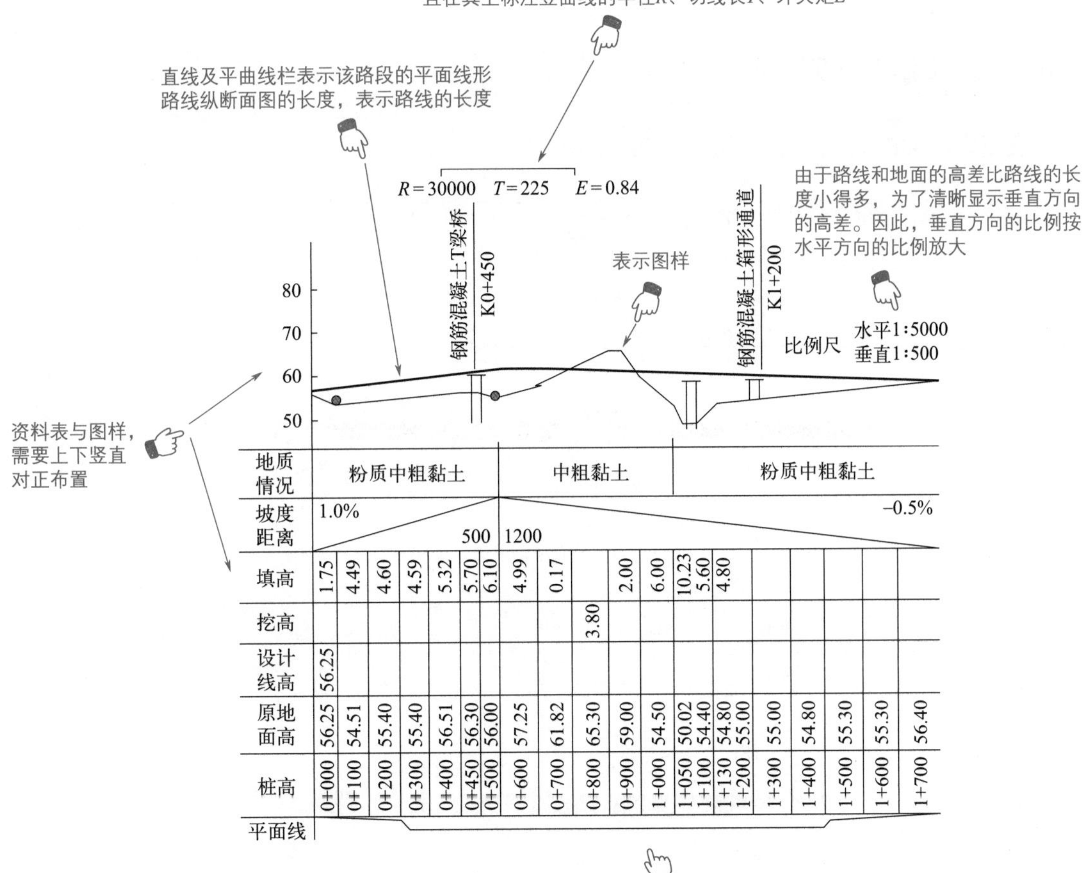
设计线纵波变更位置设置竖曲线，以利于汽车行驶。竖曲线为凸形和凹形两种，分别用标记符号表示，并且在其上标注竖曲线的半径R、切线长T、外矢距E
直线及平曲线栏表示该路段的平面线形
路线纵断面图的长度，表示路线的长度
R=30000 T=225 E=0.84
钢筋混凝土T梁桥
K0+450
钢筋混凝土箱形通道
K1+200
表示图样
由于路线和地面的高差比路线的长度小得多，为了清晰显示垂直方向的高差。因此，垂直方向的比例按水平方向的比例放大
比例尺 水平1:5000 垂直1:500
80
70
60
50
资料表与图样，需要上下竖直对正布置
地质情况 粉质中粗黏土 中粗黏土 粉质中粗黏土
坡度距离 1.0% 500 1200 −0.5%
填高 1.75 4.49 4.60 4.59 5.32 5.70 6.10 4.99 0.17 2.00 6.00 10.23 5.60 4.80
挖高 3.80
设计线高 56.25
原地面高 56.25 54.51 55.40 55.40 56.51 56.30 56.00 57.25 61.82 65.30 59.00 54.50 50.02 54.40 54.80 55.00 55.00 54.80 55.30 55.30 56.40
桩高 0+000 0+100 0+200 0+300 0+400 0+450 0+500 0+600 0+700 0+800 0+900 1+000 1+050 1+100 1+130 1+200 1+300 1+400 1+500 1+600 1+700
平面线
表示资料表部分
资料表常见的项目包括地质概况、地面高程、设计高程、里程桩号、直线、坡度(距离)、平曲线等栏
不规则的细折线，表示设计中心线的纵向地面线，其是根据一系列中心桩的地面高程连接而成的。粗实线为公路纵向设计线

图 5-38 路线纵断面图的绘制与识读

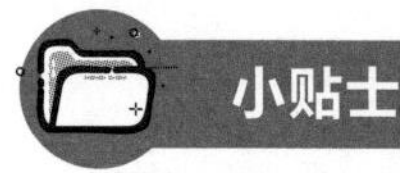

小贴士

（1）路线纵断面图的长度，表示路线的长度。

（2）路线纵断面图水平方向表示长度，垂直方向表示高程。

（3）由于路线和地面的高差比路线的长度小得多，为了清晰显示垂直方向的高差，垂直方向的比例按水平方向的比例放大十倍。

（4）比较设计线与地面线的相对位置，可以决定填、挖地段和填、挖高度。

（5）所在里程处标出桥梁、涵洞、立体交叉、通道等人工构筑物的名称、规格、中心里程。

5.4 路线横断面

5.4.1 道路横断面的绘制与识读

道路横断面的绘制与识读如图 5-39 所示。

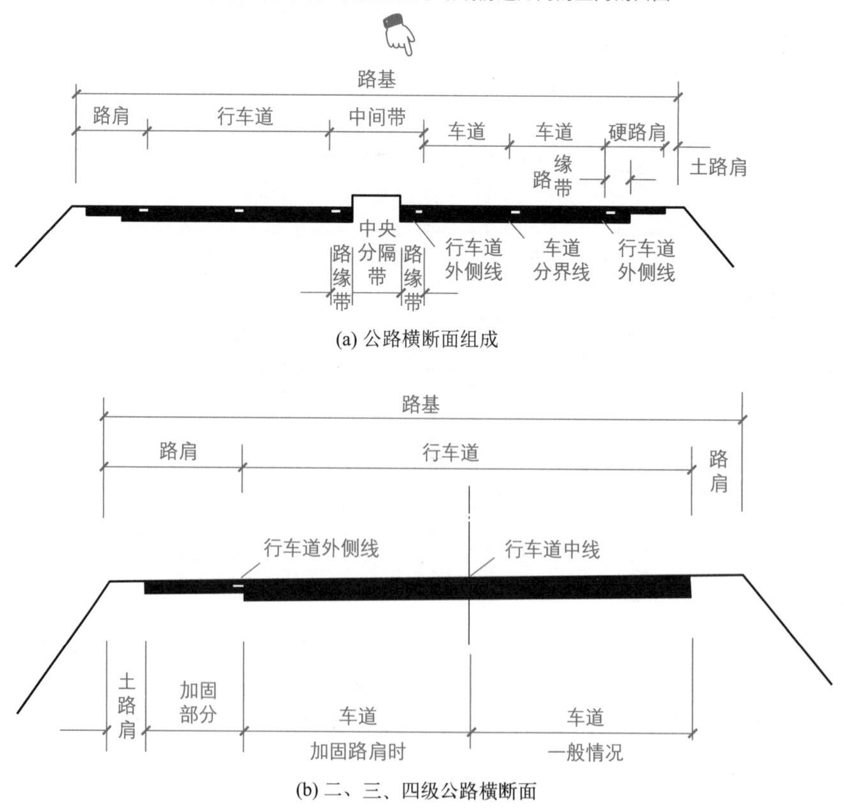
道路横断面图：指道路中线上各点垂直于路线前进方向的竖向剖面图
路基
路肩
行车道
中间带
车道
车道
硬路肩
土路肩
路缘带
中央分隔带
路缘带
路缘带
行车道外侧线
车道分界线
行车道外侧线
路基
路肩
行车道
路肩
行车道外侧线
行车道中线
土路肩
加固部分
车道
车道
加固路肩时
一般情况

(a) 公路横断面组成

(b) 二、三、四级公路横断面

图 5-39　道路横断面的绘制与识读

5.4.2 道路标准横断面图与一般路基横断面图

标准横断面图，可以表达行车道、路缘带、硬路肩、路面厚度、土路肩、中央分隔带等道路各组成部分的横向布置。

道路标准横断面图与一般路基横断面图绘制与识读如图 5-40 所示。

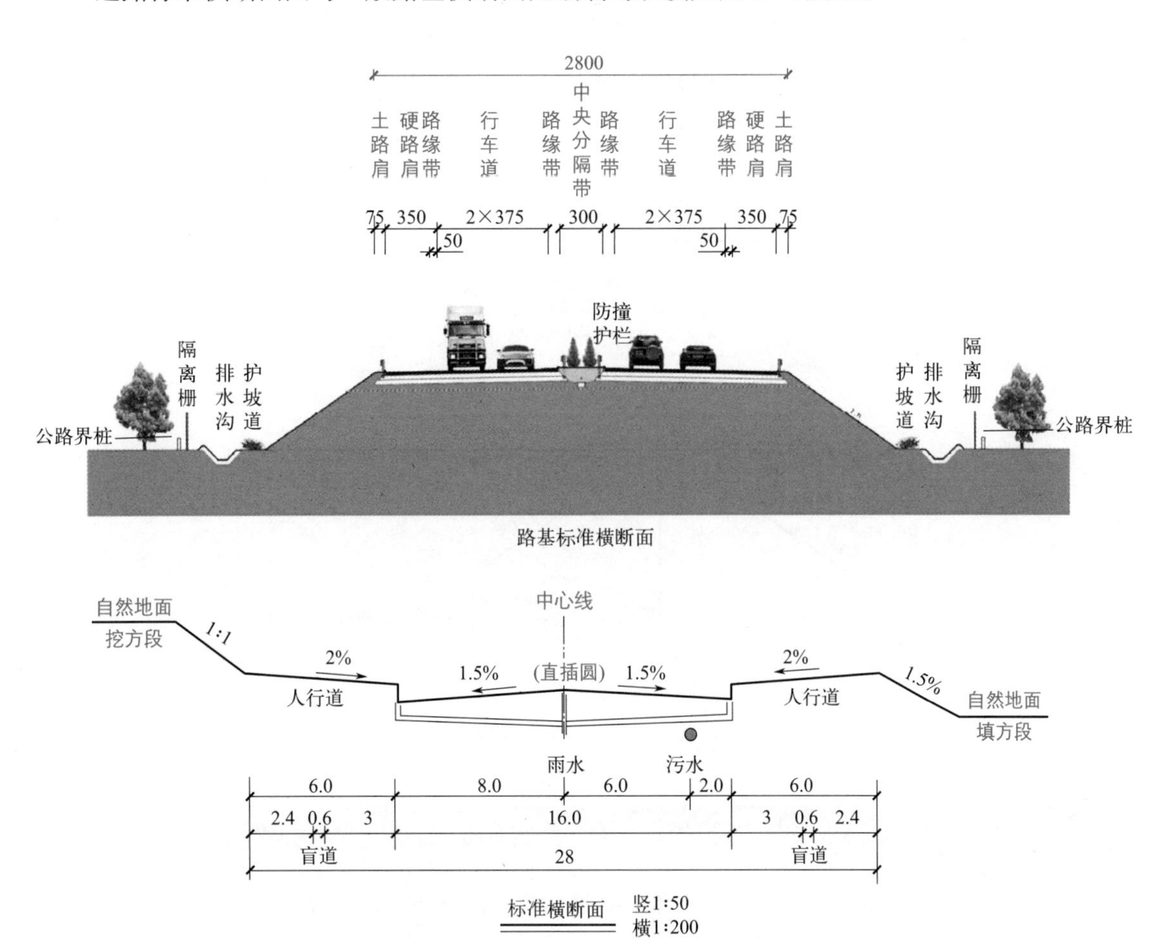

2800
土路肩
硬路肩
路缘带
行车道
路缘带
中央分隔带
路缘带
行车道
路缘带
硬路肩
土路肩
75
350
2×375
300
2×375
350
75
50
50
防撞护栏
隔离栅
排水沟
护坡道
公路界桩
路基标准横断面
自然地面
挖方段
1:1
中心线
2%
1.5%
(直插圆)
1.5%
2%
1.5%
人行道
人行道
自然地面
填方段
雨水
污水
6.0
8.0
6.0
2.0
6.0
2.4
0.6
3
16.0
3
0.6
2.4
盲道
28
盲道
标准横断面
竖1:50
横1:200

图 5-40 道路标准横断面图与一般路基横断面图绘制与识读

扫码观看视频

路基横断面图的识读

5.4.3 路基一般图与路基横断面图

路基一般图，是通过绘制一般路堤、路堑、半填半挖、陡坡路基等不同形式的代表性路基设计图。

路基一般图，可以表示出路基边沟、碎落台、截水沟、护坡道、排水沟、边坡、护脚墙、护肩、护坡、挡土墙等防护加固的结构形式与主要尺寸。

路基横断面图，就是在对应桩号的地面线上，在路线中心桩处作一垂直于路线中心线的断面图，根据标准横断面确定的路基形式、尺寸、设计高程，将路基底面线、边坡线绘制出来。路基横断面图如图 5-41 所示。

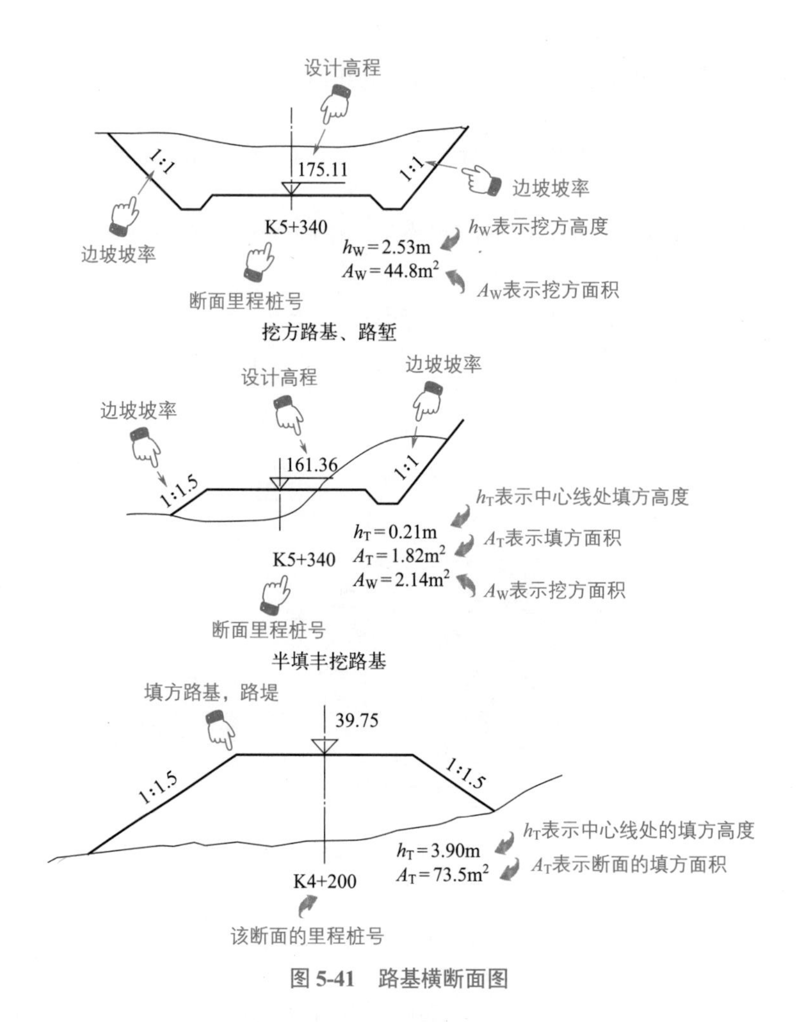
设计高程
175.11
1:1
1:1
边坡坡率
边坡坡率
K5+340
h_W表示挖方高度
$h_W=2.53m$
$A_W=44.8m^2$
A_W表示挖方面积
断面里程桩号
挖方路基、路堑
设计高程
边坡坡率
边坡坡率
161.36
1:1
1:1.5
h_T表示中心线处填方高度
$h_T=0.21m$
$A_T=1.82m^2$
$A_W=2.14m^2$
A_T表示填方面积
A_W表示挖方面积
K5+340
断面里程桩号
半填半挖路基
填方路基，路堤
39.75
1:1.5
1:1.5
h_T表示中心线处的填方高度
$h_T=3.90m$
$A_T=73.5m^2$
A_T表示断面的填方面积
K4+200
该断面的里程桩号

图 5-41　路基横断面图

小贴士

（1）路基横断面图的作用，是表达各中心桩处的横向地面起伏、设计路基横断面的情况。

（2）路基横断面图中，细实线表示地面线，粗实线表示路基高度线。

（3）横断面比例尺一般采用 1 : 200。

（4）路基横断面图的形式有填方路基、挖方路基、半填半挖路基等类型。

5.4.4　路基横断面图的绘制与识读

路基横断面图的绘制与识读如图 5-42、图 5-43 所示。

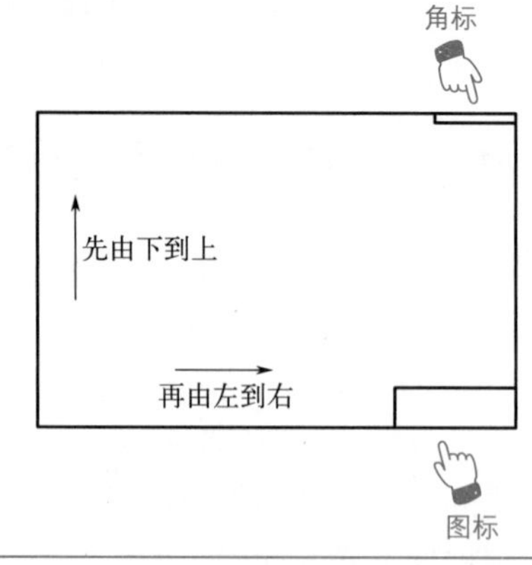
角标
先由下到上
再由左到右
图标
同一张图纸上的路基横断面，一般根据桩号的顺序排列，并且从图的左下方开始，先由下向上，再由左向右排列

图 5-42　横断面的排列顺序

5.4.5　路线横断面图的绘制与识读

路线横断面图中，线型的绘制要求

如下。

（1）路面线、路肩线、边坡线、护坡线，一般采用粗实线。

（2）表示路面厚度的线，一般采用中实线。

（3）原地面线，一般采用细实线。

（4）设计或原有道路的中线，一般采用细点画线。

（5）道路分期修建、改建时，在同一张图纸中画出规划、设计、原有道路横断面，规划道路中线一般采用细双点画线。

（6）规划红线（ 规划道路用地界线），一般采用粗双点画线表示。

路线横断面图的绘制与识读如图 5-44 所示。

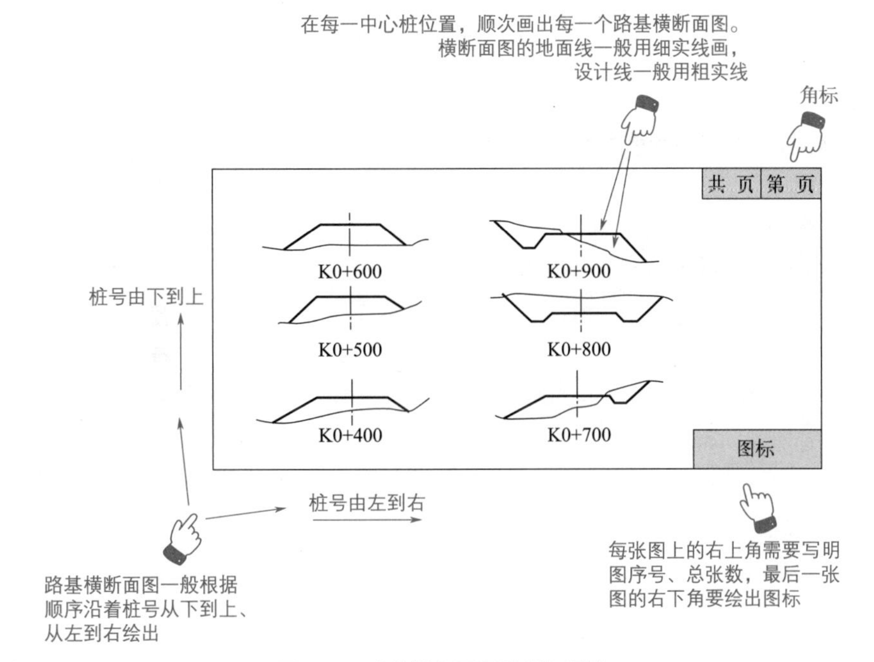

在每一中心桩位置，顺次画出每一个路基横断面图。
横断面图的地面线一般用细实线画，
设计线一般用粗实线
角标
共 页
第 页
K0+600
K0+900
K0+500
K0+800
K0+400
K0+700
图标
桩号由下到上
桩号由左到右
路基横断面图一般根据
顺序沿着桩号从下到上、
从左到右绘出
每张图上的右上角需要写明
图序号、总张数，最后一张
图的右下角要绘出图标

图 5-43　路基横断面图绘制与识读

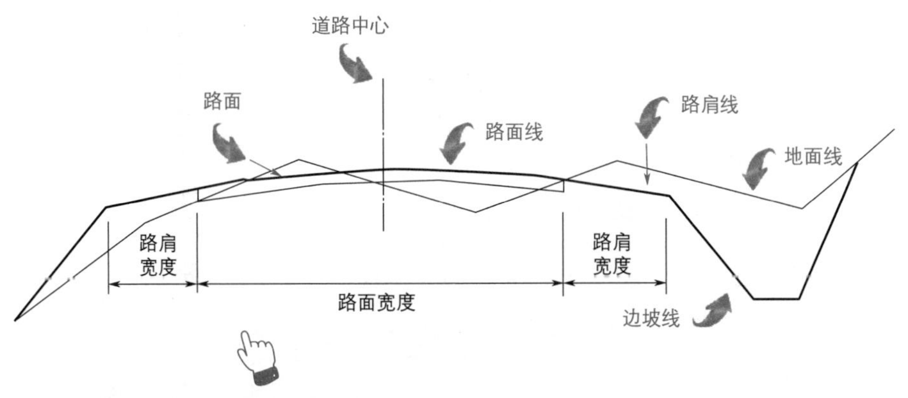

道路中心
路面
路面线
路肩线
地面线
路肩
宽度
路面宽度
路肩
宽度
边坡线
路面线、路肩线、边坡线、护坡线均应采用粗实线表示。
路面厚度应采用中粗实线表示。
原有地面线应采用细实线表示。
设计或原有道路中线应采用细点画线表示

图 5-44

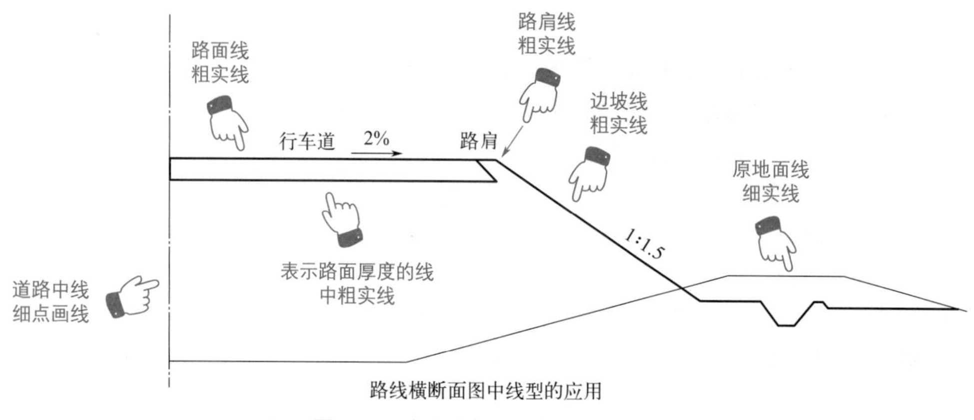
路面线
粗实线
路肩线
粗实线
边坡线
粗实线
行车道
2%
路肩
原地面线
细实线
1:1.5
表示路面厚度的线
中粗实线
道路中线
细点画线
路线横断面图中线型的应用

图 5-44　路线横断面图的绘制与识读

5.4.6　路线横断面图转换思维的训练

理解路线横断面图与三维实景图的对照，有利于绘图更清楚，识图更容易理解。路线横断面图转换思维的训练如图 5-45 所示。

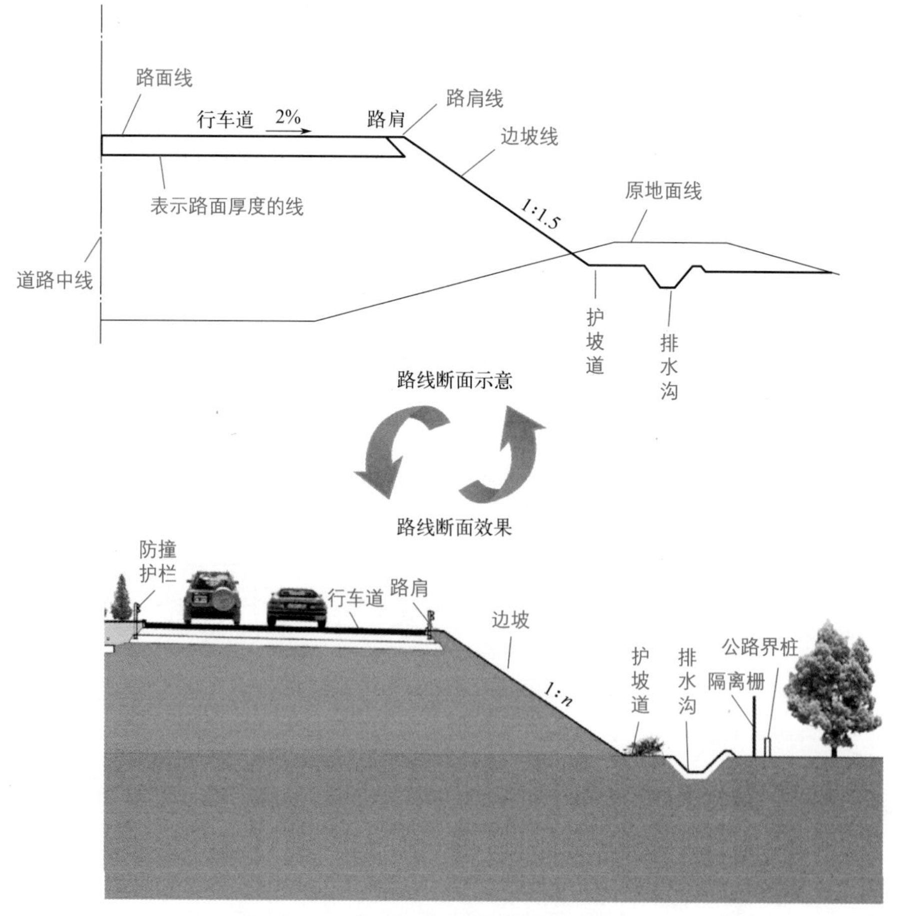
路面线
行车道
2%
路肩
路肩线
边坡线
表示路面厚度的线
1:1.5
原地面线
道路中线
护坡道
排水沟
路线断面示意
路线断面效果
防撞护栏
行车道
路肩
边坡
1:n
护坡道
排水沟
公路界桩
隔离栅

图 5-45　路线横断面图转换思维的训练

5.4.7 不同设计阶段的横断面图

不同设计阶段的横断面的绘制与识读如图 5-46 所示。

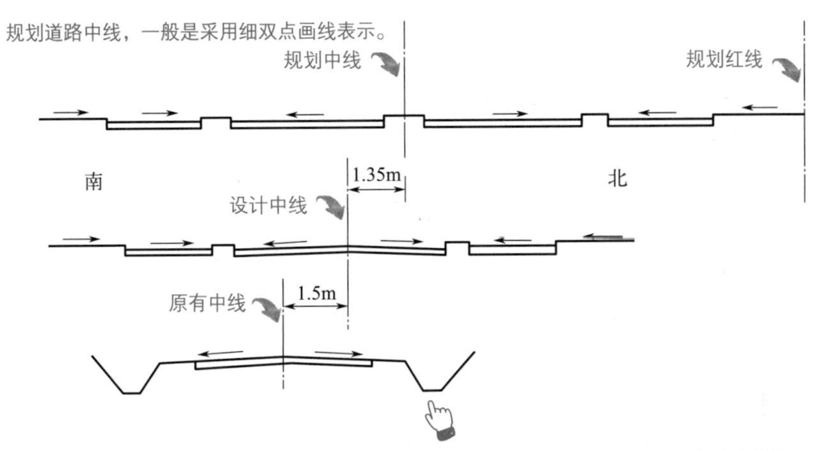
规划道路中线，一般是采用细双点画线表示。
规划中线
规划红线
南
北
1.35m
设计中线
原有中线
1.5m
当道路分期修建、改建时，一般是在同一张图纸中示出规划、设计、原有道路横断面，
并且注明各道路中线间的位置关系。在设计横断面图上，一般注明路侧方向

图 5-46 不同设计阶段的横断面的绘制与识读

5.4.8 横断面图中管涵、管线的标注

管涵，是指埋在地下的水管，其可作为地面标高以下的水道。管涵是道路工程中的构筑物，一般是指圆管涵。

管线，是指连接泵、阀、控制系统等的管道。

横断面图中管涵、管线标注的绘制与识读如图 5-47 所示。

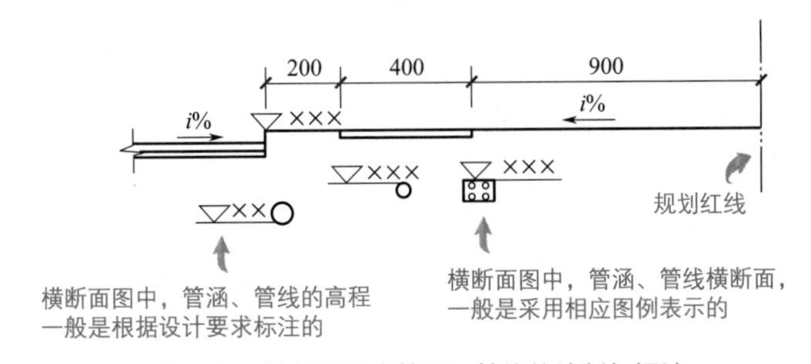
200
400
900
i%
i%
×××
×××
×××
××
规划红线
横断面图中，管涵、管线的高程
一般是根据设计要求标注的
横断面图中，管涵、管线横断面，
一般是采用相应图例表示的

图 5-47 横断面图中管涵、管线的绘制与识读

5.4.9 道路超高、加宽的标注

道路弯道超高，是指路面做成向内侧倾斜的单向横坡的断面形式。

汽车在曲线上行驶时，前后轮轨迹不重合，占路面宽度大。再由于横向力的影响，汽车会出现横向摆动。因此，道路有加宽的要求。

道路超高、加宽标注的绘制与识读如图 5-48 所示。

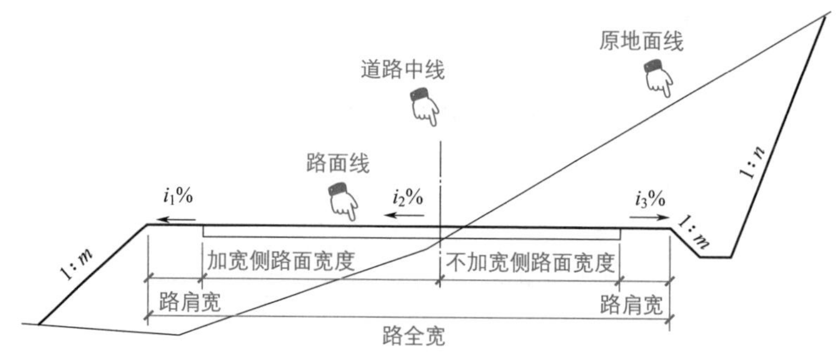

原地面线
道路中线
路面线
$i_1\%$
$i_2\%$
$i_3\%$
1 : m
1 : n
1 : m
加宽侧路面宽度
不加宽侧路面宽度
路肩宽
路肩宽
路全宽

图 5-48　道路超高、加宽标注的绘制与识读

5.4.10　横断面图中填挖方的标注

填方，就是路基表面高于原地面时，从原地面填筑到路基表面部分的土石体积。挖方，就是路基表面低于原地面时，从原地面至路基表面挖去部分的土石体积。横断面图中填挖方标注的绘制与识读如图 5-49 所示。

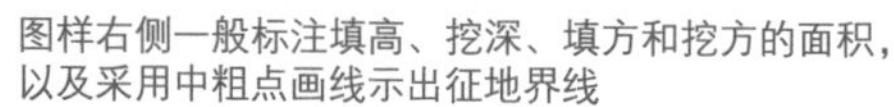

图样右侧一般标注填高、挖深、填方和挖方的面积，
以及采用中粗点画线示出征地界线

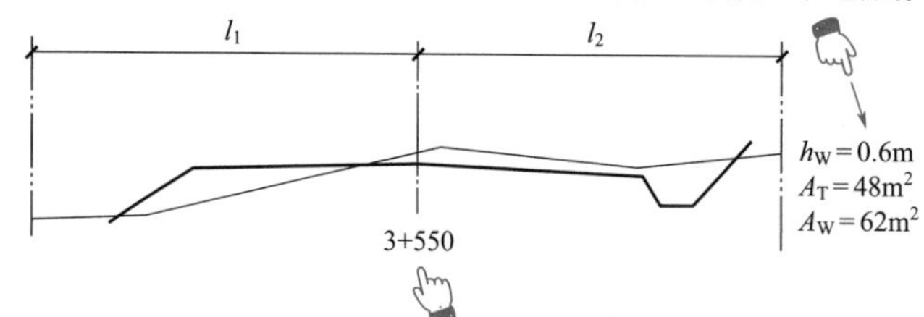

l_1
l_2
$h_W = 0.6m$
$A_T = 48m^2$
$A_W = 62m^2$
3+550
用于施工放样、土方计算的横断面图，一般是在图样下方标注桩号

图 5-49　横断面图中填挖方标注的绘制与识读

5.4.11　防护工程设施标注绘制与识读

防护工程设施标注绘制与识读如图 5-50 所示。

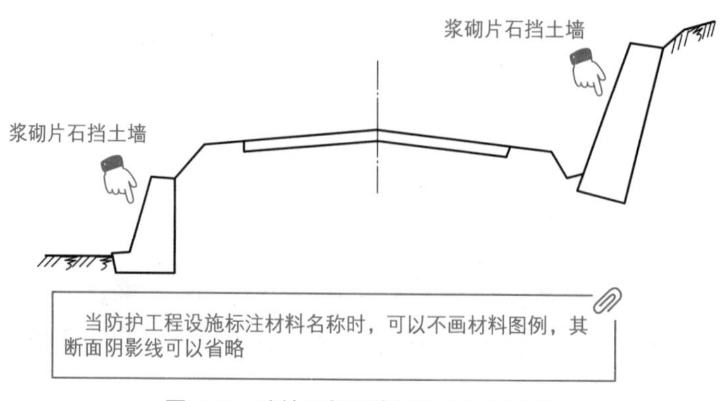

浆砌片石挡土墙
浆砌片石挡土墙
当防护工程设施标注材料名称时，可以不画材料图例，其断面阴影线可以省略

图 5-50　防护工程设施标注绘制与识读

5.4.12　路面结构标注绘制与识读

路面结构，一般包括垫层、基层、联结层、面层等。不同的道路，具体路面结构不同。路面结构标注绘制与识读如图 5-51 所示。

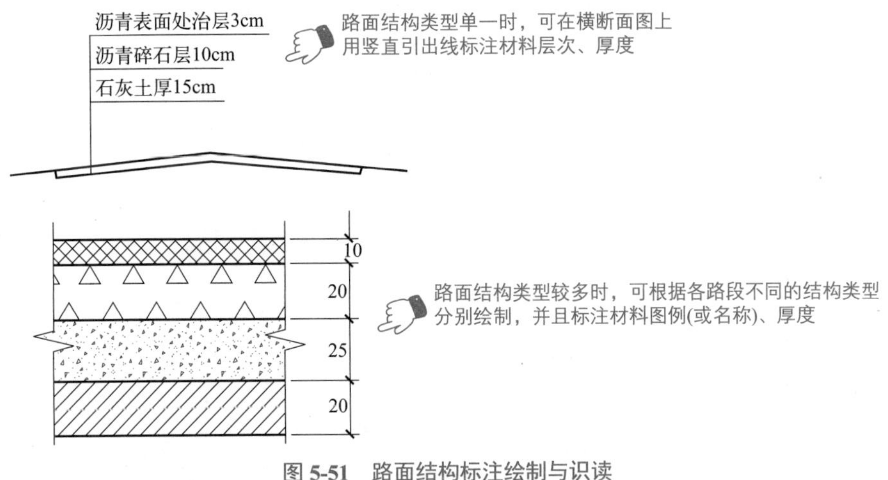

沥青表面处治层3cm
沥青碎石层10cm
石灰土厚15cm
路面结构类型单一时，可在横断面图上用竖直引出线标注材料层次、厚度
10
20
25
20
路面结构类型较多时，可根据各路段不同的结构类型分别绘制，并且标注材料图例(或名称)、厚度

图 5-51　路面结构标注绘制与识读

5.4.13　路拱曲线大样标注绘制与识读

路拱，就是路面的横向断面做成中央高于两侧，具有一定坡度的拱起形状。路拱的类型有直线形路拱、抛物线形路拱、圆曲线形路拱等。

路拱曲线大样标注绘制与识读如图 5-52 所示。

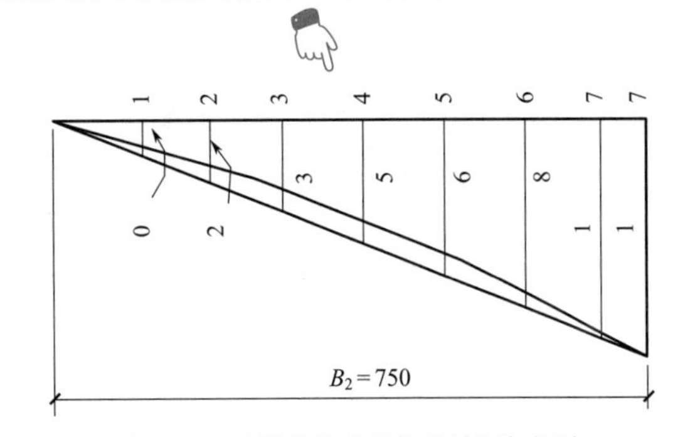

路拱曲线大样图的垂直方向、水平方向上，需要根据不同比例绘制
$B_2=750$

图 5-52　路拱曲线大样标注绘制与识读

5.4.14　实物外形的绘制与识读

实物外形的绘制与识读如图 5-53 所示。

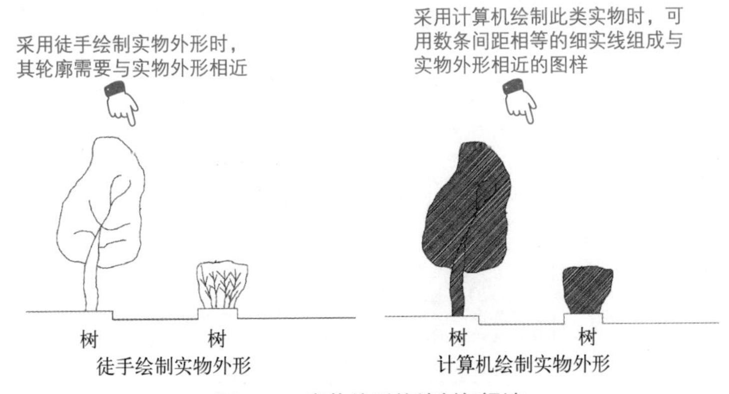

采用徒手绘制实物外形时，其轮廓需要与实物外形相近
采用计算机绘制此类实物时，可用数条间距相等的细实线组成与实物外形相近的图样
树
树
徒手绘制实物外形
树
树
计算机绘制实物外形

图 5-53　实物外形的绘制与识读

5.5 道路的平交与立交

5.5.1 竖向设计高程标注的绘制与识读

竖向设计高程标注的绘制与识读如图 5-54 所示。

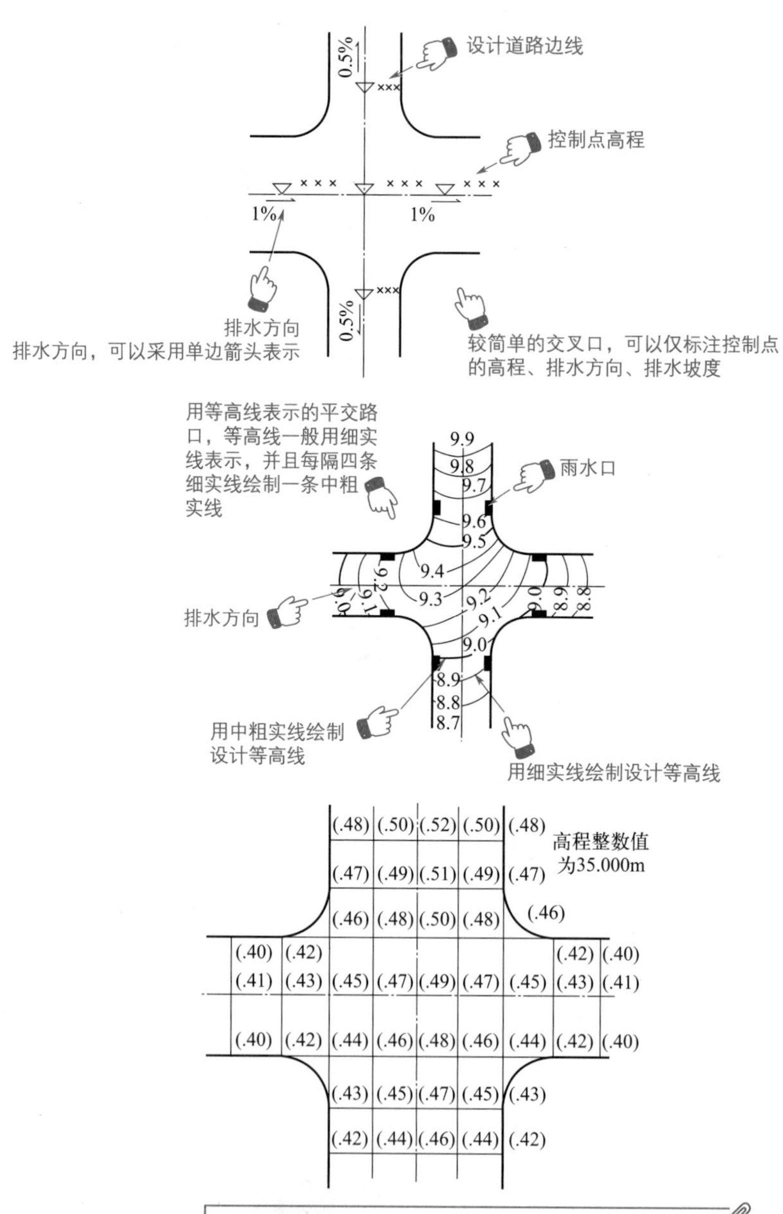

设计道路边线
控制点高程
0.5%
1%
1%
0.5%
排水方向
排水方向，可以采用单边箭头表示
较简单的交叉口，可以仅标注控制点的高程、排水方向、排水坡度
用等高线表示的平交路口，等高线一般用细实线表示，并且每隔四条细实线绘制一条中粗实线
雨水口
排水方向
用中粗实线绘制设计等高线
用细实线绘制设计等高线
高程整数值为35.000m
用网格高程表示的平交路口，其高程数值一般宜标注在网格交点的右上方，并且加括号。
如果高程整数值相同时，可省略。小数点前可不加“0”定位。高程整数值一般需要在图中说明。网格一般采用平行于设计道路中线的细实线绘制

图 5-54 竖向设计高程标注的绘制与识读

5.5.2 新旧路面衔接的绘制与识读

新旧路面衔接的绘制与识读如图 5-55 所示。

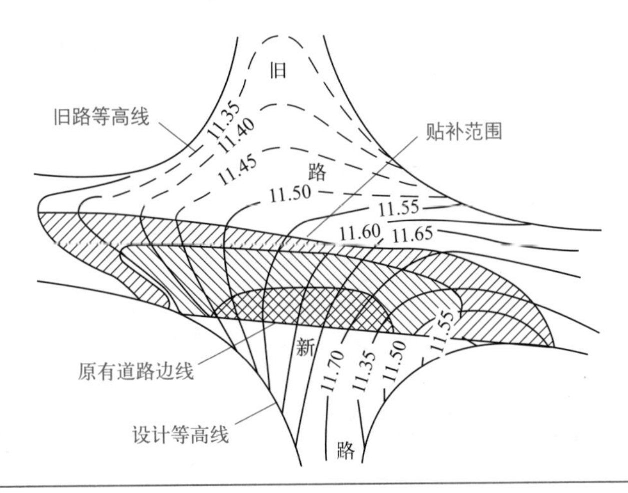

旧
旧路等高线
11.35
11.40
11.45
路
11.50
贴补范围
11.55
11.60
11.65
新
11.70
11.35
11.50
11.55
原有道路边线
设计等高线
路

交叉口改建(新旧道路衔接)、旧路面加铺新路面材料时，可以采用图例表示不同贴补厚度、不同路面结构的范围

图 5-55　新旧路面衔接的绘制与识读

5.5.3 水泥混凝土路面高程的标注

水泥混凝土路面高程标注的绘制与识读如图 5-56 所示。

水泥混凝土路面的设计高程数值一般标注在板角处，并且加注括号

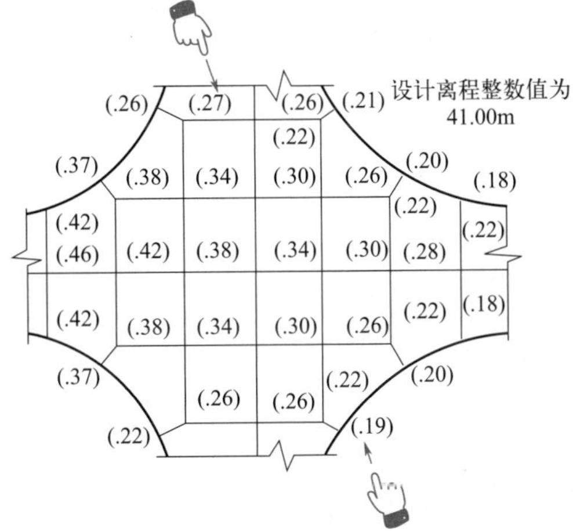

(.26) (.27) (.26) (.21)
设计离程整数值为
41.00m
(.22)
(.37) (.38) (.34) (.30) (.26) (.20) (.18)
(.22)
(.42) (.22)
(.46) (.42) (.38) (.34) (.30) (.28)
(.42) (.38) (.34) (.30) (.26) (.22) (.18)
(.37) (.22) (.20)
(.26) (.26)
(.22) (.19)

水泥混凝土路面的设计高程数值同一张图纸中，当设计高程的整数部分相同时，可以省略整数部分，但是应在图中说明

图 5-56　水泥混凝土路面高程标注的绘制与识读

5.5.4 立交工程上层构筑物的标注

立交工程纵断面图中，机动车与非机动车的道路设计线一般均采用粗实线绘制，其测设

数据可以在测设数据表中分别列出。

立交工程上层构筑物标注的绘制与识读如图 5-57 所示。

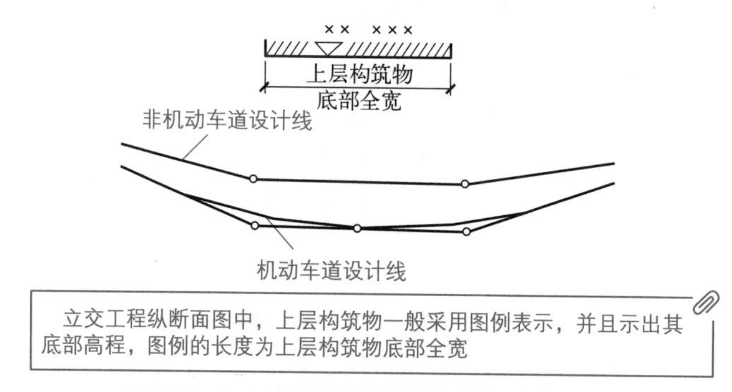
××　×××
上层构筑物
底部全宽
非机动车道设计线
机动车道设计线
立交工程纵断面图中，上层构筑物一般采用图例表示，并且示出其底部高程，图例的长度为上层构筑物底部全宽

图 5-57　立交工程上层构筑物标注的绘制与识读

5.5.5　立交工程线形布置图的绘制与识读

立交工程线形布置图的绘制与识读如图 5-58 所示。

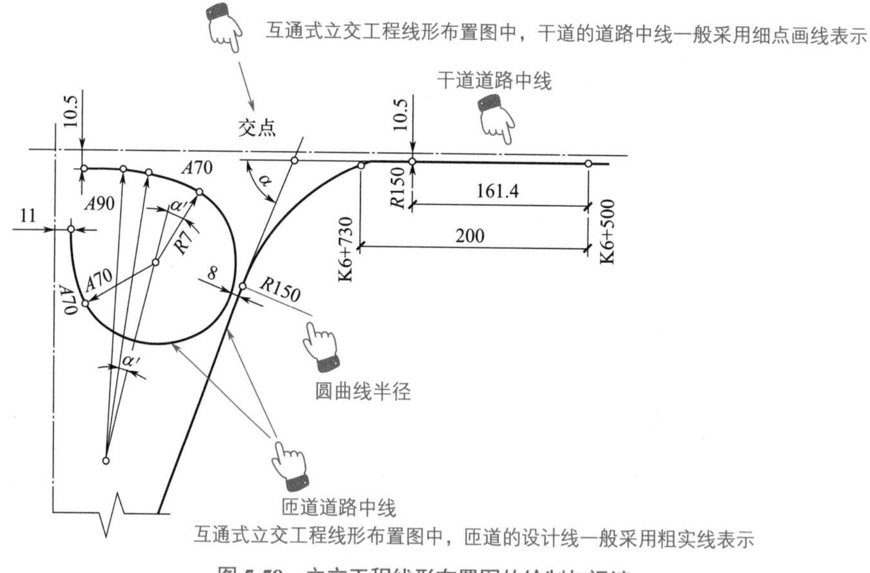
互通式立交工程线形布置图中的交点、圆曲线半径、控制点位置、
平曲线要素、匝道长度均应列表表示出来
互通式立交工程线形布置图中，干道的道路中线一般采用细点画线表示
干道道路中线
交点
10.5
10.5
A70
A90
α
α′
R7
11
8
R150
R150
161.4
200
K6+730
K6+500
A70
A70
α′
圆曲线半径
匝道道路中线
互通式立交工程线形布置图中，匝道的设计线一般采用粗实线表示

图 5-58　立交工程线形布置图的绘制与识读

5.5.6　互通立交纵断面图匝道及线形示意

互通立交纵断面图匝道及线形示意的绘制与识读如图 5-59 所示。

5.5.7　简单立交中低位道路、构筑物的标注

简单立交中低位道路、构筑物标注的绘制与识读如图 5-60 所示。

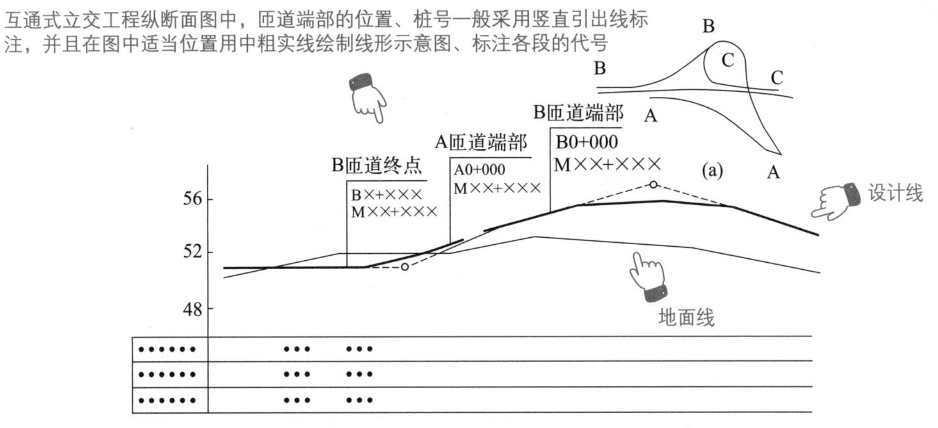
互通式立交工程纵断面图中，匝道端部的位置、桩号一般采用竖直引出线标注，并且在图中适当位置用中粗实线绘制线形示意图、标注各段的代号
B
C
B
C
A
(a)
A
B匝道端部
B0+000
M××+×××
A匝道端部
A0+000
M××+×××
B匝道终点
B×+×××
M××+×××
设计线
56
52
48
地面线

图 5-59　互通立交纵断面图匝道及线形示意的绘制与识读

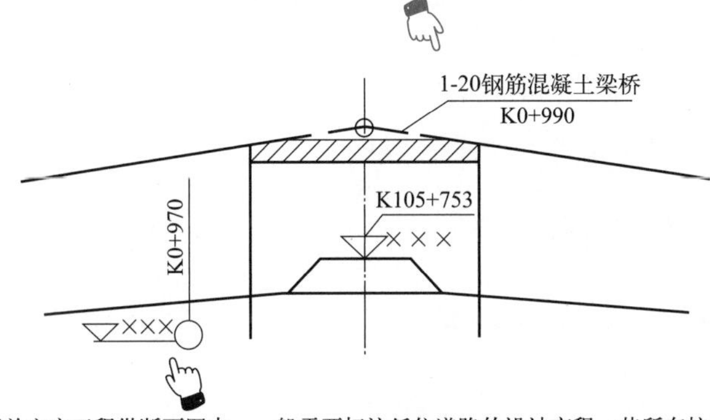
简单立交工程纵断面图中，构筑物中心与道路变坡点在同一桩号时，构筑物一般采用引出线标注
1-20钢筋混凝土梁桥
K0+990
K105+753
×××
K0+970
×××
简单立交工程纵断面图中，一般需要标注低位道路的设计高程，其所在桩号用引出线标注

图 5-60　简单立交中低位道路、构筑物标注的绘制与识读

5.5.8　立交工程交通量示意图的绘制与识读

立交工程交通量示意图的绘制与识读如图 5-61 所示。

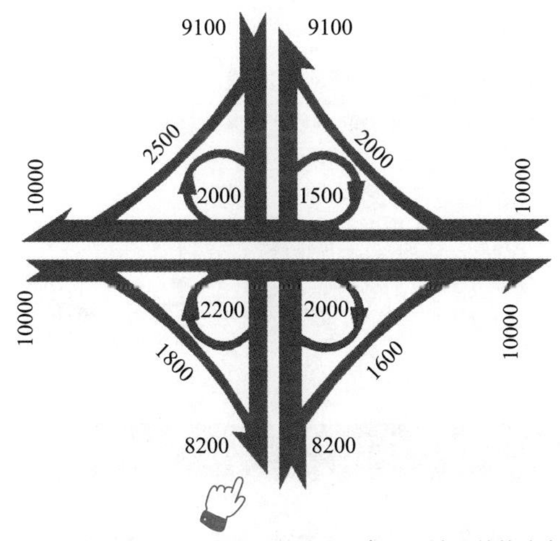
9100
9100
2500
2000
2000
1500
10000
10000
2200
2000
10000
10000
1800
1600
8200
8200
立交工程交通量示意图中，交通量的流向一般采用涂黑的箭头表示

图 5-61　立交工程交通量示意图的绘制与识读

5.6 公路绿化工程

5.6.1 公路绿化图的排列顺序

工程设计中，公路绿化设计图纸一般是单独绘制的。

公路绿化图纸，一般根据封面、扉页、目录、说明、图例、工程数量汇总表、典型路段绿化布置示意图、分项工程数量表、分项工程设计图的顺序排列。效果图，一般宜放在相应分项工程总平面图前。

公路绿化方案设计、初步设计，可以根据分项工程顺序来排列图纸，顺序为：绿化备选植物图例、典型路段绿化布置示意图、中央分隔带绿化设计图、边坡植物防护设计图、护坡道（含碎落台）、隔离栅内侧绿化带绿化设计图、互通式立交绿化设计图、沿线设施绿化设计图、隧道洞口绿化设计图、其他绿化设计图。

公路绿化施工图各分项工程图纸排列顺序为：总平面图、分区索引图、分区平面图、竖向设计图、施工放线图、节点做法详图、其他设计图。

5.6.2 公路绿化图图线的绘制与识读

公路绿化图图线的绘制与识读如图 5-62 所示。

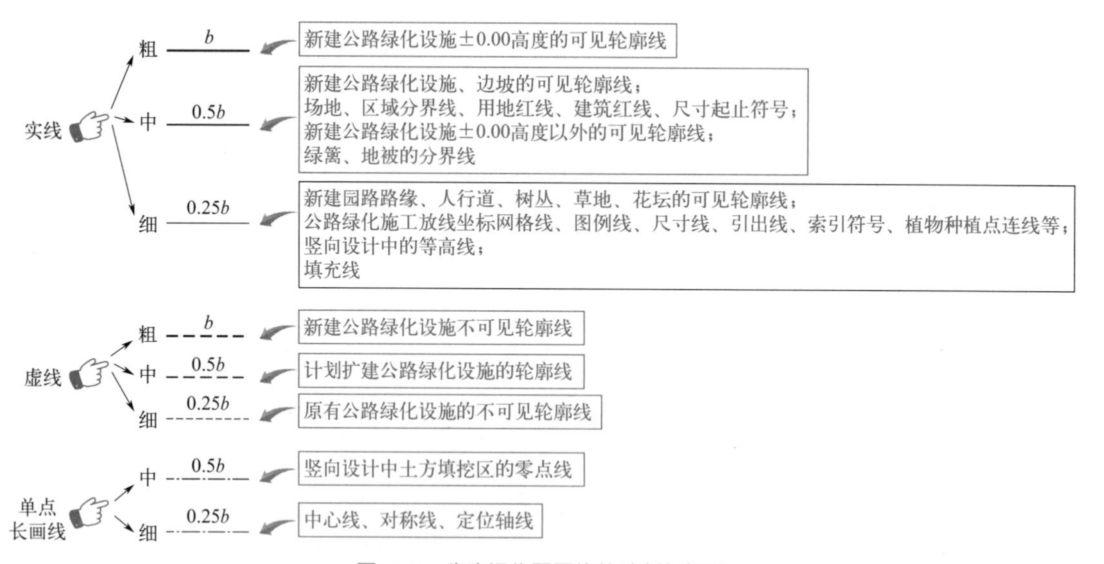
实线
粗
b
新建公路绿化设施±0.00高度的可见轮廓线
中
0.5b
新建公路绿化设施、边坡的可见轮廓线；
场地、区域分界线、用地红线、建筑红线、尺寸起止符号；
新建公路绿化设施±0.00高度以外的可见轮廓线；
绿篱、地被的分界线
细
0.25b
新建园路路缘、人行道、树丛、草地、花坛的可见轮廓线；
公路绿化施工放线坐标网格线、图例线、尺寸线、引出线、索引符号、植物种植点连线等；
竖向设计中的等高线；
填充线
虚线
粗
b
新建公路绿化设施不可见轮廓线
中
0.5b
计划扩建公路绿化设施的轮廓线
细
0.25b
原有公路绿化设施的不可见轮廓线
单点长画线
中
0.5b
竖向设计中土方填挖区的零点线
细
0.25b
中心线、对称线、定位轴线

图 5-62 公路绿化图图线的绘制与识读

小贴士

（1）公路绿化图的图线的宽度需要符合《房屋建筑制图统一标准》（GB/T 50001—2017）的要求。线宽（b）宜为 0.7mm 或 1.0mm。

（2）公路绿化图制图比例的标注，需要符合《房屋建筑制图统一标准》（GB/T 50001—2017）的规定。

（3）公路绿化图园林设施如花架、花坛、水池、园路、铺装场地等的画法，需要符合《房屋建筑制图统一标准》（GB/T 50001—2017）中的有关规定。

5.6.3 公路绿化图的绿化植物图例的绘制与识读

公路绿化植物图例，应根据常绿乔木、落叶乔木、常绿灌木、落叶灌木、攀缘植物、地被植物、水牛植物的顺序分别绘制。

公路绿化植物图例的内容，应包括类型、编号、中文名、学名、图例等项。

施工放线图中的植物图例宜采用简化形式。

公路绿化图中绿化植物图例的示例如图 5-63 所示。

类型	编号	中文名	图例
常绿乔木	1	雪松	
落叶乔木	2	栾树	
常绿灌木	3	海桐	
落叶灌木	4	木芙蓉	
攀缘植物	5	五叶地锦	
地被植物	6	马尼拉草	
水生植物	7	菖蒲	

图 5-63 公路绿化图中绿化植物图例的示例

5.6.4 典型路段绿化布置示意图的绘制与识读

典型路段绿化布置示意图图面效果应简洁，内容应表述清楚，应示意出进行绿化设计的位置及采用的植物种类，应区分出灌木、乔木、草本等要求。

典型路段绿化布置示意图的绘制与识读如图 5-64 所示。

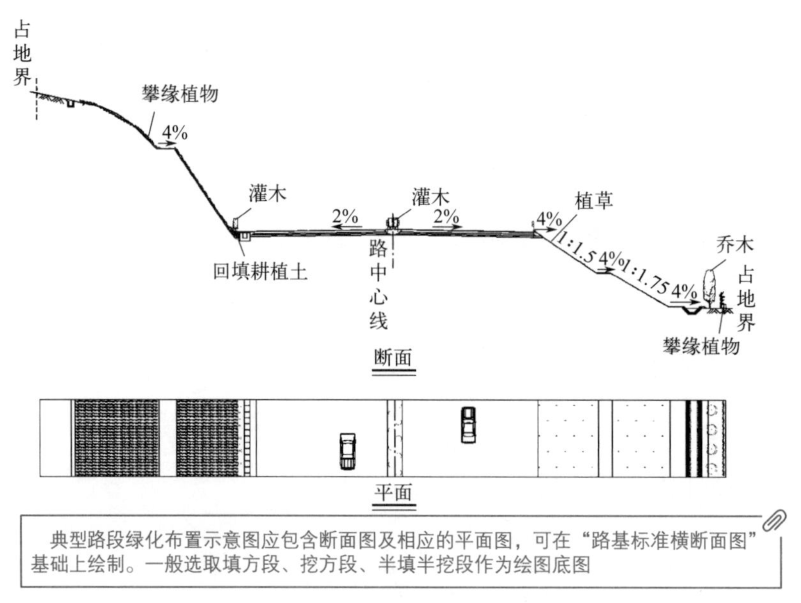
占地界
攀缘植物
4%
灌木
灌木
2%
2%
植草
4%
1:1.5
4%
1:1.75
4%
乔木
占地界
回填耕植土
路中心线
攀缘植物
断面
平面
典型路段绿化布置示意图应包含断面图及相应的平面图，可在“路基标准横断面图”基础上绘制。一般选取填方段、挖方段、半填半挖段作为绘图底图

图 5-64　典型路段绿化布置示意图的绘制与识读

5.6.5　中央分隔带绿化平面图

路侧分车带绿化设计图宜参考中央分隔带绿化图要求绘制。中央分隔带绿化平面图的绘制与识读如图 5-65 所示。

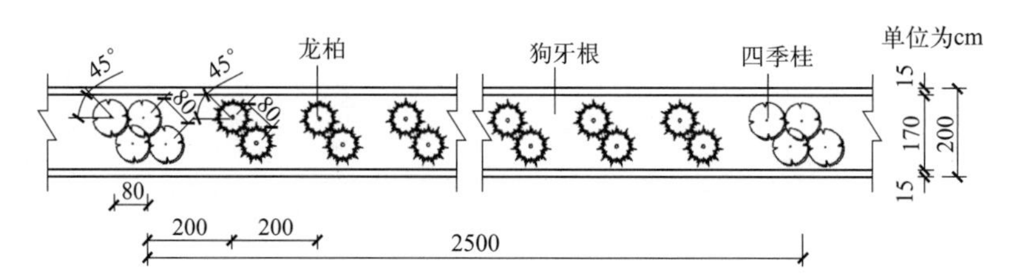
45°
45°
80
80
龙柏
狗牙根
四季桂
单位为cm
15
170
200
15
80
200
200
2500

绘制中央分隔带绿化平面图及相应立面图、剖面图，并且用文字简要说明该图适用的公路路段，注明路段的起讫桩号等。平面图中需要标注所采用的绿化植物的种类、植物栽植的间距，采用百叶窗式栽植成组植物时需要标注栽植点连线与公路中心线的夹角

图 5-65　中央分隔带绿化平面图的绘制与识读

5.6.6　中央分隔带绿化立面图

中央分隔带绿化立面图的绘制与识读如图 5-66 所示。

5.6.7　中央分隔带绿化剖面图的绘制与识读

植物图例、规格、栽植密度等需要以表格方式列于图纸左下角区域内，应有简要文字说明，并且应列于图右下角、图标栏上方区域内。

中央分隔带绿化剖面图的绘制与识读如图 5-67 所示。

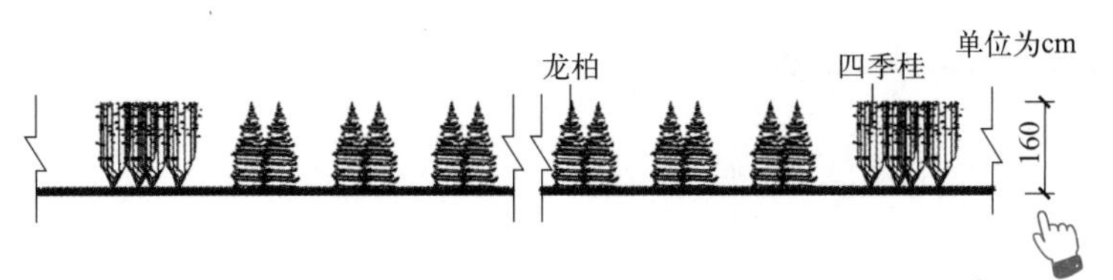
龙柏
四季桂
单位为cm
160
中央分隔带绿化设立面图需要标注所采用的绿化植物的种类、植物的高度

图 5-66　中央分隔带绿化立面图的绘制与识读

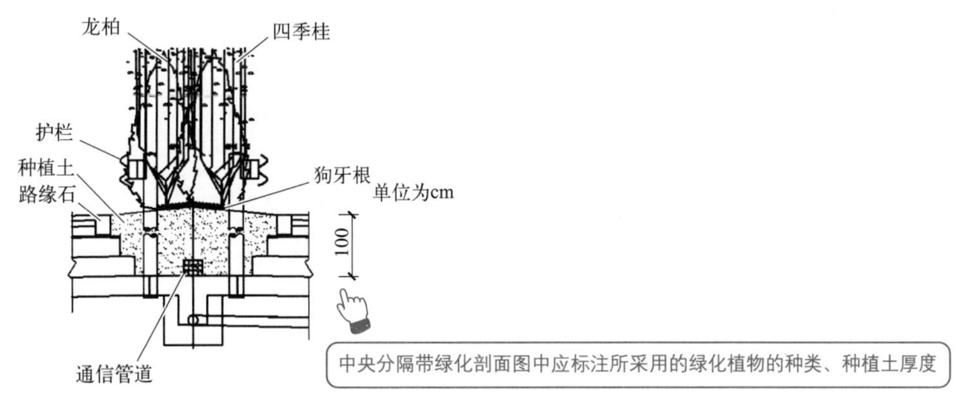
龙柏
四季桂
护栏
种植土
路缘石
狗牙根
单位为cm
100
通信管道
中央分隔带绿化剖面图中应标注所采用的绿化植物的种类、种植土厚度

图 5-67　中央分隔带绿化剖面图的绘制与识读

5.6.8　护坡道及隔离栅内侧绿化带图

边坡植物防护图，需要绘制边坡植物防护的法向投影图、相应的剖面图以及用文字简要说明该图适用的边坡类型、防护形式等。

边坡植物防护图，单位面积边坡植物防护工程数量需要以表格方式列于图纸左下角区域内，简要文字说明应列于图右下角、图标栏上方区域内。

护坡道及隔离栅内侧绿化带图的绘制与识读如图 5-68 所示。

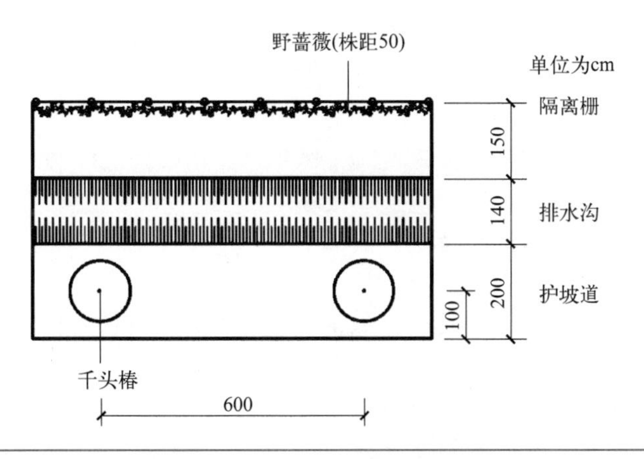
野蔷薇(株距50)
单位为cm
隔离栅
150
140
排水沟
200
100
护坡道
千头椿
600

护坡道、隔离栅内侧绿化带图，应绘制护坡道(碎落台)、隔离栅内侧绿化带的平面图，相应立面图，并且用文字简要说明该图适用的公路路段，以及注明路段的起讫桩号。
护坡道、隔离栅内侧绿化带图，平面图中应明确所采用的绿化植物种类，标注植物栽植的间距。
植物图例、规格、栽植密度等应以表格方式列于图左下角区域内，简要文字说明应列于图右下角、图标栏上方区域内

图 5-68　护坡道及隔离栅内侧绿化带图的绘制与识读

5.6.9 互通式立交绿化施工竖向图

互通式立交绿化施工竖向图的绘制与识读如图 5-69 所示。

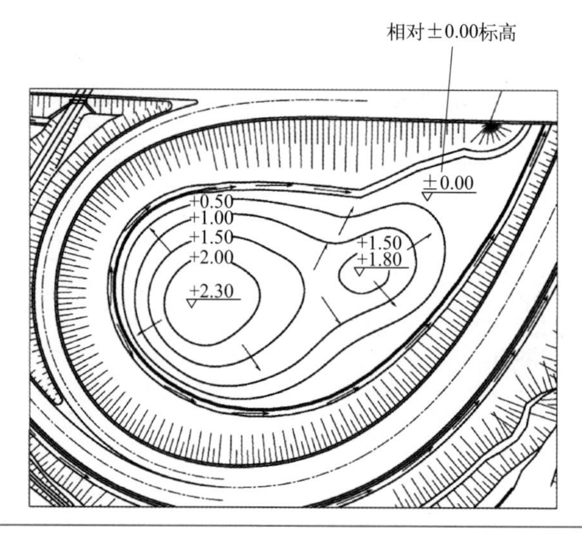
相对±0.00标高
±0.00
+0.50
+1.00
+1.50
+2.00
+2.30
+1.50
+1.80

互通式立交绿化施工竖向图，需要标明指北针、相对±0.00标高、图纸比例、最低标高、最高标高、等高线、场地地面的排水方向等，有的还需要绘制竖向剖面图，并且注明场地土方调配方案

图 5-69 互通式立交绿化施工竖向图的绘制与识读

小贴士

（1）总平面图需要标明指北针、图纸比例、绿化范围、绿化种植内容，并且需要标明路基边缘线、边坡线、排水沟、跨线桥、涵洞的位置等。

（2）分区索引图宜在总平面图基础上绘制，并且标明指北针、图纸比例、分区范围、分区区号。另外，分区要明确，不宜重叠，不应有缺漏，尽量保证相对独立绿化区域在分区内的完整性。

（3）平交、环岛的绿化设计图宜参考互通立交绿化设计图的要求绘制。

5.6.10 互通立交绿化施工图放样点

互通立交绿化施工图随图附本区绿化工程数量表，包括绿化材料名称、规格、数量、图例、单位、栽植密度等内容。

互通立交绿化施工图放样点如图 5-70 所示。

5.6.11 植物种植施工图

植物种植施工图的绘制与识读如图 5-71 所示。

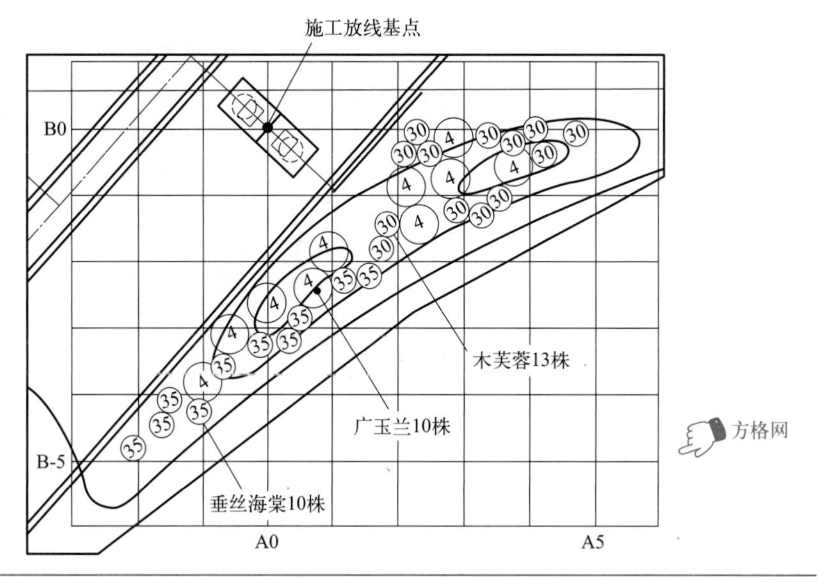
施工放线基点
B0
B-5
A0
A5
木芙蓉13株
广玉兰10株
垂丝海棠10株
方格网

施工放线图宜采用绝对坐标系法或方格网法，采用方格网法时宜以各绿化分区内较明显的构造物为放线基点，并且绘制坐标方格网作为施工放线的依据，方格网最小间距可选用5m×5m

图 5-70　互通立交绿化施工图放样点

植物种植工程的施工放线图，可以采用中心有小十字线的圆圈表示不同植物，并且用细实线将较集中的同种植物连接起来，种植点连线末端标明植物的名称、数量

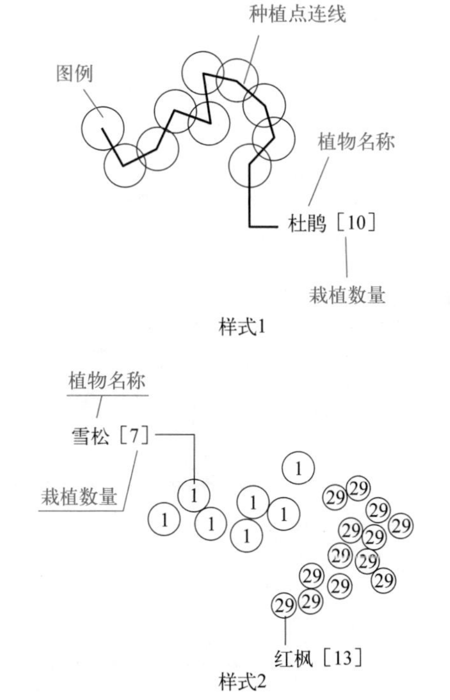
种植点连线
图例
植物名称
杜鹃［10］
栽植数量
样式1
植物名称
雪松［7］
栽植数量
红枫［13］
样式2

植物种植工程的施工放线图，也可以采用以标有阿拉伯数字的圆圈表示不同植物的方式绘制，圆圈的大小应反映植物冠幅的大小

图 5-71

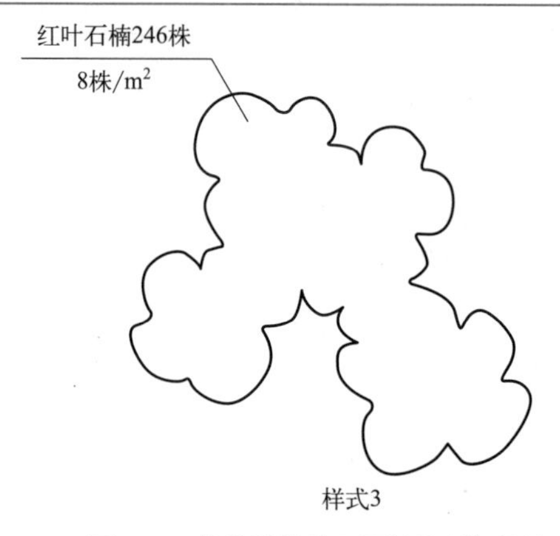
成片、成丛栽植的同种灌木、地被植物，可以用种植范围轮廓线表示，并且注明植物的种类、种植形式、数量、密度等
红叶石楠246株
8株/m2
样式3

图 5-71　植物种植施工图的绘制与识读

5.6.12　沿线设施绿化图

沿线设施绿化图总平面图，需要标明指北针、图纸比例、园路、水体、道路、种植范围、各种建筑物、构筑物的位置及外形，并且注明各建筑物、构筑物的名称。

分区平面图，需要绘制本图在总图中的位置示意。

沿线设施绿化图的绘制与识读如图 5-72 所示。

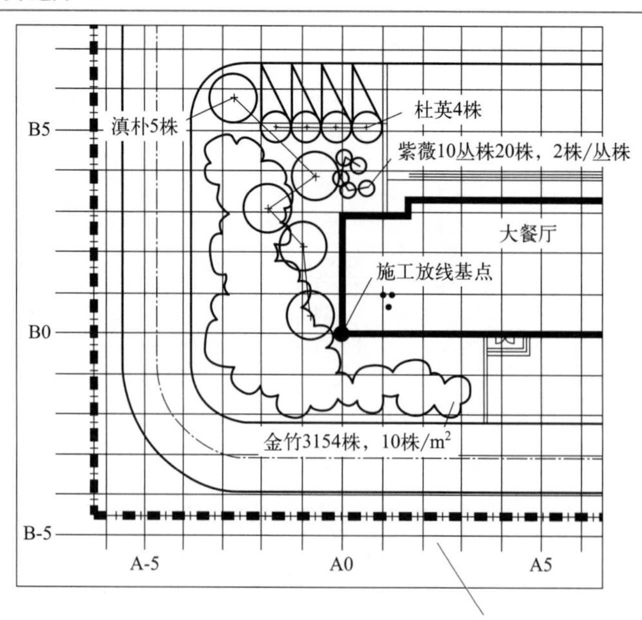
施工放线图宜采用绝对坐标系法或方格网法。采用方格网法时，一般宜以较明显的固定建筑、构筑物的角点位置为放线基点，并且绘制坐标方格网作为施工放线的依据。方格网密度可以选用5m×5m
滇朴5株
杜英4株
紫薇10丛株20株，2株/丛株
大餐厅
施工放线基点
金竹3154株，10株/m2
B5
B0
B-5
A-5
A0
A5
方格网密度可以选用 5m×5m

图 5-72　沿线设施绿化图的绘制与识读

5.6.13 隧道洞口绿化图

隧道洞口绿化图总平面图应标明指北针、图纸比例、涵洞、隧道洞口桩号、边坡线、排水沟、路基边缘线、绿化范围、绿化种植内容。

隧道洞口绿化图的绘制与识读如图 5-73 所示。

> 隧道洞口绿化图施工放线图，一般宜采用绝对坐标系法或方格网法。采用方格网法时，一般宜以较明显的构筑物、隧道洞口的角点位置为放线基点，并且绘制坐标方格网作为施工放线的依据，方格网密度可以选用5m×5m

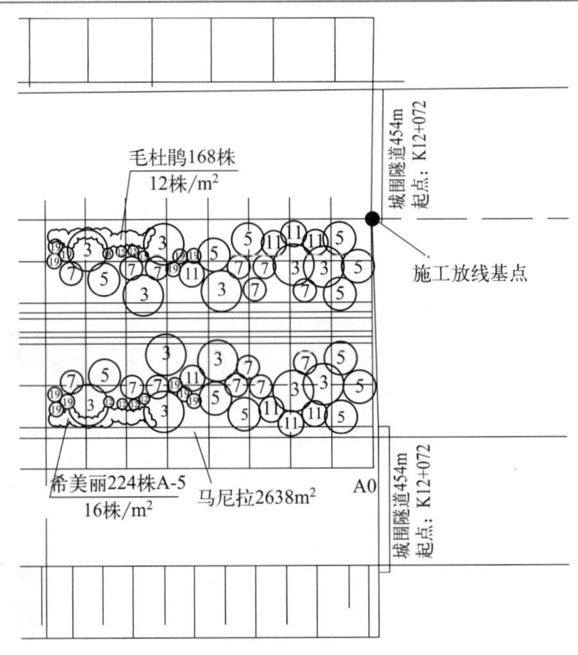
毛杜鹃168株
12株/m²
城围隧道454m
起点：K12+072
施工放线基点
希美丽224株A-5
16株/m²
马尼拉2638m²
A0
城围隧道454m
起点：K12+072

图 5-73 隧道洞口绿化图的绘制与识读

5.7 道路工程识图

5.7.1 道路工程识图指南

（1）看目录，了解图纸的组成。

（2）看设计说明，了解文字阐述的事项。

（3）识读平面图，了解工程的位置、平面形状，能够进行坐标计算、桩号推算、平曲面计算。

（4）识读纵断面图，了解构筑物的外观、纵横坐标的关系、构筑物的标高。

（5）识读横断面图，进行土方的计算。

（6）识读沥青路面结构图，了解结构的组合、组成的材料，能够进行工程量的计算。

（7）识读水泥路面结构图，了解水泥混凝土路面接缝的分类名称、对接缝的基本要求、常用钢筋的级别与作用，能够进行工程量的计算。

5.7.2 道路平面图的识图指南

（1）根据平面图，掌握道路的走向、平面线形、两侧地形、路幅布置、路线定位。

（2）根据道路红线，掌握道路用地的边界线。

（3）根据道路中心线，区分不同方向的车道。

（4）识读里程桩号，理解其是从该道路的起点 0 起算的。例如设计图中 8+560，则表示的是距道路起点的千米数 + 米数。

（5）识读道路桩号，理解其是从该建设道路的起点为 0 起算的（已完道路）。

（6）根据曲线路线的转弯位置，了解交角点编号。

5.7.3 道路纵断面图的识图指南

（1）道路纵断面图也称道路共层纵断面图，是沿着道路中线竖向剖切的展开图。

（2）道路纵断面图，主要反映道路沿纵向的设计高程变化、道路设计坡长、坡度、原地面标高、地质情况、填挖方情况、平曲线要素、竖向曲线等。

（3）通过道路共层纵断面图，可以掌握的内容有：道路沿纵向的设计高程变化、道路设计坡长、坡度、原地面标高、地质情况、填挖方情况、平曲线要素、竖向曲线等信息。

5.7.4 某城市道路沥青路面典型结构图的识读

某城市道路沥青路面典型结构图的识读如图 5-74 所示。

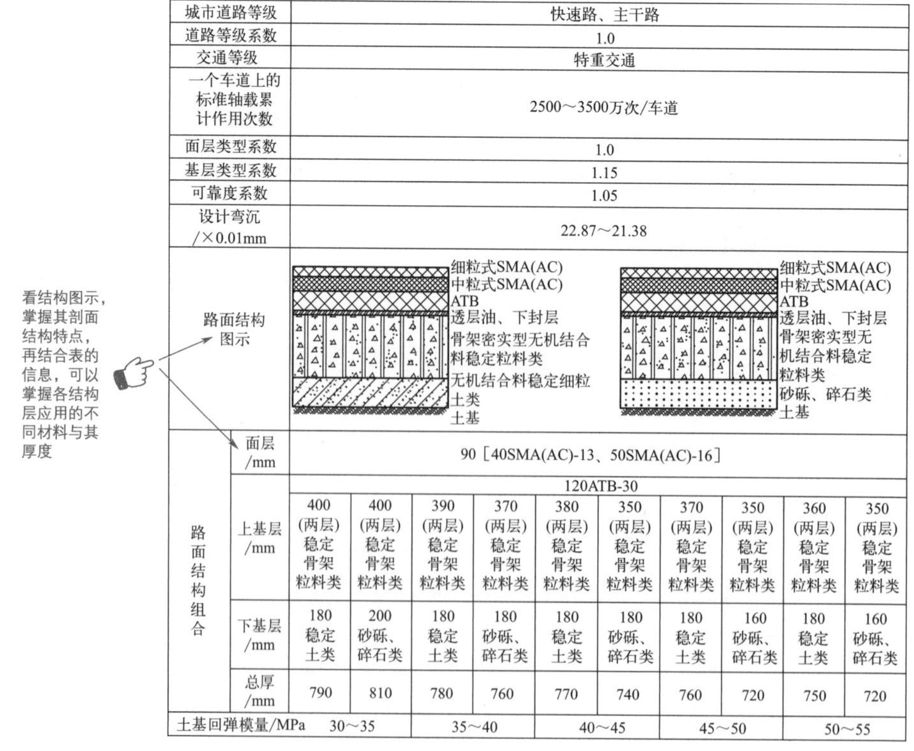

看结构图示，掌握其剖面结构特点，再结合表的信息，可以掌握各结构层应用的不同材料与其厚度
细粒式SMA(AC)
中粒式SMA(AC)
ATB
透层油、下封层
骨架密实型无机结合料稳定粒料类
无机结合料稳定细粒土类
土基
细粒式SMA(AC)
中粒式SMA(AC)
ATB
透层油、下封层
骨架密实型无机结合料稳定粒料类
砂砾、碎石类
土基

城市道路等级	快速路、主干路									
道路等级系数	1.0									
交通等级	特重交通									
一个车道上的标准轴载累计作用次数	2500～3500万次/车道									
面层类型系数	1.0									
基层类型系数	1.15									
可靠度系数	1.05									
设计弯沉/×0.01mm	22.87～21.38									
路面结构图示										
路面结构组合 面层/mm	90［40SMA(AC)-13、50SMA(AC)-16］									
路面结构组合 上基层/mm	120ATB-30									
	400（两层）稳定骨架粒料类	400（两层）稳定骨架粒料类	390（两层）稳定骨架粒料类	370（两层）稳定骨架粒料类	380（两层）稳定骨架粒料类	350（两层）稳定骨架粒料类	370（两层）稳定骨架粒料类	350（两层）稳定骨架粒料类	360（两层）稳定骨架粒料类	350（两层）稳定骨架粒料类
路面结构组合 下基层/mm	180 稳定土类	200 砂砾、碎石类	180 稳定土类	180 砂砾、碎石类	180 稳定土类	180 砂砾、碎石类	180 稳定土类	160 砂砾、碎石类	180 稳定土类	160 砂砾、碎石类
路面结构组合 总厚/mm	790	810	780	760	770	740	760	720	750	720
土基回弹模量/MPa	30～35		35～40		40～45		45～50		50～55	

图 5-74　某城市道路沥青路面典型结构图的识读

5.7.5 某城市道路沥青路面细节处理图的识读

某城市道路沥青路面细节处理图的识读如图 5-75 所示。

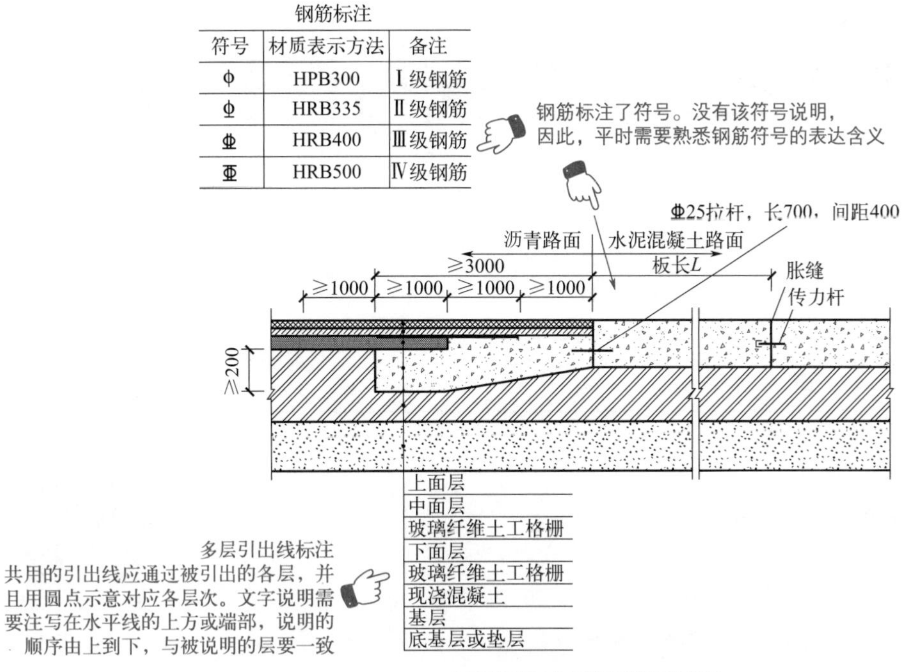

钢筋标注

符号	材质表示方法	备注
Φ	HPB300	Ⅰ级钢筋
Φ	HRB335	Ⅱ级钢筋
Φ	HRB400	Ⅲ级钢筋
Φ	HRB500	Ⅳ级钢筋

钢筋标注了符号。没有该符号说明，因此，平时需要熟悉钢筋符号的表达含义
Φ25拉杆，长700，间距400
沥青路面
水泥混凝土路面
≥3000
板长L
胀缝
传力杆
≥1000
≥1000
≥1000
≥1000
≥200
上面层
中面层
玻璃纤维土工格栅
下面层
玻璃纤维土工格栅
现浇混凝土
基层
底基层或垫层
多层引出线标注
共用的引出线应通过被引出的各层，并且用圆点示意对应各层次。文字说明需要注写在水平线的上方或端部，说明的顺序由上到下，与被说明的层要一致

沥青路面与水泥路面衔接处理图

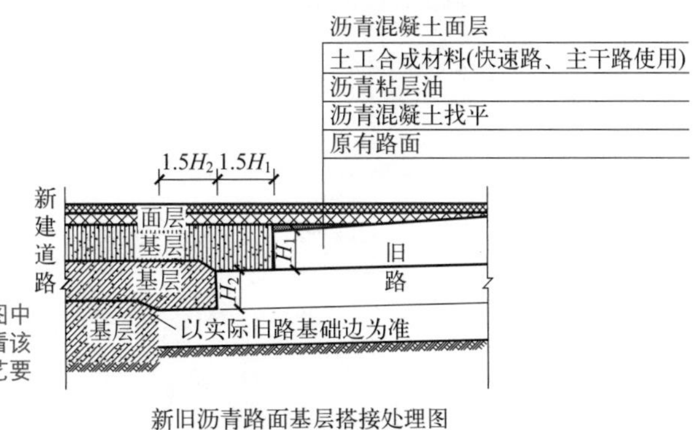

沥青混凝土面层
土工合成材料(快速路、主干路使用)
沥青粘层油
沥青混凝土找平
原有路面
1.5H_2
1.5H_1
新建道路
面层
基层
基层
基层
H_1
H_2
旧路
以实际旧路基础边为准

新旧沥青路面基层搭接处理图

看注释，也就是看说明，掌握图中便于用文字表达的有关事项。看该图的注释，可以掌握处理的工艺要求与细节

注：1.新建道路和旧路搭接时，先将旧路边坡表面松土草皮清除，然后将旧路基分层破除，挖成台阶型，台阶高度宜为一层填土的压实厚度，其高宽比宜为1∶1.5，台阶底面应稍向内倾斜。

2.快速路、主干路工程，在新旧路面交接处，新路面层与基层之间，铺筑不小于1.5m宽的路面防裂合成材料。

图 5-75　某城市道路沥青路面细节处理图的识读

Chapter 6

第06章 桥涵与隧道工程制图与识图

6.1 桥梁工程

扫码观看视频

桥梁的作用与分类，桥墩的作用与分类

6.1.1 桥梁的概念与作用

桥梁是线路的重要组成部分。桥梁，是指供公路、城市道路、铁路、渠道、管线等跨越水体、山谷或彼此间相互跨越的工程构筑物，其是交通运输中重要的组成部分。桥梁的类型如图 6-1 所示。

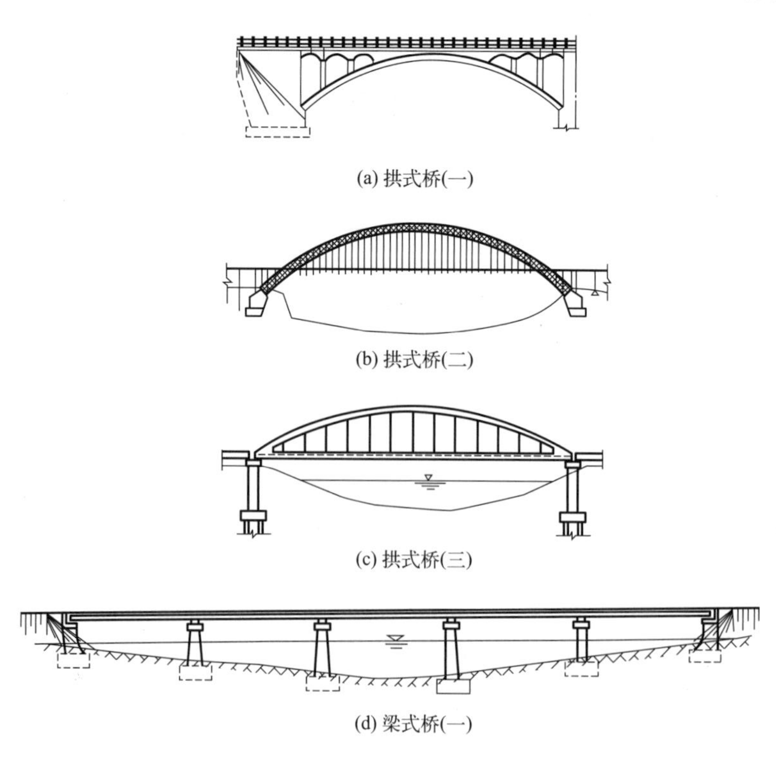

(a) 拱式桥(一)

(b) 拱式桥(二)

(c) 拱式桥(三)

(d) 梁式桥(一)

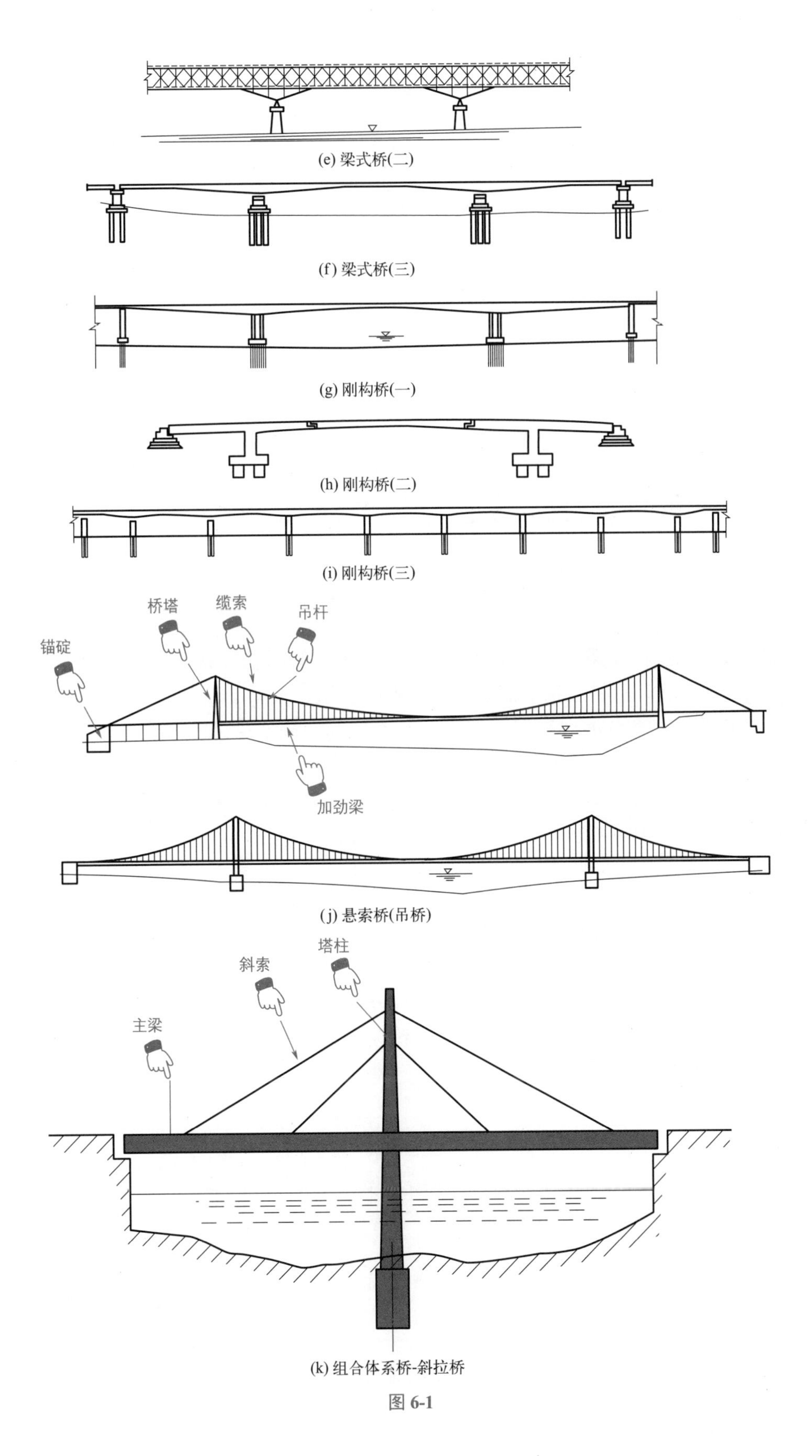
桥塔
缆索
吊杆
锚碇
加劲梁
塔柱
斜索
主梁

(e) 梁式桥(二)

(f) 梁式桥(三)

(g) 刚构桥(一)

(h) 刚构桥(二)

(i) 刚构桥(三)

(j) 悬索桥(吊桥)

(k) 组合体系桥-斜拉桥

图 6-1

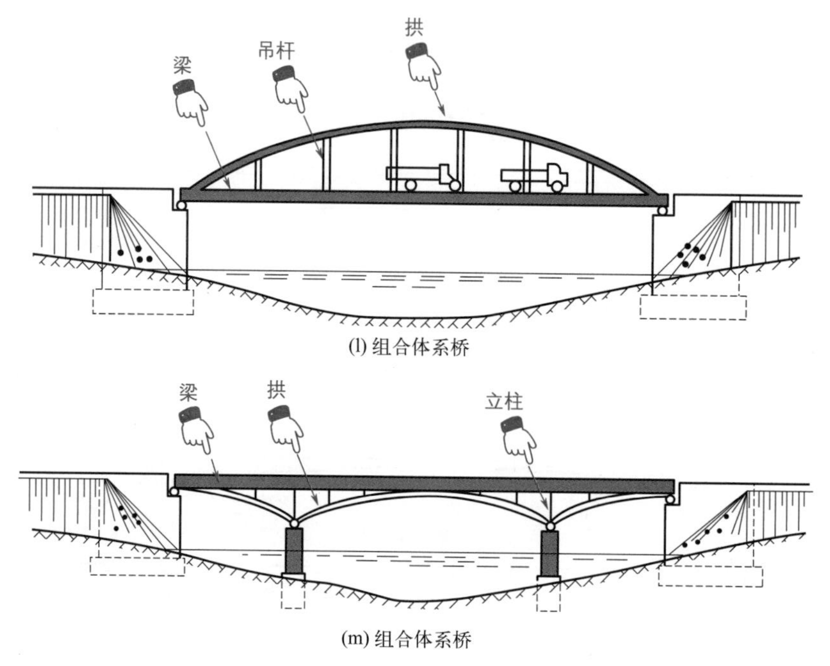
拱
吊杆
梁
(l) 组合体系桥
梁
拱
立柱
(m) 组合体系桥

图 6-1　桥梁的类型

根据主要承重结构体系，桥梁分为梁式桥、拱桥、悬索桥、斜张桥、刚构桥、组合体系桥等。其中，梁式桥、拱桥、悬索桥是桥梁的基本体系。

根据跨越障碍，桥梁分为跨河桥、跨线桥、跨谷桥、高架线路桥等。

根据桥梁平面的形状，桥梁分为正交桥、斜桥、弯桥。

根据桥梁上部结构的建筑材料，桥梁分为木桥、石桥、混凝土桥、预应力混凝土桥、钢桥、钢筋混凝土桥、结合梁桥等。

根据用途，桥梁分为公路桥、铁路桥、公铁两用桥、城市桥。

根据桥梁长度，桥梁分为特大桥、大桥、中桥、小桥、涵洞等。

根据制造方法，混凝土桥分就地灌筑桥、装配式桥两类，也有两者结合的装配 - 现浇式混凝土桥。钢桥一般是装配式的。

根据使用期限，桥梁分为临时性桥、永久性桥、半永久性桥。

其他特殊桥梁有：活动桥、军用桥、漫水桥等。

桥梁工程图的组成如图 6-2 所示。

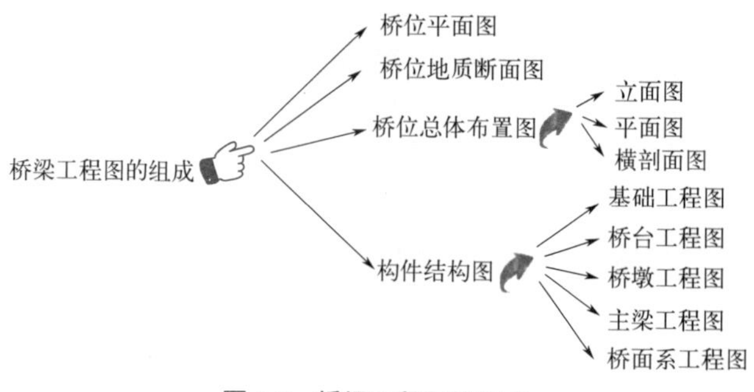
桥梁工程图的组成
桥位平面图
桥位地质断面图
桥位总体布置图
立面图
平面图
横剖面图
构件结构图
基础工程图
桥台工程图
桥墩工程图
主梁工程图
桥面系工程图

图 6-2　桥梁工程图的组成

6.1.2　桥梁组成示意

桥梁往往由梁、桥台、桥墩等组成。梁是道路的延续。基础在桥墩的底部，往往埋在地面以下。基础，可以采用扩大基础、桩基础、沉井基础等类型。

桥梁组成示意如图 6-3 所示。

桥梁
的基本组成
上部结构
桥面构造
桥跨结构(承重结构)
下部结构
桥墩、桥台
墩台基础
附属结构物
包括桥面系、伸缩缝、桥梁与
路堤衔接处的桥头搭板、锥形护坡等
支座
桥跨结构是在线路中断时跨越障碍的主要承载结构
上部结构
下部结构
桥墩

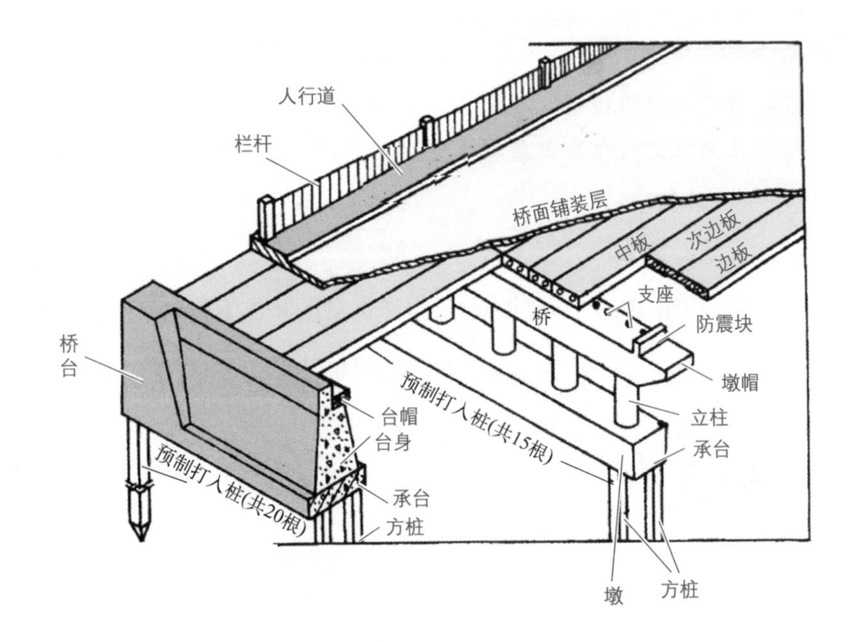
人行道
栏杆
桥面铺装层
中板
次边板
边板
支座
桥
防震块
墩帽
立柱
承台
桥
台
台帽
台身
承台
方桩
预制打入桩(共15根)
预制打入桩(共20根)
墩
方桩

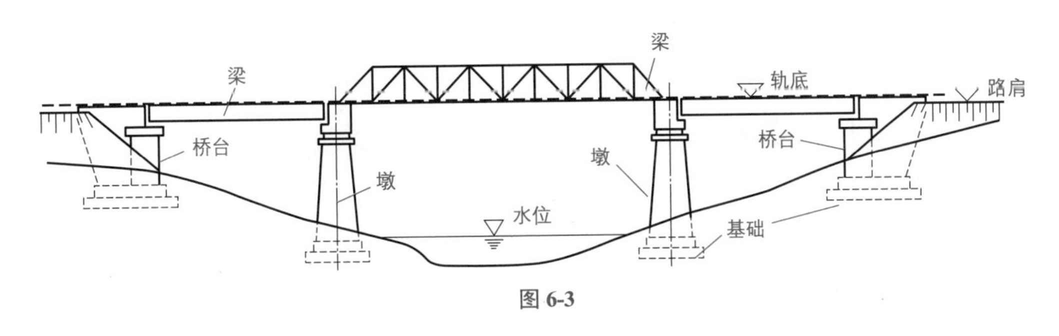
梁
梁
轨底
路肩
桥台
桥台
墩
墩
水位
基础

图 6-3

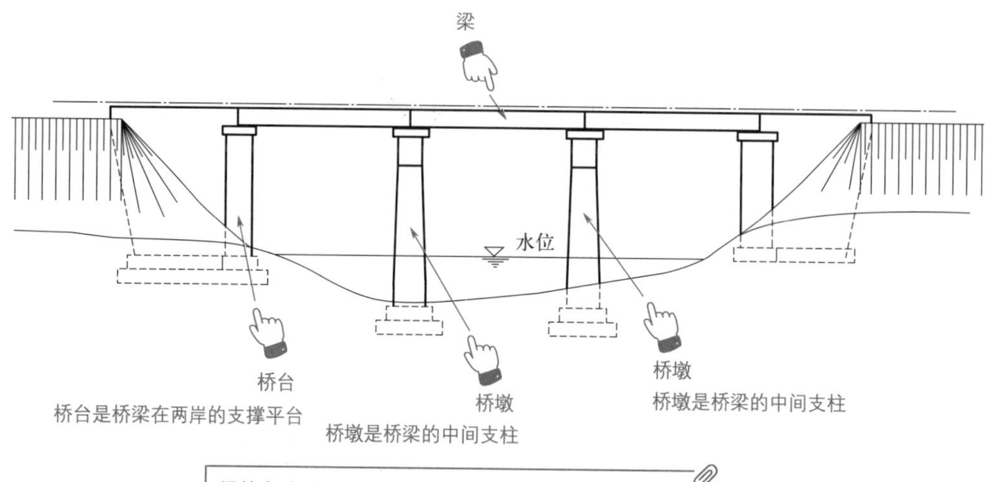
梁
水位
桥台
桥台是桥梁在两岸的支撑平台
桥墩
桥墩是桥梁的中间支柱
桥墩
桥墩是桥梁的中间支柱
梁的自重、梁所承受的荷载，通过桥台、桥墩传给地基

图 6-3　桥梁组成示意

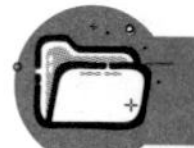

小贴士

（1）直接与墩身连接的是托盘，下面小，上面大。

（2）顶帽位于托盘之上，在其上面设置垫石以便安装桥梁支座。

6.1.3　桥墩

桥墩在桥的中间，支撑桥的左右两跨通过支座传来的竖直力与水平力，如图 6-4 所示。

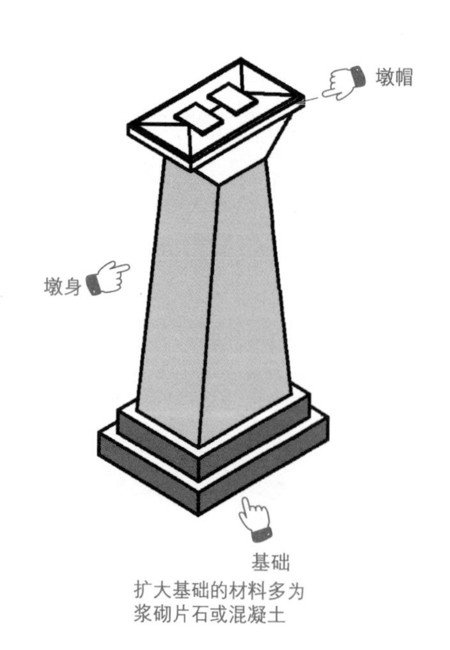
墩帽
墩身
基础
扩大基础的材料多为浆砌片石或混凝土
墩帽位于桥墩的上部，一般用钢筋混凝土材料制成
墩帽
墩身
墩身是桥墩的主体，一般上面小，下面大。
墩身有实心、空心等类型。实心桥墩是以墩身的横断面形状来区分类型的
基础

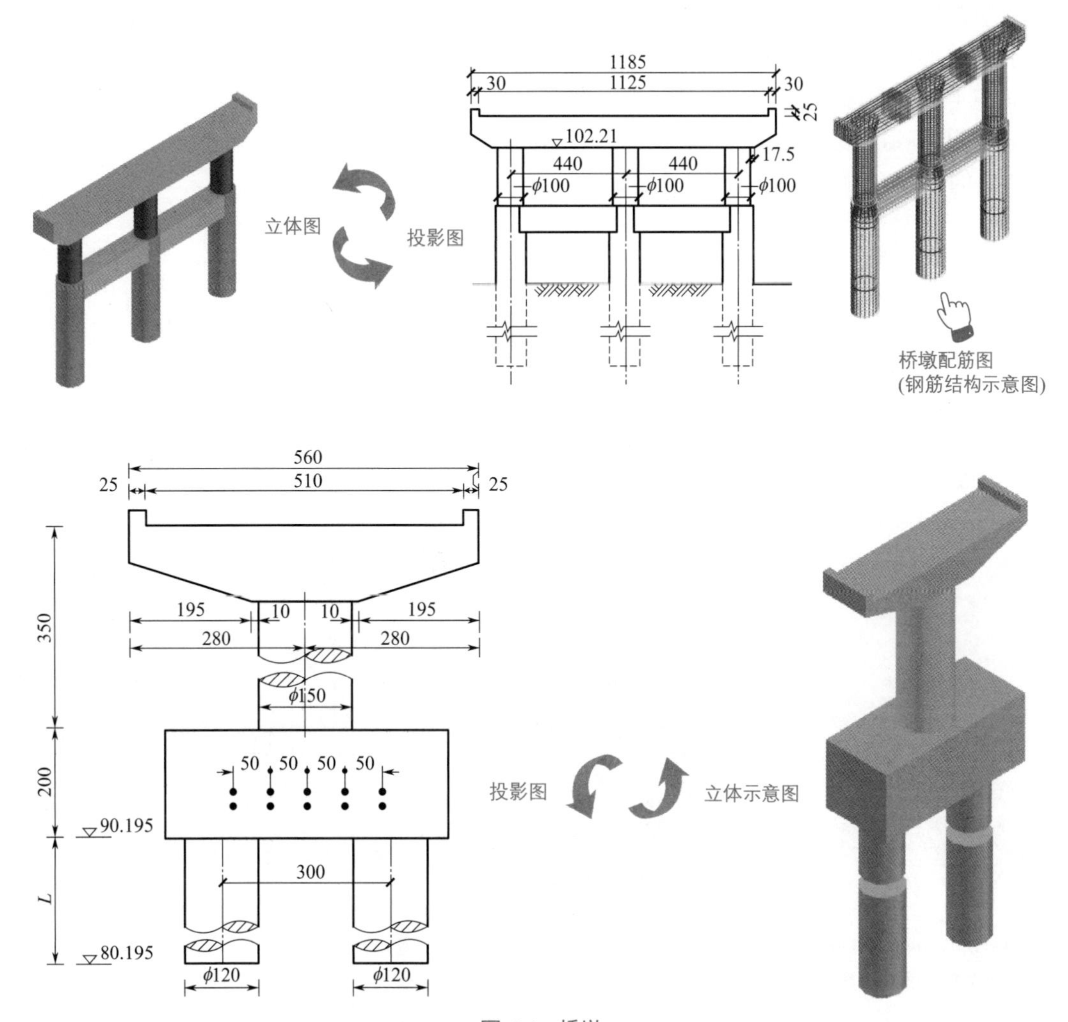
立体图
投影图
1185
30
1125
30
25
102.21
17.5
440
440
ϕ100
ϕ100
ϕ100
桥墩配筋图
(钢筋结构示意图)
560
25
510
25
350
195
10
10
195
280
280
ϕ150
200
50
50
50
50
90.195
L
300
80.195
ϕ120
ϕ120
投影图
立体示意图

图 6-4　桥墩

桥墩类型有实体桩式、空心桩式、柱式桥墩等。

桥墩往往由基础、墩身、墩帽等组成。墩帽也称为顶帽。墩帽（顶帽）有飞檐式墩帽、托盘式墩帽、悬臂式墩帽等种类。托盘式顶帽的形状除圆端形桥墩采用圆形的端头外，其他桥墩常采用矩形顶帽。托盘的形状一般根据墩身形状需要来确定。

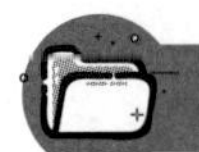

小贴士

（1）铁路桥的矩形桥墩，顶帽上垫石的四周往往设有排水坡。

（2）公路桥的圆端形桥墩，顶帽上一边高一边低，高的一边安装固定支座，低的一边安装活动支座。

（3）表示桥墩的图样有：桥墩图、墩帽图、墩帽钢筋布置图等。

6.1.4　桥墩图的绘制与识读实例

扫码观看视频

桥墩图的识读

桥墩图用来表达桥墩的整体情况。通过识读桥墩图，可以掌握墩帽、墩身、基础的形状、尺寸、材料等信息，如图 6-5 所示。本桥墩图的正面图是半正面与半 3-3 剖面的合成视图，半剖面是为了表示桥墩各部分的材料，加注材料说明，画出虚线作为材料分界线。半正面图上的点画线，是托盘上的斜圆柱面的轴线和顶帽上的直圆柱面的轴线。

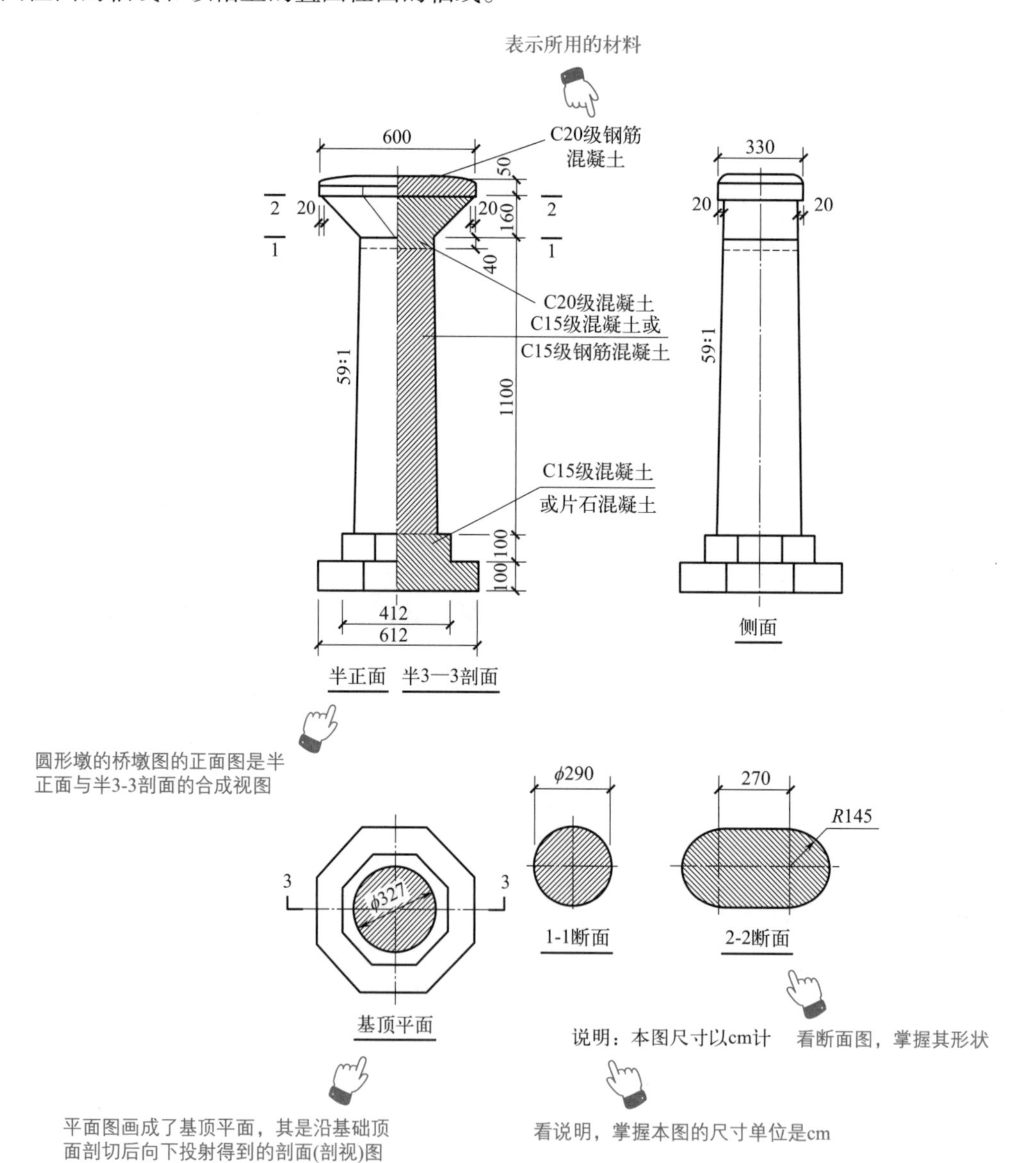

表示所用的材料
600
C20级钢筋
混凝土
50
20
20
160
2
1
40
C20级混凝土
C15级混凝土或
C15级钢筋混凝土
59:1
1100
C15级混凝土
或片石混凝土
100
100
412
612
半正面
半3—3剖面
330
20
20
侧面
圆形墩的桥墩图的正面图是半
正面与半3-3剖面的合成视图
ϕ290
270
R145
ϕ327
3
1-1断面
2-2断面
基顶平面
说明：本图尺寸以cm计
看断面图，掌握其形状
平面图画成了基顶平面，其是沿基础顶
面剖切后向下投射得到的剖面(剖视)图
看说明，掌握本图的尺寸单位是cm

图 6-5　某桥墩图的绘制与识读

小贴士

桥墩图的识读方法、步骤如下。

（1）阅读标题栏、附注（说明），了解桥墩的名称、尺寸单位、有关施工、材料等方面的要求。

（2）阅读各视图的名称，了解各视图的投射方向、各视图间的对应关系。

（3）找出桥墩各组成部分的投影，了解它们的形状、大小。

（4）综合各部分的形状、大小以及它们之间的相对位置，并且想象出桥墩的总体形状与总体大小。

6.1.5 墩帽图的绘制与识读实例

墩帽位于桥墩的上部，一般用钢筋混凝土材料制成，如图 6-6 所示。

墩帽往往由顶帽、托盘等组成。

直接与墩身连接的是托盘，下面小，上面大。

顶帽位于托盘之上，在其上面设置垫石以便安装桥梁支座。

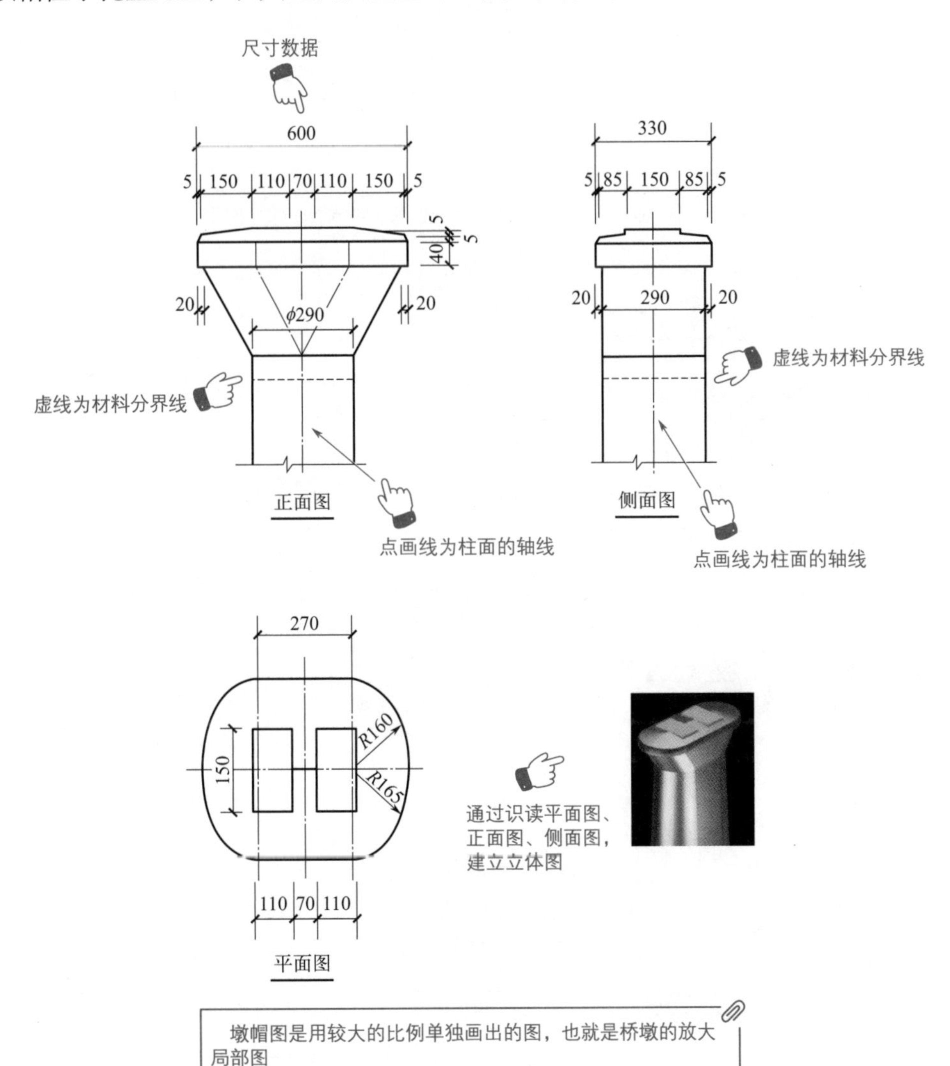

尺寸数据
600
5 150 110 70 110 150 5
5
5
40
20
φ290
20
虚线为材料分界线
正面图
点画线为柱面的轴线
330
5 85 150 85 5
20
290
20
虚线为材料分界线
侧面图
点画线为柱面的轴线
270
150
R160
R165
110 70 110
平面图
通过识读平面图、
正面图、侧面图，
建立立体图
墩帽图是用较大的比例单独画出的图，也就是桥墩的放大局部图

图 6-6　某墩帽图的绘制与识读

6.1.6 桥台图的绘制与识读实例

桥台位于桥梁的两端，是桥梁与路基连接位置的支柱，如图 6-7 所示。

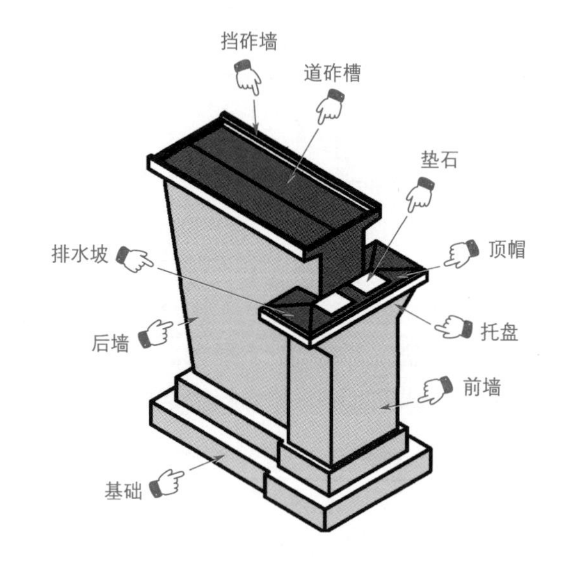

挡砟墙
道砟槽
垫石
排水坡
顶帽
托盘
后墙
前墙
基础

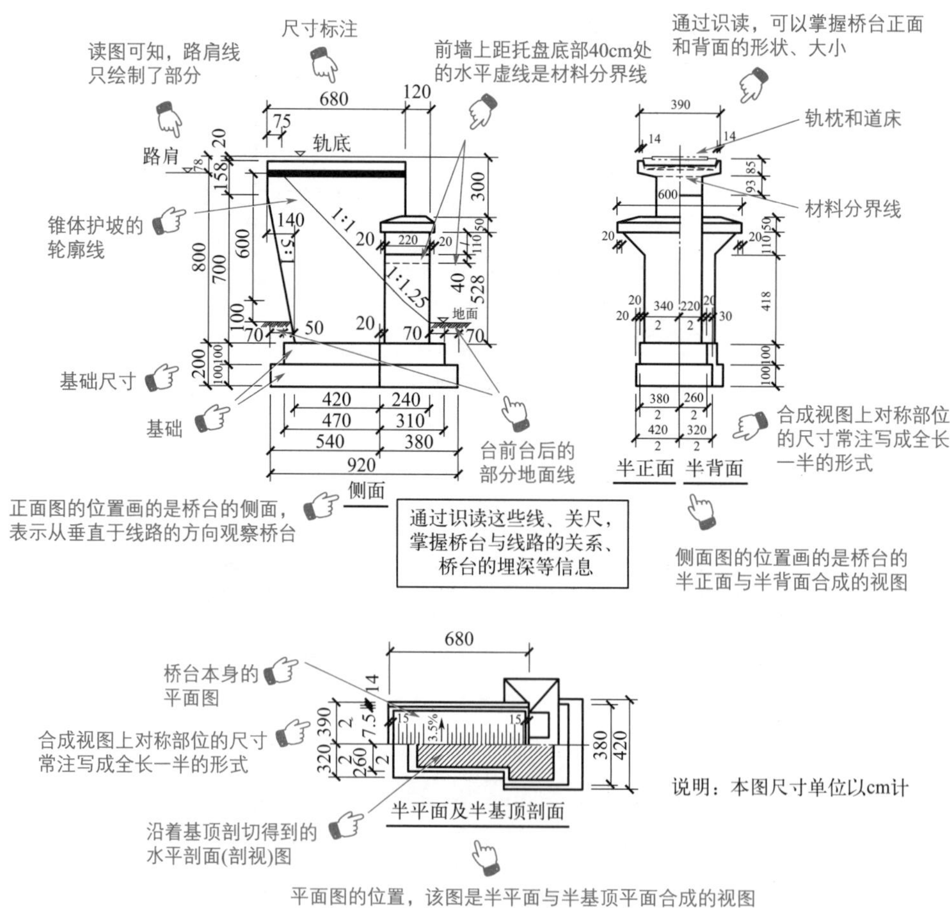

尺寸标注
读图可知，路肩线只绘制了部分
前墙上距托盘底部40cm处的水平虚线是材料分界线
通过识读，可以掌握桥台正面和背面的形状、大小
路肩
轨底
轨枕和道床
材料分界线
锥体护坡的轮廓线
地面
基础尺寸
基础
台前台后的部分地面线
合成视图上对称部位的尺寸常注写成全长一半的形式
侧面
半正面
半背面
正面图的位置画的是桥台的侧面，表示从垂直于线路的方向观察桥台
通过识读这些线、关尺，掌握桥台与线路的关系、桥台的埋深等信息
侧面图的位置画的是桥台的半正面与半背面合成的视图
桥台本身的平面图
合成视图上对称部位的尺寸常注写成全长一半的形式
沿着基顶剖切得到的水平剖面(剖视)图
半平面及半基顶剖面
说明：本图尺寸单位以cm计
平面图的位置，该图是半平面与半基顶平面合成的视图反映了台顶、台身、基础的平面形状及大小

图 6-7　某桥台图的绘制与识读

桥台一方面支撑着上部桥跨，另一方面支挡着桥头路基的填土。

桥台常根据台身的水平断面形状来取名。常见的桥台有T形桥台、U形桥台、十字形桥台、矩形桥台等。

台身，就是基础以上、顶帽以下的部分。

小贴士

（1）T形桥台主要由基础、台身、台顶等部分组成。T形桥台的台身，其水平断面的形状为T形。

（2）识读桥台总图，掌握桥台的整体形状大小、桥台与线路的相对位置关系等信息。

6.1.7 桥梁工程图识读要点

（1）看目录，了解图纸的组成。

（2）看设计说明，了解文字阐述的事项。

（3）识读总体布置图，了解各个工程结构图的名称、结构尺寸等信息。

（4）识读桥梁下部结构的桩基础、桥台、桥墩施工图等信息。

（5）识读钢筋混凝土简支梁桥施工图等具体的图纸。

（6）识读桥面系施工图，掌握桥面铺装、桥面排水、人行道、栏杆、灯柱、桥面伸缩缝的构造等。

（7）识读钢筋布置图，掌握各类钢筋代号、根数、位置、作用、钢筋工程量的计算等。

（8）识读全桥布置图，掌握桥梁的全貌。

（9）识读桥位图，掌握桥梁的位置。

6.1.8 桥位平面图

桥位平面图表示桥梁在整个线路中的地理位置。

（1）桥位的要素如下。

① 坐标系、指北针：表示方位、路线的走向。也就是通过绘制、识读坐标系、指北针，来掌握路线的走向。

② 桥位标注：表示桥梁在线路上的里程位置、桥型。也就是通过绘制、识读标注，来掌握里程位置。

（2）地物的表示，包括：桥位处道路、河流、水准点、地质钻孔、附近地形地物情况等。

（3）其他要素如下。

① 绘图比例：桥位平面图绘图比例为1 ∶ 500、1 ∶ 1000、1 ∶ 2000等。

② 图纸序号与总张数：在每张图纸的右上角或标题栏内绘制、识读图纸序号与总张数。

③ 标题栏：标题栏一般在图纸的下方。

桥位平面图的绘制与识读如图 6-8 所示。

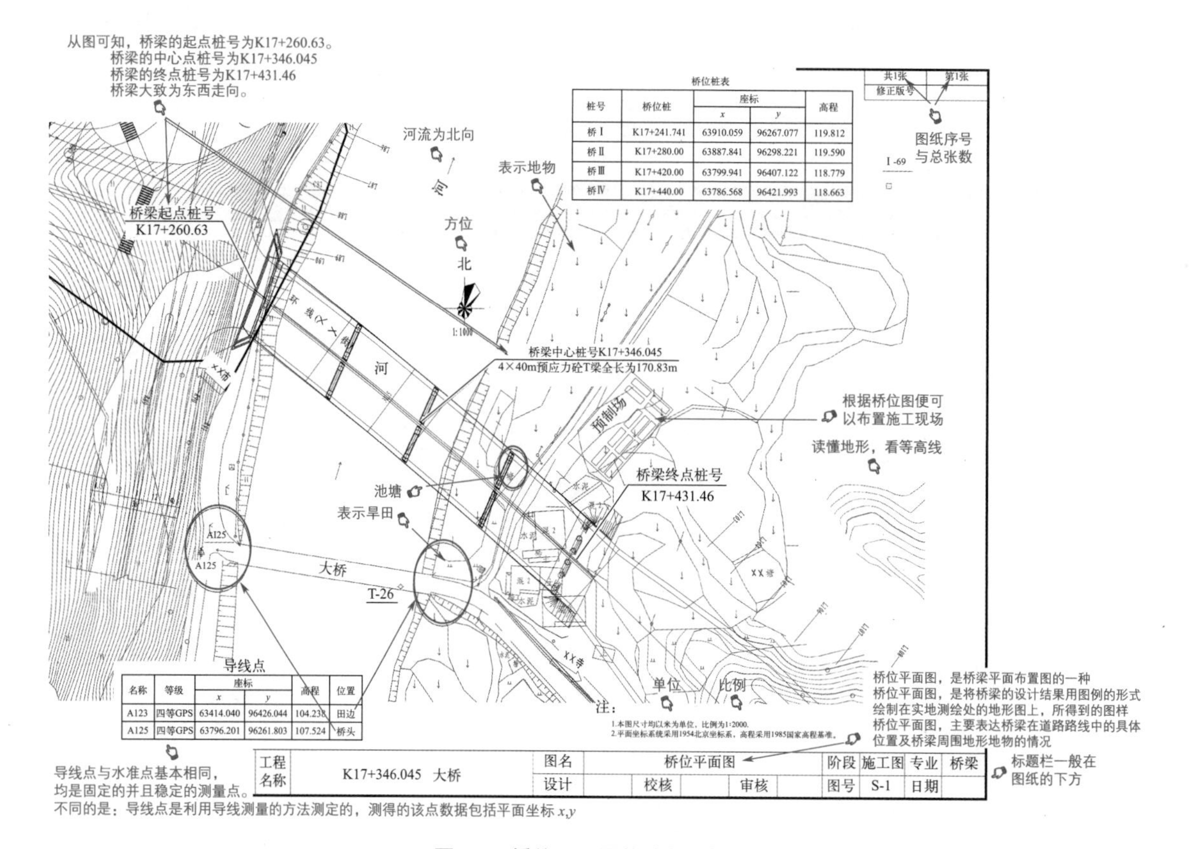
从图可知，桥梁的起点桩号为K17+260.63。
桥梁的中心点桩号为K17+346.045
桥梁的终点桩号为K17+431.46
桥梁大致为东西走向。
桥梁起点桩号
K17+260.63
河流为北向
河
表示地物
方位
北
1:1000
环线(X X)
河
桥梁中心桩号K17+346.045
4×40m预应力砼T梁全长为170.83m
预制场
根据桥位图便可以布置施工现场
读懂地形，看等高线
桥梁终点桩号
K17+431.46
池塘
表示旱田
A125
A125
大桥
T-26
XX寺
XX寺
导线点
导线点与水准点基本相同，
均是固定的并且稳定的测量点。
不同的是：导线点是利用导线测量的方法测定的，测得的该点数据包括平面坐标 x,y
单位
比例
注：
1.本图尺寸均以米为单位，比例为1:2000.
2.平面坐标系统采用1954北京坐标系，高程采用1985国家高程基准。
桥位平面图，是桥梁平面布置图的一种
桥位平面图，是将桥梁的设计结果用图例的形式绘制在实地测绘处的地形图上，所得到的图样
桥位平面图，主要表达桥梁在道路路线中的具体位置及桥梁周围地形地物的情况
标题栏一般在图纸的下方
共1张
第1张
修正版号
图纸序号与总张数
Ⅰ-69

桥位桩表

桩号	桥位桩	座标		高程
		x	y	
桥Ⅰ	K17+241.741	63910.059	96267.077	119.812
桥Ⅱ	K17+280.00	63887.841	96298.221	119.590
桥Ⅲ	K17+420.00	63799.941	96407.122	118.779
桥Ⅳ	K17+440.00	63786.568	96421.993	118.663

名称	等级	座标		高程	位置
		x	y		
A123	四等GPS	63414.040	96426.044	104.238	田边
A125	四等GPS	63796.201	96261.803	107.524	桥头

工程名称	K17+346.045 大桥	图名	桥位平面图			阶段	施工图	专业	桥梁
		设计		校核		审核		图号	S-1	日期	

图 6-8 桥位平面图的绘制与识读

小贴士

（1）由于桥梁往往是连接道路的，因此，桥梁图的识读往往涉及道路图的部分。

（2）桥位平面图中的植被、水准符号等，一般是以正北方向为准。桥位平面图中文字方向，则可根据路线要求、总图标方向来决定。

（3）识读桥位图，掌握桥梁所处的位置、河流两岸的地形、河流两岸的地物等。具体为地势哪方高哪方低，是否有房屋、交通或通信设施、池塘等。

（4）根据桥位图便可以布置施工现场。

（5）桩号，是指施工前对设计基础桩进行的统一编号，以利于施工，号码不重复，且唯一。

例如：起点桩号 K200.500，终点桩号 K350.800（即 K200.500 ～ K350.800）

意思为：公路 200km 处再过 500m 为开始处，直到 350km 再过 800m 处的这段路。

计算路长：350.800−200.500=150.300（km）。

例如：规定 K0.000 为中桩编号，则东面一百米表示为 K0.000+100，西面一百米则表示为 K0.000−100。也就是分为两个方向，有一个是正方向，另一个则是反方向。

6.1.9　桥位地质断面图的绘制与识读

桥位地质断面图，是表示桥梁所处河床断面的水位、地质情况的图，包括河床断面线、最高水位线、常水位线、最低水位线等。桥位地质剖面图或断面图，是根据水文调查、地质钻探所得的资料绘制的。

在桥位地质断面图中，为了显示地质和河床深度变化情况，特意把地形高度（标高）的比例较水平方向比例放大数倍画出。

有的桥位地质断面图，会给出钻孔桩号、钻孔深度、钻孔间距等详细信息。

桥位地质断面图的绘制与识读如图 6-9 所示。

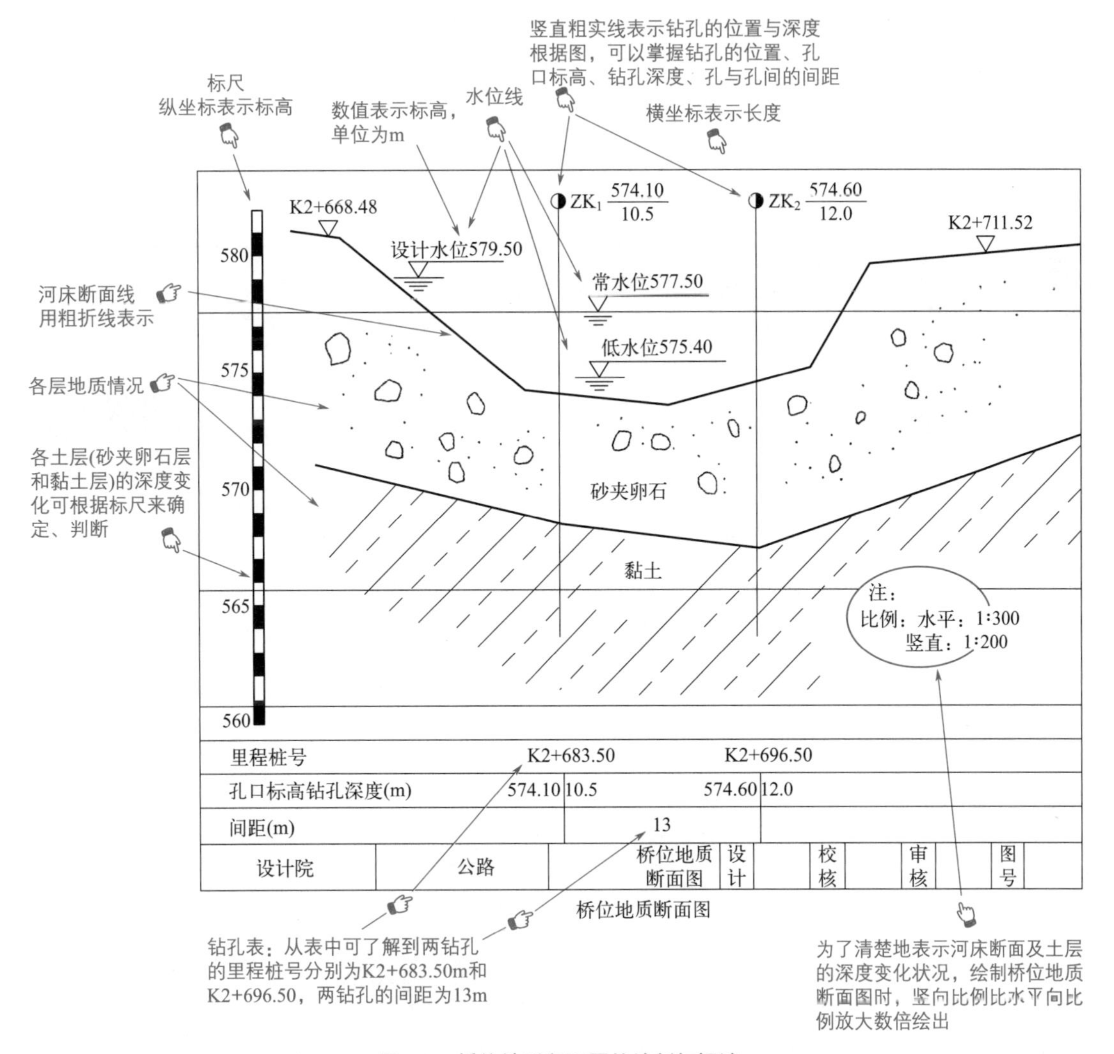

竖直粗实线表示钻孔的位置与深度
根据图，可以掌握钻孔的位置、孔口标高、钻孔深度、孔与孔间的间距
标尺
纵坐标表示标高
数值表示标高，单位为m
水位线
横坐标表示长度
ZK1 574.10/10.5
ZK2 574.60/12.0
K2+668.48
K2+711.52
设计水位579.50
常水位577.50
低水位575.40
580
575
570
565
560
河床断面线用粗折线表示
各层地质情况
各土层(砂夹卵石层和黏土层)的深度变化可根据标尺来确定、判断
砂夹卵石
黏土
注：
比例：水平：1∶300
竖直：1∶200
里程桩号
K2+683.50
K2+696.50
孔口标高钻孔深度(m)
574.10 10.5
574.60 12.0
间距(m)
13
设计院
公路
桥位地质断面图
设计
校核
审核
图号
桥位地质断面图
钻孔表：从表中可了解到两钻孔的里程桩号分别为K2+683.50m和K2+696.50，两钻孔的间距为13m
为了清楚地表示河床断面及土层的深度变化状况，绘制桥位地质断面图时，竖向比例比水平向比例放大数倍绘出

图 6-9　桥位地质断面图的绘制与识读

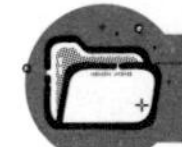

小贴士

识图桥位地质断面图的要点如下。

（1）掌握地质情况：河床断面（原始地形断面）的基本情况、河床地下岩层分布变化情况（类型和厚度）、地质钻孔要求等。

（2）掌握水文情况：最高水位线、最低水位线、设计水位线等。

（3）掌握其他要素：绘图比例、图纸序号和总张数、标题栏等。

钻孔的表示的绘制与识读，如图 6-10 所示。

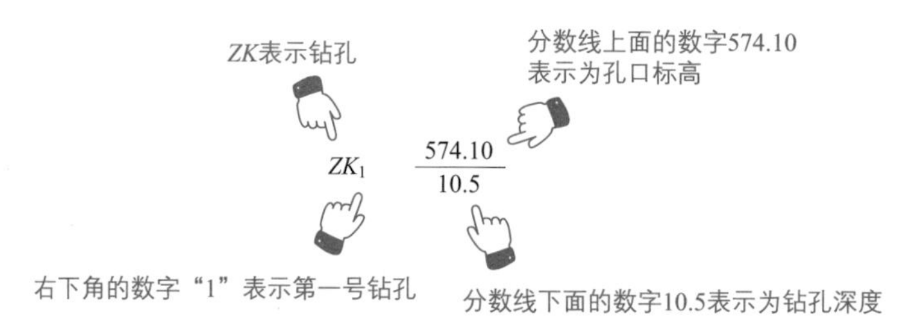

ZK表示钻孔
分数线上面的数字574.10
表示为孔口标高
ZK_1
574.10
10.5
右下角的数字“1”表示第一号钻孔
分数线下面的数字10.5表示为钻孔深度

图 6-10　钻孔的表示的绘制与识读

6.2 涵洞与隧道工程的基础知识

扫码观看视频

涵洞的分类

6.2.1　涵洞的结构

涵洞是埋设在路基下的建筑物，其轴线与线路方向正交或斜交，是用来从道路一侧向另一侧排水或作为穿越道路的横向通道。

涵洞沿其轴线方向依次有入口、洞身、出口等部分。

根据洞身的断面形状，涵洞的结构形式有圆涵、拱涵、箱涵等。

涵洞的出入口结构形式有端墙式、翼墙式等类型：既有端墙又有翼墙的叫翼墙式，只有端墙的叫端墙式。

涵洞的结构如图 6-11 所示。

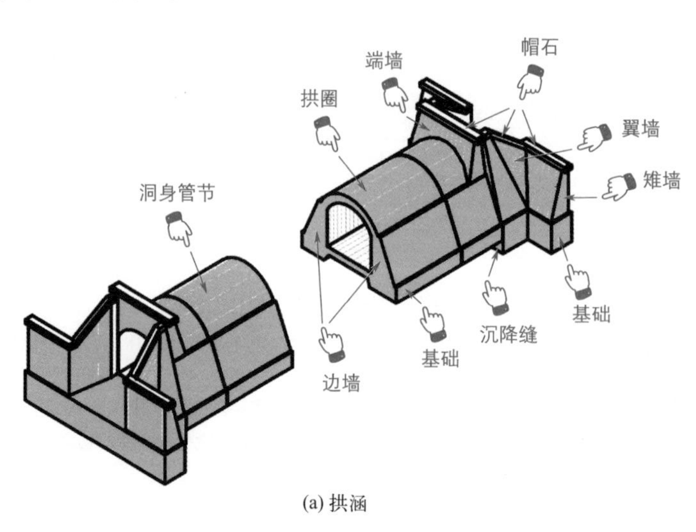

端墙
帽石
拱圈
翼墙
雉墙
洞身管节
基础
沉降缝
基础
边墙

(a) 拱涵

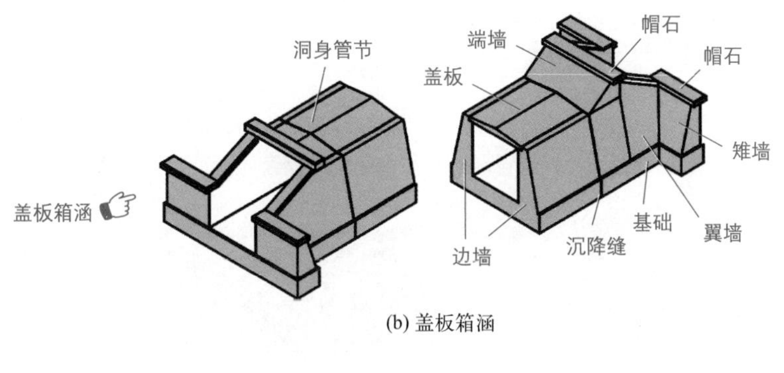
洞身管节
端墙
帽石
帽石
盖板
雉墙
盖板箱涵
基础
翼墙
沉降缝
边墙

(b) 盖板箱涵

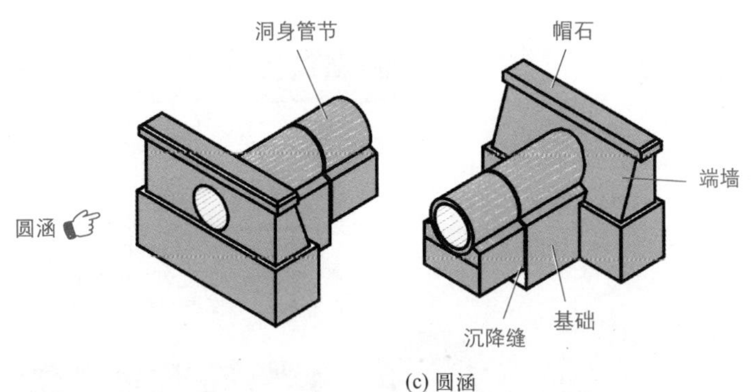
洞身管节
帽石
端墙
圆涵
基础
沉降缝

(c) 圆涵

图 6-11　涵洞的结构

6.2.2　隧道的分类与结构

根据所处的位置不同，隧道分为山岭隧道、水下隧道（河底和海地）、城市隧道等。

根据横断面形状，隧道分为圆形、椭圆形、马蹄形、眼睛形（孪生形）等。

根据用途，隧道分为交通隧道（包括公路隧道、铁路隧道、城市隧道、人行隧道等）、运输隧道（包括输水隧道、输气隧道、输液隧道等），等等。

公路隧道结构，一般由主体构筑物、附属构筑物等组成。主体构筑物通常指洞身衬砌、洞门构筑物。洞身衬砌的平、纵、横断面的形状由道路隧道的几何设计确定，衬砌断面的轴线形状、厚度由衬砌计算决定。附属构筑物是主体构筑物以外的其他构筑物，是为了运营管理、维修养护、通风、照明、给水排水、供蓄发电、通信、安全等修建的构筑物。

开挖后的隧道，支护的主要方式有：喷射混凝土、锚杆、钢架、钢筋网、其他的组合等。

明洞的结构类型有拱式明洞、棚式明洞等。

隧道衬砌材料有：混凝土、片石混凝土、钢筋混凝土、石料和混凝土预制块、喷射混凝土、锚杆和钢架、装配式材料等。

隧道结构如图 6-12 所示。

隧道结构构造

- 主体构造物(永久性人工建筑物)
  - 衬砌：开挖后的隧道，为了保持围岩的稳定性，一般需要进行支护和衬砌
    衬砌的主要方式有：整体式混凝土衬砌、拼装式衬砌、喷射混凝土衬砌、复合式衬砌等
  - 洞门(明洞)
    洞门的形式环框式洞门、端墙式(一字式)洞门、翼墙式(八字式)洞门、柱式洞门、台阶式洞门、斜交式洞门、喇叭口式洞门等
- 附属构造物(辅助设施)：通风照明排水、消防、通信等

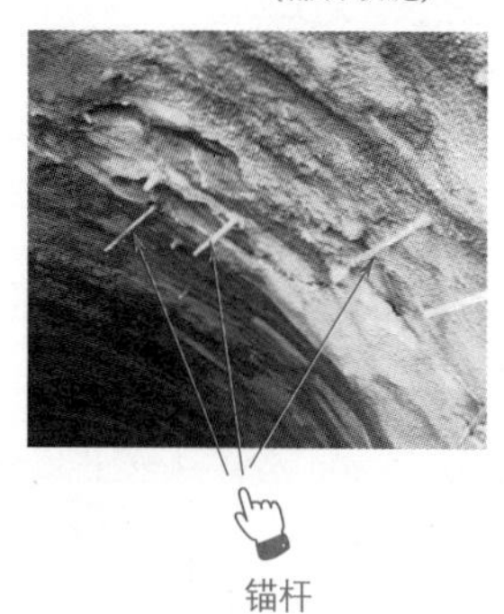

锚杆

锚杆是一种插入到围岩岩体内的杆形构件，可以加固围岩。
锚杆分为机械型锚杆、黏结型锚杆、预应力锚杆

钢架

隧道钢架支护，是为了加强支护刚度而在初期支护或二次衬砌中放置的型钢支撑或格栅钢支撑。
初期支护采用的钢架宜用H形、工字形、U形型钢制成，也可用钢管或钢轨制成。
钢架分为型钢、格栅钢架两种

喇叭口式洞门

端墙式(一字式)洞门

端墙式(一字式)洞门，一般由端墙，洞门顶排水沟等组成

端墙
洞门排水系统
翼墙

翼墙式(八字式)洞门

翼墙式(八字式)洞门，一般是在端墙式洞门的单侧或双侧设置翼墙

柱墩
柱墩

柱式洞门

柱式洞门，一般在端墙中设置2个(或4个)断面较大的柱墩，以增加端墙的稳定性

图 6-12 隧道结构

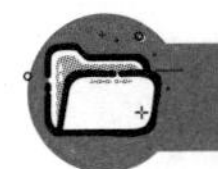

小贴士

（1）山岭隧道是为铁路、公路穿越山岭修建的构筑物。山岭隧道，一般由洞身衬砌、洞门、附属设施等组成。因洞口、地段的地形、地质条件不同，洞门的结构形式有洞口环框、柱式洞门、翼墙式洞门、端墙式洞门等类型。除了洞口环框外，洞门的主体部分是端墙。

（2）山岭隧道洞身衬砌形状比较单一，往往只用断面图即可表示清楚。

（3）山岭隧道洞门形状、构造比较复杂，往往需要多个视图才能够将其充分表达。

（4）山岭隧道端墙顶上设有水沟以排除山体仰坡上的流水。

（5）山岭隧道边墙有直边墙、曲边墙两种。

（6）山岭隧道地质条件很差时，衬砌底部还设计仰拱。

（7）山岭隧道洞内排水修有侧沟，在洞门外洞内侧沟与洞外侧沟连接起来。

（8）山岭隧道翼墙式洞门、柱式洞门是在端墙外加设了翼墙或立柱。

（9）山岭隧道翼墙顶上设有水沟，它和端墙顶上的水沟连通，仰坡上下来的水经过端墙水沟到翼墙水沟，最后流入洞外侧沟排走。

根据长度，隧道的分类如图 6-13 所示。

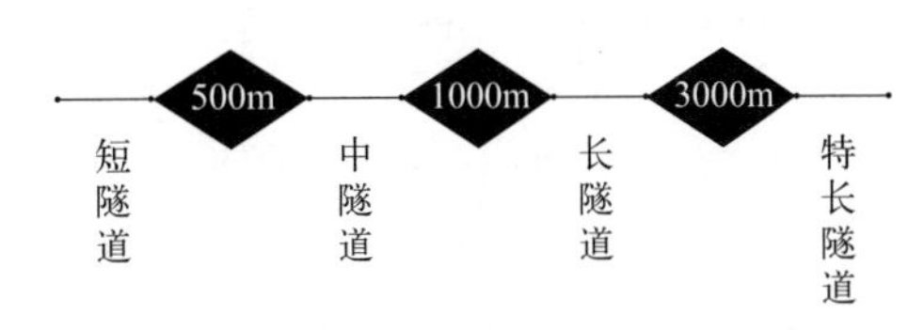
500m
1000m
3000m
短隧道
中隧道
长隧道
特长隧道

图 6-13　隧道的分类

6.3 砖石、混凝土桥涵、隧道图

6.3.1 砖石、混凝土结构材料的标注

砖石、混凝土结构材料标注的绘制与识读如图 6-14 所示。

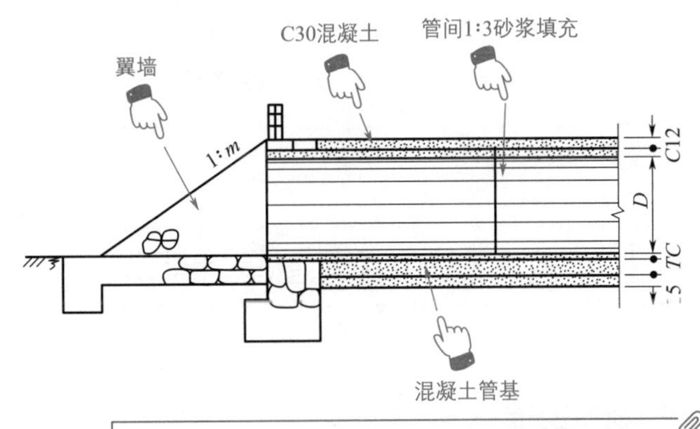
C30混凝土
管间1:3砂浆填充
翼墙
1:m
C12
D
TC
混凝土管基

砖石、混凝土结构图中的材料标注，可以在图形中适当位置用图例表示。材料图例不便绘制时，可以采用引出线标注材料名称、配合比

图 6-14　砖石、混凝土结构材料标注的绘制与识读

6.3.2 边坡、锥坡标注的绘制与识读

边坡，是指为了保证路基稳定，在路基两侧做成的具有一定坡度的坡面。锥坡，是指为了保护路堤边坡不受冲刷，在桥涵与路基相接处修筑的锥形护坡。

边坡、锥坡标注的绘制与识读如图 6-15 所示。

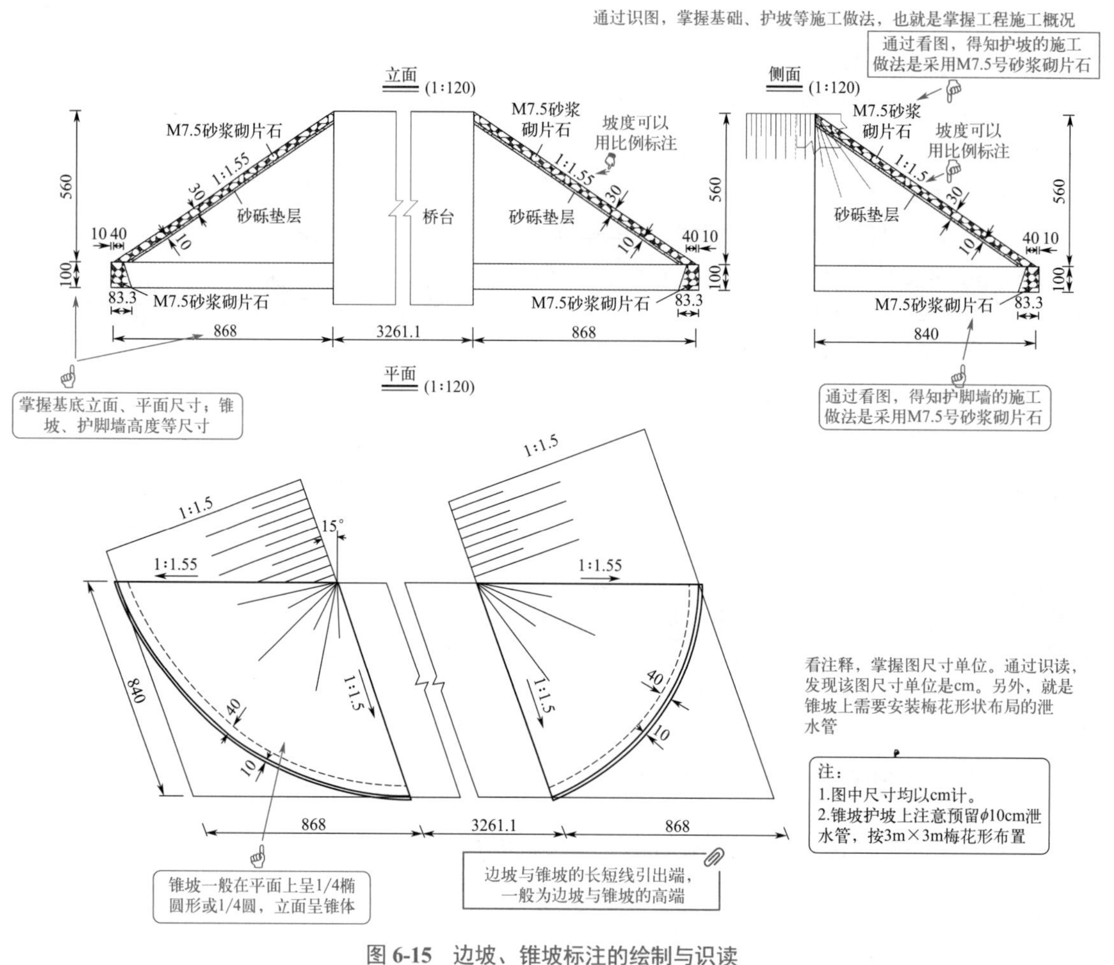

通过识图，掌握基础、护坡等施工做法，也就是掌握工程施工概况
通过看图，得知护坡的施工做法是采用M7.5号砂浆砌片石
立面 (1:120)
侧面 (1:120)
M7.5砂浆砌片石
M7.5砂浆砌片石
坡度可以用比例标注
1:1.55
1:1.5
砂砾垫层
桥台
560
100
83.3
868
3261.1
840
平面 (1:120)
掌握基底立面、平面尺寸；锥坡、护脚墙高度等尺寸
通过看图，得知护脚墙的施工做法是采用M7.5号砂浆砌片石
看注释，掌握图尺寸单位。通过识读，发现该图尺寸单位是cm。另外，就是锥坡上需要安装梅花形状布局的泄水管
注：
1.图中尺寸均以cm计。
2.锥坡护坡上注意预留ϕ10cm泄水管，按3m×3m梅花形布置
15°
锥坡一般在平面上呈1/4椭圆形或1/4圆，立面呈锥体
边坡与锥坡的长短线引出端，一般为边坡与锥坡的高端

图 6-15 边坡、锥坡标注的绘制与识读

6.4 钢筋混凝土桥涵、隧道结构图基础知识

6.4.1 钢筋标注的绘制与识读

钢筋构造图一般是置于一般构造之后。结构外形简单时，二者可以绘于同一视图中。

一般构造图中，外轮廓线一般用粗实线表示。钢筋构造图中的轮廓线，一般用细实线表示。钢筋，一般是用粗实线的单线条或实心黑圆点表示。

钢筋构造图中，各种钢筋一般标注数量、直径、长度、间距、编号，其编号需要采用阿拉伯数字来表示。钢筋编号时，宜先编主部位、次部位的主筋，后编主部位、次部位的构造筋。

钢筋标注的绘制与识读如图 6-16 所示。

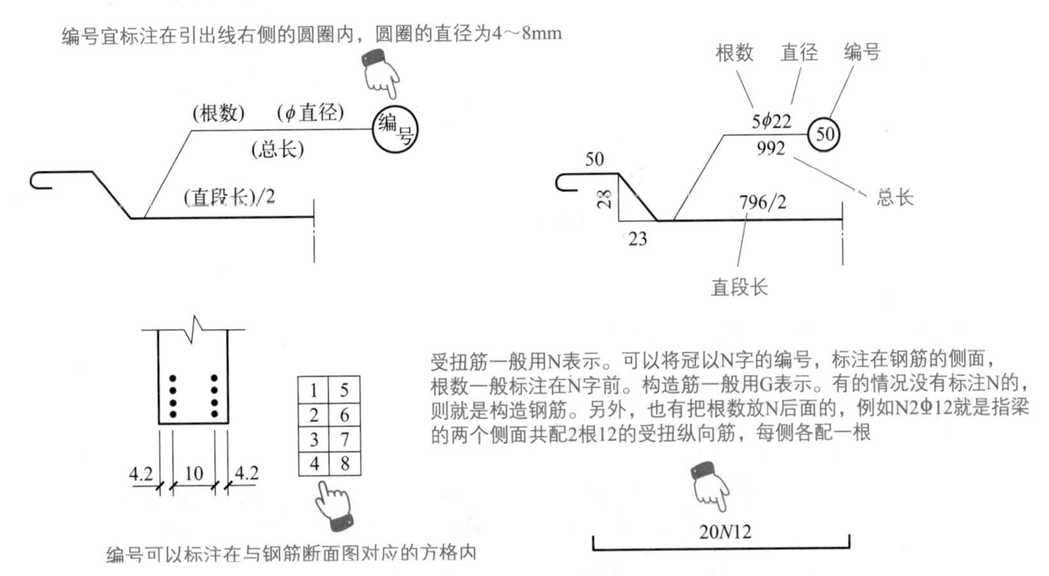

编号宜标注在引出线右侧的圆圈内，圆圈的直径为4～8mm
(根数)
(φ直径)
编号
(总长)
(直段长)/2
根数
直径
编号
5φ22
50
992
50
28
23
796/2
总长
直段长
1 5
2 6
3 7
4 8
4.2
10
4.2
受扭筋一般用N表示。可以将冠以N字的编号，标注在钢筋的侧面，根数一般标注在N字前。构造筋一般用G表示。有的情况没有标注N的，则就是构造钢筋。另外，也有把根数放N后面的，例如N2Φ12就是指梁的两个侧面共配2根12的受扭纵向筋，每侧各配一根
20N12
编号可以标注在与钢筋断面图对应的方格内

图 6-16　钢筋标注的绘制与识读

小贴士

钢筋大样一般需要布置在钢筋构造图的同一张图上。钢筋加工形状简单时，也可以将钢筋大样绘制在钢筋明细表内。

6.4.2　箍筋大样的绘制与识读

大样是工程的细部图。箍筋大样的绘制与识读如图 6-17 所示。

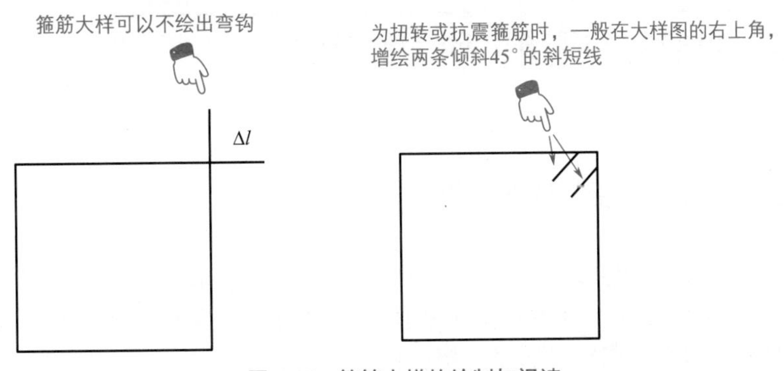

箍筋大样可以不绘出弯钩
Δl
为扭转或抗震箍筋时，一般在大样图的右上角，增绘两条倾斜45°的斜短线

图 6-17　箍筋大样的绘制与识读

6.4.3 钢筋弯折的绘制与识读

钢筋末端弯折，主要是为了解决钢筋与混凝土黏结力不足的问题。钢筋弯折的绘制与识读如图 6-18 所示。

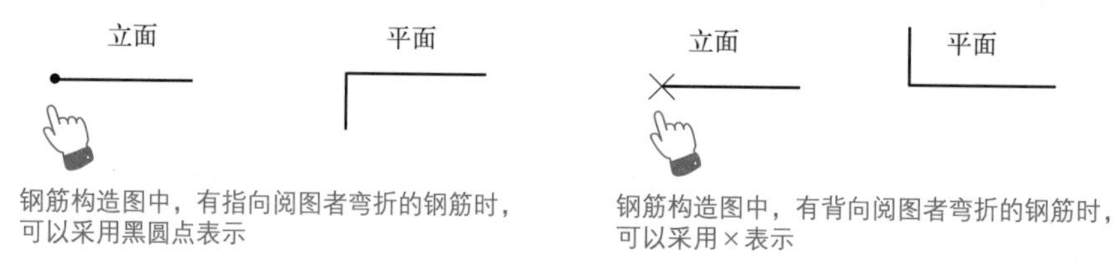
立面
平面
立面
平面
钢筋构造图中，有指向阅图者弯折的钢筋时，可以采用黑圆点表示
钢筋构造图中，有背向阅图者弯折的钢筋时，可以采用×表示

图 6-18 钢筋弯折的绘制与识读

6.4.4 钢筋简化标注的绘制与识读

钢筋简化标注的绘制与识读如图 6-19 所示。

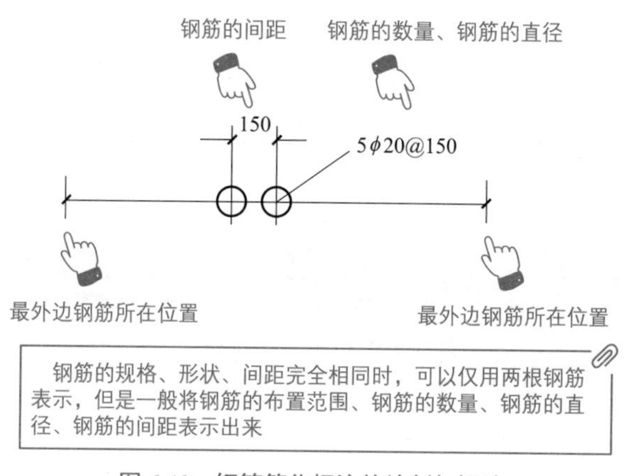
钢筋的间距
钢筋的数量、钢筋的直径
150
5ϕ20@150
最外边钢筋所在位置
最外边钢筋所在位置
钢筋的规格、形状、间距完全相同时，可以仅用两根钢筋表示，但是一般将钢筋的布置范围、钢筋的数量、钢筋的直径、钢筋的间距表示出来

图 6-19 钢筋简化标注的绘制与识读

6.5 预应力混凝土桥涵、隧道结构

6.5.1 预应力钢筋标注的绘制与识读

预应力钢筋，一般采用粗实线或直径 2mm 以上的黑圆点表示。图形轮廓线，一般采用细实线表示。预应力钢筋与普通钢筋在同一视图中出现时，普通钢筋需要采用中粗实线表示。一般构造图中的图形轮廓线，需要采用中粗实线表示。

预应力钢筋布置图中，需要标注预应力钢筋的数量、型号、长度、间距、编号。编号需要以阿拉伯数字表示。

预应力钢筋标注的绘制与识读如图 6-20 所示。

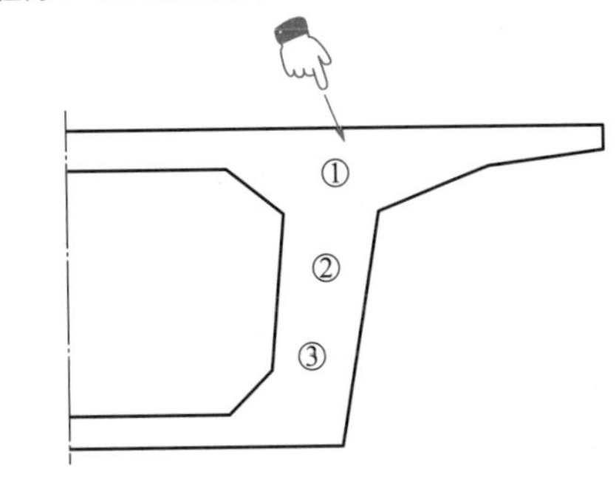
横断面图中，当标注位置足够时，可以将编号标注在直径为4～8mm的圆圈内
①
②
③

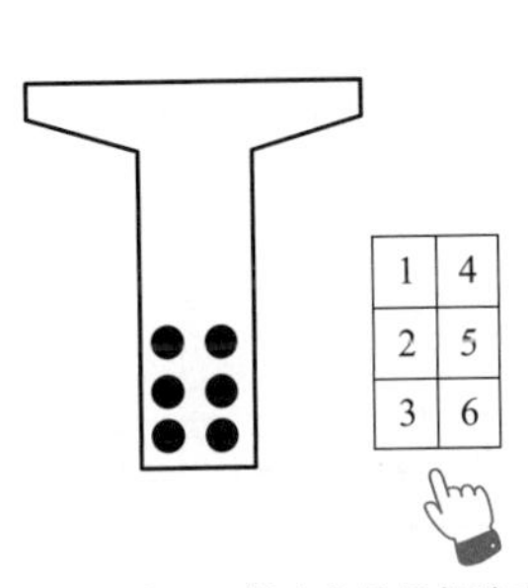
1 4
2 5
3 6
横断面图中，一般宜将编号标注在与预应力钢筋断面对应的方格内

图 6-20 预应力钢筋标注的绘制与识读

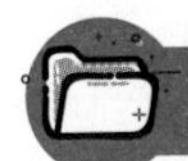

小贴士

（1）纵断面图中，结构简单时，可以将冠以 N 字的编号标注在预应力钢筋的上方。

（2）预应力钢筋的根数大于 1 时，也可以将数量标注在 N 字前。结构复杂时，可以自拟代号，但是需要在图中加以说明。

6.5.2 预应力钢筋表示方法的绘制与识读

预应力钢筋表示方法的绘制与识读如图 6-21 所示。

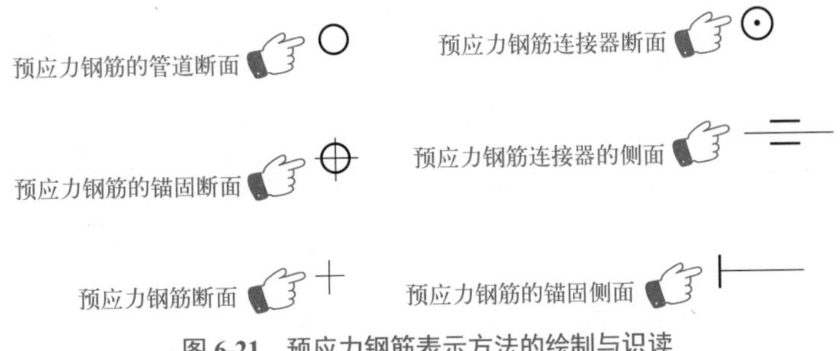
预应力钢筋的管道断面
预应力钢筋连接器断面
预应力钢筋的锚固断面
预应力钢筋连接器的侧面
预应力钢筋断面
预应力钢筋的锚固侧面

图 6-21 预应力钢筋表示方法的绘制与识读

6.5.3 预应力钢筋大样的绘制与识读

预应力钢筋大样的绘制与识读如图 6-22 所示。

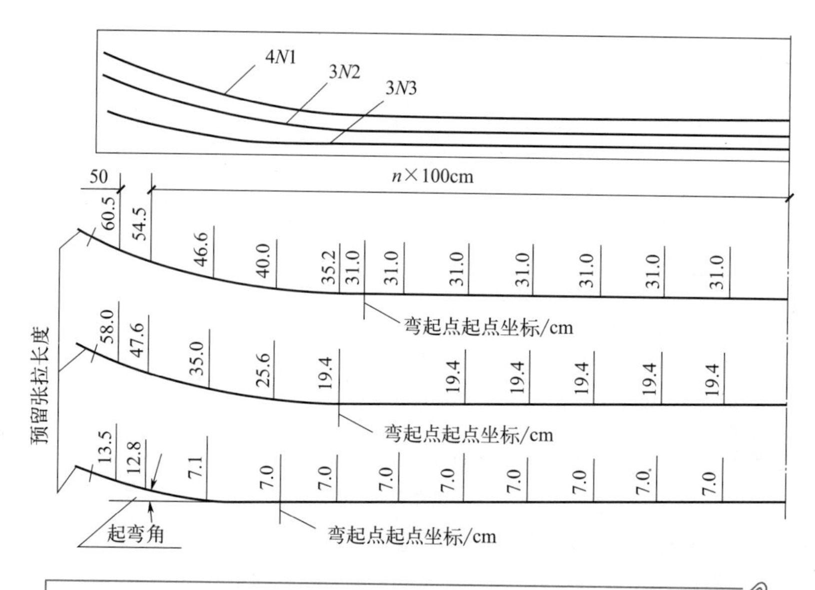
4N1
3N2
3N3
50
n×100cm
60.5
54.5
46.6
40.0
35.2
31.0
31.0
31.0
31.0
31.0
31.0
31.0
弯起点起点坐标/cm
预留张拉长度
58.0
47.6
35.0
25.6
19.4
19.4
19.4
19.4
19.4
19.4
弯起点起点坐标/cm
13.5
12.8
7.1
7.0
7.0
7.0
7.0
7.0
7.0
7.0
7.0
起弯角
弯起点起点坐标/cm
对弯起的预应力钢筋一般需要列表或直接在预应力钢筋大样图中，标出弯起角度、弯曲半径切点的坐标(包括纵弯或既纵弯又平弯的钢筋)、预留的张拉长度

图 6-22　预应力钢筋大样的绘制与识读

6.6 钢结构桥涵、隧道结构

6.6.1 常用型钢代号规格标注的绘制与识读

钢结构视图的轮廓线，一般采用粗实线绘制。螺栓孔的孔线等，一般采用细实线绘制。采用薄壁型钢时，应在常用型钢的代号前标注“B”。

常用型钢代号规格标注的绘制与识读如图 6-23 所示。

代号规格
钢板、扁钢
宽×厚×长
圆钢
φ 直径×长
钢管
φ 外径×壁厚×长
工字钢
I 高×翼缘宽×腹板厚×长
代号规格
角钢
长边×短边×边厚×长
槽钢
[高×翼缘宽×腹板厚×长
方钢
边宽×长
卷边角钢
边长×边长×卷边长×边厚×长

图 6-23　常用型钢代号规格标注的绘制与识读

6.6.2 型钢各部位名称的绘制与识读

型钢各部位名称的绘制与识读如图 6-24 所示。

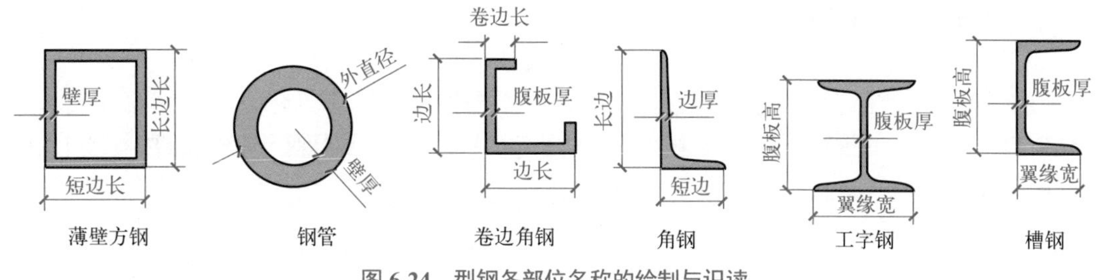
卷边长
壁厚
长边长
短边长
外直径
壁厚
边长
腹板厚
边长
长边
边厚
短边
腹板高
腹板厚
翼缘宽
腹板高
腹板厚
翼缘宽
薄壁方钢
钢管
卷边角钢
角钢
工字钢
槽钢

图 6-24　型钢各部位名称的绘制与识读

6.6.3　螺栓与螺栓孔代号的绘制与识读

螺栓与螺栓孔代号的绘制与识读如图 6-25 所示。

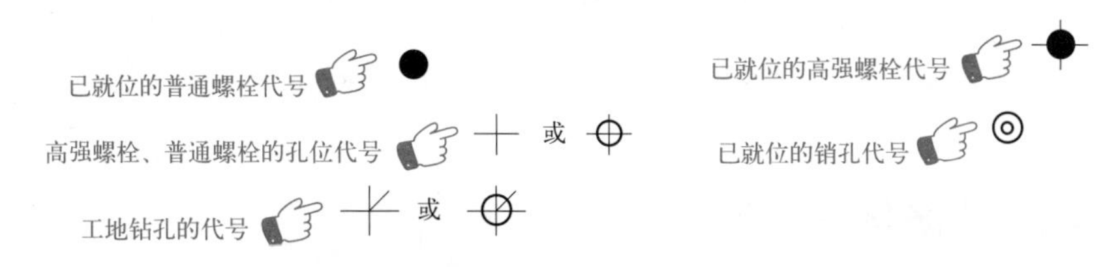
已就位的普通螺栓代号
已就位的高强螺栓代号
高强螺栓、普通螺栓的孔位代号
或
已就位的销孔代号
工地钻孔的代号
或

图 6-25　螺栓与螺栓孔代号的绘制与识读

6.6.4　螺栓、螺母、垫圈标注的绘制与识读

螺栓、螺母、垫圈标注的绘制与识读如图 6-26 所示。

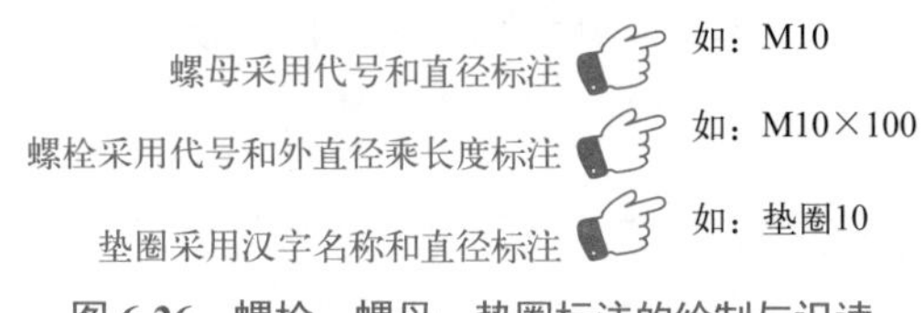
螺母采用代号和直径标注
如：M10
螺栓采用代号和外直径乘长度标注
如：M10×100
垫圈采用汉字名称和直径标注
如：垫圈10

图 6-26　螺栓、螺母、垫圈标注的绘制与识读

6.6.5　焊缝标注的绘制与识读

焊缝可以采用标注法、图示法表示，绘图时可以选其中一种或两种。

焊缝标注的绘制与识读如图 6-27 所示。

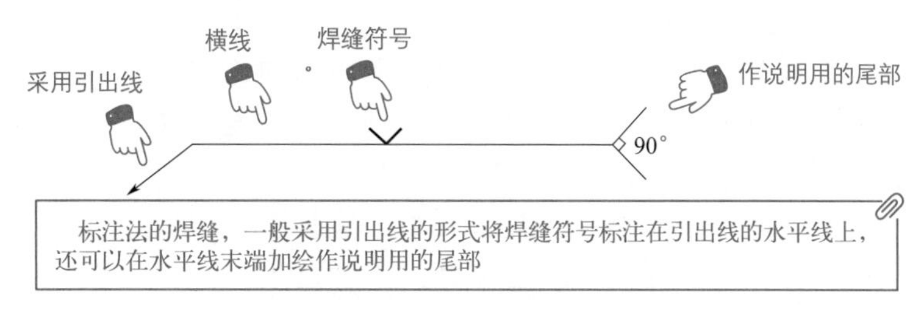
横线
焊缝符号
采用引出线
作说明用的尾部
90°
标注法的焊缝，一般采用引出线的形式将焊缝符号标注在引出线的水平线上，还可以在水平线末端加绘作说明用的尾部

图 6-27　焊缝标注的绘制与识读

6.6.6 常用焊缝符号的绘制与识读

一般不需要标注焊缝尺寸，需要标注时，需要根据现行的国家标准《焊缝符号表示法》（GB/T 324—2008）的规定标注。标注法采用的焊缝符号，需要根据现行国家标准的规定采用。

常用焊缝符号的绘制与识读如图 6-28 所示。

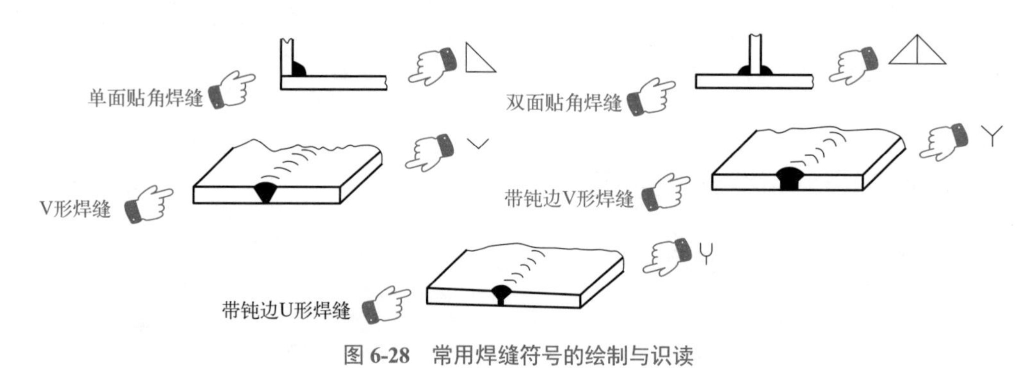

单面贴角焊缝
双面贴角焊缝
V形焊缝
带钝边V形焊缝
带钝边U形焊缝

图 6-28　常用焊缝符号的绘制与识读

6.6.7 构件编号的绘制与识读

构件编号的绘制与识读如图 6-29 所示。

规格
编号
构件的编号需要采用阿拉伯数字标注
代号 · 规格
编号
构件的编号需要采用阿拉伯数字标注

图 6-29　构件编号的绘制与识读

6.6.8 表面粗糙度常用代号的绘制与识读

表面粗糙度常用代号的绘制与识读如图 6-30 所示。

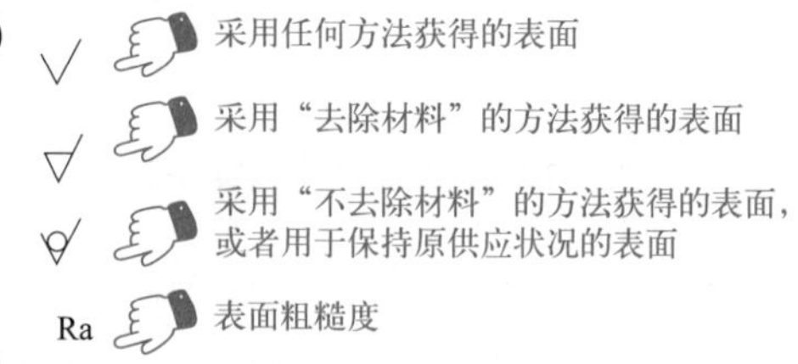

采用任何方法获得的表面
采用“去除材料”的方法获得的表面
采用“不去除材料”的方法获得的表面，
或者用于保持原供应状况的表面
Ra
表面粗糙度

图 6-30　表面粗糙度常用代号的绘制与识读

6.6.9 公差标注的绘制与识读

尺寸公差，简称公差，其是指允许的最大极限尺寸与最小极限尺寸之差的绝对值的大小，或允许的上偏差与下偏差之差的大小。尺寸公差在切削加工中是指零件尺寸允许的变动量。在基本尺寸相同的情况下，尺寸公差愈小，则尺寸精度愈高。尺寸公差是一个没有符号的绝对值。

极限偏差 = 极限尺寸 − 基本尺寸

上偏差 = 最大极限尺寸 − 基本尺寸

下偏差 = 最小极限尺寸 − 基本尺寸

公差标注的绘制与识读如图 6-31 所示。

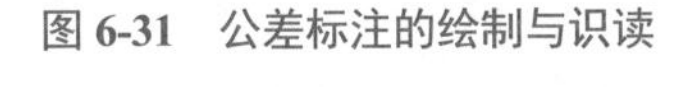

采用代号标注尺寸公差时，
其代号需要标注在尺寸数字的右边
d65 k6
采用极限偏差标注尺寸公差时，
上、下偏差的数字位数需要对齐
上偏差需要标注在尺寸数字的右上方
下偏差需要标注在尺寸数字的右下方
d65+0.021 +0.002
角度公差的标注与线性尺寸公差的标注方法相同
20°max
60°10′±30″
65° +0.10′ −0.05′
同时标注公差代号、极限偏差时，
则需要将后者加注圆括号
d65 k6(+0.021 +0.002)

图 6-31　公差标注的绘制与识读

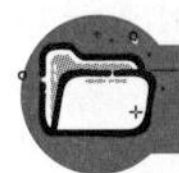

小贴士

上、下偏差相同时，偏差数值可以仅标注一次，但是需要在偏差值前加注正负符号，并且偏差值的数字与尺寸数字字高相同。

6.7　视图的绘制与识读

6.7.1　斜桥涵视图与主要尺寸标注的绘制与识读

斜桥涵的主要视图为平面图。

斜桥涵的立面图，宜采用与斜桥涵纵轴线平行的立面或纵断面来表示。

各墩台里程桩号、桥涵跨径、耳墙长度，均采用立面图中的斜投影尺寸，但是墩台的宽度依旧采用正投影尺寸。

斜桥涵视图与主要尺寸标注的绘制与识读如图 6-32 所示。

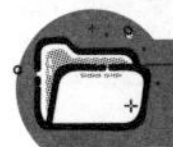

小贴士

绘制斜板桥的钢筋构造图时，可以根据需要的方向剖切。倾斜角较大而使图面难以布置时，可以根据缩小后的倾斜角值绘制。但是在计算尺寸时，仍需要根据实际的倾斜角来计算。

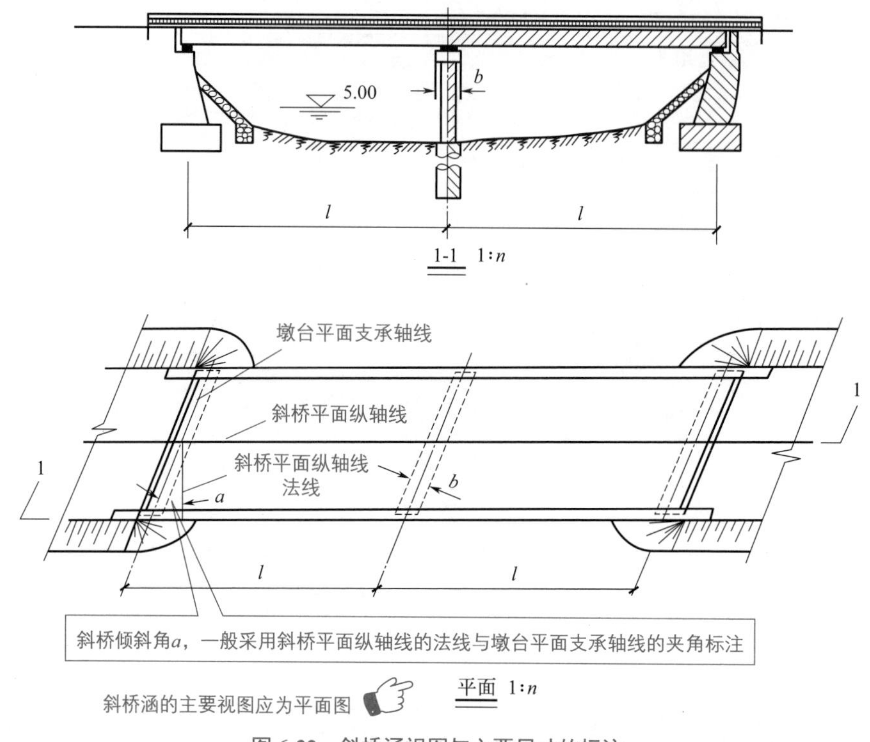

5.00
b
l
l
1-1 1:n
墩台平面支承轴线
斜桥平面纵轴线
斜桥平面纵轴线
法线
1
1
a
b
l
l
斜桥倾斜角a，一般采用斜桥平面纵轴线的法线与墩台平面支承轴线的夹角标注
斜桥涵的主要视图应为平面图
平面 1:n

图 6-32　斜桥涵视图与主要尺寸的标注

6.7.2　弯桥视图的绘制与识读

弯桥横断面，宜在展开后的立面图中切取，并且需要标示超高坡度。

坡桥立面图的桥面上，一般需要标注坡度。墩台顶、桥面等位置，需要注明标高。竖曲线上的桥梁也属坡桥，除了根据坡桥标注外，还需要标出竖曲线坐标表。

斜坡桥的桥面四角标高值，需要在平面图中标注。立面图中可不标注桥面四角的标高。

弯桥视图的绘制与识读如图 6-33 所示。

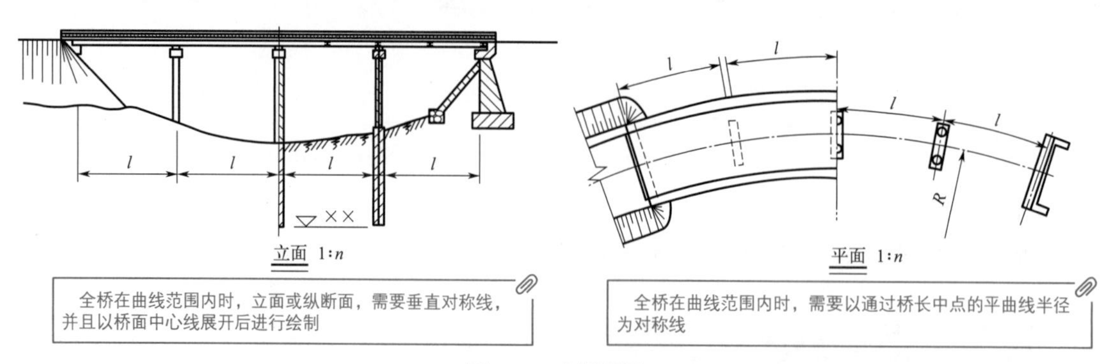

l
l
l
l
××
立面 1:n
l
l
l
l
R
平面 1:n
全桥在曲线范围内时，立面或纵断面，需要垂直对称线，并且以桥面中心线展开后进行绘制
全桥在曲线范围内时，需要以通过桥长中点的平曲线半径为对称线

图 6-33　弯桥视图

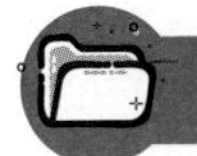

小贴士

（1）全桥仅一部分在曲线范围内时，其立面或纵断面应平行于平面图中的直线部分，并且以桥面中心线展开绘制，展开后的桥墩或桥台间距应为跨径的长度。

（2）平面图中，需要标注墩台中心线间的曲线或折线长度、平曲线半径、曲线坐标。曲线坐标可以列表表示。

（3）立面图、纵断面图中，可以略去曲线超高投影线的绘制。

6.7.3 隧道视图的绘制与识读

隧道视图的绘制与识读如图 6-34 所示。

洞顶排水沟需要在立面图中用标有坡度符号的虚线表示。

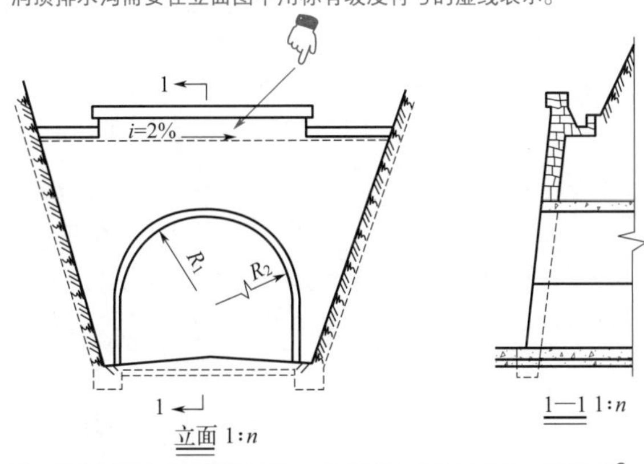

1
i=2%
R1
R2
1
立面 1:n
1—1 1:n

隧道洞门的正投影应为隧道立面。无论洞门是否对称，均需要全部绘制。隧道平面与纵断面可以仅图示洞口的外露部分

图 6-34 隧道视图的绘制与识读

6.7.4 挡土墙外边缘的绘制与识读

挡土墙，是指支承路基填土或山坡土体、防止填土或土体变形失稳的构筑物，如图 6-35 所示。

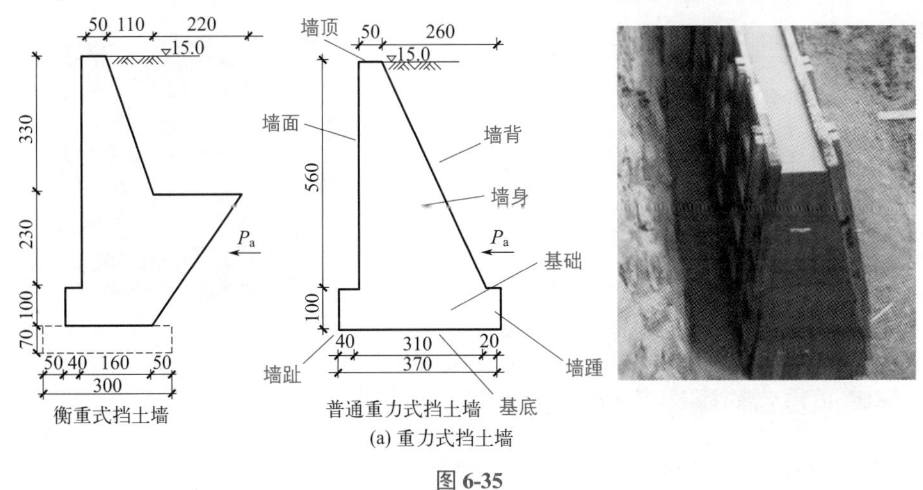

50 110 220
15.0
330
230
100
70
P_a
50 40 160 50
300
衡重式挡土墙
墙顶
50 260
15.0
墙面
墙背
560
墙身
P_a
基础
100
40 310 20
370
墙趾
墙踵
普通重力式挡土墙
基底
(a) 重力式挡土墙

图 6-35

(b) 扶壁式挡土墙

(c) 锚杆式挡土墙

图 6-35　挡土墙

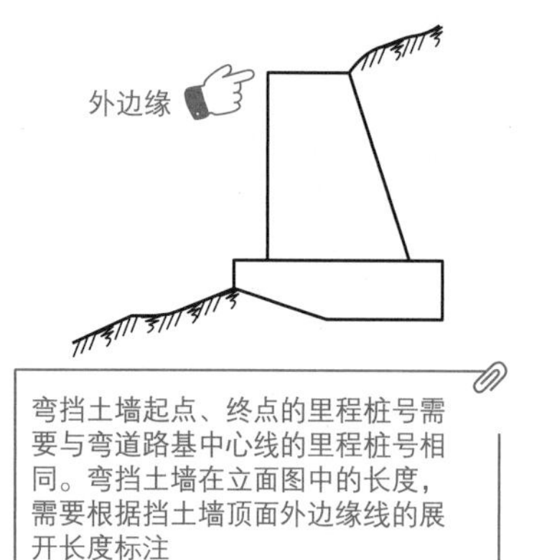
外边缘
弯挡土墙起点、终点的里程桩号需要与弯道路基中心线的里程桩号相同。弯挡土墙在立面图中的长度，需要根据挡土墙顶面外边缘线的展开长度标注

图 6-36　挡土墙外边缘

挡土墙外边缘的绘制与识读如图 6-36 所示。

6.7.5　某直墙式衬砌图的绘制与识读

广义而言，衬砌就是人工修筑的支护结构的统称。实际中，衬砌主要是指能作为永久支护的结构。

隧道洞门图，往往包括隧道洞门的正面图、平面图、中心纵剖面图、断面图、洞外侧沟图、洞内侧沟图、沟连接详图等视图。

某直墙式衬砌图的绘制与识读如图 6-37 所示。

某隧道洞门图变通识图如图 6-38 所示。从图中可知，该图主要是尺寸图，例如边墙的厚度是 40cm，边墙的高度 445cm，拱圈的半径 *R*222*R*221cm。隧道洞门总尺寸为总高度为 813cm、总宽度为 570cm。

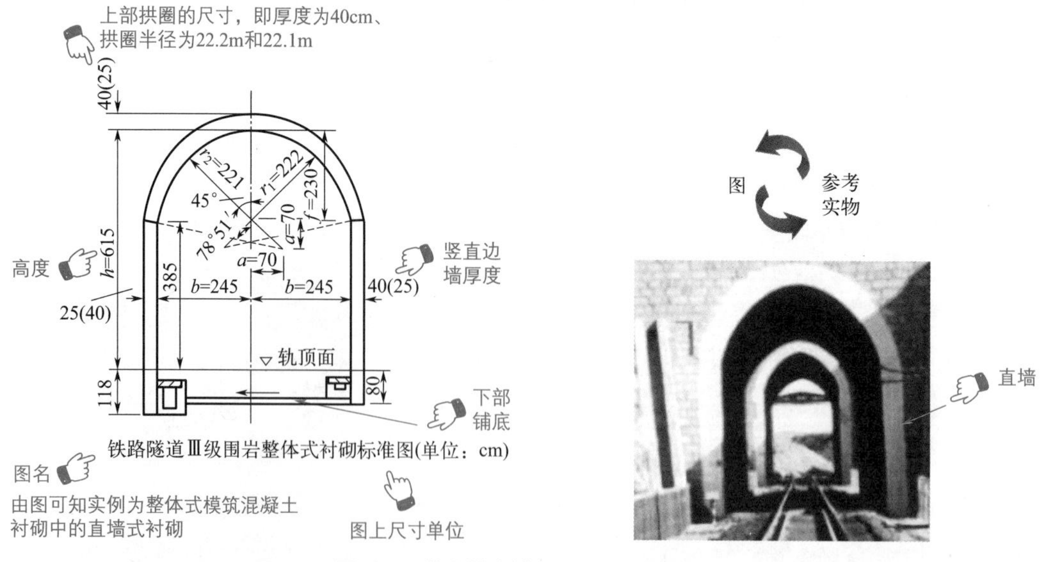
上部拱圈的尺寸，即厚度为40cm、拱圈半径为22.2m和22.1m
40(25)
r2=221
r1=222
f=230
45°
78°51′
d=70
a=70
h=615
高度
385
b=245
b=245
40(25)
竖直边墙厚度
25(40)
轨顶面
118
80
下部铺底
铁路隧道Ⅲ级围岩整体式衬砌标准图(单位：cm)
图名
由图可知实例为整体式模筑混凝土衬砌中的直墙式衬砌
图上尺寸单位
图
参考实物
直墙

图 6-37　某直墙式衬砌图的绘制与识读

6.7.6　某隧道复合衬砌构造断面图的绘制与识读

某隧道复合衬砌构造断面图的绘制与识读如图 6-39 所示。

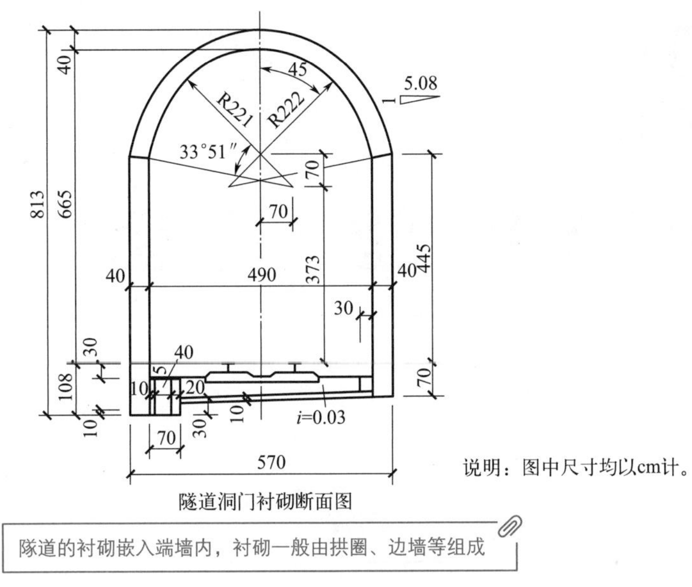

813
665
40
45
R221
R222
5.08
1
33°51″
70
70
373
445
40
490
40
30
30
40
5
108
10
20
10
i=0.03
70
10
70
30
570
隧道洞门衬砌断面图
说明：图中尺寸均以cm计。

隧道的衬砌嵌入端墙内，衬砌一般由拱圈、边墙等组成

图 6-38　某隧道洞门图变通识图

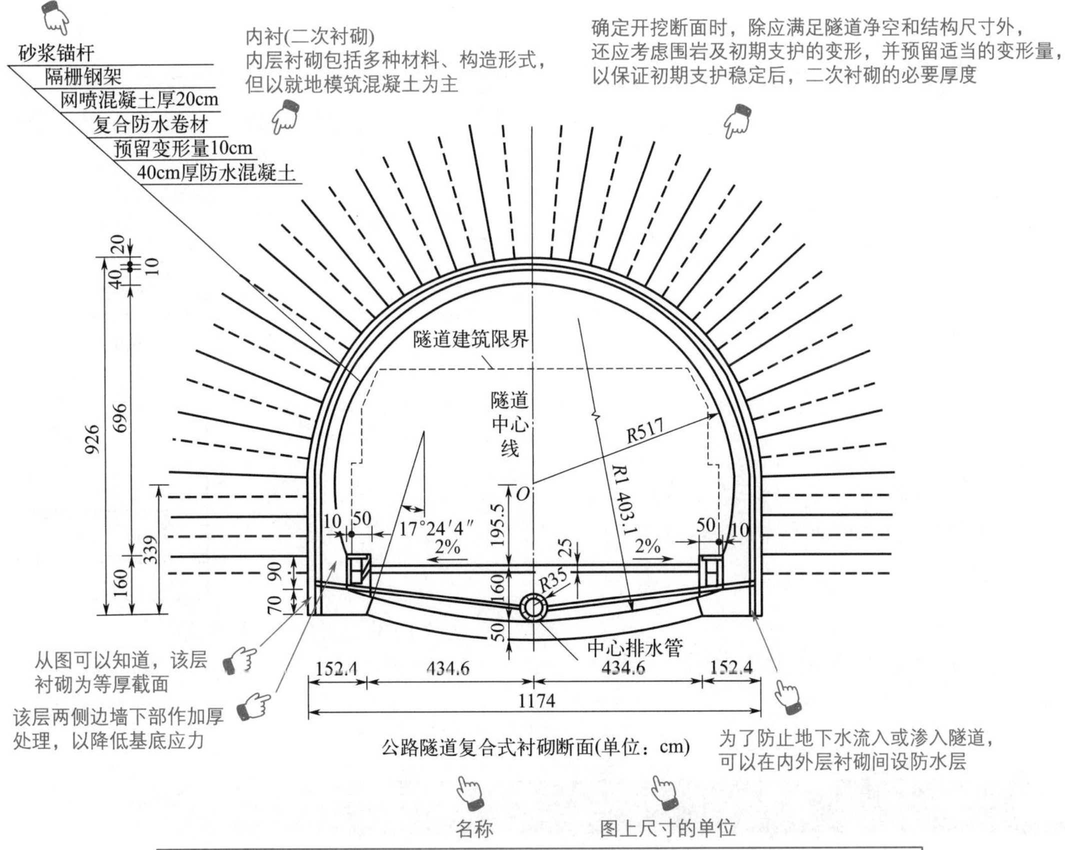

外衬(初期支护)
外衬主要是以喷射混凝土、锚杆为基木组合形式的一系列现代隧道支护
内衬(二次衬砌)
内层衬砌包括多种材料、构造形式，但以就地模筑混凝土为主
确定开挖断面时，除应满足隧道净空和结构尺寸外，还应考虑围岩及初期支护的变形，并预留适当的变形量，以保证初期支护稳定后，二次衬砌的必要厚度
砂浆锚杆
隔栅钢架
网喷混凝土厚20cm
复合防水卷材
预留变形量10cm
40cm厚防水混凝土
隧道建筑限界
隧道中心线
R517
R1 403.1
O
926
696
339
160
20
10
40
10
50
17°24′4″
2%
195.5
25
2%
50
10
90
70
160
R35
50
中心排水管
从图可以知道，该层衬砌为等厚截面
该层两侧边墙下部作加厚处理，以降低基底应力
152.4
434.6
434.6
152.4
1174
公路隧道复合式衬砌断面(单位：cm)
为了防止地下水流入或渗入隧道，可以在内外层衬砌间设防水层
名称
图上尺寸的单位

复合式衬砌不同于单层厚壁的模筑混凝土衬砌，其把衬砌分成两层或两层以上，可以是同一种形式、方法、材料施作的，也可以是不同形式、方法、时间、材料施作的

图 6-39　某隧道复合衬砌构造断面图的绘制与识读

Chapter 7

第07章 供热供暖工程制图与识图

7.1 供热供暖工程基础知识与常识

7.1.1 供热工程概述

供热工程，就是生产、输配、应用热能的工程。

供热系统的组成，主要有热源、输送系统、用热设施等。其中，热源主要有热电厂、锅炉房、工业余（废）热、可再生能源、核能等。热媒为输送热量的载体。一般采用水、蒸汽等作为热媒。

输送系统，主要有管道、管件、阀门、补偿器、保温结构、支架、检查井、管沟等。

用热设施，主要有散热器、生产设备等。

供热管道可以分为室内供热管道、室外供热管道。室内供热管道的敷设方式有：架空敷设、地沟敷设、直埋敷设等方式。室外供热管道的敷设方式有：架空敷设（地上敷设）、地沟敷设、直埋敷设等方式。

供热工程施工图的组成如图 7-1 所示。

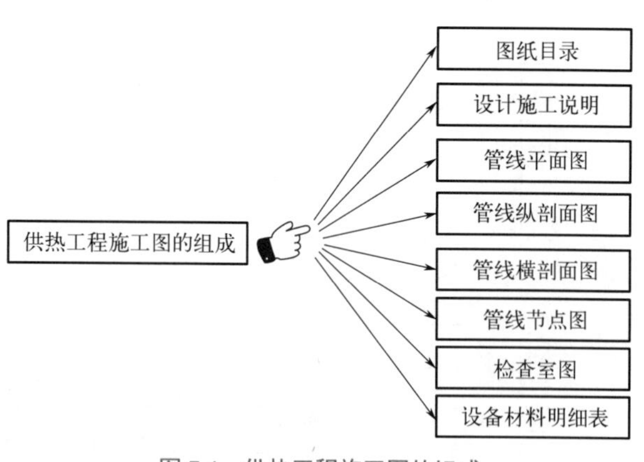
供热工程施工图的组成
图纸目录
设计施工说明
管线平面图
管线纵剖面图
管线横剖面图
管线节点图
检查室图
设备材料明细表

图 7-1 供热工程施工图的组成

小贴士

（1）室外供热工程往往表示一个区域的采暖管网。室内供热工程图往往是一幢建筑物的采暖工程，或者居室室内供热工程。

（2）室外供热工程图，往往包括总平面图、管道横纵剖面图、详图、设计施工说明等。

（3）室内供热工程图，往往包括采暖系统平面图、轴测图、详图、设计施工说明等。

（4）室内集中供热的过程为：由锅炉将水加热成热水（或蒸汽），再由室外供热管送到各个建筑物，由各干管、立管、支管送到各散热器，再经散热降温后由支管、立管、干管、室外管道送回锅炉重新加热，继续循环供热。

7.1.2 常用线型与应用

供热工程图常用的线型与应用如图 7-2 所示。

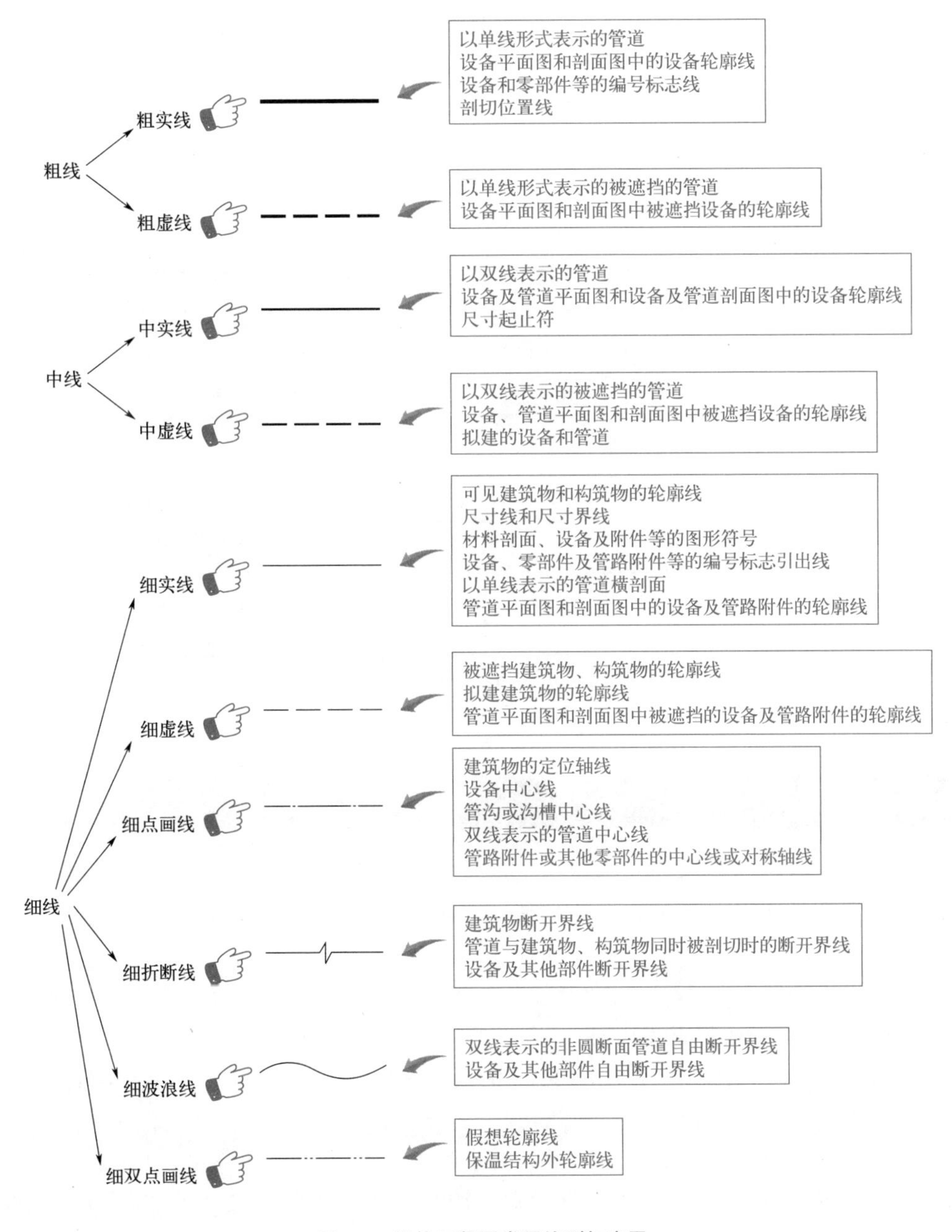

粗线
粗实线
以单线形式表示的管道
设备平面图和剖面图中的设备轮廓线
设备和零部件等的编号标志线
剖切位置线
粗虚线
以单线形式表示的被遮挡的管道
设备平面图和剖面图中被遮挡设备的轮廓线
中线
中实线
以双线表示的管道
设备及管道平面图和设备及管道剖面图中的设备轮廓线
尺寸起止符
中虚线
以双线表示的被遮挡的管道
设备、管道平面图和剖面图中被遮挡设备的轮廓线
拟建的设备和管道
细线
细实线
可见建筑物和构筑物的轮廓线
尺寸线和尺寸界线
材料剖面、设备及附件等的图形符号
设备、零部件及管路附件等的编号标志引出线
以单线表示的管道横剖面
管道平面图和剖面图中的设备及管路附件的轮廓线
细虚线
被遮挡建筑物、构筑物的轮廓线
拟建建筑物的轮廓线
管道平面图和剖面图中被遮挡的设备及管路附件的轮廓线
细点画线
建筑物的定位轴线
设备中心线
管沟或沟槽中心线
双线表示的管道中心线
管路附件或其他零部件的中心线或对称轴线
细折断线
建筑物断开界线
管道与建筑物、构筑物同时被剖切时的断开界线
设备及其他部件断开界线
细波浪线
双线表示的非圆断面管道自由断开界线
设备及其他部件自由断开界线
细双点画线
假想轮廓线
保温结构外轮廓线

图 7-2 供热工程图常用线型与应用

小贴士

（1）粗实线、中实线、细实线、中虚线、细虚线、细单点长画线、细双点长画线、折断线、波浪线等线型，其工程图应用具有通用性。

（2）粗虚线、粗单点长画线、中单点长画线、粗双点长画线、中双点长画线的应用，往往因工程图不同而异。

7.1.3 常用比例

供热工程常用比例如图 7-3 所示。管道纵断面图中，可以根据需要对纵向与横向采用不同的组合比例。如果局部表达有困难时，该处可不按比例绘制。水处理流程图、水处理高程图、给排水系统原理图均可不按比例绘制。

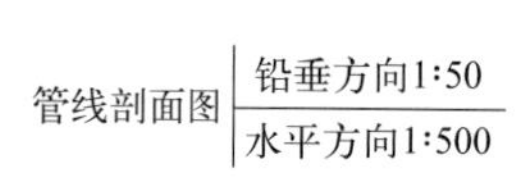
管线剖面图
铅垂方向1:50
水平方向1:500

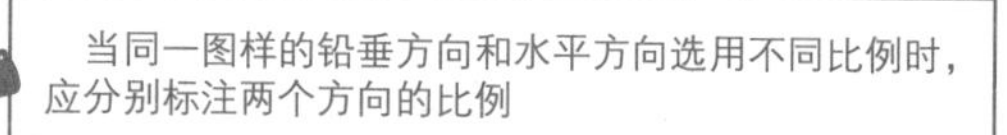
当同一图样的铅垂方向和水平方向选用不同比例时，应分别标注两个方向的比例

图名		比例
管线纵断面图		铅垂方向1:50,1:100 水平方向1:500,1:1000
管线横剖面图		1:10,1:20,1:50,1:100
管线节点、检查室图		1:20,1:25,1:30,1:50
详图		1:1,1:2,1:5,1:10,1:20
锅炉房、热力站和中继泵站图		1:20,1:25,1:30,1:50,1:100,1:200
供热管网管线平面图 供热管网管道系统图	供热规划	1:5000,1:10000,1:20000
	可行性研究	1:2000,1:5000
	初步设计	1:1000,1:2000,1:5000
	施工图	1:500,1:1000

图 7-3　供热工程常用比例

小贴士

（1）当一张图中垂直方向与水平方向选用不同比例时，需要分别标注两个方向的比例。在供热工程管道纵断面图、燃气工程管道纵断面图中，纵向和横向可根据需要采用不同的比例。

（2）绘制工程图具体图时，可以根据具体工程常用比例对照选择。如果没有比例对照，则优先选择如下所列的绘图通用比例。

常用比例：1 ∶ 1、1 ∶ 2、1 ∶ 5、1 ∶ 10、1 ∶ 20、1 ∶ 30、1 ∶ 50、1 ∶ 100、1 ∶ 150、1 ∶ 200、1 ∶ 500、1 ∶ 1000、1 ∶ 2000。

可用比例：1 ∶ 3、1 ∶ 4、1 ∶ 6、1 ∶ 15、1 ∶ 25、1 ∶ 40、1 ∶ 60、1 ∶ 80、1 ∶ 250、1 ∶ 300、1 ∶ 400、1 ∶ 600、1 ∶ 5000、1 ∶ 10000、1 ∶ 20000、1 ∶ 50000、1 ∶ 100000、1 ∶ 200000。

7.1.4 管道坡度的绘制与识读

管道坡度的绘制与识读如图 7-4 所示。

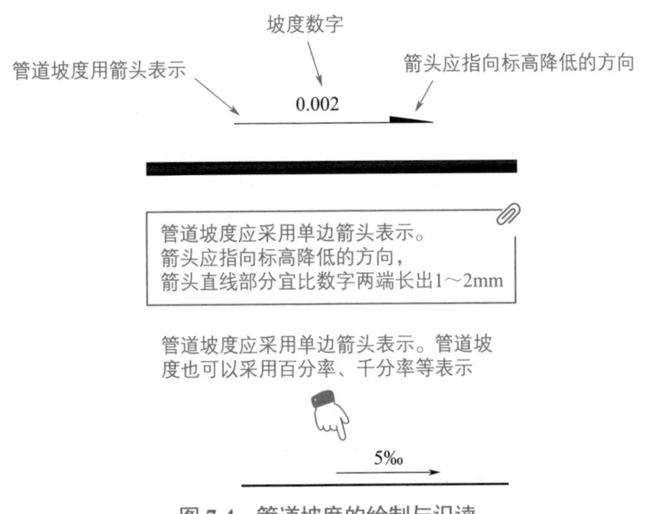

坡度数字
管道坡度用箭头表示
箭头应指向标高降低的方向
0.002
管道坡度应采用单边箭头表示。
箭头应指向标高降低的方向，
箭头直线部分宜比数字两端长出1～2mm
管道坡度应采用单边箭头表示。管道坡度也可以采用百分率、千分率等表示
5‰

图 7-4 管道坡度的绘制与识读

小贴士

燃气工程管道坡度、给排水工程管道坡度的表示，与供热工程管道坡度的表示基本相同。

7.1.5 管道折断符号的绘制与识读

管道折断符号的绘制与识读如图 7-5 所示。

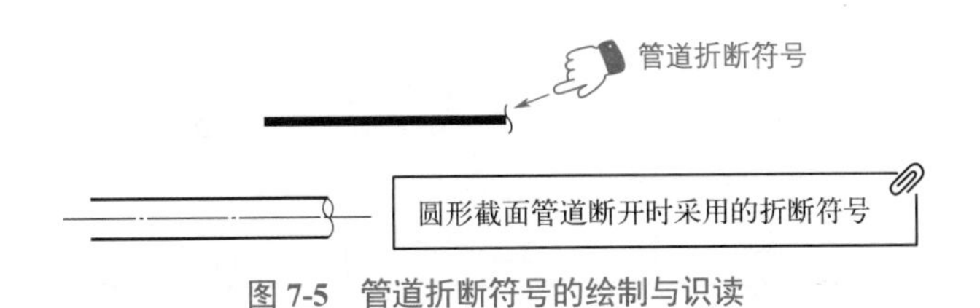

管道折断符号
圆形截面管道断开时采用的折断符号

图 7-5 管道折断符号的绘制与识读

7.1.6 管道规格标注的绘制与识读

管道规格标注的绘制与识读如图 7-6 所示。

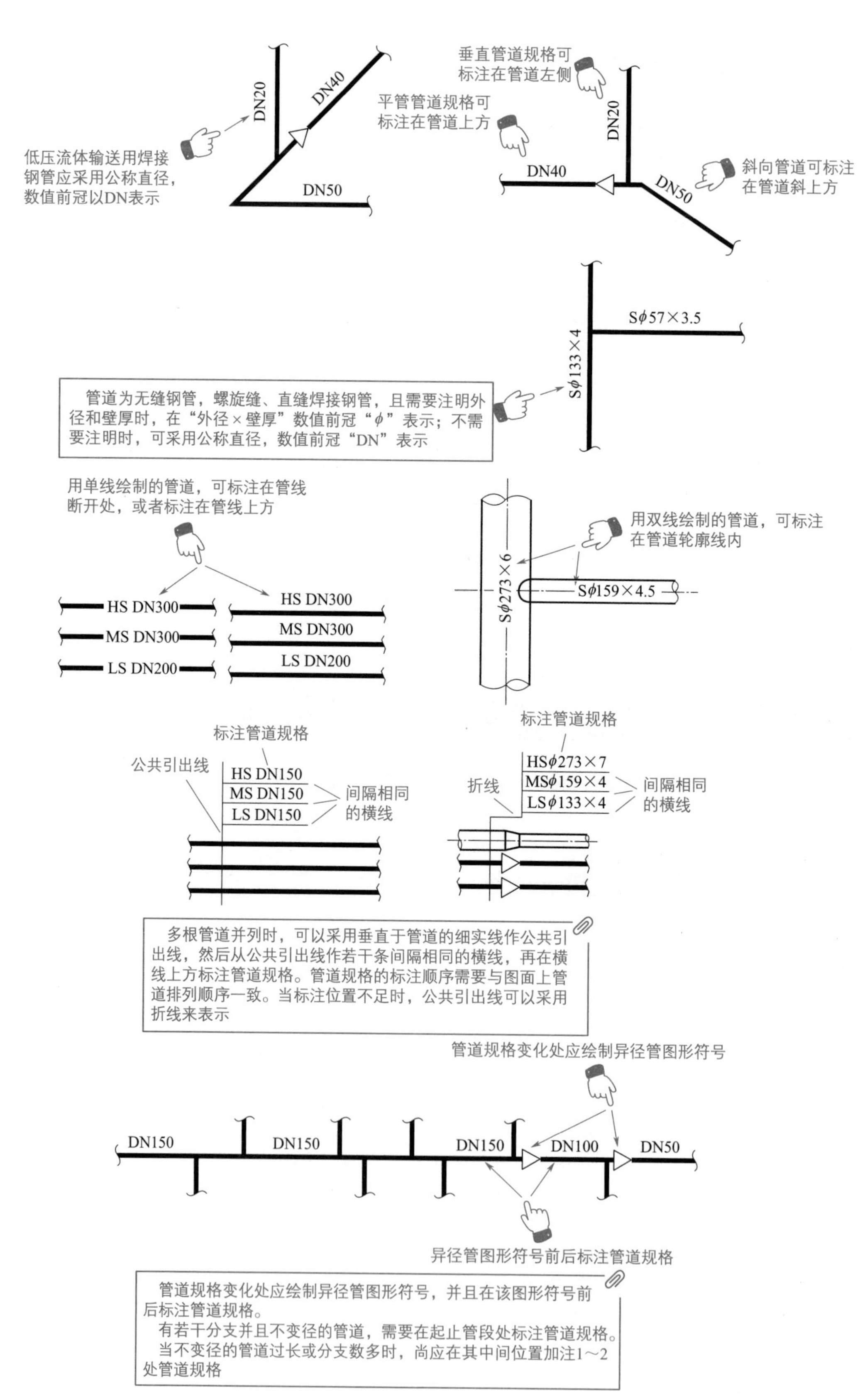
DN20
DN40
DN50
低压流体输送用焊接钢管应采用公称直径，数值前冠以DN表示
垂直管道规格可标注在管道左侧
平管管道规格可标注在管道上方
DN20
DN40
DN50
斜向管道可标注在管道斜上方
Sϕ57×3.5
Sϕ133×4
管道为无缝钢管，螺旋缝、直缝焊接钢管，且需要注明外径和壁厚时，在“外径×壁厚”数值前冠“ϕ”表示；不需要注明时，可采用公称直径，数值前冠“DN”表示
用单线绘制的管道，可标注在管线断开处，或者标注在管线上方
HS DN300
MS DN300
LS DN200
HS DN300
MS DN300
LS DN200
用双线绘制的管道，可标注在管道轮廓线内
Sϕ273×6
Sϕ159×4.5
标注管道规格
公共引出线
HS DN150
MS DN150
LS DN150
间隔相同的横线
标注管道规格
折线
HSϕ273×7
MSϕ159×4
LSϕ133×4
间隔相同的横线
多根管道并列时，可以采用垂直于管道的细实线作公共引出线，然后从公共引出线作若干条间隔相同的横线，再在横线上方标注管道规格。管道规格的标注顺序需要与图面上管道排列顺序一致。当标注位置不足时，公共引出线可以采用折线来表示
管道规格变化处应绘制异径管图形符号
DN150
DN150
DN150
DN100
DN50
异径管图形符号前后标注管道规格
管道规格变化处应绘制异径管图形符号，并且在该图形符号前后标注管道规格。
有若干分支并且不变径的管道，需要在起止管段处标注管道规格。
当不变径的管道过长或分支数多时，尚应在其中间位置加注1～2处管道规格

图 7-6　管道规格标注的绘制与识读

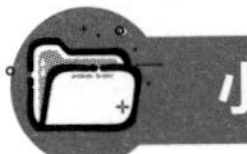

小贴士

（1）管道规格的单位应为 mm，可以省略不写。

（2）管道规格标注在管道代号后，管道规格与管道代号中间需要用空格隔开。

（3）低压流体输送用焊接钢管应采用公称直径，数值前冠以 DN 表示。

（4）同一张图样中采用的管道规格标注方法需要统一，同一套图中采用的管道规格标注方法宜统一。

（5）如果供热工程、供暖工程采用的是水媒介，则管道规格的标注（管径的标注）方法可以参考建筑给排水工程管径的标注，如图 7-7 所示。

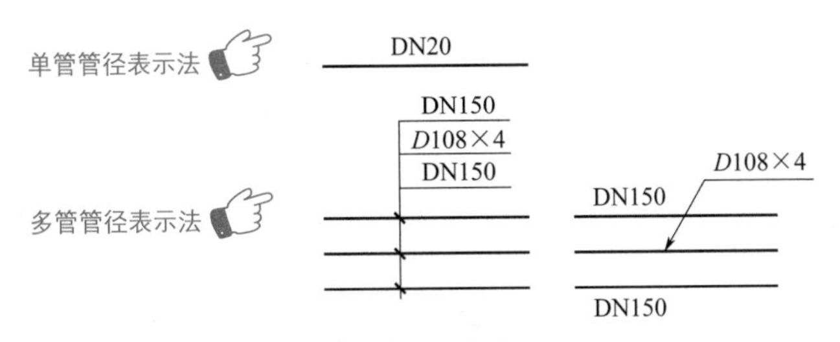
单管管径表示法
DN20
DN150
D108×4
DN150
多管管径表示法
D108×4
DN150
DN150

图 7-7　建筑给排水工程管径的标注

7.1.7　管段的绘制与识读

管段的绘制与识读如图 7-8 所示。

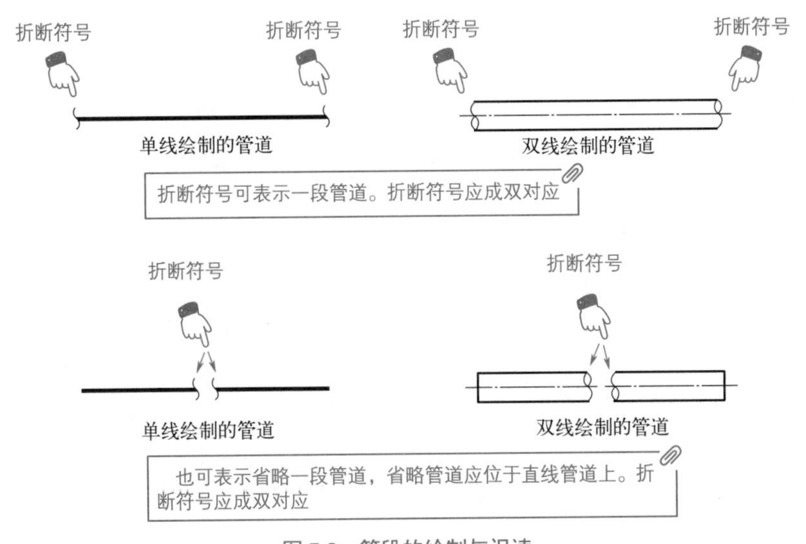
折断符号
折断符号
折断符号
折断符号
单线绘制的管道
双线绘制的管道
折断符号可表示一段管道。折断符号应成双对应
折断符号
折断符号
单线绘制的管道
双线绘制的管道
也可表示省略一段管道，省略管道应位于直线管道上。折断符号应成双对应

图 7-8　管段的绘制与识读

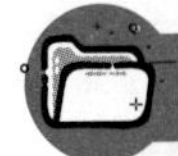

小贴士

单线管段表示与双线管段表示案例如图 7-9 所示。

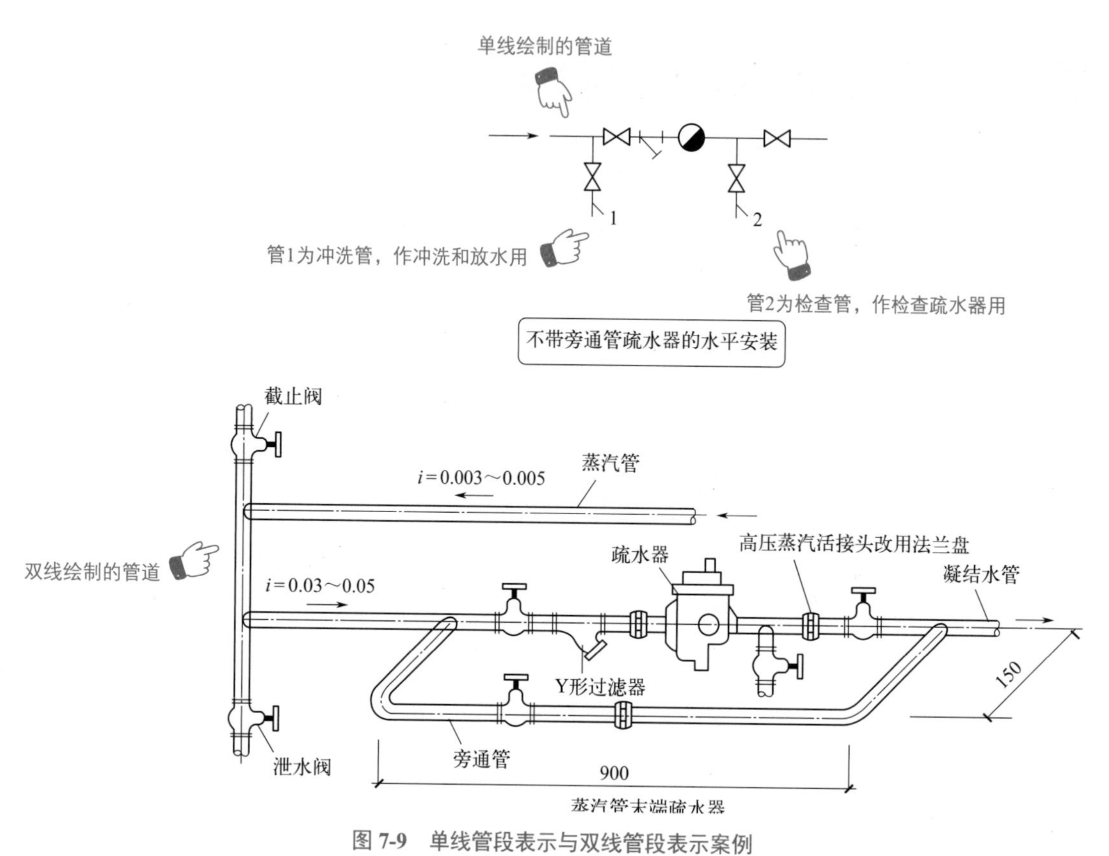
单线绘制的管道
1
2
管1为冲洗管，作冲洗和放水用
管2为检查管，作检查疏水器用
不带旁通管疏水器的水平安装
截止阀
蒸汽管
i=0.003～0.005
高压蒸汽活接头改用法兰盘
疏水器
凝结水管
双线绘制的管道
i=0.03～0.05
Y形过滤器
150
泄水阀
旁通管
900

图 7-9　单线管段表示与双线管段表示案例

7.1.8　管道交叉的绘制与识读

管道交叉的绘制与识读如图 7-10 所示。

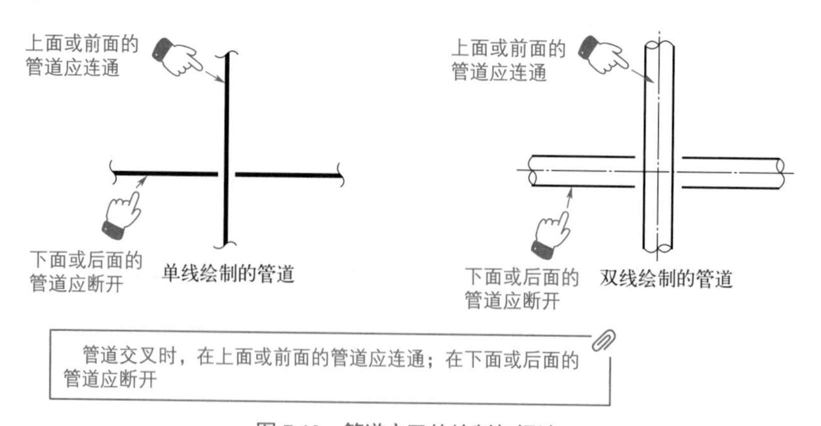
上面或前面的
管道应连通
下面或后面的
管道应断开
单线绘制的管道
上面或前面的
管道应连通
下面或后面的
管道应断开
双线绘制的管道
管道交叉时，在上面或前面的管道应连通；在下面或后面的
管道应断开

图 7-10　管道交叉的绘制与识读

7.1.9　管道分支的绘制与识读

管道分支的绘制与识读如图 7-11 所示。

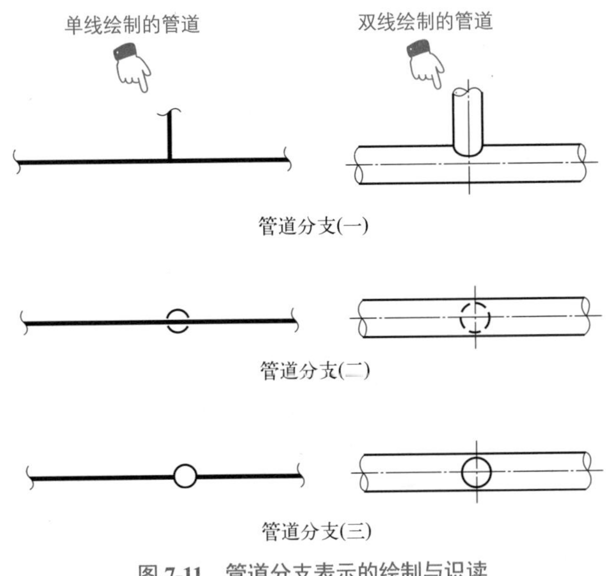
单线绘制的管道
双线绘制的管道
管道分支(一)
管道分支(二)
管道分支(三)

图 7-11　管道分支表示的绘制与识读

7.1.10　管道重叠的绘制与识读

管道重叠的绘制与识读如图 7-12 所示。

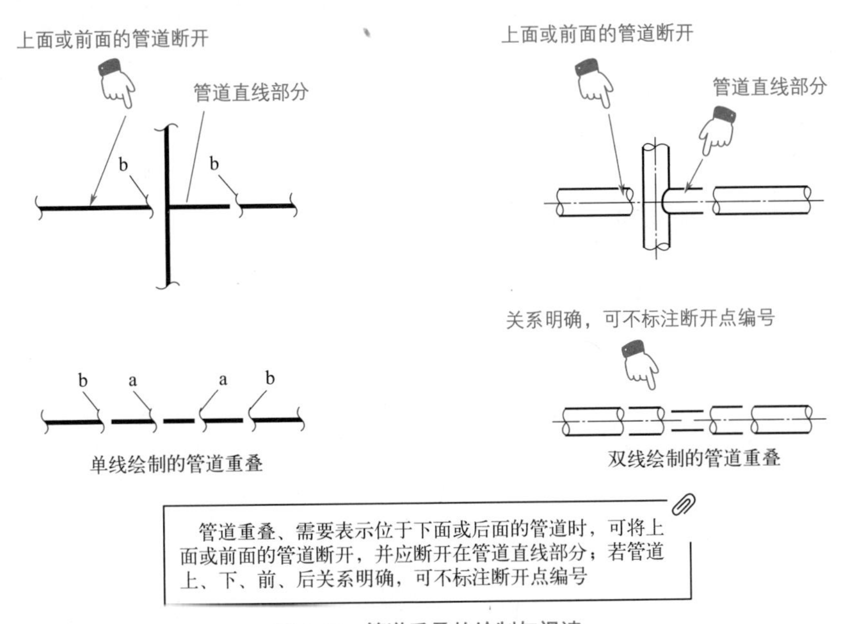
上面或前面的管道断开
管道直线部分
b
b
b
a
a
b
单线绘制的管道重叠
上面或前面的管道断开
管道直线部分
关系明确，可不标注断开点编号
双线绘制的管道重叠
管道重叠、需要表示位于下面或后面的管道时，可将上面或前面的管道断开，并应断开在管道直线部分；若管道上、下、前、后关系明确，可不标注断开点编号

图 7-12　管道重叠的绘制与识读

7.1.11　管道接续的绘制与识读

管道接续的绘制与识读如图 7-13 所示。

同一管道的两个折断符号在一张图中时，折断符号的编号需要采用小写英文字母，并且可以标注在直径为5～8mm的细实线圆内

管道接续引出线采用细实线绘制

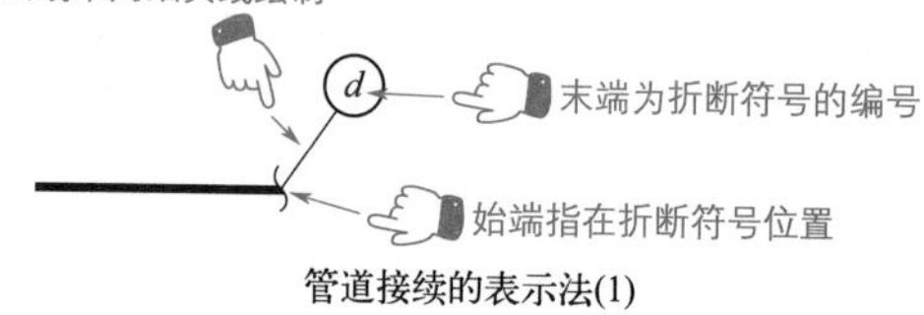
d
末端为折断符号的编号
始端指在折断符号位置

管道接续的表示法(1)

同一管道的两个折断符号在一张图中时，折断符号的编号也可以标注在粗实线上方，并且粗实线两端需要超出编号1～2mm

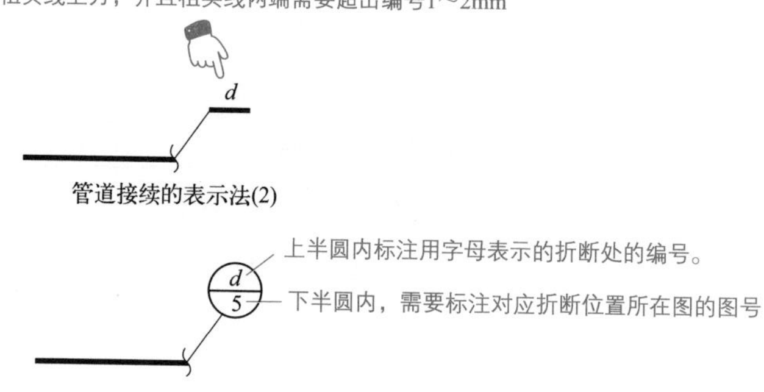
d
上半圆内标注用字母表示的折断处的编号。
d
5
下半圆内，需要标注对应折断位置所在图的图号

管道接续的表示法(2)

当一根管道同一折断位置的两个折断符号不在一张图中时，折断符号的编号需要采用小写英文字母、图号来表示，并且宜标注在直径为10～12mm的细实线圆内

管道接续的表示法(3)

图 7-13 管道接续的绘制与识读

7.1.12 管道横剖面的绘制与识读

管道横剖面的绘制与识读如图 7-14 所示。

单线绘制的管道的横剖面，需要采用细线小圆来表示，并且圆直径宜为2～4mm

单线绘制的管道的横剖面

双线绘制的管道的横剖面，需要采用中线表示，并且其孔洞符号需要涂阴影。当横剖面面积较小时，孔洞符号可以不绘制

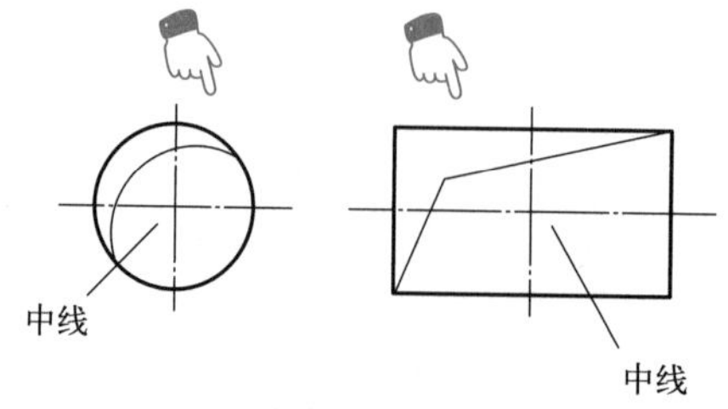
中线
中线

双线绘制的管道的横剖面

图 7-14 管道横剖面的绘制与识读

7.1.13　管道 90°弯头转向的绘制与识读

管道 90°弯头转向的绘制与识读如图 7-15 所示。

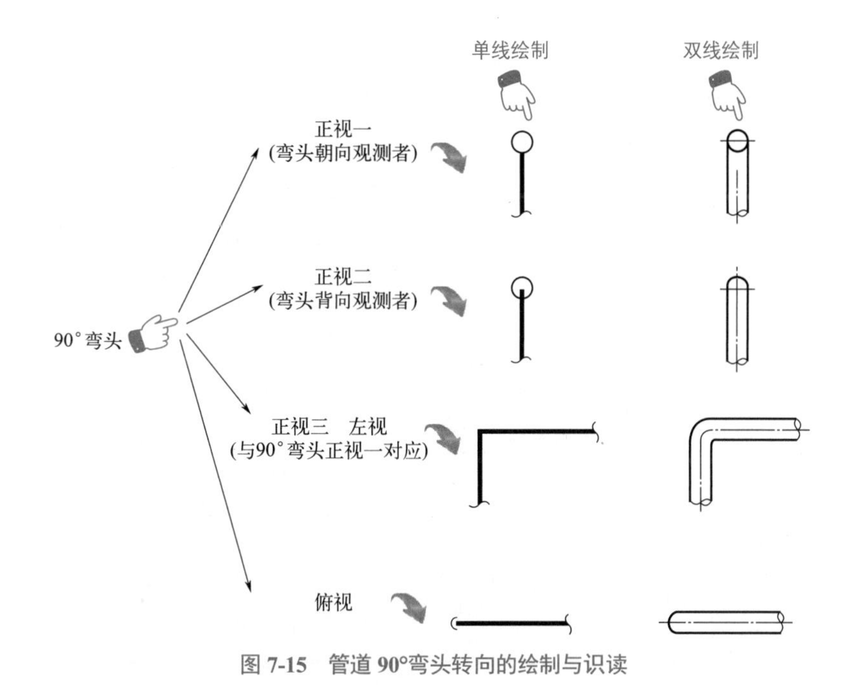
单线绘制
双线绘制
正视一
(弯头朝向观测者)
正视二
(弯头背向观测者)
90°弯头
正视三　左视
(与90°弯头正视一对应)
俯视

图 7-15　管道 90°弯头转向的绘制与识读

7.1.14　管道非 90°弯头转向的绘制与识读

管道非 90°弯头转向的绘制与识读如图 7-16 所示。

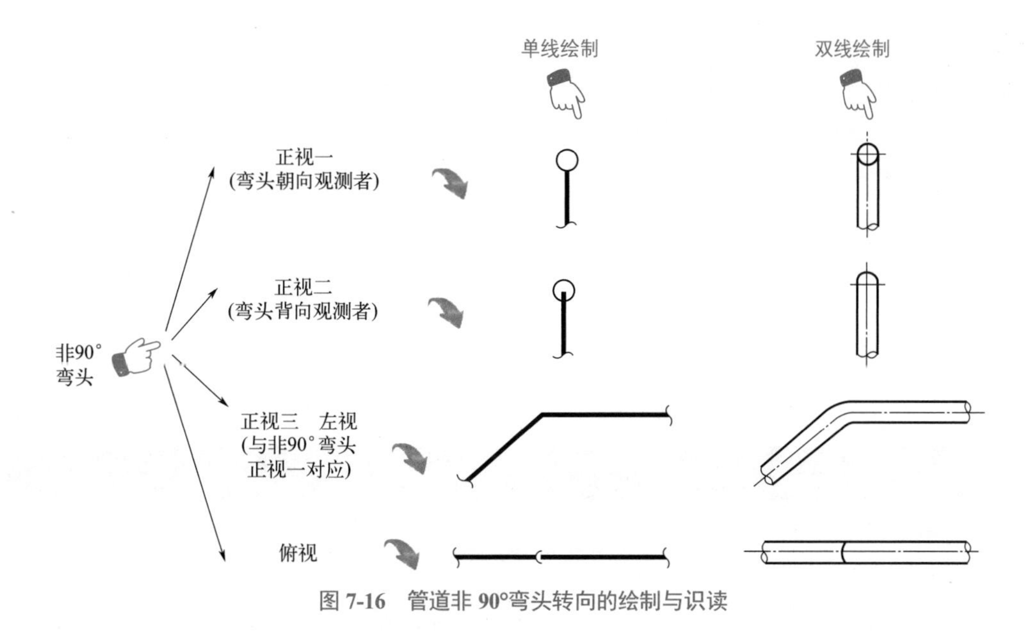
单线绘制
双线绘制
正视一
(弯头朝向观测者)
正视二
(弯头背向观测者)
非90°
弯头
正视三　左视
(与非90°弯头
正视一对应)
俯视

图 7-16　管道非 90°弯头转向的绘制与识读

7.1.15 管道图中常用阀门的绘制与识读

管道图中常用阀门的阀体长度、法兰直径、手轮直径、阀杆长度，宜根据比例采用细实线绘制，阀杆尺寸宜取其全开位置时的尺寸，阀杆方向需要与设计一致。

电动、气动、液动、自动阀门等，宜根据比例绘制简化实物外形、附属驱动装置、信号传递装置。

管道图中常用阀门的绘制与识读如图 7-17 所示。

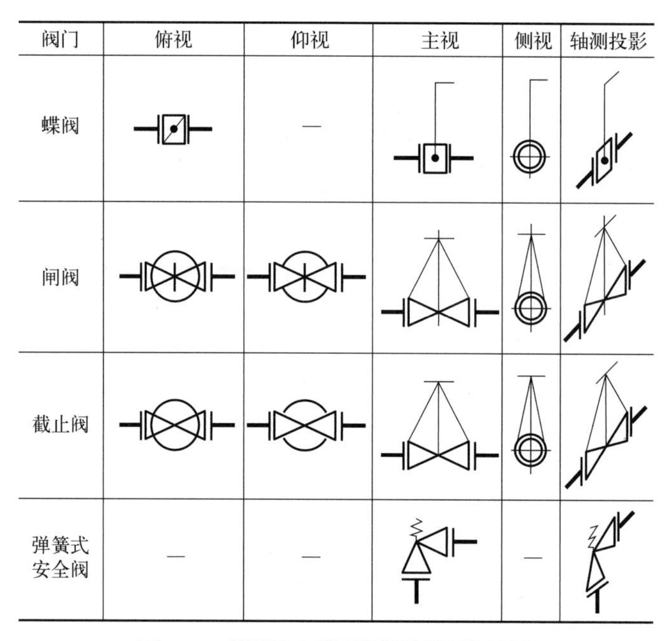
阀门
俯视
仰视
主视
侧视
轴测投影
蝶阀
闸阀
截止阀
弹簧式安全阀

图 7-17　管道图中常用阀门的绘制与识读

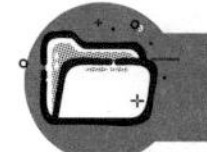

小贴士

（1）管道、设备平面图和剖面图中，需要根据比例绘制设备的主要外形和轮廓。

（2）系统图中的设备，可以采用图形符号或示意图来表示。

7.1.16 管道代号的绘制与识读

管道代号的绘制与识读见表 7-1。

表7-1　管道代号的绘制与识读

管道名称	代号	管道名称	代号
凝结水管（通用）	C	供热管线（通用）	HP
有压凝结水管	CP	蒸汽管（通用）	S
自流凝结水管	CG	饱和蒸汽管	S

续表

管道名称	代号	管道名称	代号
排汽管	EX	过热蒸汽管	SS
给水管（通用）自来水管	W	二次蒸汽管	FS
生产给水管	PW	高压蒸汽管	HS
生活给水管	DW	中压蒸汽管	MS
锅炉给水管	BW	低压蒸汽管	LS
溢流管	OF	省煤器回水管	ER
取样管	SP	连续排污管	CB
排水管	D	定期排污管	PB
放气管	V	冲灰水管	SL
冷却水管	CW	供水管（通用）采暖供水管	H
软化水管	SW	回水管（通用）采暖回水管	HR
除氧水管	DA	一级管网供水管	H1
除盐水管	DM	一级管网回水管	HR1
盐液管	SA	二级管网供水管	H2
酸液管	AP	二级管网回水管	HR2
碱液管	CA	空调用供水管	AS
亚硫酸钠溶液管	SO	空调用回水管	AR
磷酸三钠溶液管	TP	生产热水供水管	P
燃油管（供油管）	O	生产热水回水管（或循环管）	PR
回油管	RO	生活热水供水管	DS
污油管	WO	生活热水循环管	DC
燃气管	G	补水管	M
压缩空气管	A	循环管	CI
氮气管	N	膨胀管	E
—	—	信号管	S1

说明：油管代号可用于重油、柴油等；燃气管可用于天然气、煤气、液化气等，但是应附加说明。

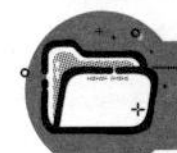

小贴士

（1）管道、管路附件、管线设施的代号，一般采用大写英文字母来表示。

（2）不同的管道，需要采用代号、管道规格来区别。当管道采用单线绘制且根数较少时，可以采用不同线型加注管道规格来区别。

（3）同一工程图中所采用的代号、图形符号宜集中列出，并且加以注释。

（4）设备、器具、阀门、管路附件、管道支座等图形符号中的粗实线均需要表示相关的管道。

（5）建筑给排水工程涉及的主要有管道类别、汉语拼音字母表示与其基本相同。

7.1.17 设备和器具的图形符号

设备和器具的图形符号见表7-2。

表7-2 设备和器具的图形符号

名称	图形符号	名称	图形符号
安全水封		螺旋板式换热器	
闭式水箱		除污器（通用）	
开式水箱		过滤器	
电磁水处理仪	N S	Y型过滤器	
热力除氧器真空除氧器		分汽缸 分（集）水器	
离心式风机		水封 单级水封	
消声器		多级水封	
换热器（通用）		电动水泵	
套管式换热器		蒸汽往复泵	
管壳式换热器		调速水泵	

续表

名称	图形符号	名称	图形符号
容积式换热器		真空泵	
板式换热器		水喷射器 蒸汽喷射器	
阻火器		沉淀罐	
斜板锁气器		取样冷却器	
锥式锁气器		离子交换器（通用）	
电动锁气器	M	除砂器	

说明：管系图、流程图中，设备和器具的图形符号需要规定。其他设备、器具，可以采用简化外形作为图形符号。

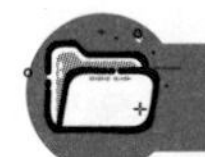

小贴士

建筑给水排水专业工程制图的基础性要求如下。

（1）图线的宽度 b，需要根据图纸的类型、比例、复杂程度，按现行国家标准《房屋建筑制图统一标准》（GB/T 50001—2017）的规定选用。

（2）标高符号、一般标注方法应符合现行国家标准《房屋建筑制图统一标准》（GB/T 50001—2017）的规定。

（3）图纸幅面规格、字体、符号等均应符合现行国家标准《房屋建筑制图统一标准》（GB/T 50001—2017）的规定。

（4）设备和管道的平面布置、剖面图均应符合现行国家标准《房屋建筑制图统一标准》（GB/T 50001—2017）的规定，并且应按直接正投影法绘制。

（5）图样中尺寸的数字、排列、布置及标注，应符合现行国家标准《房屋建筑制图统一标准》（GB/T 50001—2017）的规定。

（6）横管的管径宜标注在管道的上方，竖向管道的管径宜标注在管道的左侧。斜向管道应符合现行国家标准《房屋建筑制图统一标准》（GB/T 50001—2017）的规定。

（7）剖切线、投射方向、剖切符号编号、剖切线转折、索引符号、多层共用引出线等，应符合现行国家标准《房屋建筑制图统一标准》（GB/T 50001—2017）的规定。

7.1.18 阀门、控制元件和执行机构的图形符号

阀门、控制元件和执行机构的图形符号见表 7-3。

表7-3 阀门、控制元件和执行机构的图形符号

名称	图形符号	名称	图形符号
阀门（通用）		闸阀	
截止阀		蝶阀	
手动调节阀	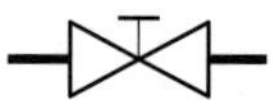	节流阀	
旋塞阀		球阀	
隔膜阀		减压阀	
柱塞阀		安全阀（通用）	
平衡阀		角阀	
底阀		三通阀	
浮球阀	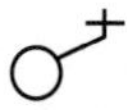	四通阀	
防回流污染止回阀		止回阀（通用）	
快速排污阀		升降式止回阀	
疏水阀	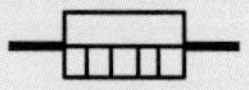	旋启式止回阀	
自动排气阀		调节阀（通用）	
手动执行机构		烟风管道手动调节阀	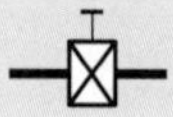
自动执行机构（通用）		烟风管道蝶阀	
电动执行机构		烟风管道插板阀	
电磁执行机构		插板式煤闸门	
气动执行机构		插管式煤闸门	

续表

名称	图形符号	名称	图形符号
液动执行机构		呼吸阀	
浮球元件		自力式流量控制阀	
弹簧元件		自力式压力调节阀	
重锤元件		自力式温度调节阀	
自力式压差调节阀			

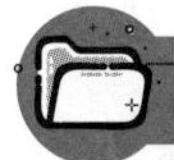

小贴士

（1）可以利用阀门图形符号与控制元件或执行机构图形符号进行组合构成未列出的其他具有控制元件或执行机构的阀门的图形符号。

（2）阀门（通用）图形符号，适用于在一张图中不需要区别阀门类型的情况。

（3）减压阀图形符号中的小三角形为高压端。

（4）止回阀（通用）、升降式止回阀图形符号表示介质由空白三角形流向非空白三角形。

（5）旋启式止回阀图形符号表示介质由黑点流向无黑点方向。

（6）呼吸阀图形符号表示介质由上黑点流向下黑点方向。

7.1.19　阀门与管路连接方式的图形符号

阀门与管路连接方式的图形符号如图 7-18 所示。

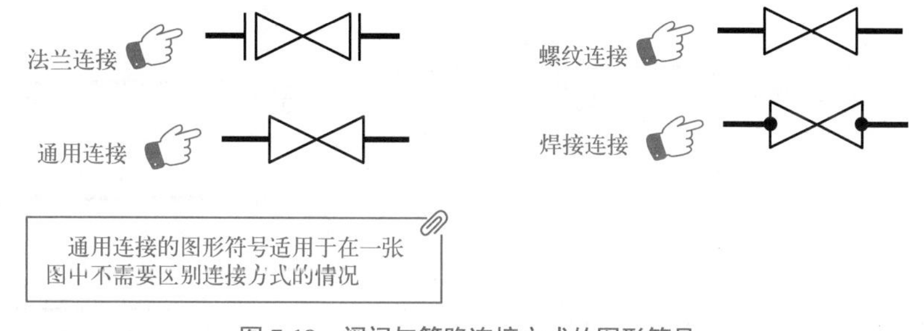
法兰连接
螺纹连接
通用连接
焊接连接
通用连接的图形符号适用于在一张图中不需要区别连接方式的情况

图 7-18　阀门与管路连接方式的图形符号

7.1.20　补偿器图形符号及其代号

补偿器图形符号及其代号如图 7-19 所示。

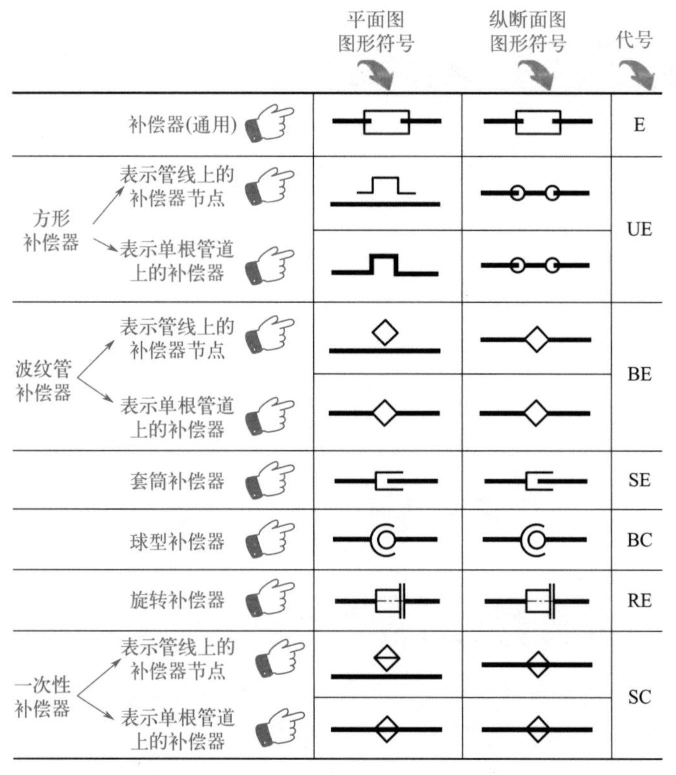
平面图
图形符号
纵断面图
图形符号
代号
补偿器(通用)
E
方形
补偿器
表示管线上的
补偿器节点
表示单根管道
上的补偿器
UE
波纹管
补偿器
表示管线上的
补偿器节点
表示单根管道
上的补偿器
BE
套筒补偿器
SE
球型补偿器
BC
旋转补偿器
RE
一次性
补偿器
表示管线上的
补偿器节点
表示单根管道
上的补偿器
SC

图 7-19　补偿器图形符号及其代号

7.1.21　其他管路附件的图形符号

其他管路附件的图形符号如图 7-20 所示。

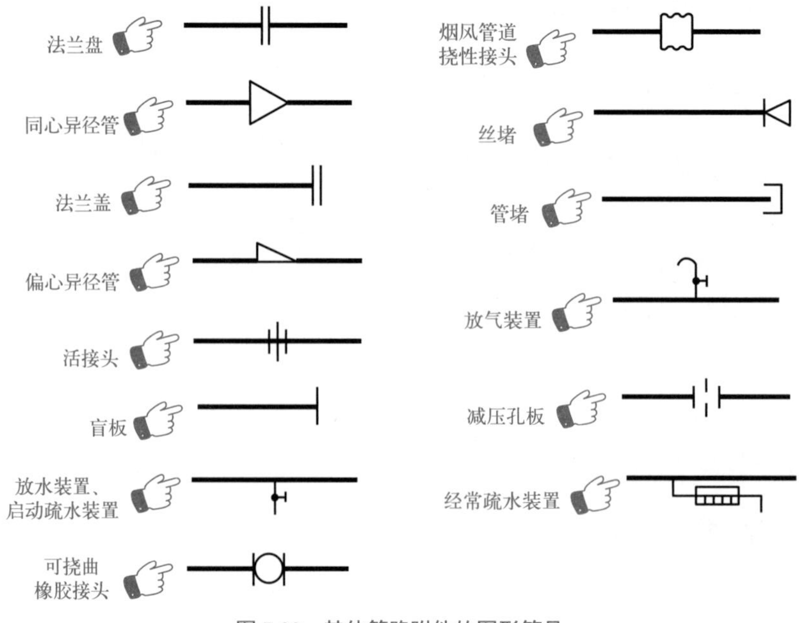
法兰盘
同心异径管
法兰盖
偏心异径管
活接头
盲板
放水装置、
启动疏水装置
可挠曲
橡胶接头
烟风管道
挠性接头
丝堵
管堵
放气装置
减压孔板
经常疏水装置

图 7-20　其他管路附件的图形符号

7.1.22 管道支座、支架和管架的图形符号及其代号

管道支座、支架和管架的图形符号及其代号如图 7-21 所示。图中管架的图形符号用于表示管道支座与支架（支墩）的组合体。

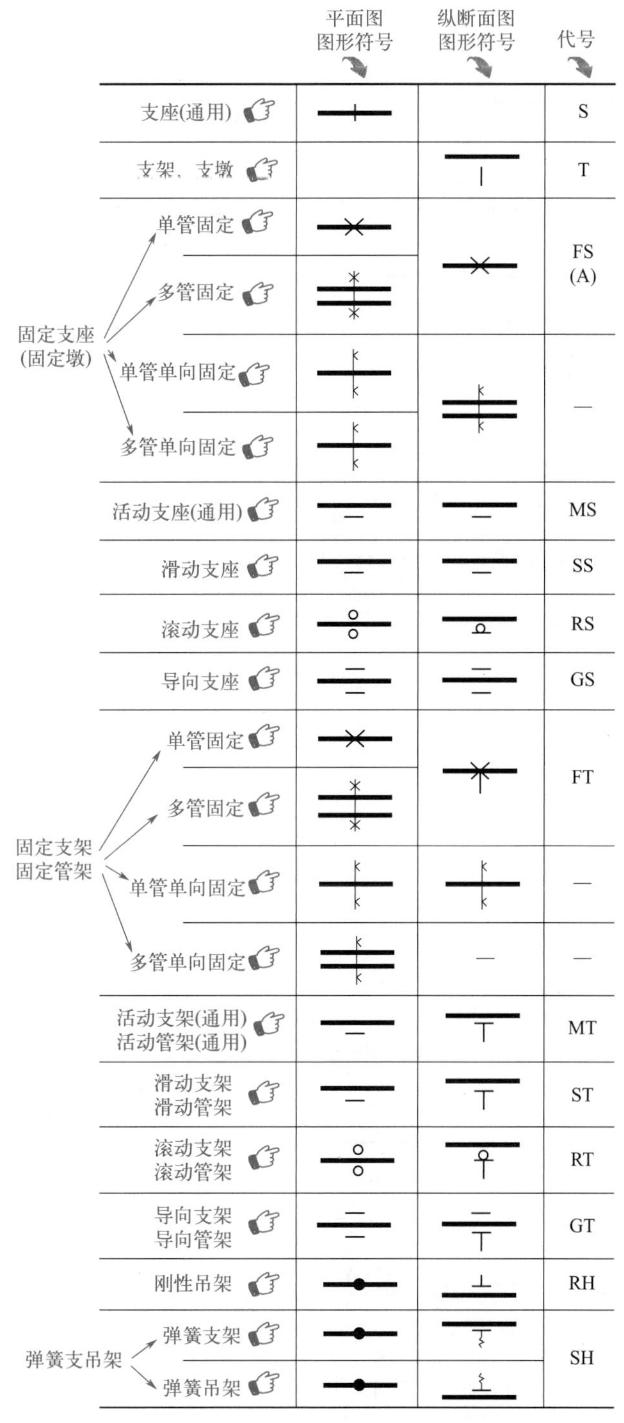

平面图
图形符号
纵断面图
图形符号
代号
支座(通用)
S
支架、支墩
T
固定支座
(固定墩)
单管固定
多管固定
FS
(A)
单管单向固定
多管单向固定
—
活动支座(通用)
MS
滑动支座
SS
滚动支座
RS
导向支座
GS
固定支架
固定管架
单管固定
多管固定
FT
单管单向固定
—
多管单向固定
—
—
活动支架(通用)
活动管架(通用)
MT
滑动支架
滑动管架
ST
滚动支架
滚动管架
RT
导向支架
导向管架
GT
刚性吊架
RH
弹簧支吊架
弹簧支架
弹簧吊架
SH

图 7-21 管道支座、支架和管架的图形符号及其代号

7.1.23 检测、计量仪表及元件图形符号

检测、计量仪表及元件图形符号如图 7-22 所示。

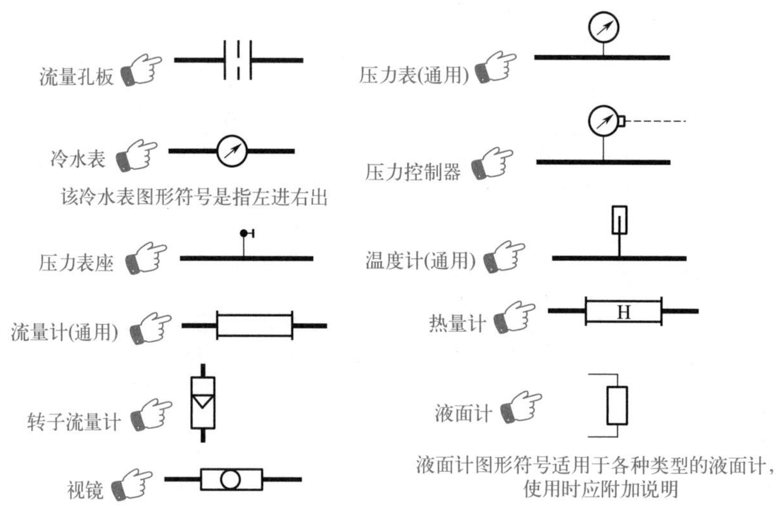
流量孔板
压力表(通用)
冷水表
该冷水表图形符号是指左进右出
压力控制器
压力表座
温度计(通用)
流量计(通用)
热量计
H
转子流量计
液面计
视镜
液面计图形符号适用于各种类型的液面计，使用时应附加说明

图 7-22 检测、计量仪表及元件图形符号

7.1.24 敷设方式、管线设施的图形符号及其代号

敷设方式、管线设施的图形符号及其代号如图 7-23 所示。

	平面图图形符号	纵断面图图形符号	代号
架空敷设			—
管沟敷设			—
直埋敷设			—
套管敷设			C
管沟通风孔 进风口			IA
管沟通风孔 排风口			EA
检查室(通用) 入户井			W CW

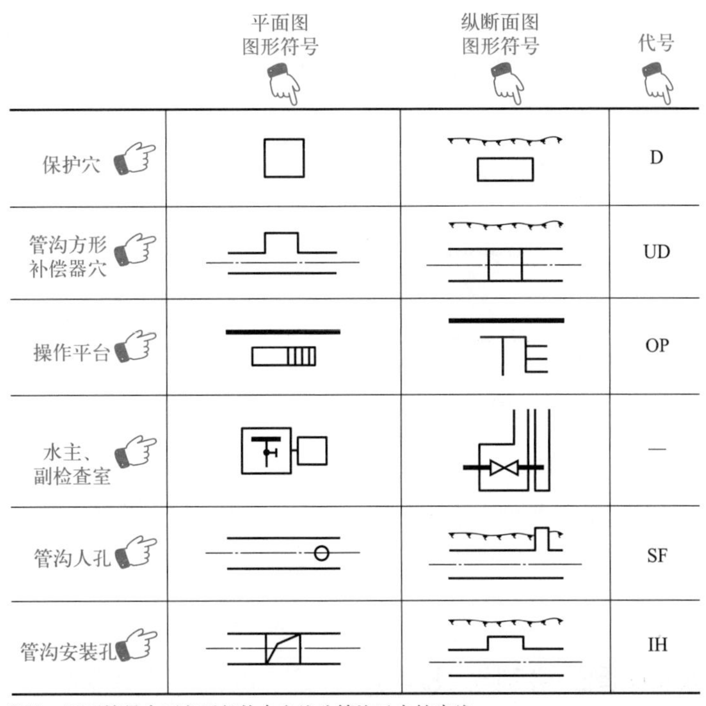
平面图
图形符号
纵断面图
图形符号
代号
保护穴
D
管沟方形
补偿器穴
UD
操作平台
OP
水主、
副检查室
—
管沟人孔
SF
管沟安装孔
IH

说明：图形符号中两条平行的中实线为管沟示意轮廓线

图 7-23　敷设方式、管线设施的图形符号及其代号

7.1.25　热源和热力站的图形符号

热源和热力站的图形符号如图 7-24 所示。

供热热源(通用)
热电厂
CHP
锅炉房
HB
热力站
2
数字表示热力站编号

图 7-24　热源和热力站的图形符号

7.1.26　其他图形符号

其他图形符号如图 7-25 所示。

小贴士

建筑给排水工程常涉及的图例主要有管道类别、管道附件的图例、管道连接的图例、管件的图例、阀门的图例、给水配件的图例、消防设施的图例、卫生设备及水池的图例、构筑

物的图例、给水排水设备的图例、给水排水专业所用仪表的图例等。由于建筑给排水工程与供热供暖工程均属于管道工程，甚至两者结合使用。为此，两者图纸图例具有一定的通用性与参考性。

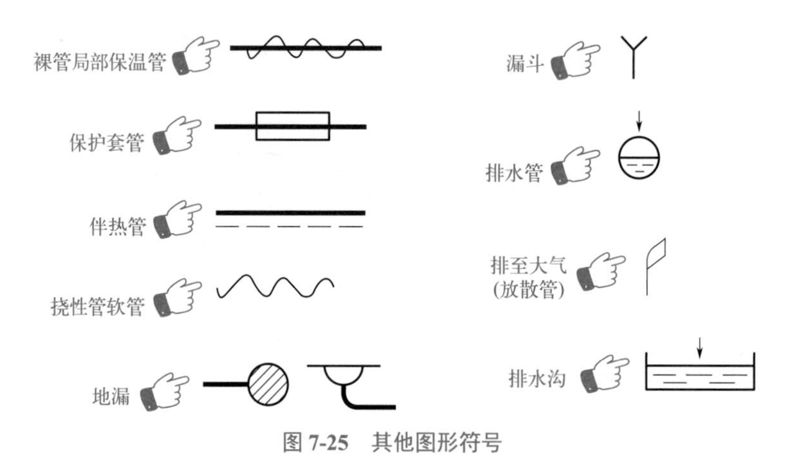
裸管局部保温管
保护套管
伴热管
挠性管软管
地漏
漏斗
排水管
排至大气
(放散管)
排水沟

图 7-25　其他图形符号

7.1.27　管线纵断面图的绘制与识读

（1）管线纵断面图的绘制与识读如下。

① 管线纵断面图需要根据管线的中心线展开绘制。

② 管线纵断面图应由管线纵断面示意图、管线平面展开图、管线敷设情况标注栏等部分组成，并且该三部分的相应部位需要上下对齐。

③ 管线纵断面图上的节点位置需要与供热管网管线平面图一致。

④ 管线平面展开图上的各转角点，需要表示出展开前的管线转角方向。非 90° 角时需要标注小于 180° 的角度值。管线纵断面图上管线转角角度的标注如图 7-26 所示。

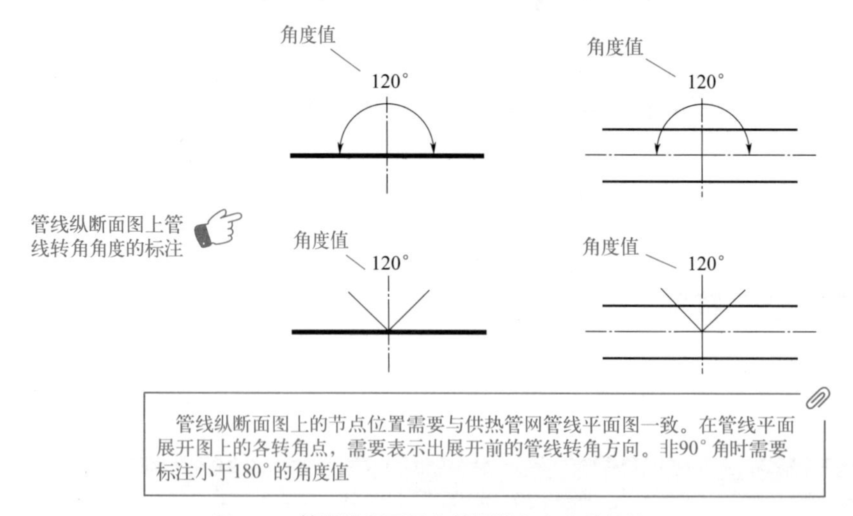
角度值
120°
角度值
120°
管线纵断面图上管
线转角角度的标注
角度值
120°
角度值
120°
管线纵断面图上的节点位置需要与供热管网管线平面图一致。在管线平面展开图上的各转角点，需要表示出展开前的管线转角方向。非90° 角时需要标注小于180° 的角度值

图 7-26　管线纵断面图上管线转角角度的标注

⑤ 设计地面采用细实线绘制。自然地面采用细虚线绘制。地下水位线采用双点画线绘

制。其余图线需要与供热管网管线平面图上采用的图线对应。

⑥ 各点的标高数值标注在图中，管线敷设情况标注栏内该点对应竖线的左侧，标高数值书写方向与竖线平行。

⑦ 一个点的前、后标高不同时，需要在该点竖线左、右两侧标注其标高数值。

⑧ 各管段的标高值、坡度数值至少应计算到小数点后第 3 位。

（2）管线纵断面示意图的绘制规定如下。

① 距离、标高，需要根据比例绘制。

② 铅垂方向、水平方向，需要选用不同的比例，并且绘制铅垂方向的标尺。水平方向的比例，需要与管线平面图的比例一致。

③ 纵断面示意图，需要绘制地形、管线的纵断面，并且纵断面图的管线方位需要与供热管网管线平面图一致。

④ 纵断面示意图，需要绘制与热力管线交叉的其他管线、电缆、道路、铁路、沟渠等地下、地上构筑物，并且标注其名称、规格以及与热力管线相关的标高，采用里程标注其位置。

⑤ 纵断面示意图，当热力管线与河流、湖泊交叉时，需要标注河流、湖泊的设防标准相应频率的最高水位、航道底设计标高、稳定河底设计标高。

⑥ 各节点、地形变化较大处除了应标注地面标高外，直埋敷设的管道还需要标注管底标高。管沟敷设的管道，还需要标注沟底标高。架空敷设的管道，还需要标注管架顶面标高。

⑦ 直埋敷设时，需要根据比例绘制管道敷设位置。管沟敷设时，宜根据比例绘制管沟的内轮廓。架空敷设时，需要根据比例绘制管道的高度以及支架、操作平台的位置。

7.1.28 供热管网平面图的绘制与识读

管道纵断面图不能够反映出管线的平面变化情况。因此，管线平面展开图与纵断面图可以绘制在同一张图上，这样纵断面图反映的信息就比较完整和全面了。

供热管网平面图的绘制注意事项如下。

（1）供水管道、蒸汽管道，需要敷设在供热介质前进方向的右侧。

（2）供水管一般用粗实线表示，回水管一般用粗虚线表示。

（3）平面图上需要绘制出经纬网络平面定位线。

（4）管线的转点、分支点位置，需要标出其坐标位置。一般东西向坐标用 X 表示，南北向用 Y 表示。

（5）管路上阀门、补偿器、固定点等的确切位置，各管段的平面尺寸与管道规格，管线转角度数等均需在图上标明。

（6）检查室、放水井、放气井、固定点需要编号。

（7）局部改变敷设方式的管段，需要予以注明。

（8）需要标出与管线相关的街道、建筑物的名称。

（9）用细线框表示建筑物，线框中的数字表示建筑物的层数。

7.2 室外供热工程

7.2.1 室外供热管沟的断面图

室外供热管沟的断面图如图 7-27 所示。

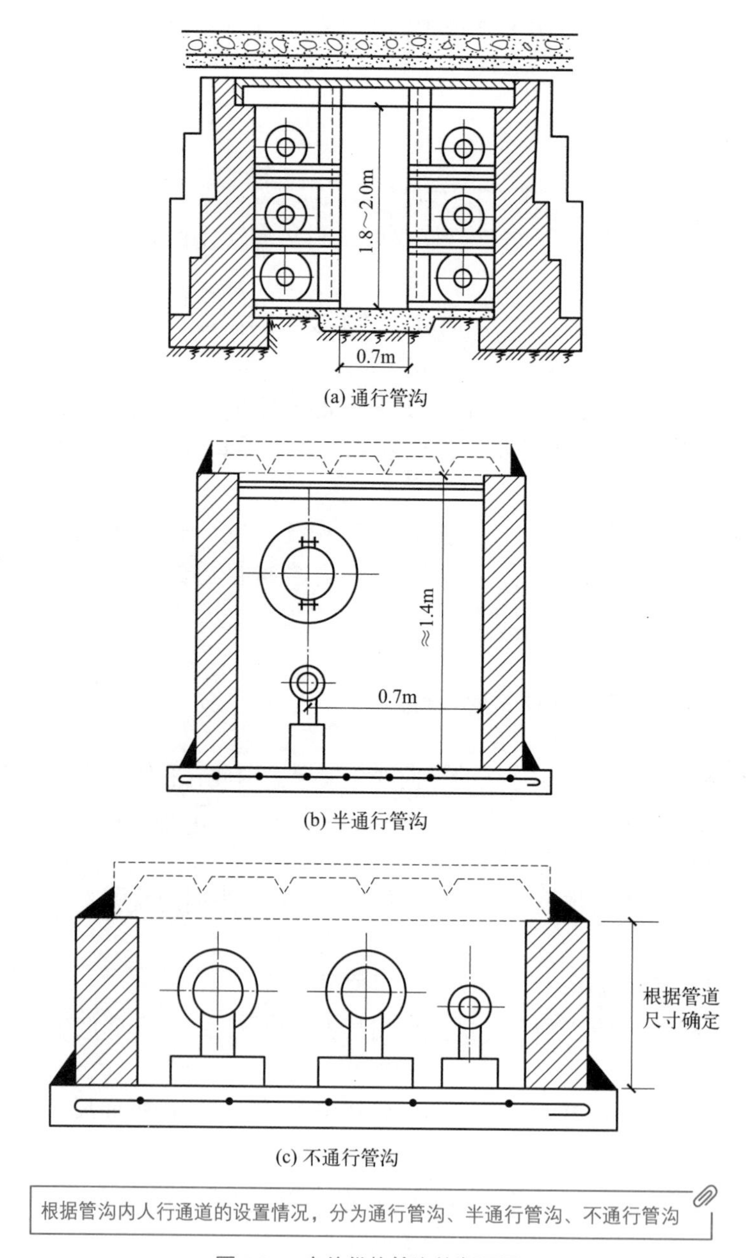

1.8～2.0m
0.7m
(a) 通行管沟
≈1.4m
0.7m
(b) 半通行管沟
根据管道尺寸确定
(c) 不通行管沟
根据管沟内人行通道的设置情况，分为通行管沟、半通行管沟、不通行管沟

图 7-27 室外供热管沟的断面图

小贴士

室外供热管网的纵向断面图注意事项如下。

（1）室外供热管网的纵断面图是根据管网平面图所确定的管道线路在室外地形图的基础上绘制出管道的纵向断面图、地形竖向规划图。

（2）室外供热管网的纵向断面图，往往需要标注自然地形和设计地面的标高、管道的标高。

（3）室外供热管网纵断面图一般需要标注管道的敷设方式。

（4）室外供热管网纵断面图一般需要标注管道的坡向、坡度。

（5）室外供热管网纵断面图一般需要标注检查室、检查井、放气井的位置与标高。

（6）室外供热管网纵断面图一般需要标注与管线交叉的公路、铁路、水沟、桥涵等。

（7）室外供热管网纵断面图一般需要标注与管线交叉的设施、电缆、其他管道等。如果它们位于供热管道的下方，需要注明其顶部标高。如果它们在供热管道的上方，则需要注明其底部标高。

（8）供热管道纵断面图中，纵坐标与横坐标往往不相同，通常横坐标的比例采用 1 ： 100、1 ： 500 的比例尺，纵坐标采用 1 ： 50、1 ： 100、1 ： 200 的比例尺。

（9）供热管道纵断面图上，往往长度以 m 为单位，取小数点后一位。高程以 m 为单位，取小数点后两位。坡度以千分之或万分之有效数字表示。

7.2.2 室外供热管道支架的类型

（1）室外供热管道架空敷设所用的支架，根据其制成材料可分为砖砌支架、毛石砌支架、钢筋混凝土预制支架、现场浇灌支架、钢结构支架、木结构支架等。

（2）根据支架的高度不同，支架分为低支架、中支架、高支架等。

（3）根据支架承受的荷载，可分为中间支架、固定支架。

室外供热管道支架的类型如图 7-28 所示。

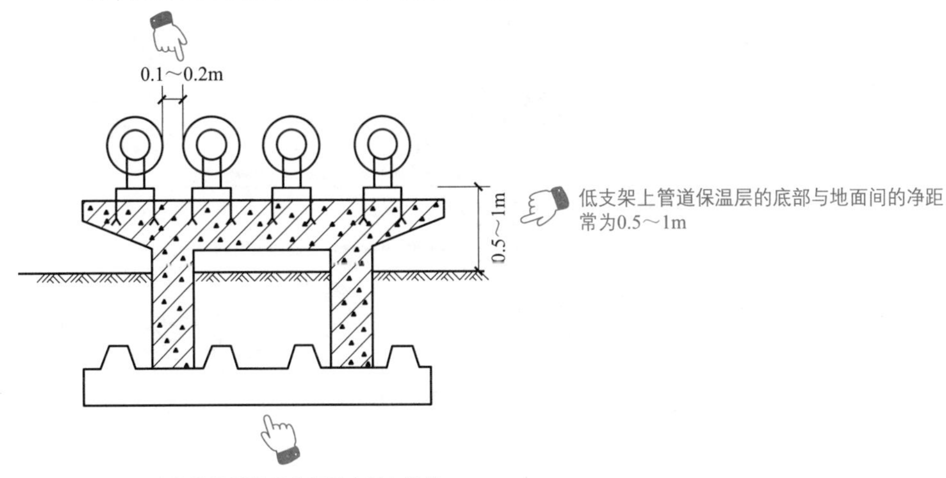
两个相邻管道保温层外面的间距，一般为0.1～0.2m
0.1～0.2m
0.5～1m
低支架上管道保温层的底部与地面间的净距
常为0.5～1m
室外供热管道低支架的布置与敷设

图 7-28

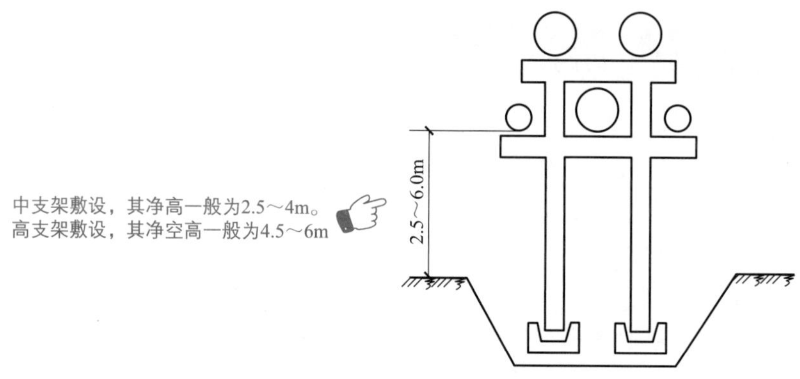
中支架敷设，其净高一般为2.5～4m。
高支架敷设，其净空高一般为4.5～6m
2.5～6.0m

图 7-28 室外供热管道支架的类型

室外供热管网的平面图是在城市或厂区地形测量平面图的基础上，将供热管网的线路表示出来的一种平面布置图。

室外供热管网的平面图，往往要将管网上所有的阀门、补偿器、固定支架、检查室等与管线一同标在图上。通过识读图，可以掌握供热管网的布置形式、敷设方式、规模，以及掌握管道的规格、型号、数量，并且了解检查室的位置、检查室的数量等信息。

7.3 建筑供热施工图

7.3.1 室内供热系统图的绘制与识读

自来水、热水系统及取暖系统如图 7-29 所示。

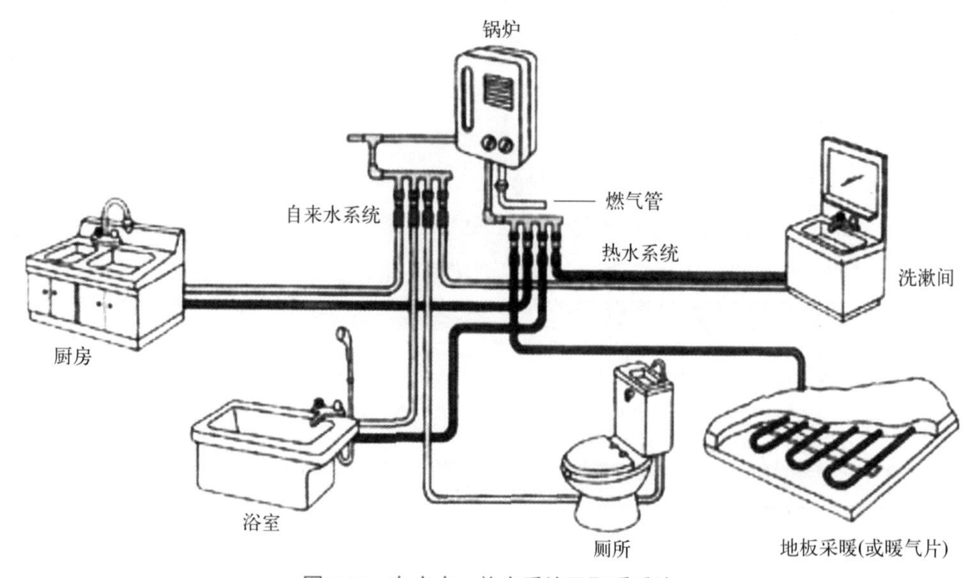
锅炉
燃气管
自来水系统
热水系统
洗漱间
厨房
浴室
厕所
地板采暖(或暖气片)

图 7-29 自来水、热水系统及取暖系统

（1）楼层供热平面图（即中间层平面图）的绘制与识读方法如下。

① 需要注明立管的位置、立管的编号。

② 需要注明散热器的位置、每组散热器的片数、散热器的安装方式、立管的连接方式、支管的连接方式等。

（2）顶层供热平面图的绘制与识读方法如下。

① 需要注明供热干管的位置、管径、坡度、固定支架位置等。

② 需要注明管道最高处集气罐、放风装置、膨胀水箱的位置、标高、膨胀水箱的型号等。

③ 需要注明立管的位置、立管的编号。

④ 需要注明散热器的位置、每组散热器的片数、散热器的安装方式、立管的连接方式、支管的连接方式等。

7.3.2 首层供热平面图

首层供热平面图的绘制与识读方法如下。

（1）供热总管、回水总管的进出口，需要注明管径、标高、回水干管的位置、管径坡度、固定支架位置等。

（2）需要注明立管的位置、编号。

（3）需要注明散热器的位置、每组散热器的片数、散热器的安装、立管连接方式、支管连接方式等。

首层供热平面图的绘制与识读如图 7-30 所示。

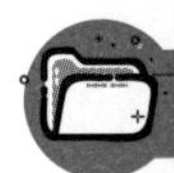

小贴士

房屋建筑供热平面图的绘制方法如下。

（1）根据比例用中实线绘出房屋建筑平面图，只需要绘出建筑平面的主要内容，以及绘出各组散热器的位置。

（2）绘出总立管的位置、各个立管的位置。

（3）绘出立管与支管的连接、散热器的连接方式。

（4）绘出供水干管与立管的连接、回水干管与立管的连接、管道上的附件设备。

（5）标注尺寸。

7.3.3 供热系统轴测图的绘制与识读

系统轴测图表示整个建筑内采供热管道系统的空间关系，具体包括管道的走向、管道的标高、管道的坡度、立管位置、散热器等各种设备配件的位置等。

轴测图中的比例、标注必须与平面图一一对应。

系统轴测图的绘制与识读如图 7-31 所示。

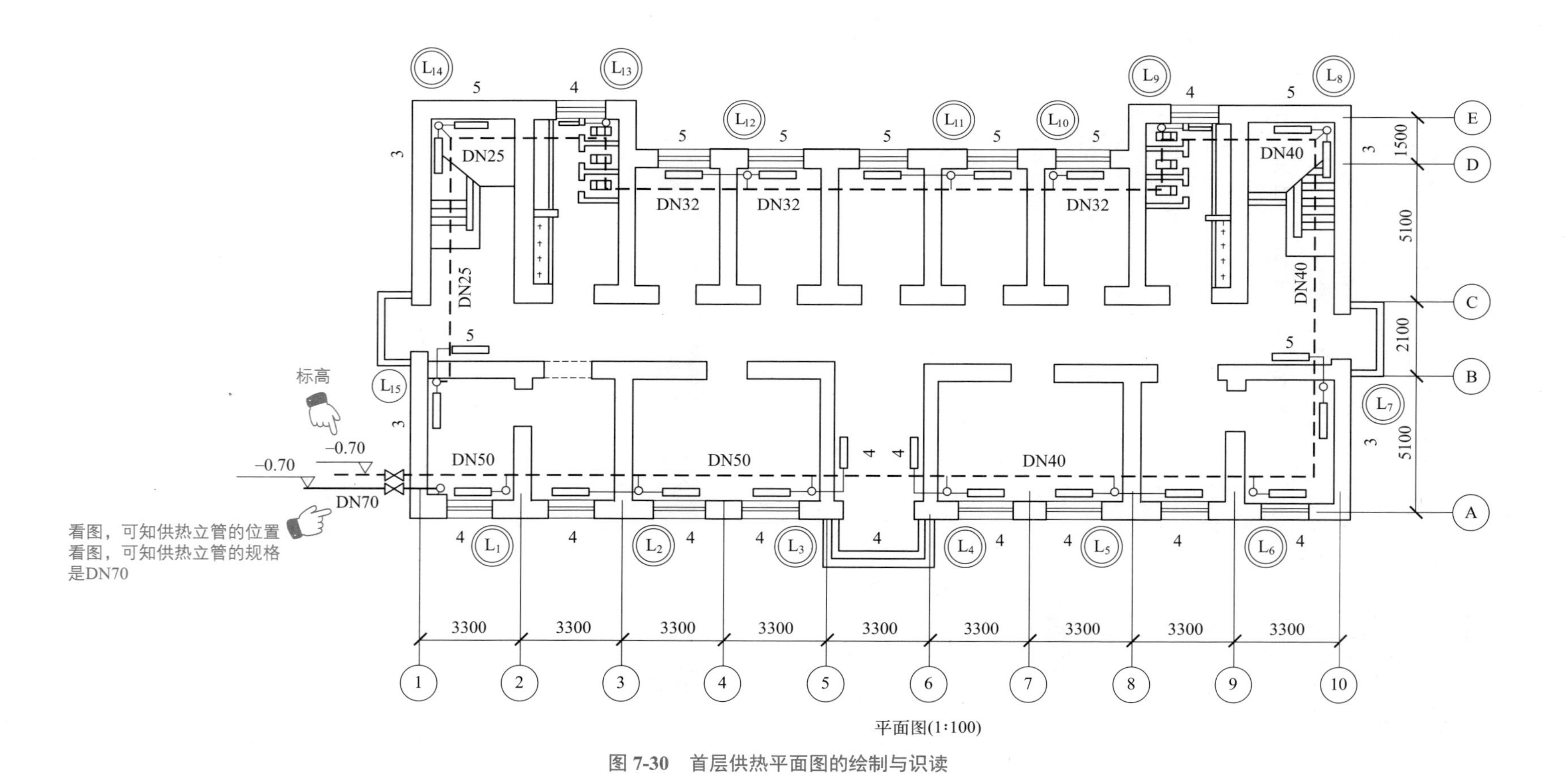
标高
-0.70
-0.70
DN70
看图，可知供热立管的位置
看图，可知供热立管的规格是DN70
DN25
DN32
DN40
DN50
平面图(1:100)

图 7-30　首层供热平面图的绘制与识读

通过识图，可以掌握管道的走向、管道的标高、管道的坡度、立管位置、散热器等各种设备配件的位置等信息

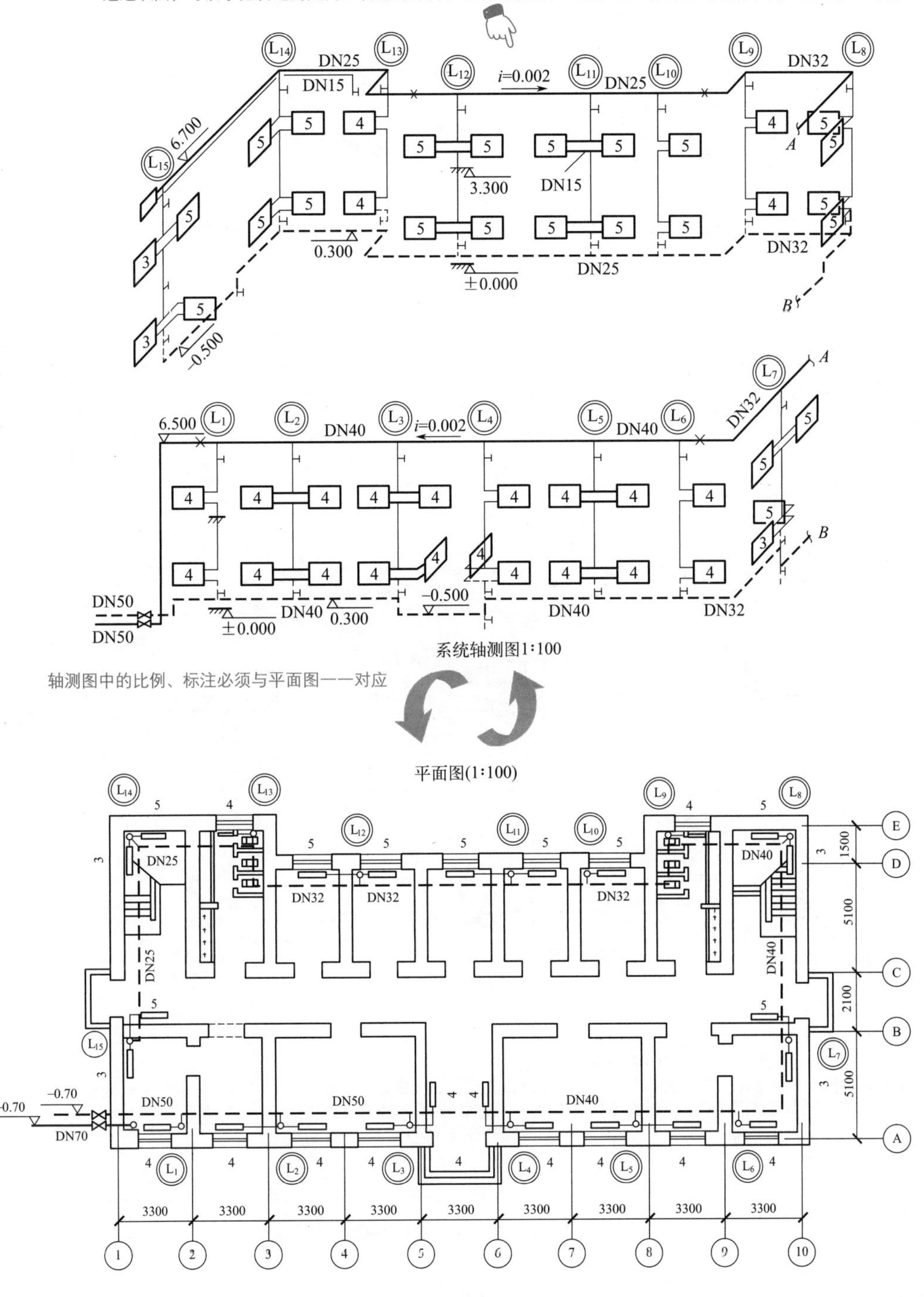

DN25
DN15
i=0.002
DN32
6.700
3.300
DN15
0.300
±0.000
DN25
DN32
-0.500
6.500
DN40
DN50
DN50
±0.000
0.300
-0.500
DN40
DN32
系统轴测图1:100
轴测图中的比例、标注必须与平面图一一对应
平面图(1:100)
DN70
-0.70
3300

图 7-31　系统轴测图的绘制与识读

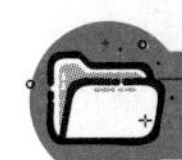

小贴士

房屋建筑供热系统轴测图的绘制方法如下。

（1）以供热平面图为依据，确定各层标高的位置、带有坡度的干管以及绘成与 X 轴或 Y 轴平行的线段。

（2）一般从供热入口位置开始，先画总立管，然后画顶层供热干管、干管的位置，注意走向一定要与供热平面图一致。

（3）根据供热平面图，绘出各个立管的位置、各层的散热器、各层的支管、回水立管、回水干管、管路中设备的位置。

（4）尺寸、各层楼的标高、地面的标高、管道的直径、管道的坡度、管道的标高、立管的编号、散热器的片数等均需要标注。

扫码观看视频

7.4 热水供暖入口装置连接图

热水供暖入口装置连接图的识读

热水供暖入口装置连接图的识读如图 7-32 所示。

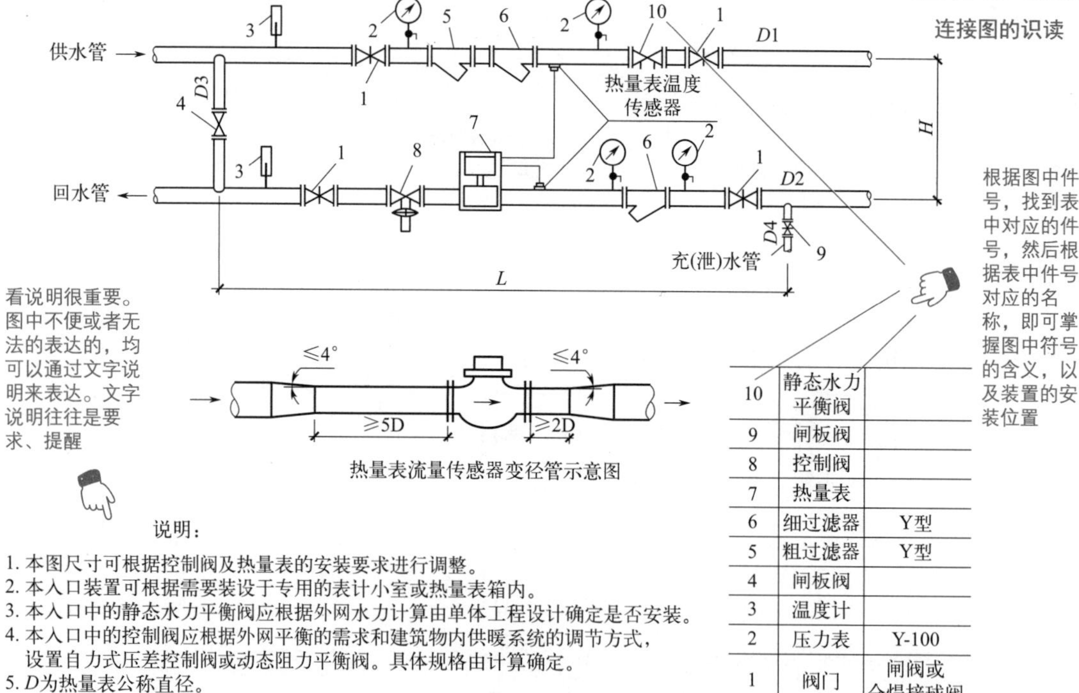

供水管
回水管
D1
D2
D3
D4
H
L
热量表温度
传感器
充(泄)水管
看说明很重要。图中不便或者无法的表达的，均可以通过文字说明来表达。文字说明往往是要求、提醒
≤4°
≥5D
≥2D
热量表流量传感器变径管示意图
根据图中件号，找到表中对应的件号，然后根据表中件号对应的名称，即可掌握图中符号的含义，以及装置的安装位置
说明：
1. 本图尺寸可根据控制阀及热量表的安装要求进行调整。
2. 本入口装置可根据需要装设于专用的表计小室或热量表箱内。
3. 本入口中的静态水力平衡阀应根据外网水力计算由单体工程设计确定是否安装。
4. 本入口中的控制阀应根据外网平衡的需求和建筑物内供暖系统的调节方式，设置自力式压差控制阀或动态阻力平衡阀。具体规格由计算确定。
5. D为热量表公称直径。
带热计量表热水供暖入口装置

件号	名称	型号
10	静态水力平衡阀	
9	闸板阀	
8	控制阀	
7	热量表	
6	细过滤器	Y型
5	粗过滤器	Y型
4	闸板阀	
3	温度计	
2	压力表	Y-100
1	阀门	闸阀或全焊接球阀

图 7-32　热水供暖入口装置连接图的识读

小贴士

（1）详图主要表明采暖平面图和系统轴测图中复杂节点的详细构造及设备安装方法。

（2）供暖工程常见详图有散热器安装详图、集气罐的构造详图、管道的连接详图、补偿器构造详图、疏水器构造详图等。

Chapter 8

第 08 章 在用公用管道工程与燃气工程制图与识图

8.1 燃气工程

8.1.1 燃气工程图与房屋建筑工程图的参考项目

燃气工程图与房屋建筑工程图的参考项目如下。

（1）图纸幅面、图框尺寸，需要符合现行国家标准《房屋建筑制图统一标准》（GB/T 50001—2017）的规定。燃气工程图的图框线采用粗实线。图框线采用中实线。

（2）燃气工程图线的粗实线宽度根据图纸的比例和类别按照现行国家标准《房屋建筑制图统一标准》（GB/T 50001—2017）的规定选择。燃气工程图的线宽也可以分为粗、中、细三种。

（3）燃气工程图图纸中的汉字，宜采用长仿宋体，并且字高与字宽需要根据现行国家标准《房屋建筑制图统一标准》（GB/T 50001—2017）的规定选用。燃气工程图所采用汉字字高，宜根据图纸的幅面确定，但是不宜小于 3.5mm。

（4）燃气工程图燃气工程尺寸数字的方向，宜根据现行国家标准《房屋建筑制图统一标准》（GB/T 50001—2017）的规定标注。

（5）燃气工程图图上标高符号、一般标注方式，均需要符合现行国家标准《房屋建筑制图统一标准》（GB/T 50001—2017）的规定。

8.1.2 燃气工程常用线型的绘制与识读

燃气工程常用线型的绘制与识读如图 8-1 所示。

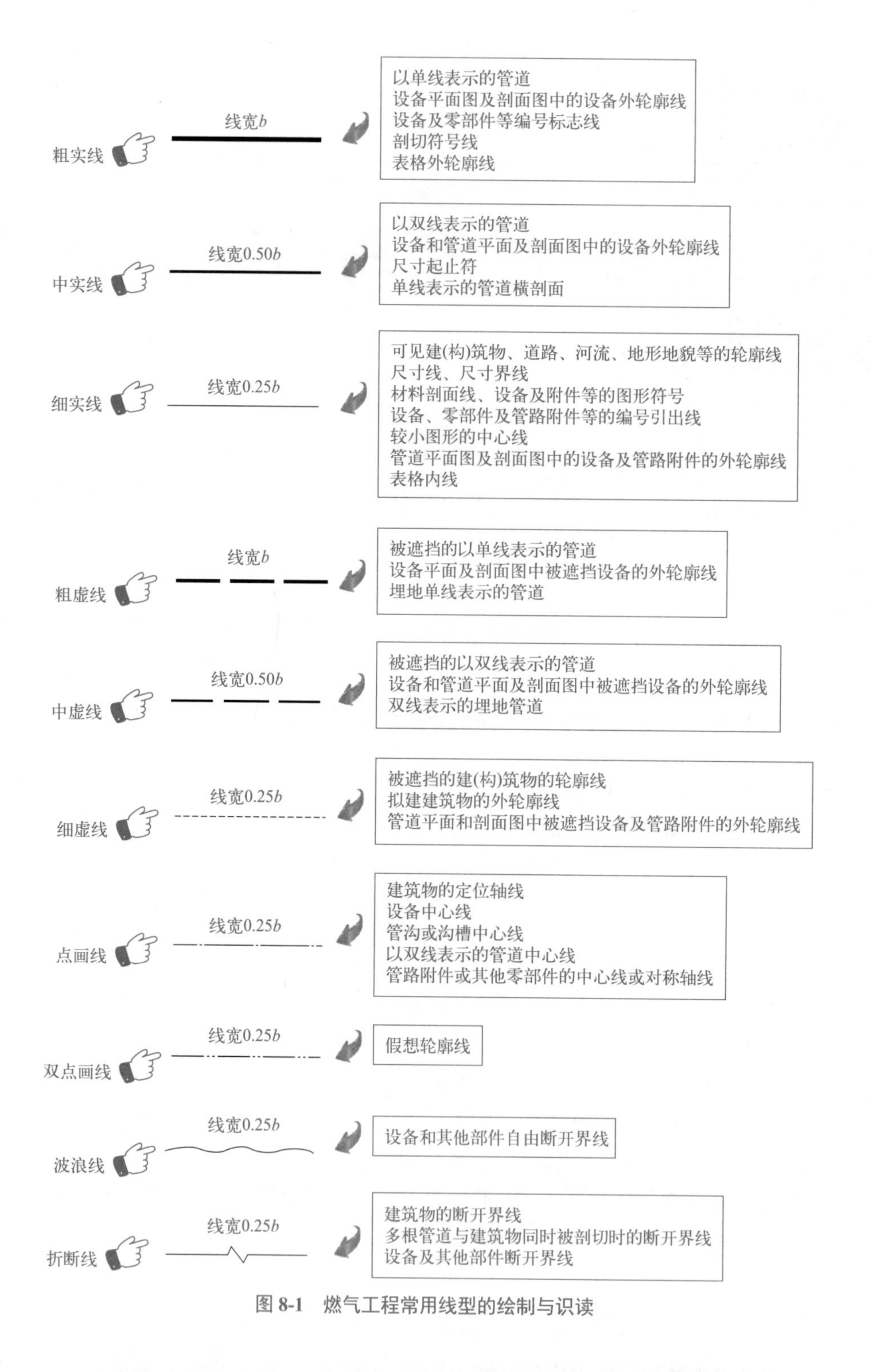
粗实线
线宽b
以单线表示的管道
设备平面图及剖面图中的设备外轮廓线
设备及零部件等编号标志线
剖切符号线
表格外轮廓线
中实线
线宽0.50b
以双线表示的管道
设备和管道平面及剖面图中的设备外轮廓线
尺寸起止符
单线表示的管道横剖面
细实线
线宽0.25b
可见建(构)筑物、道路、河流、地形地貌等的轮廓线
尺寸线、尺寸界线
材料剖面线、设备及附件等的图形符号
设备、零部件及管路附件等的编号引出线
较小图形的中心线
管道平面图及剖面图中的设备及管路附件的外轮廓线
表格内线
粗虚线
线宽b
被遮挡的以单线表示的管道
设备平面及剖面图中被遮挡设备的外轮廓线
埋地单线表示的管道
中虚线
线宽0.50b
被遮挡的以双线表示的管道
设备和管道平面及剖面图中被遮挡设备的外轮廓线
双线表示的埋地管道
细虚线
线宽0.25b
被遮挡的建(构)筑物的轮廓线
拟建建筑物的外轮廓线
管道平面和剖面图中被遮挡设备及管路附件的外轮廓线
点画线
线宽0.25b
建筑物的定位轴线
设备中心线
管沟或沟槽中心线
以双线表示的管道中心线
管路附件或其他零部件的中心线或对称轴线
双点画线
线宽0.25b
假想轮廓线
波浪线
线宽0.25b
设备和其他部件自由断开界线
折断线
线宽0.25b
建筑物的断开界线
多根管道与建筑物同时被剖切时的断开界线
设备及其他部件断开界线

图 8-1　燃气工程常用线型的绘制与识读

小贴士

（1）如果需要选用常用线型中未给出的其他线型，则需要符合国家现行相关标准的

规定。

（2）燃气工程图上的尺寸单位，一般情况除了标高应以米（m）、燃气管道平面布置图中的管道长度以米（m）或千米（km）为单位外，其他均应以毫米（mm）为单位，否则需要加以说明。

8.1.3 燃气工程制图常用比例

燃气工程制图常用比例如表 8-1 所示。

表8-1 燃气上程制图常用比例

图名	常用比例
规划图、系统布置图	1 ∶ 100000，1 ∶ 50000，1 ∶ 25000，1 ∶ 20000，1 ∶ 10000，1 ∶ 5000，1 ∶ 2000
制气厂、液化厂、储存站、加气站、灌装站、气化站、混气站、储配站、门站、小区庭院管网等的平面图	1 ∶ 1000，1 ∶ 500，1 ∶ 200，1 ∶ 100
室外高压、中低压燃气输配管道平面图	1 ∶ 1000，1 ∶ 500
室外高压、中低压燃气输配管道纵断面图	横向：1 ∶ 1000，1 ∶ 500；纵向：1 ∶ 100，1 ∶ 50
室内燃气管道平面图、系统图、剖面图	1 ∶ 100，1 ∶ 50
大样图	1 ∶ 20，1 ∶ 10，1 ∶ 5
设备加工图	1 ∶ 100，1 ∶ 50，1 ∶ 20，1 ∶ 10，1 ∶ 2，1 ∶ 1
零部件详图	1 ∶ 100，1 ∶ 20，1 ∶ 10，1 ∶ 5，1 ∶ 3，1 ∶ 2，1 ∶ 1，2 ∶ 1
工艺流程图	不按比例
瓶组气化站、瓶装供应站、调压站等的平面图	1 ∶ 500，1 ∶ 100，1 ∶ 50，1 ∶ 30
厂站的设备和管道安装图	1 ∶ 200，1 ∶ 100，1 ∶ 50，1 ∶ 30，1 ∶ 10

8.1.4 管径的表示方法

管径的表示方法如图 8-2 所示。

8.1.5 管道管径标注的绘制与识读

管径的单位采用毫米（mm）时，单位可以省略不写。

管道规格变化位置，需要绘制异径管图形符号，并且需要在该图形符号前后分别标注管径。

管道管径标注的绘制与识读如图 8-3 所示。

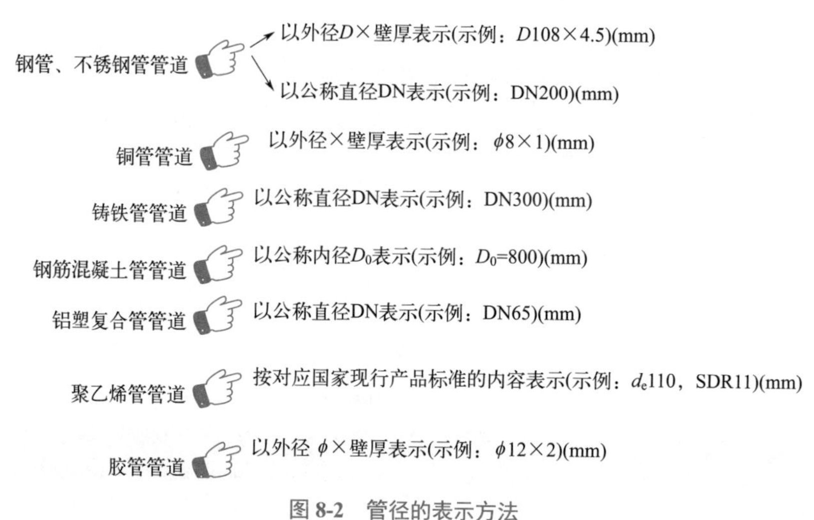
钢管、不锈钢管管道
以外径D×壁厚表示(示例：D108×4.5)(mm)
以公称直径DN表示(示例：DN200)(mm)
铜管管道
以外径×壁厚表示(示例：ϕ8×1)(mm)
铸铁管管道
以公称直径DN表示(示例：DN300)(mm)
钢筋混凝土管管道
以公称内径D0表示(示例：D0=800)(mm)
铝塑复合管管道
以公称直径DN表示(示例：DN65)(mm)
聚乙烯管管道
按对应国家现行产品标准的内容表示(示例：de110，SDR11)(mm)
胶管管道
以外径 ϕ×壁厚表示(示例：ϕ12×2)(mm)

图 8-2　管径的表示方法

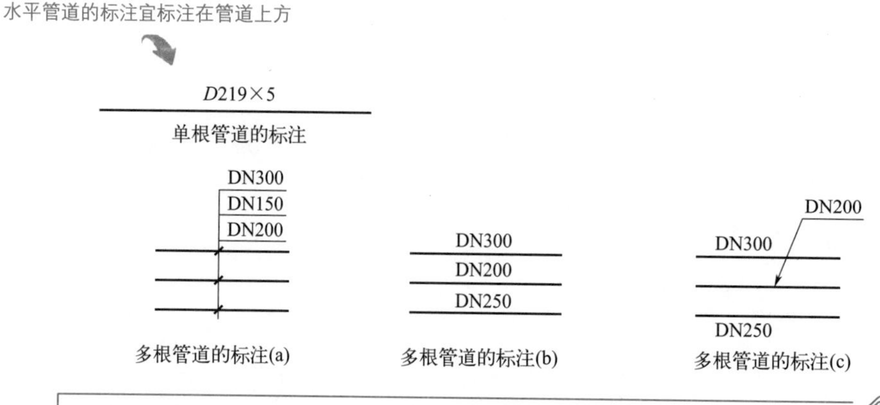
水平管道的标注宜标注在管道上方
D219×5
单根管道的标注
DN300
DN150
DN200
多根管道的标注(a)
DN300
DN200
DN250
多根管道的标注(b)
DN200
DN300
DN250
多根管道的标注(c)
水平管道的标注宜标注在管道上方；垂直管道的标注宜标注在管道左侧；斜向管道的标注宜标注在管道斜上方

图 8-3　管道管径标注的绘制与识读

小贴士

燃气工程管道管径标注，与建筑给排水管道管径标注基本相同，可以参考。

8.1.6　管道标高的绘制与识读

扫码观看视频

管道标高的绘制与识读

室内工程应标注相对标高，室外工程宜标注绝对标高。

标注相对标高时，需要与总图专业一致。

标高应标注在管道的起止点、转角点、连接点、变坡点、变管径处、交叉处等关键位置。

管道标高的绘制与识读如图 8-4 所示。

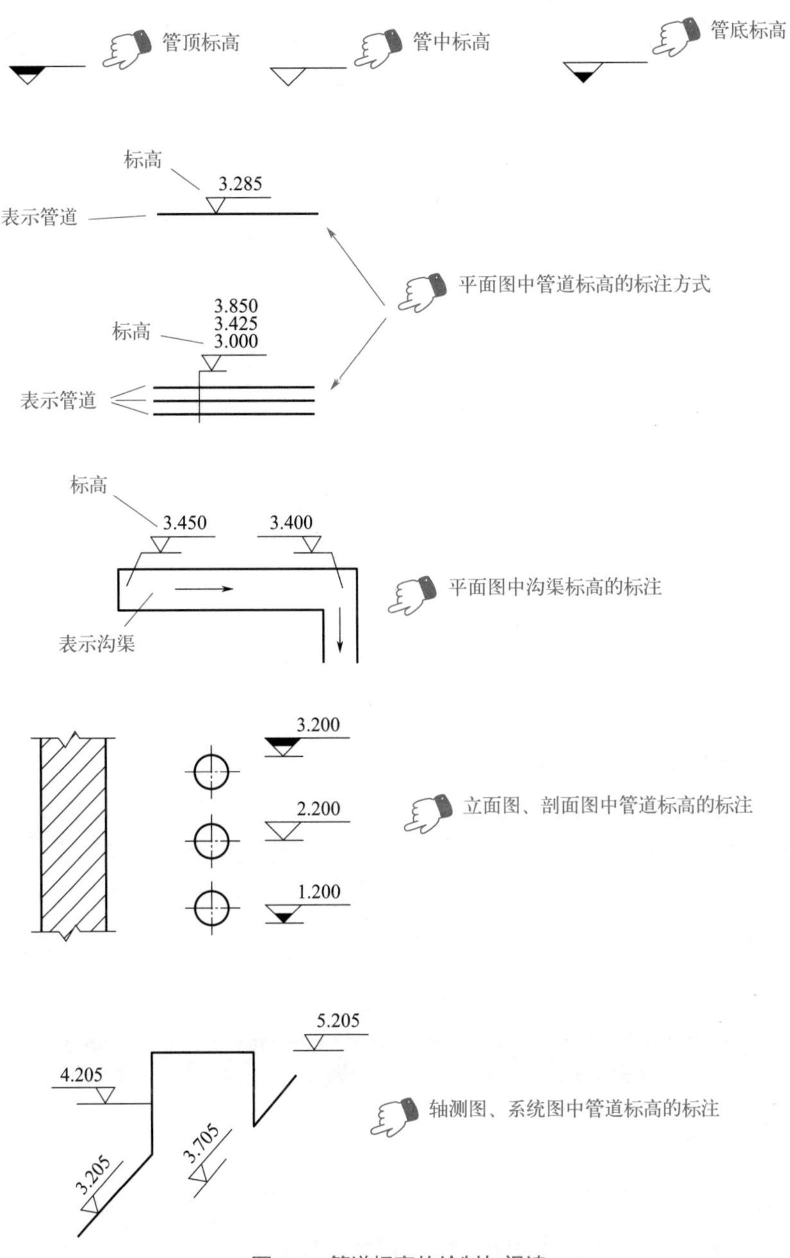
管顶标高
管中标高
管底标高
标高
3.285
表示管道
平面图中管道标高的标注方式
3.850
3.425
3.000
标高
表示管道
标高
3.450
3.400
平面图中沟渠标高的标注
表示沟渠
3.200
2.200
1.200
立面图、剖面图中管道标高的标注
5.205
4.205
轴测图、系统图中管道标高的标注
3.705
3.205

图 8-4　管道标高的绘制与识读

小贴士

燃气工程管道标高标注与建筑给排水管道标高标注基本相同，可以参考。

8.1.7　设备与管道编号标注的绘制与识读

当图中的设备或部件不便用文字标注时，可进行编号。

在图中应只注明编号，其名称、技术参数应在图附设的设备表中进行对应说明。设备与管道编号标注的绘制与识读如图 8-5 所示。

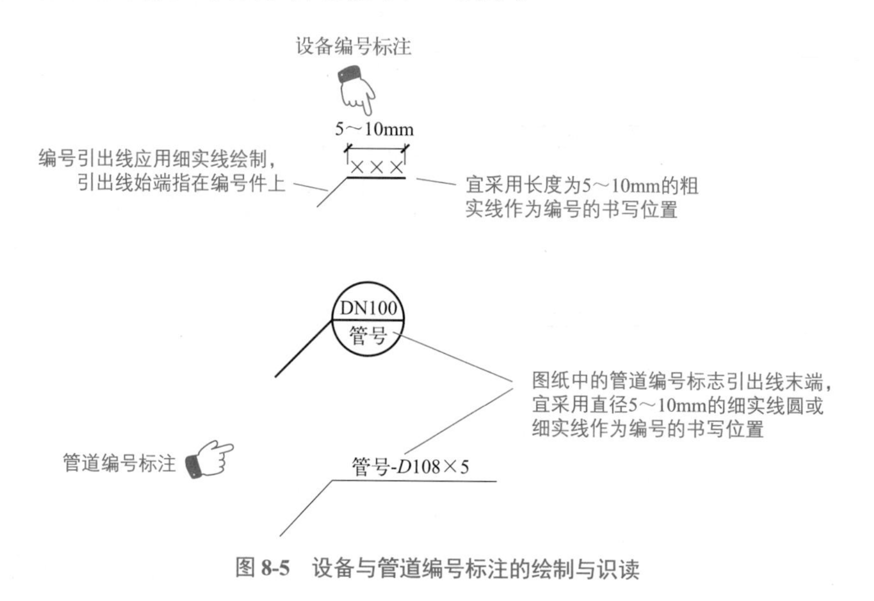
设备编号标注
5～10mm
编号引出线应用细实线绘制，
引出线始端指在编号件上
×××
宜采用长度为5～10mm的粗
实线作为编号的书写位置
DN100
管号
图纸中的管道编号标志引出线末端，
宜采用直径5～10mm的细实线圆或
细实线作为编号的书写位置
管道编号标注
管号-D108×5

图 8-5　设备与管道编号标注的绘制与识读

8.1.8　燃气工程常用管道代号

流程图和系统图中的管线、设备、阀门、管件宜用管道代号和图形符号表示。同一燃气工程图样中所采用的代号、线型、图形符号宜集中列出，并加以注释。燃气工程常用管道代号见表 8-2。

表8-2　燃气工程常用管道代号

管道名称	管道代号	管道名称	管道代号
燃气管道（通用）	G	液化天然气液相管道	LNGL
高压燃气管道	HG	液化石油气气相管道	LPGV
中压燃气管道	MG	液化石油气液相管道	LPGL
低压燃气管道	LG	液化石油气混空气管道	LPG-AIR
天然气管道	NG	人工煤气管道	M
压缩天然气管道	CNG	压缩空气管道	A
液化天然气气相管道	LNGV	仪表空气管道	IA

8.1.9　燃气厂站常用图形符号的绘制与识读

燃气厂站常用图形符号的绘制与识读见表 8-3。区域规划图、布置图中燃气厂站的常用图形符号，包括燃气厂站常用图形符号。

表8-3　燃气厂站常用图形符号的绘制与识读

名称	图形符号	名称	图形符号
气源厂		专用调压站	
门站		汽车加油站	
储配站、储存站		汽车加气站	
液化石油气储配站		汽车加油加气站	
液化天然气储配站		燃气发电站	
天然气、压缩天然气储配站		阀室	
区域调压站		阀井	

小贴士

燃气管道设施标识的绘制与识读如图 8-6 所示。

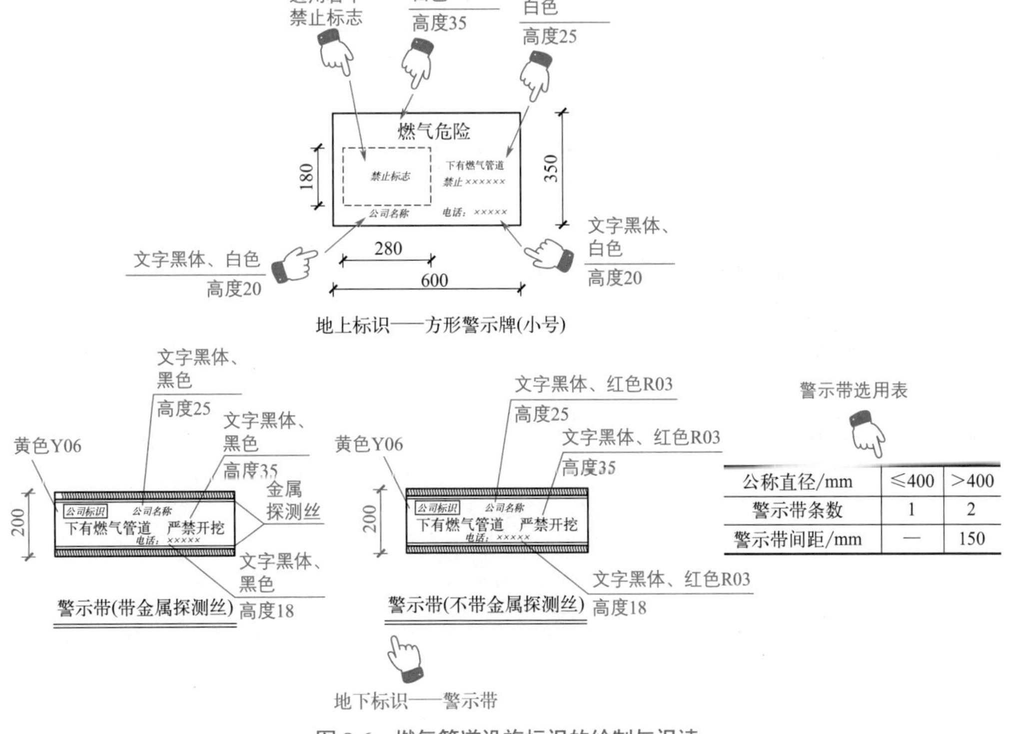

此区域内式样选用若干禁止标志
文字黑体、白色
高度35
文字黑体、白色
高度25
燃气危险
禁止标志
下有燃气管道
禁止××××××
公司名称
电话：×××××
180
350
文字黑体、白色
高度20
280
600
文字黑体、白色
高度20
地上标识——方形警示牌(小号)
文字黑体、黑色
高度25
文字黑体、黑色
高度35
黄色Y06
金属探测丝
200
公司标识
公司名称
下有燃气管道　严禁开挖
电话：×××××
文字黑体、黑色
高度18
警示带(带金属探测丝)
文字黑体、红色R03
高度25
文字黑体、红色R03
高度35
黄色Y06
200
公司标识
公司名称
下有燃气管道　严禁开挖
电话：×××××
文字黑体、红色R03
高度18
警示带(不带金属探测丝)
警示带选用表
地下标识——警示带

公称直径/mm	≤400	>400
警示带条数	1	2
警示带间距/mm	—	150

图 8-6　燃气管道设施标识的绘制与识读

8.2 在用公用管道工程

8.2.1 公用管道主管路的绘制与识读

公用管道一般指城市或乡镇范围内的用于公用事业或民用的燃气管道、热力管道。

信息标识，就是运用文字、图片来描述位置、方向、其他公共信息。地理位置信息，就是采用卫星定位系统移动终端对地理位置进行标注，包含经纬度信息等。

公用管道主管路的绘制与识读如图 8-7 所示。

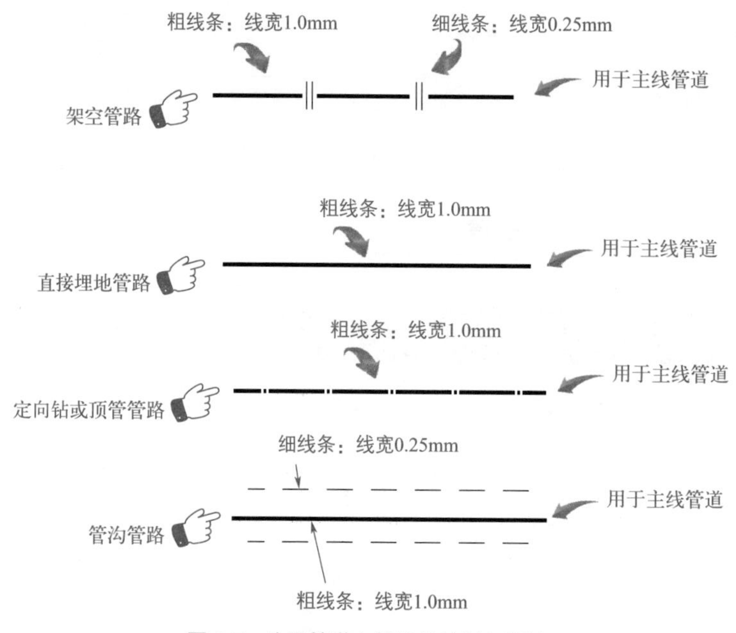

粗线条：线宽1.0mm
细线条：线宽0.25mm
用于主线管道
架空管路
粗线条：线宽1.0mm
用于主线管道
直接埋地管路
粗线条：线宽1.0mm
用于主线管道
定向钻或顶管管路
细线条：线宽0.25mm
用于主线管道
管沟管路
粗线条：线宽1.0mm

图 8-7 公用管道主管路的绘制与识读

8.2.2 公用管道管路附件的绘制与识读

公用管道管路附件的制图采用线宽 0.25mm 的细线条。管路的连接形式，一般也是采用线宽 0.25mm 的细线条。

公用管道管路附件的绘制与识读如图 8-8 所示。

起隔热作用。可以在被保温管路的全部或者局部上用该符号表示或省去符号仅用文字说明

保温管

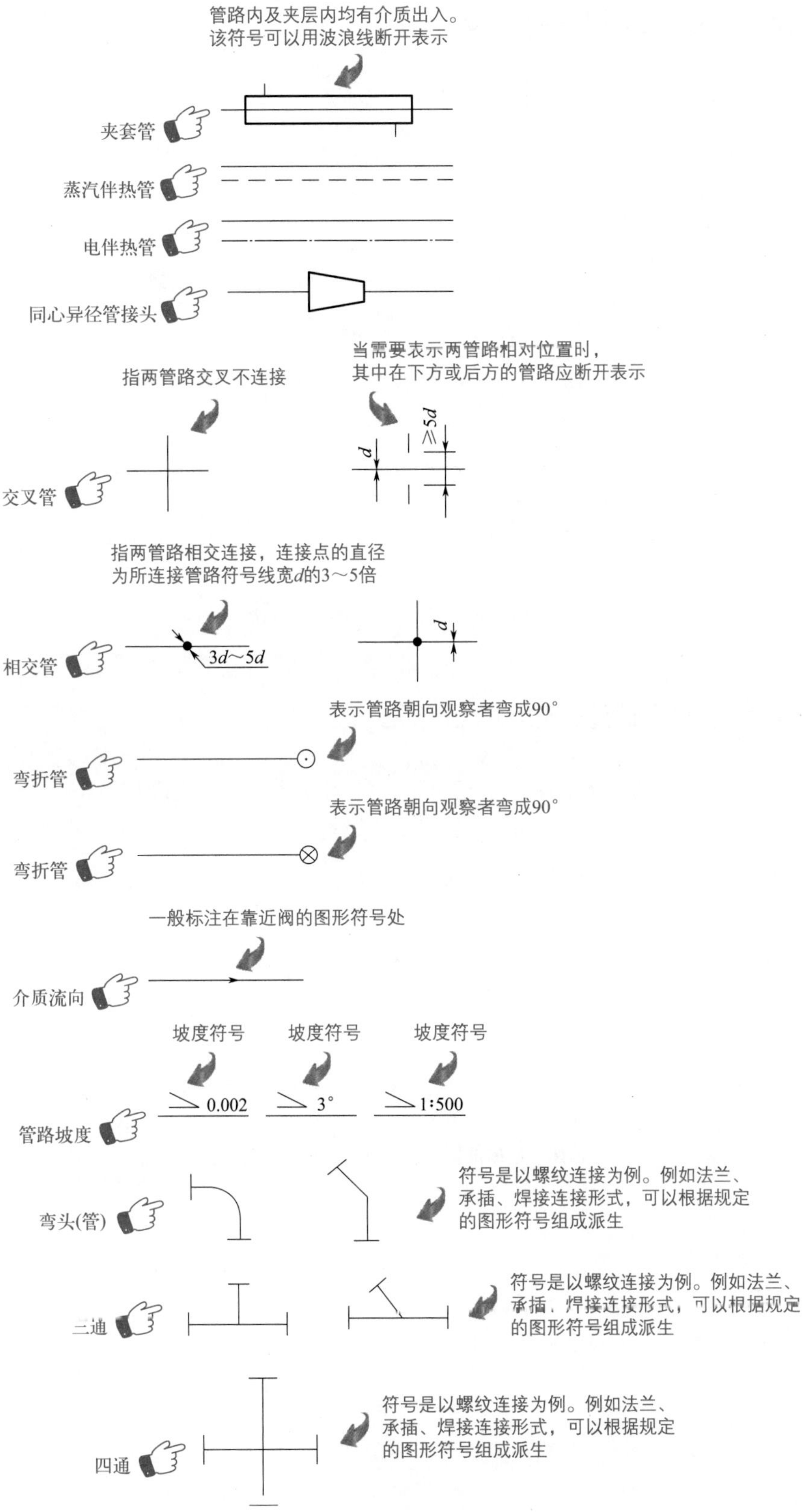

管路内及夹层内均有介质出入。
该符号可以用波浪线断开表示

夹套管

蒸汽伴热管

电伴热管

同心异径管接头

指两管路交叉不连接

当需要表示两管路相对位置时，
其中在下方或后方的管路应断开表示

d

$\geqslant 5d$

交叉管

指两管路相交连接，连接点的直径
为所连接管路符号线宽d的3～5倍

$3d$～$5d$

d

相交管

表示管路朝向观察者弯成90°

弯折管

表示管路朝向观察者弯成90°

弯折管

一般标注在靠近阀的图形符号处

介质流向

坡度符号　坡度符号　坡度符号

0.002　3°　1∶500

管路坡度

弯头(管)

符号是以螺纹连接为例。例如法兰、
承插、焊接连接形式，可以根据规定
的图形符号组成派生

三通

符号是以螺纹连接为例。例如法兰、
承插、焊接连接形式，可以根据规定
的图形符号组成派生

四通

符号是以螺纹连接为例。例如法兰、
承插、焊接连接形式，可以根据规定
的图形符号组成派生

图 8-8　公用管道管路附件的绘制与识读

8.2.3 管路连接形式的绘制与识读

管路连接形式的绘制与识读如图 8-9 所示。

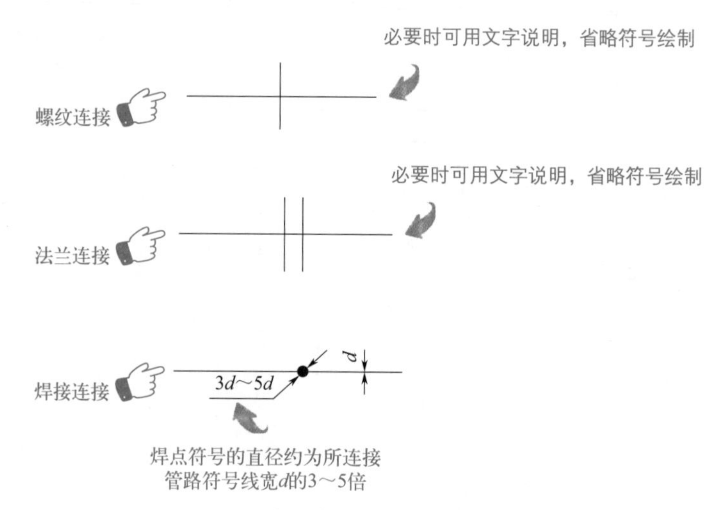
必要时可用文字说明，省略符号绘制
螺纹连接
必要时可用文字说明，省略符号绘制
法兰连接
焊接连接
3d～5d
d
焊点符号的直径约为所连接
管路符号线宽d的3～5倍

图 8-9　管路连接形式的绘制与识读

8.2.4 地理位置信息标注符号与标注方法

图中的地理位置信息，应采用卫星定位系统移动终端对管道地理位置信息进行标注，并且在图上标示卫星定位取点位置。取点位置一般为管道上阀门所在位置、重要连接点位置、管道拐点位置、其他必要的取点位置。

地理位置信息的标注符号与标注方法如图 8-10 所示。

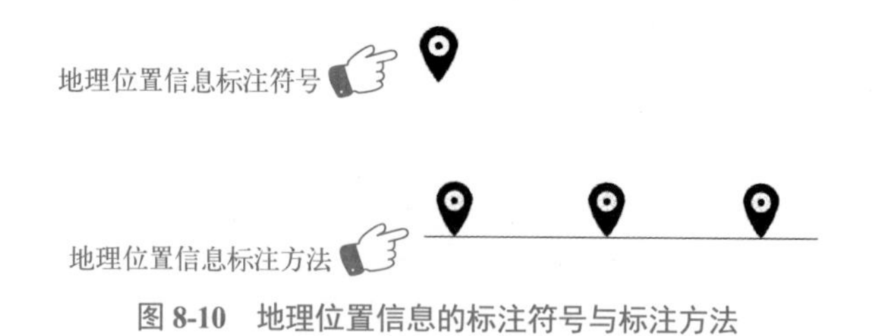
地理位置信息标注符号
地理位置信息标注方法

图 8-10　地理位置信息的标注符号与标注方法

附录　相关视频和资源汇总

建筑立面图的识读	建筑灯具图例	梁钢筋图的识读	城市绿地系统规划图用地图例
风景名胜区总体规划用地图例	风景名胜区总体规划图保护分类图例	风景名胜区总体规划图保护分级图例	风景名胜区总体规划图人文景观图例
风景名胜区总体规划图自然景源图例	风景名胜区总体规划图服务基地图例	风景名胜区总体规划图旅行图例	风景名胜区总体规划图游览图例
风景名胜区总体规划图其他设施图例	路线平面图的识读（一）	园林绿化制图植物图例	部分公路制图图例
坡度、坡长的识读	路线平面图的识读（二）	路基横断面图的识读	桥梁的作用与分类，桥墩 的作用与分类
桥墩图的识读	涵洞的分类	热水供暖入口装置连接图的识读	管道标高的绘制与识读

主要参考文献

[1] 风景园林制图标准：CJJ/T 67—2015.

[2] 电气简图用图形符号：GB / T 4728.11—2022：第 11 部分：建筑安装平面布置图 .

[3] 园林绿化工程竣工图编制规范：DB11/T 989—2022.

[4] 在用公用管道绘图及信息标识：DB41 /T 2352—2022.

[5] 道路工程制图标准：GB 50162—92.

[6] 道路工程术语标准：GBJ 124—1988.

[7] 公路绿化设计制图：JT/T 647—2016 .

[8] 建筑工程设计信息模型制图标准：JGJ/T 448—2018 .

[9] 房屋建筑制图统一标准：GB/T 50001—2017.

[10] 供热工程制图标准：CJJ/T 78—2010.

[11] 燃气工程制图标准：CJJ/T 130—2009.

[12] 钢结构深化设计制图标准：T/CSCS 015—2021.

[13] 环境景观——室外工程西部构造：15J012-1.

[14] 国家建筑标准设计图集：城市道路——沥青路面：15MR201.

[15] 技术制图 管路系统的图形符号　管路、管件和阀门等图形符号的轴测图画法：GB/T 6567.5—2008 .

[16] 水利水电工程制图标准　基础制图：SL 73.1—2013.

[17] 建筑装饰装修制图标准：DB32/T 4358—2022.

[18] 机械制图　图样画法　图线：GB/T 4457.4—2002.

[19] 机械制图　尺寸注法：GB/T 4458.4—2003.

[20] 机械制图　尺寸公差与配合注法：GB/T 4458.5—2003.

[21] 展开图绘制基本方法：DB41 /T 1117—2015.

[22] 机械制图　剖面区域的表示法：GB/T 4457.5—2013.

[23] 机械制图图样画法　视图：GB/T 4458.1—2002.

[24] 阳鸿钧等 . 零基础学建筑识图 [M] . 北京：化学工业出版社，2019.